2010 年全国地市级环保局局长岗位培训优秀论文集

环境保护部宣传教育中心 编

中国环境科学出版社·北京

图书在版编目（CIP）数据

2010 年全国地市级环保局局长岗位培训优秀论文集
/环境保护部宣传教育中心编. —北京：中国环境科学
出版社，2010

ISBN 978-7-5111-0223-2

Ⅰ．2··· Ⅱ．环··· Ⅲ．环境保护—中国—文集
Ⅳ．X-12

中国版本图书馆 CIP 数据核字（2010）第 049946 号

责任编辑　张维平
封面设计　龙文视觉

出版发行　中国环境科学出版社
　　　　　（100062　北京崇文区广渠门内大街 16 号）
　　　　　网　　址：http://www.cesp.com.cn
　　　　　联系电话：010-67112765（总编室）
　　　　　发行热线：010-67125803
印　　刷　北京市联华印刷厂
经　　销　各地新华书店
版　　次　2010 年 5 月第 1 版
印　　次　2010 年 5 月第 1 次印刷
开　　本　787×1092　1/16
印　　张　19
字　　数　425 千字
定　　价　56.00 元

前　言

为贯彻落实中共中央《干部教育培训工作条例》和《2006—2010 年全国干部教育培训规划》的要求，自"十五"和"十一五"以来，在环境保护部各级领导的关心支持下，由环境保护部人事司主办、环境保护部宣教中心承办的全国地市级环保局长岗位培训班，在加强环境保护干部队伍建设、提高环保队伍的整体业务素质方面发挥了重要作用。

地市级环保局长，不仅是解决本地区环境问题的实际操作者，同时也是国家在环境保护方针和环境政策方面的具体执行者。因此，提高地市环保局长的环境管理与环境执法水平，参与综合决策和履行岗位职责的能力尤为重要。全国地市级环保局长岗位培训班，为局长们提供了学习提高的机会和工作经验交流的平台，培训课程的设置着眼于提高学员的领导、组织与协调能力和参与综合决策的能力，主要内容是当前环境保护新形势以及环保部重点工作。在培训过程中，学员们学习了环保基础理论知识、国家环境保护最新政策动态和相关信息，并结合本地环保工作的实际，深入思考和总结，撰写论文，把在基层工作的宝贵经验和遇到的实际问题反映出来，为推进环保历史性转变、探索我国环境保护新道路出谋划策，提出建议。

为了更好地梳理学员收获，总结培训成果，分享各地经验，并力图为环境管理的决策者提供参考，环保部宣教中心每年遴选出学员的优秀论文，正式出版。

本论文集包括五个方面：应对金融危机，践行科学发展；节能减排与气候变化；生态保护与农村环境保护；基层环境问题与对策；环保新道路的研究与探索，精选了 63 篇学员的毕业论文。同时，作为培训工作的具体承办者，环保部宣教中心也就环保新道路的研究与探索撰写了专题论文。

在论文的评选和汇编过程中，得到了 2009 年地市级环保局长培训班论文委员会的各位学员们的大力支持和协助，在此一并表示感谢。

环境保护部宣教中心
2010 年 3 月 18 日

目　录

一、应对金融危机，践行科学发展

金融危机背景下欠发达地区的经济转型与环保创新............................洪振海　3
金融危机背景下做好怀柔环保工作的思考..................................高　君　7
在金融危机背景下，用科学发展观指导环境监察工作........................王高峰　10
以科学发展观为引领，打造江苏沿海开发环保新高地........................陈书军　13
深入贯彻落实科学发展观，大力发展循环经济
　　——河南省鹤壁市发展循环经济的实践与对策研究........................范小波　17
深入学习实践科学发展观，积极探索钦州环保新道路........................符锦成　22
全面贯彻落实科学发展观，努力改善环境质量..............................李春晓　28
坚持以科学发展观为指导，促进六盘水市资源环境的和谐发展................李晓东　34
以科学发展观为统领，推进环保宣教"六进"工作............................李元员　38
发展循环经济，建设生态铜都..刘　海　44
落实国务院3号文件，推进环保历史性转变，
　　为区域经济社会科学发展提供坚实的环境支撑............................刘金平　48
加大环境保护工作力度，为构建和谐阿拉善服务............................王翠花　52
科学发展——让绿色永存..颜　军　58
推进污染减排，强化环境执法，服务科学发展
　　——对安庆市环保工作的若干思考......................................殷宝龙　62

二、节能减排与气候变化

强化绿色发展意识　全力完成减排任务....................................赵晓宁　69
落实责任，强化措施，加快实现我州污染减排目标..........................沈会盼　73
北京郊区空气质量保障长效机制探索
　　——顺义区奥运环境保障成果分析......................................李书仁　77
乌昌地区污水综合处理引入北部荒漠　灌溉防护林可行性初研................苗成德　84
苏州工业园区国家生态工业示范园区建设的探索与实践......................王学军　93
流域水污染防治工作的探索与实践..许泽英　98
认真实践科学发展观　让污染源自动监控系统在环境监管中发挥更大作用....张荣社　102

推进排污权有偿分配和交易的实践及思考 .... 章　剑　106

发展低碳经济促进我国城市生态文明 .... 马　前　111

三、生态保护与农村环境保护

台州市农村环境保护现状与防治对策研究 .... 丁友桂　117

探讨农村生态环境保护的对策与措施 .... 冯建全　121

阿坝州灾后生态恢复重建的思考 .... 高跃进　125

昆明生态文明建设的思考与探索 .... 郝玉昆　129

从滇池治理看昆明市生态文明建设 .... 和　矛　133

农村环境保护迫在眉睫 .... 李春元　139

保护祖国北疆生态屏障，实现美丽与发展"双赢"
　　——浅谈呼伦贝尔地区的可持续发展之路 .... 李聪林　143

关于潍坊市农村环境保护工作的调研报告 .... 王秀禄　147

借鉴新加坡经验，建设生态型园区 .... 许绍杰　151

践行科学发展观，探索"全域成都"城乡生态建设的道路 .... 张　静　158

四、基层环境问题与对策

基层环境保护工作面临的问题及对策 .... 陈广华　163

加强环境保护，加速推进湘潭市新型工业化进程 .... 李　莉　167

"防治用保管"五措并举，实现由水污染防治向水资源节约利用转变
　　——山东枣庄市水污染防治之路 .... 潘全界　171

襄樊市环境保护与经济可持续发展问题的浅析 .... 任　一　176

济宁市水环境形势分析及对策 .... 孙友勋　179

衡阳市水口山地区区域环境问题及整治对策 .... 唐小平　184

新形势下做好水环境保护的思考与实践 .... 陶　志　190

伊犁州的突出环境问题与对策 .... 外坦·艾则孜　197

铁腕治污，科学治太让太湖这颗江南明珠早日重现碧波美景 .... 王晓栋　203

关于加强敖江流域古田段水环境综合整治的浅析 .... 谢基平　209

对唐山市环境保护工作的一点思考 .... 杨金钟　213

加大监管力度，严格环境执法
　　——当前环境执法存在的问题及对策 .... 叶光林　216

基层环保工作的喜忧与期盼 .... 张新佺　221

强力推进和构建宜昌市饮用水源安全新机制 .... 赵儒铭　227

关于基层环保执法难的思考 .... 郑　琳　232

五、环保新道路的研究与探索

基层环保执法存在的问题及对策 ……………………………………… 陈 道 239

关于环境保护监察工作的思考 ……………………………………… 冯国达 243

昆明建立环境保护执法新机制 ……………………………………… 高志刚 247

环保消防联动是应对突发环境事件的有效选择 ……………………… 焦日龙 250

浅谈环境保护"三同时"制度执行过程中存在的问题、原因及改进措施…… 李俊峰 253

绿色奥运对宁波环境保护工作的启示 ……………………………… 林绮纯 256

做好新形势下环境信访工作的对策建议 …………………………… 王再清 259

浅析新《水污染防治法》打破环境监察执法"瓶颈" ………………… 闻 成 263

浅谈新形势下的环境执法 …………………………………………… 徐东明 269

做好环境信访工作 促进经济社会和谐发展 ……………………… 杨佃辉 273

浅谈环境监测与管理 ………………………………………………… 叶恒山 276

关于环境监测服务环境管理的思考 ………………………………… 曾晓翔 280

加强集中居住区扰民污染防治，不断完善环境管理新机制………… 张基春 284

做好新形势下环境安全工作的探索与思考 ………………………… 周 俭 287

对我国环境教育立法有关问题的探讨 ……………………………… 祝真旭 291

一、应对金融危机，践行科学发展

金融危机背景下欠发达地区的
经济转型与环保创新

湖南省常德市环境保护局局长　洪振海

世界金融危机引发了一场波及全球的经济社会与环境变革，无论是遭遇经济衰退的发达国家，还是艰难攀爬的发展中国家，都不约而同地选择通过发展低碳经济，复兴或振兴经济。"绿色"救市风正在全球兴起，绿色经济正在成为目前金融危机背景下一个转折点。在经济发展加快"绿色转身"之时，以环境监管促进经济转型成为新形势下环境保护的当务之急，欠发达地区以环保创新主动融入和参与后危机时代发展模式的重塑，实现环境保护与经济发展的"双赢"目标，是为欠发达地区环保部门面临的一道大考。

一、金融危机对经济与环境的影响分析

当今世界，以石油等化石能源为基础的传统产业发展达到巅峰时期，以电子信息技术为代表的高技术产业发展处于平台期，以金融为代表的现代服务业发展进入扩张期，国际金融危机的爆发，表明上述三大产业均面临深刻矛盾，世界产业发展的三大机制出现明显障碍。具有深刻产业经济根源的此次金融危机，引发全球资本市场动荡之后，冲击实体经济并进而影响到社会生活的方方面面。

1. 金融危机对经济与环境的冲击不可避免

国际金融危机正在深刻影响着我国的经济形势，外贸出口出现大幅下跌，由于市场需求的下滑，部分企业开工不足甚至停工破产，大批农民工返乡"倒流"，这将大大减缓我国正在迅速推进的工业化和城市化进程，甚至会引发一定程度的社会动荡。一般认为，这次经济危机的周期乐观估计也要持续 3 年左右，中期来看，"分灶吃饭"的财政体制未能改变，如果宏观经济形势没有好转，地方政府特别是欠发达地区政府在保增长还是保环境抉择上，会倾向选择前者。企业在经营状况不佳、利润水平不高的情况下，也会首先选择牺牲环境保护，污染治理投入会能省则省，建立环境治理设施的企业也会想方设法停止运行。随着国家经济刺激计划的实施，一些原来停产或歇业的落后产能可能恢复生产，形成污染反弹，同时，一些"两高一资"型落后产业可能从发达地区向欠发达地区转移或"克隆"，经济风险和环境风险将会同步放大。

2. 金融危机也给产业升级和环保创新带来机遇

我国经济的高速增长在很大程度上来源于投资和出口的拉动，消费对于经济增长的贡献率相对较低，按照国际经验，2008 年我国人均 GDP 超过 3 000 美元时，应该逐步提升消费对于经济增长的贡献率，金融危机导致的我国出口大幅下滑促使我国出台拉动内

需的大规模投资计划，标志着我国高度依赖国外需求的发展模式正在转向内需拉动。欠发达地区经济结构调整和产业升级进行了多年但收效不大，金融危机过程也是产业和企业的洗牌、重组过程，客观上加快了产业结构的调整和转型升级。

在当前国际金融危机仍在深化蔓延之际，绿色经济必将成为经济复苏和发展的新引擎，各国政府积极推行"绿色新政"，大力发展低碳经济。我国更是开创了一个以环保应对全球经济危机的全新机制，在中央部署的促进经济增长的十项措施中，第 5 条就是环保措施，重点提出加强生态环境建设和环保设施建设。在去年推出的 4 万亿元经济刺激计划中，直接用于环境建设的就有 2 100 亿元，直接与间接生态环境投资占总投资的38%。受金融危机影响，许多企业停产、歇业或关闭，也在一定程度上减少了污染排放，同时，金融危机带来的资源性产品价格下降，给理顺和建立资源性产品价格形成机制和生态环境补偿机制带来有利时机。

3. 以环保促经济的新理念为科技发展注入全新内涵

缺少环保要求的经济一定是粗放落后的经济，而粗放落后的经济是缺乏竞争力的。在金融危机形势下，环保工作在支持地方经济的同时，应重点以环境监管促经济转型。

（1）环境保护可以优化经济发展。经济活动的主体是否具有很强适应能力和创新能力，决定着经济的质量和未来，在资源无约束和环境低成本的状态下，企业的惰性很强，缺乏危机感和竞争意识，加强环境保护和环境监管，表面看是抬高了企业成本，实则用倒逼的办法，促使市场主体积极推动制度创新和技术创新，争取更好的发展方式，不仅适应了环保的要求，更重要的是提升了它们自身的市场竞争力。

（2）资源环境领域蕴藏着很大潜力。以环境监管促经济转型，是新的环保增长点，也是新的经济增长点。新任美国总统奥巴马正着手制订和推行"绿色能源计划"，它的诱人之处是，它能创造数百万个由政府提供补贴的"绿色就业岗位"。以往欧美企业的新能源技术要价特别高，现在在低迷的经济形势下，愿意低价转让有关关键技术，对我国发展低碳经济是一次机遇。在全球新一轮绿色经济和低碳经济发展浪潮愈演愈烈之时，节能环保产业将成为国家新一轮经济发展的增长点。

二、欠发达地区推动"绿色复苏"的对策与措施

近期，欠发达地区竞相提出赶超战略，甚至出现了"弯道超车"等战略思路。从经济学角度看，实行"赶超"战略，就是利用宏观经济处于逆境或低速时期增速放缓甚至衰退的机会，后发地区全力加速追赶，实现经济跨越式发展。但如何"赶超"？"路径"与"技巧"的选择都十分重要，是继续粗放、外延，还是致力集约、内涵？是放任牺牲生态，还是笃定节能环保？答案虽不言自明，但做出选择并付诸实践，却殊为不易。

1. 在经济发展层面转型"绿色增长"

一是在发展低碳经济上超前谋划。在低碳战略成为全球经济转型和社会发展共识的今天，欠发达地区要有前瞻性眼光，从发展清洁及可再生能源、提高能效和调整产业结构等方面着手，逐步建立政策激励、技术创新、人才培养以及低碳经济评估等机制，为低碳经济发展提供支撑和氛围。二是在发展生态经济上抢占先机。发展生态经济是当前世界的潮流，欠发达地区生态环境和资源禀赋大多相对优越，要按照"生态建设产业化、

产业发展生态化"的思路，指导区域发展和产业转型，加快传统产业改造和升级，大力发展低能耗、高附加值的生物医药、新能源等高新技术产业。具体从常德市情况来看，丰富的农业资源和农产品加工优势，对建设生态品位的绿色食品基地提供了支撑，丰富的人文资源和初具影响的城市品牌为生态旅游业的发展奠定了基础。三是在融合"三个经济"上整体推动。"三个经济"是指循环经济、服务经济和创意经济，一个好的循环经济模式的策划与实施，都必须先有好的创意，循环经济和创意经济是当前解决资源环境"瓶颈"制约的主要模式，服务经济是实现循环经济和创意经济的重要途径，三者融合整体推动，体现了全面落实科学发展观的要求，同时也有利于抵御市场风险，效果更好。

2．突出环保优先合理规划生产力布局

欠发达地区建设资源节约型和环境友好型社会，在布局、区域架构等方面可发挥后发优势，充分借鉴先发地区经验，在具体部署上要力求突出三点：一是个性特色。在制定发展目标时要立足独特的资源禀赋、生态环境、历史文化，形成个性化的产业、生态、文化和人居环境。二是规划引领。欠发达地区要特别注重区域生态规划的作用，一开始就要搞好规划的顶层设计，避免走弯路，同时坚持以规划引导项目、以规划指导建设，加强规划实施的领导和监督。三是容量分析。在承接国际和东南沿海产业转移、谋划新一轮经济大发展时，要科学分析本地环境容量，将环境因素置于重大宏观经济决策链的前端，从环境资源的角度，对各类重大开发、生产力布局、资源配置等提出合理的战略安排，起到指导区域发展、推动区域经济建设的作用。

3．加快探索环境优化经济的环境经济政策

近年来，国家出台了一些基于市场要求的灵活运用价格、财税、信贷、保险等经济手段的环境经济政策，如绿色税收、绿色资本市场、生态补偿、排污权交易、绿色贸易和绿色保险。金融危机背景下经济的绿色转型，是上述环境经济政策和环保制度发展的契机。作为欠发达地区，尤其应该大胆探索和尝试政策和制度创新，充分发挥环保工作在"保增长、扩内需"过程中的重要作用。首先是要进一步落实预防性环境管理制度。严把"准入关"。要抓好战略规划环评，提升环保参与宏观决策的层次，严防污染产业向欠发达地区转移。要深化项目环评，从过去单纯注重环境问题转向综合关注环境、健康、安全和社会影响，严防"两高一资"、产能过剩项目重新上马。其次，开展生态补偿制度试点。落实生态补偿政策，完善发达地区对不发达地区、城市对乡村、下游产业对上游产业、受益方对受损方的转移支付，既能协调不同区域、不同群体的利益关系，促进共同发展，又能更好地促进经济与环境的目标的统一。最后，率先实施排污权交易等其他"环保新政"。长株潭作为全国"两型"社会建设的示范区，正在搭建全省首个排污权交易平台，常德市应尽快布局此类工作。

4．强力推进污染减排推动发展转型

"十一五"将污染减排确定为约束性指标，通过"减"达到"增"的目的，即通过污染减排扩大发展空间，提升发展的质量。在当前"保增长"成为"重中之重"的情况下，污染减排的"紧箍咒"不仅不能松，而且要根据新情况不断推出新举措。首先突出重点抓减排。要抓住国家扩大内需、加大投入的战略机遇，加快污水处理厂等重大环境基础设施建设，如广东省政府此次出资 25 亿元，"一揽子"解决全省欠发达地区污水处理厂建设资金。其次要多管齐下抓减排。选择减排任务重的地区和企业作为突破口，推进工

程减排；加强环境执法和监管，通过关停落后产能，实施结构减排；强化重点污染源在线监控，加强督导检查，提高污染治理设施运行率，实现管理减排。再次要结合"限批"抓减排。对完不成减排任务的区域实行建设项目禁批或限批，从源头上做到"不欠新账多还老账"。区域限批要翔实具体，哪项环境要素指标任务或进度完不成，就禁（限）哪个，促使在"好"字当先的基础上确保较"快"发展。

5. 创新和完善环保长效机制

一是主动利用市场倒逼机制。目前应利用金融危机下全球资源价格下降的时机，加快培育和建设要素市场，建立符合市场经济的价格形成机制，使必须释放的资源环境压力成为增长方式转变、发展模式转型的强大经济驱动力，倒逼经济主体主动将外部效应内部化。二是进一步落实政绩考核机制。落实党政"一把手"环保目标责任制，把节能减排、环境质量等环保指标纳入政绩考核体系，不摘"黑帽"摘"官帽"，完不成节能减排任务的主要领导引咎辞职，国有企业法人代表就地免职，民营企业停产整顿。三是完善公众参与机制。要在全社会广泛开展生态文明宣传教育，提高全社会生态文明意识，推动公众参与环境保护，同时，要搞好环境信息公开，使公众充分享有环境知情权、议事权和监督权。

金融危机背景下做好怀柔环保工作的思考

北京市怀柔区环境保护局局长　高君

金融危机席卷全球，带来严重的经济后果。随着危机的加剧，各国的货币和财政政策也逐渐由救市转变为对实体经济的关注。我国各地为贯彻中央"保增长、保民生、保稳定"的要求，以扩大内需，争相上项目、争投资为主线。在这一过程中，环境承载力与环境容量的压力在不同程度地加剧。北京市怀柔区地处京北，是首都重要饮用水源保护地和生态涵养发展区。在目前金融危机的大背景下，怀柔区环境保护工作面临着前所未有的压力，必将创新环境保护工作新思路。

一、金融危机带来的环境风险

一是生态失衡风险剧增。在生存与发展考验面前，发达国家为经济复苏，必然采取一系列鼓励投资措施，以增加出口、扩大内需，保经济增长为首要任务。在这个过程中，发达国家对发展中国家的自然资源需求将不断增长，而这种增长背后也蕴涵着日益加剧的国际市场竞争。在此环境下，发展中国家面临更大的输出自然资源的压力。因为在技术、管理以及资金劣势情形下，初级资源的出口似乎成了拉动出口的少有途径。同时，压力远不止来自发达国家，面对金融危机造成的生存发展困境，在外部竞争激烈的情形下，发展中国家的目光会投向扩大内需的途径，而在这个过程中由于发展中国家环境法治不健全以及缺乏有效的环境经济政策支撑，土地、森林、草原、矿产等自然资源很可能受到破坏。因此，在"内忧外患"的情形下，发展中国家面临的生态失衡的威胁剧增。

二是污染减排压力加大。为应对此次金融危机，发展中国家许多经济学者认为要扩大内需，在基础设施建设方面加大投入，改变过去依赖出口拉动增长的经济结构。但是，从环境保护的角度看，扩大内需可能蕴涵着污染加剧的威胁。因为在对外贸易过程中，产品或者服务所适用的环境标准绝大部分是 WTO 标准或者国际标准。这种标准在对外贸易中可能成为壁垒，但是它在一定程度上降低了污染物的排放量。而发展中国家的环境标准与国际标准或者 WTO 标准在控制污染方面还存在着很大的差距。一旦扩大内需，就意味着产品的销售在很大程度上依赖于国内消费。因此产品的环境标准也很可能相应降低，有毒化学物质、二氧化硫等污染物的排放将大幅增加。发展中国家的污染减排压力将进一步加大。

三是发达国家污染转移。发达国家纷纷出台救市方案与经济刺激政策以扭转经济颓势，这些措施在一定程度上将会加快经济发展速度与生产规模的级数增长，进而产生大量环境污染。而私有经济本身固有的局限性导致生产者只考虑其局部经济利益，忽视环境利益。为追求个人利益最大化，进而规避国内大量危险废物的处理费用，发达国家生产商必然要寻求对发展中国家新一轮的污染物转移。从发展中国家的角度分析，由于危险废物处理的法律机制不健全，加之经济危机下严峻的经济形势，可能导致其将经济利益置于环境利益之上，进而使发达国家污染转移成为可能。

二、金融危机带来的环保机遇

一是在金融危机中，地方领导更加清醒地看到了当地经济发展中的薄弱环节。很多领导都意识到转变经济增长方式、调整产业结构、提升产品科技含量及提高第三产业比重的重要性和紧迫性。地方领导意识的转变，无疑为环保事业大发展带来了难得的机遇。

二是在金融危机中，一些企业获得了治理污染、扩容提质的时间和利润空间。企业利用这一时机实施扩容提质、治理污染，解决了环境问题之后，可以轻装上阵、大干快上，实现跨越性发展。

三是在金融危机中，为整治环境违法企业、调整产业结构创造了有利条件。为彻底解决区域环境整治"整而不治，反弹严重"问题创造了客观条件。同时，也促使一部分企业经营者转向发展高新技术产业和环保产业。

三、做好怀柔环保工作的几点思考

在金融危机背景下，从国家保增长、调结构的双重取向来看，环境保护地位突出。一方面开展生态环境建设可以极大地增加对经济产品的需求，有利于推动经济增长；另一方面环境保护又是一种对经济活动的外在要求，有利于经济体系朝着环境友好的方向转变。二者结合起来，就赋予环境保护在当前形势下的一个明确定位：以环境监管促经济转型。它是当前环境保护工作的一个重要思路，既是新的环保增长点，也是新的经济增长点。在这个大背景下，就怀柔而言，我想应从以下几方面做好环保工作：

一是进一步实化环保工作。实化是指不但要重视环境保护的理念、口号、方针、指示、政策、要求等这些上层建筑的构建，同时必须进行体制、机制、工程、监测、监察、科研、信息等"实体性"的环保能力建设，这种"实体环保"是整个环境保护大厦的基础和主体。环保要实化就是要有实实在在、真金白银的投入。值此之际，怀柔区可以通过创建国家环保模范城市和建设生态区，在产业结构调整、城市环境整治、新农村建设等方面投入较大的力量，全面提升污染防治水平。这样既能大力争取国家的生态建设资金投入，又能提升区域环境质量，为经济发展开拓良好的生态空间。

二是建立和完善水源保护区资金补偿政策。值此金融危机关头，按照实践科学发展观要求，以"城乡统筹、合理布局、综合管理、突出重点"为原则，在经济发展和新农村建设中，适时考虑饮用水水源保护地，特别是怀柔水库一级保护区内 9 个行政村的生态搬迁。暂不能搬迁的，采取财政转移支付或建立水源保护专项基金形式给予一定的经济补偿，以实现环境公平，改善水源保护区环境。

三是严格环境准入，强化源头治理。要顶住"大干快上"条件下各方对环保部门施加的压力，以改善环境质量、保护人民群众健康、保障环境安全为出发点，严格控制"两高一资"（高污染、高耗能、资源型）项目建设，对存在重大环境隐患、布局不合理的项目实行"一票否决"。依据职责严格执行相关法律法规，强化环境管理，实施污染物总量控制，严格执行规划环评和重大决策环评制度。严格执行"三同时"制度，加大建设项目全程管理力度，在水体指标超过相应水环境功能区标准的区域内，对直接或间接向水体排放污水的建设项目实行区域限批。

四是从工业集中区域入手，大力推进企业节能减排。怀柔雁栖开发区企业聚集，规模不等，行业有别，如何将这些企业连接起来，追求产业生态化一直是怀柔区环保工作的重点和难点。企业在生产过程中，会产生大量废水、废气、废物，变废为宝一直是节能减排的目标之一。要实现绿色 GDP，就必须发展循环经济、生态产业，努力将这些废品重新利用起来。产业生态化就是要构建产业生物链，使产业之间产生关联。以前更多关注产品的链接，对产业代谢下来的东西不太关注，以为不过是末端处理。其实废物中也有很高的价值，应当将废物变成资源，循环利用起来。我们应在共同应对金融危机的历史条件下，加大政策、行政力量的协调支持，将资源循环利用起来。

五是借助农村建设投入，加大农村环保工作力度，解决农村、农业污染问题。在农村突出的饮水安全问题、面源污染问题、水土流失问题、环境基础设施投入问题、农民的环境意识问题等方面采取：优化农业结构布局、强化农村环境综合整治、实现资源的可持续利用、严格控制农业"三废"、加强农村水污染防治、全面推进农村城镇化进程、加强农村危化物品监管、加强农村环境宣传教育等方面措施，将农村环保工作推上新台阶。

六是加强环境执法，实现动态监管。以"保障经济增长质量，维护区域环境安全"为出发点，继续发扬奥运年"五加二、白加黑"工作精神，进一步强化节日执法制度，深入开展"环保专项行动"，严厉打击各类环境违法行为，保障群众健康，维护环境安全。

七是加强环境保护能力建设。针对金融危机背景下，环保工作难点多、工作重、镇乡环保力量薄弱等问题认真解决好机构、编制、经费、人员等问题，全力争取增加人员编制，加大资金投入，建立和完善环境监测网络，提高环境监管水平；加快环境信息网络和数据库系统建设，实现资源共享；加强应急体系建设，强化实验室快速测定与分析，提高环境应急能力。

八是加大环境保护宣传。加大环境保护宣传教育力度，提高各级领导干部、企业决策者及全民的环境意识，充分发挥广播、电视、报刊等新闻媒体的宣传作用，同时加大环境违法行为的曝光力度。

在金融危机背景下，用科学发展观指导环境监察工作

天津市河西区环境保护局副局长　王高峰

根据局长班培训的要求，结合所分管的工作，在学习过程中边学习边思考，对近年来特别是去年以来我区环境监察工作进行了理性反思。我认为，在新的形势下做好环境监察工作，就要以科学发展观为统领，坚持以人为本，坚持依法行政，坚持环境事故无小事，以加强对各类重点源的监管为基础，狠抓环境监察工作不放松，着力提升环境监察工作水平，保障人民群众合法的环境权益，为服务经济、稳定社会提供有力保障。

一、金融危机对环境保护工作的影响

当前宏观经济形势对环境的影响，可以进行正反两个方向的趋势分析：一是从正面来看，受金融危机影响，很多企业停产、歇业或关闭，落后产能得到加速淘汰，在一定程度上减少了污染排放，环境污染的压力将有所缓解。同时，中央把加强环境保护作为扩大内需的重要措施，环保投入进一步加大，污染防治基础设施建设和环境管理能力水平将得到进一步提升，这对控制环境污染和恢复生态功能是有利的。二是从负面来看，金融危机使很多企业利润减少，流动资金缺乏，无钱投入污染治理，企业污染治理设施建设和正常运行的难度加大，偷排漏排风险增加，可能会使企业污染减排更加困难。同时，随着国家经济刺激计划的实施，一些"两高一资"企业可能卷土重来，一些已经淘汰的落后产能、设备和企业可能死灰复燃，污染可能会出现反弹，国内经济走出低谷后的强劲反弹将会给环境带来更大压力。

作为环境主管部门，我们要深刻吸取历次经济周期性波动反弹造成环境更大破坏的经验教训，严把环境准入关，不放"两高一资"行业进入产生新的污染，同时加大对界内工业企业的监管力度，防止出现治污设施不正常运行或偷排漏排，造成超标排污，迎接新一轮经济快速发展带来的环境挑战。

二、应对金融危机，用科学发展观指导环保工作

通过学习实践科学发展观，深刻认识到要把环境监管的本职工作和科学发展紧密结合起来，并把环境监管作为科学发展观的实践活动，进一步解放思想，改革创新，按照"保增长、渡难关、上水平"的总要求，转变思想观念，解决突出问题，创新工作机制，营造良好氛围，使我区的环保工作更加符合科学发展观的要求，把科学发展观贯彻落实到环保工作的各个方面。

在项目审批上，倡导提前介入，严格把关，热情服务，实行首问首办负责制，对于

符合国家拉动内需、节能减排、满足环境准入条件的民生工程、基础设施、生态环境建设等项目，专门开辟"绿色审批通道"，急事急办，特事特办，以最短的时间、最优质的服务完成项目审批工作。开展"五心"、"五一"重点项目优质服务活动。"五心"是：对待群众要贴心，服务企业要热心，接受监督有诚心，提高效能有决心，优质服务有恒心；"五一"是：带一片真情，给一张笑脸，多一句问候，送一份温馨，行一个方便。通过各种举措，做到不让"服务"在"窗口"掉价，不让时间在"窗口"耽搁，不让形象在"窗口"打折，努力营造出一种礼貌温馨、高效快捷的服务氛围，让群众和投资者百分之百的满意。

在监察工作中，应对当前经济形势、进一步对照年初目标，细化分解落实任务，补差补缺，积极开展专项监管活动，确保完成任务。

（1）在行政执法中要严格执行规定的程序，加强宣传，对于有轻微违法事实的，责令改正，积极落实整改的不予处罚，行政执法时不执人情法、态度法，确保公平公正。

（2）在排污收费中实行公开原则，公开排污费收费标准、征收程序及计算方法，对排污单位的规费征收按照实际情况进行核定，确实因当前经济原因造成的停产、半停产等依法给予核减。

（3）在污染源现场执法监察工作中要注意言行举止，采取"执法与宣传并重，与服务同行"的措施，取得被管理对象的理解支持，主动履行相关义务。强化执法人员的服务意识，将全心全意为人民服务宗旨落实到工作中。

（4）加大对污染源头的控制，把开展环保专项行动和日常监管有机结合起来，加大对环境违法行为的查处力度，对恶意超标排放或偷排行为在经济上实行"高限处罚"，坚决扭转"违法成本低，守法成本高"的局面。

（5）全面开展后督察工作，对重点案件的处罚、整改情况进行拉网式检查和逐一核实，对群众长期投诉的突出环境问题进行督办，使环境热点难点问题及时得到解决。

（6）12369环保热线确保畅通，环境监察人员接听电话或接待群众来访时，必须做到文明服务、礼貌待人、态度和蔼、规范用语。记录内容要准确、翔实、简明扼要、字迹清楚，确保受理的投诉准确无误。对于群众咨询，当场答复的则予以答复；不能当场答复的，经请示后予以答复。

（7）对在行政执法因执法不严、不公或不及时而造成社会影响的，在排污收费中乱收费、吃拿卡要的，依法追究相关人员和相关领导的行政的责任。

环境监察将坚持一切以经济建设为中心，一切以企业服务为理念，一切以摆脱危机所带来的负面影响为重点，充分发挥职能作用，全力以赴做好环境监察工作，用实际行动推进我市经济平稳较快发展。

三、今后环保工作应坚持的原则

目前，环境保护部围绕"保增长、扩内需、调结构"的大局已经出台了8条措施，一要坚定不移地加强污染减排工作，确保实现"十一五"减排目标；二要坚定不移地强化环评审批服务，竭尽全力促进经济发展进步；三要坚定不移地严格环境准入，控制"两高一资"项目和产能过剩行业过快增长；四要坚定不移地抓住国家加大投入的有利时机，加强生态环境保护和环境管理基础能力建设；五要坚定不移地加强农村环境保护工作，下大力气切实改善农村环境质量；六要坚定不移地强化环境管理，促进经济建设与环境保护协调发展；七要坚定不移地加快完善环境经济政策，建立健全环境保护工作的长效机制；八要坚定不移地强化环境监督执法，维护人民群众环境权益。

面对机遇与挑战并存、希望与压力同在的复杂形势，我们应该把污染防治工作放到党和国家执政为民的重大战略中去思考，努力实现从被动治理向主动防控的战略性转变，切实增强主动防控能力，在"防"上下足工夫，将主动预防的理念和要求全面贯彻到经济、政治和社会生活的各个方面，贯彻到生产、流通、分配和消费的各个环节，逐步建立起全防全控的防范体系，从国家战略层面解决环境问题，从再生产全过程制定环境经济政策，从生产源头和全过程减少污染物产生。我们要深入分析当前与长远、国内与国际的经济形势和环境形势，统筹考虑环境保护与社会经济的相互关系，增强应对经济周期性波动影响的能力。在经济扩张时期，严格环境准入，转变发展方式，淘汰落后产能；在经济紧缩时期，加强环境监督管理，构建完备的环境管理体系，调动全社会力量参与环境保护。

以科学发展观为引领，打造江苏沿海开发环保新高地

江苏省连云港市环保局局长　陈书军

引　言

今年 6 月 10 日，温家宝总理主持召开国务院第 68 次常务会议，通过了由国家发改委编制的《江苏沿海地区发展规划》，正式将江苏沿海地区开发提升到国家战略层面。在总体定位上，《江苏沿海地区发展规划》将连云港市确立为江苏沿海开发的龙头，要求构建辐射带动能力强的新亚欧大陆桥东方桥头堡，探索设立国家东中西部区域合作示范区。这样一个具有划时代意义和里程碑性质的重大利好消息，引起了国内外各界人士的广泛关注，今天的连云港再度成为世人瞩目的热点和舆论聚集的焦点。预计"十一五"期末，连云港市的 GDP 将突破 1 000 亿元，财政收入达到 300 亿元，固定资产投资达到 1 300 亿元，城市居民人均可支配收入达到 19 200 元，农民人均纯收入达到 7 000 元。至 2020 年前后，全市综合实力将进入首批沿海开放城市的中间集团。在这样一个千载难逢的历史机遇期，环保部门如何抢抓机遇，在沿海开发热潮中为当地经济社会发展建功立业，进一步提升环保工作整体水平是当务之急。作为连云港市的环保部门必须主动融入大发展热潮，坚持以科学发展观为引领，进一步提升发展标杆，树立更加高远的愿景追求，在沿海开发中勇挑重担，在跨越发展中奋发有为，争当沿海开发"排头兵"，在保障经济快速发展的同时，努力将连云港建设成为一个生态良好的魅力城市。

一、沿海大开发带来的新机遇

江苏沿海大开发战略对连云港市的经济社会的发展带来历史罕有的机遇，同样对环保工作也带来了极其难得的机遇，主要体现在以下五方面。一是战略定位"高"的机遇。江苏沿海开发战略从国家层面上将连云港市的下一步发展定位很高，作为处于经济发展第一方阵的环保部门，迎来了展示环保精神风貌，助推经济跨越发展的重大机遇。二是社会关注"全"的机遇。现在全国、全社会，都在高度关注环保，特别是这次国家沿海开发战略第七个大项专门讲环保，老百姓的要求和关注度大多都聚焦在环保上。三是环保监管"严"的机遇。温家宝总理在国务院报告中提到江苏沿海地区发展第七项重点工作"要实施严格的环境保护政策"，其中的"严"就是要求环保部门加大监督，严格管理的机遇。四是环境资源"保"的机遇。温总理在报告中还有一句"强化自然保护区建设和重要湿地、饮用水源地保护"，其中的"保"就是环保工作的机遇。五是污染整治"强"的机遇。报告还要求加强污染源整治，对工业污染源、生活污染源、面源污染强化整治

的问题，这里的"强"也是环保工作面临的机遇。

二、沿海大开发提出的新要求

作为政府主管环境保护的职能部门，在沿海大开发热潮中要把环境保护工作融入经济发展之中，自觉站在沿海开发大局统筹思考环境保护，推动形成以环境保护为手段优化经济结构、转变经济发展方式、促进经济社会又好又快发展的长效机制，为市委、市政府实施积极沿海开发宏观经济决策当好参谋助手，使环保部门全面进入经济社会建设的主战场，置身服务经济发展第一线。这对环保部门提出了新的更高的要求。

1. 解放思想，以新理念谋划全局

在江苏沿海大开发战略实施以后，环境保护工作面临的新情况、新问题层出不穷，在这重要时期，环保部门要以科学发展观作为研究新情况、解决新问题、开拓新局面的重要契机，进一步解放思想，拓宽视野，以崭新的理念推动环境保护工作的全面突破。一是要牢固确立"大环保"理念。环保干部职工牢固确立"大环保"理念，不能就环保看环保、谈环保、抓环保。确立"大环保"理念，就是要立足发展抓环保，跳出环保看环保。积极整合社会资源，努力在借势、顺势和乘势中形成全社会共想环保、共谋环保和共抓环保的整体合力。二是要牢固确立"大机遇"意识。沿海大开发，给环保工作带来工作定位高、服务要求严、防治任务重和社会期盼高等重大机遇，在机遇和挑战面前，环保部门只有迎难而上，激情奉献，才能在挑战中创造机遇，推进环境保护与经济发展的"双赢"。三是要牢固确立"大发展"目标。经济与环保是不可分割的孪生兄弟，沿海开发的目标也是环境保护的目标。在服务沿海大开发中，环保部门要找准位置，坚持环境保护工作融入经济发展之中，服务基层、服务可持续发展，为发展勇挑重担，为发展破解难题。在工作实绩中显示环保位置，坚持把环境保护与服务沿海开发有机结合起来，在统筹兼顾中实现环境保护工作的最大价值。在工作协调中放大位置，注重发挥综合协调作用，调动社会各方面的力量共同推动环境保护事业的发展。

2. 主抓重点，以新目标引领全局

做好沿海开发环境保护工作，要求我们要进一步统一思想，明确目标，重点抓住"一纲六目"，引领环保工作不断向前。"一纲"即是指《江苏沿海开发环保规划大纲》。战略定位决定前途命运，《江苏沿海地区发展规划》对连云港给予特别重视和关注，极大地提升了连云港的战略定位，同样高起点、高标准、高规格地编制好连云港在江苏沿海大开发中的环保规划大纲，对连云港今后发展亦意义非凡。当前必须从环保上来编制战略规划，精心谋划包括环境战略定位、生态建设、环境保护、产业结构布局、海洋环境保护、规划实施和保障措施等规划内容，为抓好环保工作打下坚实基础。"六目"就是要抓好事关沿海开发和涉及全局的环保重点工程，概括起来有以下六个方面：创建国家环保模范城市、饮用水源综合整治、市区水环境整治、餐饮油烟综合整治、重大项目推进与服务和农村环境整治，这些内容均是环保的重点和难点，每一项工作取得的突破，均会对环保工作起到很大的推动作用。我们要围绕环保规划和六大重点工程使整个环保工作纲举目张，提升新的水平，以新的活力来深入沿海开发热潮。

3. 狠抓落实，以新作风促进全局

环境保护工作面临的新形势和新任务，要求环保部门要切实转变工作作风，敢于负责，求真务实，打造激情奉献的环保队伍。在工作中要提升综合素质，强化理论学习和实践锻炼，坚持缺什么学什么，短什么补什么，加快完善综合素质，积极由单面手向多面手转变，切实提升全体环保干部职工的整体水平，精心打造环保的核心竞争力，努力做到以保护环境优化发展，以保护环境改善民生，为建设生态型国际性海滨城市奠定坚实的环境基础。当前，结合沿海大开发，重点要在提升"五力"方面狠下工夫。一是在提升思考力上下工夫。重点是强化"三种意识"即强化环保杠杆意识、责任意识和风险意识。二是在提升协调力上下工夫。重点把握好"三多"，环保工作面临多重叠加要求，协调过程注重多方位思维，推动工作创新多样化手段。三是在提升执行力上下工夫。要实行"三超"即超前谋划工作、超前准备措施、超前服务发展。四是在提升创造力上下工夫。要做好"加减乘除"四则运算。做好加法就是注入全新的环保理念，做好减法就是减去影响环保效能的条条框框，做好乘法就是创新提升环保效能的机制、制度和品牌，做好除法就是革除不合时宜的理念和风气。五是在提升环保文化力上下工夫。要在全系统打造诚信文化、责任文化、廉政文化及和谐文化，努力营造干事创业、激情奉献的浓烈氛围。

三、沿海大开发需要的新举措

实施沿海开发战略，环保各项工作都要有新思路、新举措，沿海开发为环保各项工作提供了难得的机遇，环保部门要积极利用这一机遇，加快环保政策、机制、载体、功能等方面的创新，努力开创沿海地区环保工作新局面。

1. 政策创新

抓好审批创新，全力服务重大项目，重点要在以下四个方面谋求突破：一是坚持超前介入，在积极主动服务上实现新突破。建立项目单位与环保审批的沟通平台，提前介入、靠前指导、全程服务，不断提高重大项目审批效率。二是继续压缩时限，在审批提速增效上实现新突破。进一步压缩项目审批时限，对符合产业政策、无污染或轻污染的重大项目，实行绿色通道。三是简化审批环节，在审批简政放权上实现新突破。进一步扩大县级环境管理权限，将市级审批权按照"依法合规、能放则放、责权统一、规范管理"的原则下放至县。四是优化验收程序，在保障企业利益上实现新突破。完善建设项目环保"三同时"竣工验收管理细则，根据建设项目试生产的实际情况，试行分阶段竣工验收制度，缩短竣工验收周期，对符合验收条件的建设项目在7个工作日内组织验收。

逐步建立生态补偿机制。连云港市自然保护区数量多、面积大，建立生态补偿机制十分必要。江苏省政府出台的相关政策已明确，自然保护区建设与管护经费，要纳入同级财政预算，沿海地区的生态功能保护区建设，省财政要在相关专项资金中给予经费支持。我们要加大工作力度，努力争取上级有关资金和政策上的支持。

2. 载体创新

一是组建环保投资公司。进一步健全环保基础设施建设的多元化投入机制，通过政府控股、企业参股等形式，精心打造环保投融资平台，引导社会资本通过多种形式参与

经营性环境基础设施建设。二是推行排污权抵押贷款。将排污权作为一种具有保值增值功能的资产在市场流通，从而促使企业加大治污力度，促进企业良性发展。企业凭《污染物排放许可证》及环保部门出具的《污染排放评估价值证明书》，即可到银行申请贷款。三是推行绿色信贷。通过在金融信贷领域建立环境准入门槛，对淘汰类新建项目，不予提供信贷支持；对于淘汰类项目，停止各类形式的新增授信支持，并采取措施收回已发放的贷款。

3．机制创新

进一步整合系统内部优势资源，集中优势资源，全力服务沿海大开发；继续创新环境管理模式，重点是建立完善科学考核、形势分析、信息管理、现场工作、齐抓共管"五大体系"。认真落实目标责任制，建立环境月度分析报告制度，建立绩效评估制度，统一建设污染源监控系统、固体废物管理系统、环境应急指挥系统和办公自动化系统等环境管理业务信息系统，完善覆盖全市的环境监测体系、环境监察体系和环境应急体系，积极推进环境监管、应急能力标准化和现代化建设，注重发挥各有关部门的作用，齐抓共管，形成合力，共同推动环保事业的发展；切实优化环境监管。加强开发建设全过程管理，严格把好环保审批关，认真执行环评法律、法规、国家产业政策和环境准入条件等政策要求，防止污染企业借产业转移之机向我市转移。

4．功能创新

进一步创新和放大环保的招商和宣传职能。充分利用和发挥环保在调整经济结构、转变发展方式和引导企业发展方面的杠杆作用，有力促进技术进步、产业升级和布局优化。加强对产业政策、环保要求的研究，合理利用产业政策，积极承接产业转移，主动参与招商活动。加强对环保政策、法规的宣传，充分利用新闻媒体、广播电视和网络信息平台加强对广大群众的环保知识普及，提升广大群众的环保意识。

深入贯彻落实科学发展观，大力发展循环经济

——河南省鹤壁市发展循环经济的实践与对策研究

河南省鹤壁市环境保护局副局长　范小波

发展循环经济，创建节约型社会，是贯彻落实科学发展观的必然要求，体现了以人为本、可持续发展的发展理念，是我国全面建设小康社会的战略选择，符合当今世界发展潮流。河南省鹤壁市作为 2005 年被国务院确定的第一批国家循环经济试点市，在循环经济发展上做出了积极的探索和实践，并取得了显著的成效。2006 年 11 月，吴邦国委员长视察鹤壁时，对该市循环经济发展给予充分肯定并希望"为全国发展循环经济树立标杆"。

一、鹤壁市发展循环经济的背景

鹤壁市是一个典型的依煤而建的资源型城市，大力发展循环经济，不仅能够提高资源利用率，提高经济效益，减少废弃物排放，改善生态和环境质量，而且还能够培育新的经济增长点，转变经济发展模式，是实现资源型城市转型、提升城市综合竞争力、打造城市名片的重要途径。经过几十年的建设，特别是近几年来的快速发展，鹤壁市已初步形成了煤炭、电力、水泥、金属镁和畜牧业生产加工五大优势产业和门类较为齐全的经济发展格局。

丰富的自然资源为鹤壁市这个资源型城市的发展奠定了基础，但是长期以来产业发展结构不合理，资源综合利用率不高，传统的经济增长方式对全市的生态环境带来了许多的负面影响。煤炭行业产生的煤矸石，截至 2004 年全市累计存放 1 500 万 t 左右，占地 45 万 m²，并且仍以每年 50 万 t 递增；矿井水每年排放量在 3 160 万 m³；矿井瓦斯气体每年排放量在 4 541 万 m³。金属镁行业历史上积累的废渣已达 120 万 t，并且每年仍以 1∶12 的比例递增。电力行业产生粉煤灰每年在 36 万 t 以上，排放的废气在 164 亿 m³ 以上。水泥行业产生的废气每年排放量在 95 亿 m³ 以上。化工、造纸等行业，废气、废水的排放也没有得到有效利用和根本治理。

面对日益严峻的环境容量形势、逐步枯竭的自然资源和日益恶化的生态环境，如果继续走传统的经济发展之路，沿用"三高"（高消耗、高能耗、高污染）的粗放型模式，以末端处理为环境保护的主要手段，那么资源存量和环境承载力将不可支持未来经济的快速增长，必然阻碍经济的快速发展，并且会加大对生态和环境的破坏，贻害子孙后代。这就要求我们必须认真贯彻科学发展观，积极探索城市转型模式，调整经济发展思路，加快转变经济增长方式，将循环经济的发展理念贯穿到经济发展、城市建设和产品生产

中，积极推行清洁生产，大力发展循环经济，走可持续发展道路。

二、鹤壁市发展循环经济的实践与成效

1. 抓政策和体制机制完善，着力营造有利于循环经济发展的良好环境

坚持把科学规划作为发展循环经济的先导，把体制机制创新作为发展循环经济的重要保障，调动方方面面的积极性，促进循环经济加快发展、扩大规模、提升层次。

（1）科学规划，明确发展方向和目标。采取聘请国内外知名专家指导、举办循环经济发展论坛等多种形式，高标准、高起点编制了循环经济建设规划，提出了构建循环型工业、循环型农业和循环型城市体系设想，明确了循环经济的重点产业和分阶段目标任务。被确定为全国循环经济试点市后，又编制了循环经济试点实施方案，并顺利通过国家评审。

（2）建立激励约束机制，增强各方面发展循环经济的主动性和积极性。建立了推进循环经济发展的目标责任、评价考核和奖惩机制，把循环经济标准、指标、定额等进行量化、细化，纳入县区、有关部门和企业责任目标考核范围，使之更具科学性和可操作性。制订了鼓励循环经济发展的若干政策规定，在资金、税费、土地等方面给予倾斜。市财政每年拿出 1 500 万元，设立循环经济发展专项资金，用于循环经济项目贷款贴息和奖励；对资源综合利用达到规定比例的企业，视不同产品减半征收或即征即退增值税、减征或免征所得税，全部免收行政事业性收费，低限收取经营服务性收费；对循环经济项目，优先保证土地供应，同时引导金融部门支持循环经济发展。这些优惠政策措施，增强了企业节能降耗、发展循环经济的主动性和积极性，促进了循环经济工作的扎实有效开展。

（3）建立技术创新机制，努力突破关键链接技术。鼓励支持重点企业与大专院校、科研单位联合，加大技术研发和产品开发力度，重点突破循环关键链接技术和节能降耗技术。引进研发了从玉米棒芯中提取醣清、从玉米秆芯中提取低聚木糖、从鸡血中提取生物活性蛋白等一批新技术，以及新型水煤浆冶炼法和蓄热式还原炉技术等先进冶炼工艺，研制了环保节能型电炉炼钢成套设备、高速秸秆资源化收获机等一批节能环保设备。

（4）建立组织，加强领导。成立了以市长为组长的循环经济发展领导小组，设立了循环经济发展办公室，成立市循环经济协会，经常组织开展研讨和交流活动。各县区和重点企业也都设立了循环经济工作机构。

2. 抓资源和废弃物综合利用，着力提高效益、保护环境

针对我市主导产业，通过拉长产业链条、推动产业间相互衔接、围绕废弃物开发新产品、创新生产工艺等措施，使资源得到充分利用，初步形成了煤电化材、食品工业、金属镁等循环经济产业链。

煤电化材产业方面，加大资源整合力度，关闭小煤矿和能耗高、效率低的燃煤小火电机组，重点发展煤变电、煤化工和煤电废弃物综合利用等循环产业链。围绕煤炭的转化升值，发展坑口电站和煤化工。在原有 40 万 kW 电厂的基础上，经国家批准，3 年连续新上总投资 78 亿元的 3 个电厂，全市总装机容量达到 260 万 kW，成为河南省重要的火力发电基地之一，每年可就地转化原煤 500 多万 t。正在建设中的年产 100 万 t 甲醇项

目建成后，每年可转化原煤 200 万 t。同时，加大煤炭资源整合力度，将 100 多家煤矿整合为 31 家，促进了煤炭的节约保护和合理利用，每年还可减少抽采地下水 1 000 万 t。围绕煤电生产过程中产生的煤矸石、粉煤灰、煤层气、矿井水等废弃物利用，建设的综合利用热电厂，不但每年可消耗煤矸石、煤泥、劣质煤 112 万 t，而且替代小锅炉集中供热后，年节约标煤 15 万 t，减排二氧化硫 400 多 t。该电厂所产生的 21 万 t 灰渣全部制成陶粒沙及砌块，可减少灰场占地 20 hm^2。建设的 8 个大型煤矸石烧结砖和粉煤灰制品项目，年产 10 亿块标砖，年消耗 150 万 t 煤矸石和 40 万 t 粉煤灰，不仅消耗掉全市当年产生的煤矸石和部分粉煤灰，每年还可多利用往年堆存的煤矸石 30 万 t 左右。在矿区规划建设的 22 台瓦斯发电机组项目，已建成 14 台，全部建成后年可抽采瓦斯 2 338 万 m^3，发电 6 600 万 kW·h，使全市 90% 的煤层气实现综合利用。建设的年处理 3 290 万 t 矿井水综合利用项目，可全部处理全市煤矿当年产生的矿井水，并基本满足 3 座电厂冷却水的需要。所建电厂全部建设脱硫设施，年可减排二氧化硫 3 万 t，脱硫后伴生的 7 万 t 硫酸钙和亚硫酸钙，用于生产水泥和高品质石膏。淘汰水泥立窑生产线，连续投资 12 亿元建设了年产 400 万 t 的新型干法水泥生产线，成为河南省重要的水泥生产基地。与煤电产业相衔接，利用电厂粉煤灰、废渣作为新型干法水泥企业的掺合料，年消耗粉煤灰和废渣 50 万 t。同力水泥公司利用水泥煅烧过程中的余热，建设的 2×0.9 万 kW 发电厂，可满足自身用电量的 40% 左右，年节约标煤 5.6 万 t。2008 年，全市工业固体废物综合利用率达到 87%。

食品工业方面，围绕畜牧业大市这一优势，在大力发展食品加工业的同时，下大力气抓好农业废弃物综合利用。围绕畜牧养殖业和食品加工业产生的粪便、下脚料等废弃物综合利用，建设了 19 家有机肥厂、4 个大型沼气站和 6 座沼气发电站，年产有机肥 28 万 t、沼气 25 万 m^3，年发电 2 200 万 kW·h。全市 132 家规模化畜禽养殖企业全部完成"无害化和资源化利用"工程，其中绿佳公司一期 1 000 m^3 沼气站已向周边 300 家农户集中供气。大用公司利用鸡血生产的血源性生物活性蛋白项目，综合利用鸡血 1 万 t，可消化周边 150 km 范围内屠宰生产线产生的鸡血。大用公司和永达公司利用鸡骨生产的骨素蛋白生物制品项目，年综合利用鸡骨 4 万 t，大大提高鸡骨利用价值。围绕种植业废弃物利用，建设了年消耗 20 万 t 玉米秸秆的生物发电厂，并以诺华美生物制品、泰新秸秆科技、恒隆泰等企业为重点，利用玉米芯和玉米秸秆分别提取醋清、低聚木糖，开发环保型造纸原料、新型有机肥。通过采取以上有效措施，全市农业废弃物综合利用率达到 80%。

金属镁产业方面，关闭 62 家年产 1 000 t 以下的"小金属镁"厂，将全市金属镁企业整合为 5 家龙头企业。维恩克公司利用工业废水生产水煤浆，用于金属镁企业冶炼，节能达到 50% 以上，年节约标准煤 3.6 万 t。河南东大高温节能材料有限公司年产 10 万 t 镁渣环保陶瓷滤球项目，用冶炼金属镁所排出的废渣——镁渣和煤矸石等废料生产高性能新型陶瓷滤料，年回收利用金属镁冶炼废渣和煤矸石等废料 10 万 t，使金属镁产业循环链条得到进一步完善。

3. 抓示范企业和示范区建设，着力发挥示范带动效应

根据企业能耗、资源综合利用、产业链延伸等情况，确定了第一批 16 家循环经济示范企业，在企业内部推进原料、能源综合循环利用，形成企业内部小循环。目前，综合利用热电厂、维恩克镁业公司、大用、永达、绿佳等企业在同行业中发挥了很好的示范

引领作用。

按照产业布局相对集中、上下游产品连接紧密等原则，确定了 4 个循环经济示范区，编制了示范区建设规划，明确了建设标准和时间进度，积极推进资源循环式利用、企业循环式生产、产业循环式组合的发展模式。淇县畜牧产业区和牟山工业集中区被河南省确定为省循环经济试点园区。加快推进宝山循环经济产业集聚区建设，初步形成了煤、电、煤化工、新型建材等产业相对集中、聚集发展的新格局。与宝山循环经济产业集聚区同步规划建设了 21 万亩林业生态园区，积极推进退耕还林、森林围厂、森林围城等工程。

4．抓节能降耗和污染减排，着力推进资源消耗和污染物减量化

坚持把节能降耗和污染减排作为发展循环经济的核心内容来抓，采取引进推广节能技术工艺等措施，实现资源的最低消耗和污染物的达标排放。

一是强化政府责任推进节能减排。把节能减排目标作为各级政府不可推卸的责任，作为衡量各县区发展循环经济成效的主要标志，建立政府节能减排工作责任制和问责制，明确政府主要领导是第一责任人，逐级分解目标任务，实行"一票否决"。加大环保执法力度，坚决淘汰落后生产能力。近年来，全市共取缔关闭"十五小"、"新五小"企业 182家，年可减少煤粉尘 1.1 万 t、二氧化硫 2 600 多 t。加大环保基础设施的投入力度，3 年来投资 4.9 亿元建设了市环境监测中心和 4 个污水处理厂、3 个垃圾处理站等一批基础设施项目，提高了污染防治能力和节能环保管理能力。严把项目准入关，坚决杜绝不符合国家环保要求和全市产业发展方向的项目落地，新开工项目环境评价执行率达到 100%。

二是强化企业责任推进节能减排。把企业作为节能减排的主体和重点，采取目标考核、清洁生产、能源审计、全程监测等方法，全方位加强监督和管理。严把清洁生产关，在所有企业全面推行清洁生产审核，促进污染防治从末端治理向源头和全过程监控转变。目前，全市已有 20 多家企业通过 ISO 14000 环境管理体系认证。大力推行节能减排新设备、新技术、新工艺，推进资源消耗和污染物减量化。

三、鹤壁市循环经济发展的目标与对策

发展循环经济，要坚持以科学发展观为指导，以优化资源利用方式为核心，以提高资源利用率和降低废弃物排放为目标，以技术创新和制度创新为动力，采取切实有效的措施，动员各方面力量，积极加以推进。在下阶段工作中，主要采取以下对策：

1．进一步加大宣传力度，营造全民参与发展循环经济的浓厚氛围

要通过运用广播、电视、报刊、杂志和印发宣传品等手段，开展形式多样的宣传活动，大力普及循环经济相关知识，广泛宣传发展循环经济的政策，提高对发展循环经济重要性的认识。通过广泛的宣传教育活动，使各级领导干部把发展循环经济的理念贯穿到各项经济工作中去，走可持续发展道路；使企业领导树立循环经济的新观念、新思维，创新发展思路，开拓性地经营企业；使公众树立自觉的环境保护意识和绿色消费意识，自觉抵制浪费行为，逐步形成节约资源和保护环境的生活方式和消费模式。

2．进一步强化领导责任，健全推进循环经济发展的工作机制

要进一步加强对循环经济发展工作的组织领导，并严格落实责任。要完善发展循环

经济目标考核体系，研究制定有关政策，强化督促检查，及时解决循环经济项目、资金、技术等方面的问题，用良好的工作机制扎扎实实地推进循环经济的发展。

3．进一步科学规划部署，建立适合实际的循环经济发展体系

要把发展循环经济作为编制经济发展规划的重要指导原则，以科学发展观为指导，编制符合鹤壁循环经济发展实际的中长期规划，使全市的循环经济有序运作，快速发展，实现经济社会环境的协调可持续发展。

4．进一步抓好示范带动，推动全市产业布局的合理调整

要用循环经济理念指导产业转型，促进产业布局合理调整。一要坚决关停高耗能、高耗水和高污染的小煤矿、小水泥厂、小化工厂，解决历史遗留问题，为发展循环经济扫除障碍。引导企业以调整产品结构、拉长产业链条、全面提升资源综合利用水平为重点，强力推行清洁生产。二要加快发展低耗能、低排放、具有高科技含量的重点项目。三要加快建设生态工业园区，要按照循环经济的理念和工业生态学理论构建生态工业园区。从分析区内现有企业的能源、水和原料利用状况入手，通过引进关键链接项目，形成企业间共生和代谢的生态网络关系，打造园区内循环型的资源流、物质流、能量流、信息流和技术流的高效耦合系统。四要通过试点示范，总结重点产业、工业园区、示范企业实施循环经济的经验，提炼出区域可持续发展的基本模式，做到以点带面，带动全市推进循环经济发展。

5．进一步加强科研和招商力度，走开放式发展循环经济的路子

提高资源利用效率，减少废弃物排放，是企业提高经济效益、保护社会生态环境的重要途径。发展循环经济，建设资源节约型社会，必须要有相关的技术作支撑。要努力突破制约循环经济发展的技术"瓶颈"，重点加强对节能技术、节水技术、链接技术、新材料技术、生态技术的研究开发，促进技术进步和科技成果的转化。培育招商引资载体，加大招商引资工作力度，积极寻找投资合作伙伴，走出一条开放式发展循环经济的新路子。

6．进一步完善政策，建立促进循环经济发展的利益导向机制

一要认真贯彻落实国家有关资源综合利用和废旧物资回收经营等税收优惠政策，不断加大执法监督检查的力度，逐步将循环经济发展纳入法制化轨道。二要结合投资体制改革，调整和落实投资政策，加大对循环经济发展的资金支持。要把发展循环经济作为政府投资的重点领域，并发挥好导向作用，引导各类金融机构和民间资本对有利于促进循环经济发展的重点项目进行投资。三要进一步深化价格改革，健全促进循环经济发展的价格和收费政策，积极调整资源性产品与最终产品的比价关系，完善自然资源价格形成机制，更好地发挥市场配置资源的基础性作用。四要进一步完善财税政策，通过财税杠杆的调节，促进循环经济快速发展。建立生态恢复和环境保护的经济补偿机制，实行大宗再生资源回收处理收费和押金制度，加大对循环经济发展的支持力度。

深入学习实践科学发展观，
积极探索钦州环保新道路

广西省钦州市环保局副局长 符锦成

贯彻落实科学发展观的一个重大成果，就是中央把生态文明建设与经济建设、政治建设、文化建设、社会建设并列为五大建设，作为中国特色社会主义事业总体布局的重要组成部分。这是对生产发展、生活富裕、生态良好的文明发展道路的积极探索。我们要深入学习实践科学发展观，积极推进生态文明建设，大胆探索钦州环保新道路。

一、正确分析钦州环保工作的现状

近年来，市委市政府把经济与环境协调发展放在更加重要的战略位置，作出了一系列重大决策部署，我市环保事业进入了发展最快的时期。我市环保工作围绕保障发展、保护环境的中心，全面履行维护权益、服务社会职能，强化监督管理、污染防治措施，积极推进减排，各项环保工作取得了重要进展，呈现出"两下降、两提高、五加强"的良好态势。

两下降：

按照自治区、市政府的部署，几年来，我们及时将限期治理和污染减排纳入党政"一把手"环保目标，通过实施工程、结构、管理三大减排工程和完善体系、强化督察考核等措施，有力地推动了我市污染减排工作的顺利进行。2007 年化学需氧量排放量、二氧化硫排放削减量也完成了自治区政府下达我市的减排任务。按要求抓好现场减排监察执法。2008 年上半年，国控重点企业 COD、监察达标率分别为 82.2%，两项指标居全区第一。

两提高：

一是通过实行严格的监管措施，全面实现了城市污水集中收集率和处理率、垃圾无害化处理率、绿地覆盖率的显著提高，城市环境综合整治考核排在全区中上水平。近年来，我市城市饮用水源水质达标率，环境空气质量逐年提高，2007 年城市空气质量优良以上天数达 99.7%，2008 年城市空气质量优良以上天数达 100%，声环境控制得到加强。

二是环境监管能力得到新的提高。近年来，我市各级环保机构的领导班子得到加强，人员、编制得到新的充实。同时，环境监测、监察能力建设快速发展，建起了国控水质自动监测站，大气自动监测站，装备和更新了大量监测、监察取证设备。

五加强：

一是围绕中心，服务大局意识明显加强。我局抓住中央加大投资扩大内需的机遇，进一步优化经济发展环境，更好地服务于全市经济建设。2008 年，全市共审批项目 413 个，其中报告书 16 个，报告表 95 个，登记表 302 个（其中灵山县 99 个，浦北县 7 个）。初审区局报告书 11 个。审批项目的总投资约 1 499.43 亿元，环保投资 1.72 亿元。否决不符合产业政策或选址不当项目 6 个。办理建设项目竣工环境保护验收 50 个。

二是执法监管工作明显加强。近年来，我市加大了环境信访工作的调处力度，2008 年全市共接到环境污染纠纷投诉 373 件，调查处理结案 367 件，查处结案率 98.3%；调查处理环境污染事故 2 件，查处结案率 100%。承办人大建议共 5 件，其中主办 3 件，2 件协办；承办政协提案 8 件，其中 1 件为重点提案，全部按要求办复。继续深入开展整治违法排污企业、保障群众健康专项行动。共出动人员次数 690 人次，检查企业 304 家次及饮用水水源保护区 17 个。立案企业数 8 家，对被立案查处的 8 家超标排污企业限期治理，其中挂牌督办企业 2 家。

三是排污收费工作得到加强。通过签订责任书，明确收费任务和任务分解到小组的做法，推进了排污收费工作开展。按照"依法、全面、足额、及时"的要求征收排污费，2008 年全市共征收排污费 688.3 万元。

四是科研监测工作不断加强。2008 年完成了钦州市城区大气常规监测数据 1 621 个，地表水常规监测数据 1 512 个，降水监测数据 1 041 个，降尘监测数据 20 个，完成了 32 个企业验收监测数据 7 470 个，完成污染事故调查监测数据 855 个。提供各种环境监测报告总量 194 份。编写环评报告书 7 个，完成建设项目报告表 48 个。

五是环保宣传工作得到了加强。近几年，我市通过"六·五"世纪环境日和"环保世纪行"活动等形式，广泛深入地开展了环保宣传活动，使社会各界的环保意识得到很大提高，群众参与环保活动的主动性和自觉性有所增强，群众对环保工作的满意度显著提升。

在看到成绩的同时，也要看到环境形势依然严峻。

一是污染减排形势仍然不容乐观。由于企业利润下滑，部分企业治污设施正常运行的压力加大，偷排漏排的风险增加，一些地方"两高一资"企业有可能卷土重来，一些已经淘汰的落后产能、设备和企业也可能死灰复燃。这些都会削弱减排成果。

二是执法监管力度不够，与促进环境保护同经济发展"双赢"的基本要求不相适应。具体表现为重审批、轻监管、企业不执行"三同时"的现象依然存在。

三是环境污染仍然严重。污染转移的压力还在增加，环境违法现象仍较为普遍，突发环境事件仍呈高发态势。

四是环保宣传力度还不够，与资源节约型、环境友好型社会建设的总体要求不相适应。具体表现为虽然这几年环保宣传力度不断加大，但是在宣传的深度、广度还不够，有些企业领导不知道环保法律法规的要求。

五是环保系统还存在许多不适应工作需要的问题。基础不牢、执法不严、能力不强、监管薄弱的问题普遍存在，甚至在一些地方表现得还很突出，特别是思想观念、方式方法、工作能力很不适应形势发展的需要，成为制约环保事业发展的重要因素。

对于这些问题，我们要创新工作方法，努力加以解决。

二、提高认识，进一步增强做好环保工作的责任感和紧迫感

我们要从推进广西北部湾经济区建设的战略高度去认识，用全局的视野去把握做好环保工作的重大意义，进一步增强探索钦州环保新道路的自觉性和责任感。

第一，我们必须认识到，加强环境保护，是落实党的十七大精神的重大举措。党的十七大报告把环境保护提到了政治高度，首次提出了"建设生态文明"，并明确提出了"主要污染物排放得到有效控制，生态环境质量明显改善，生态文明观念在全社会牢固树立"的战略目标，体现了国家对环境保护工作的高度重视，表明环境保护工作已经成为现阶段党和政府的一项重要工作，环境保护的理念、战略和工作将更加全面深入地融入经济社会的发展全局。钦州作为临海工业城市，环境保护在全市经济社会发展中的作用和地位越来越突出，越来越重要。全市各级党委、政府，特别是党政"一把手"，要充分认识到抓好环保工作是贯彻落实好国家方针政策的具体要求，是考验各级领导干部的行政能力、体现工作水平和效果的重要所在。因此，全市各地区、部门和单位要切实把环境保护工作放在更加突出重要的位置，才能实现又好又快发展。

第二，加强环境保护是实施《广西北部湾经济区发展规划》的必然要求。随着国务院正式批准实施《广西北部湾经济区发展规划》，广西北部湾经济区开放开发上升为国家战略，这对地处北部湾经济区核心区域的钦州来说，正面临着一个千载难逢的发展机遇。面对新机遇、新形势和新任务，我们必须协调好经济发展与资源、环境的关系，既要强调 GDP 增长，也要强调生态环境和可持续发展；既强调物质财富，也要强调生态文明建设。历史已经证明，要坚持科学发展观，就必须摒弃拼资源、拼消耗、拼环境承载能力的老路，更不能走"先污染、后治理"的道路，而是要勇于创新，大胆探索，走出一条新型工业化、城镇化和农业现代化的跨越式发展新路。这决定了我们必须实行环保优先的发展方针，以更大的决心和实际的行动，不断加大环保工作的力度，为推动钦州实现经济社会又好又快发展提供环保支撑。

第三，加强环境保护是实现全面奔小康奋斗目标的重要内容。按照党的十七大确定的全面建设小康社会的新要求。全面建设小康社会指标体系中，节能减排、环境综合整治、生态建设等环保中心工作已成为重要组成部分。如果一个地方的经济发展了，人民生活富裕了，但是人居环境恶化了，这样的社会就不是真正的小康社会，也不会得到广大老百姓的认可。我们一定要站在为民谋利益的高度，切实加大环境保护和污染治理力度，让人民群众喝上干净的水、呼吸新鲜的空气、吃上放心的食品，最大限度地满足人民群众对居住环境、生活环境、生态环境的需求，努力创造一个人与自然和谐共处的良好环境，这样的小康社会才是全面的，才是健康的。

第四，加强环境保护是建设生态钦州的根本任务。建设生态钦州，是市委、市政府对钦州城市发展的基本定位。近年来，我市在生态建设方面成效明显，全力推进生态建设，加快污水处理厂建设步伐，江河水质持续改善。但同时我们也应该看到，我市产业结构不合理、污染治理欠账过多、资源特别是水资源短缺、资源能源利用率不高等问题，正在日益成为制约我市生态建设、影响人与自然和谐发展的重要因素。只有不断加强环境保护，加大环境污染治理力度，大力推进循环经济和清洁生产，才能加快推动经济增

长模式的根本转变，促进城市发展布局的进一步优化。市委、市政府关于创建生态市的战略决策，突出体现了"以人为本"的城市发展理念，认真落实建设生态市的要求，必然会加大环境保护力度，加快全市公共设施建设步伐，带来钦州城市面貌的全面改观，才能够有效提升城市品位，提高城市知名度，为市民创造便捷的生活条件，提供良好的人居环境。

总之，新的形势、新的任务要求我们一定要从落实科学发展观、构建和谐社会的战略高度，进一步提高对环境保护工作的认识，以高度的责任感和使命感，自觉把环境保护工作摆在更加重要的位置，知难而进，真抓实干，努力将全市环保工作提高到新的更高的水平。

三、突出重点，统筹兼顾，推进环保工作全面发展，建设资源节约型和环境友好型社会

我们要深入贯彻落实科学发展观，按照党中央、国务院和自治区对环保工作的各项要求，把加强环境保护与扩大内需、提高发展质量效益、促进社会和谐有机结合起来，加强环境基础能力建设，加快环评制度改革创新，扎实推进污染减排，加大重点流域区域污染治理力度，全面开展农村环境保护，积极防范环境风险，着力解决危害群众健康、影响可持续发展的突出环境问题，努力改善环境质量，推进我市经济社会又好又快发展。

1. 锁定目标，多措并举，扎实推进污染减排工作

污染减排是转变经济发展方式、优化经济结构的重要手段。2009 年是完成"十一五"减排任务的冲刺年。要全面落实国务院、自治区节能减排综合性工作方案，加快推进工程减排、结构减排、管理减排，务求取得突破性进展。

加快推进工程减排。治污设施是污染减排的工程技术保障。要坚持一手抓新建，一手抓运行。继续抓好城市污水处理厂及配套管网、燃煤电厂脱硫设施建设，尽快发挥减排效益。积极推进灵山县、钦州港污水处理厂建设，启动浦北县污水处理厂建设。同时，做好国控重点污染源在线监测工作，制定并严格执行重要污染治理设施运行监督管理办法，对违法违规排污和污染治理设施建成而不运行的，要依法处罚。

加快推进结构减排。淘汰落后产能是调整产业结构、削减污染负荷的有效措施。要加大力度督促执行国家产业政策和年度落后产能淘汰计划，促进水泥、淀粉、冶炼、造纸、酒精等行业落后生产能力有序退出。

加快推进管理减排。要抓紧完善污染减排统计、监测和考核三大体系，加快实施污染源自动监控、执法监督、监督性监测、信息传输与统计、环境质量监测能力建设等重点项目，尽快形成能力，促进减排责任的落实。要以电力、钢铁等高耗能、高污染行业为重点，强化排污许可执行情况的监督检查。健全减排核查核算制度，制定出台环境数据统计审核办法，增强减排数据的科学性。

2. 围绕中心，服务大局，全面提升环保效能

环评工作既要为保持经济平稳较快发展做好服务，又要为控制"两高一资"借机扩张把好关口。要坚持理念创新、方法创新、机制创新、手段创新，从过去单纯注重环境问题向综合关注环境、健康、安全和社会影响转变，不断深化环评工作。要拓宽领域，

加强调控。着力强化项目环评,切实加强规划环评,积极探索战略环评。

要做好服务,把好关口。做好服务,就是要对民生工程、基础设施、生态环境建设等投资项目,加快审批,为中央扩大内需政策支持的项目开辟环评审批的"绿色通道"。把好关口,就是要对国家明令淘汰、禁止建设、不符合国家产业政策的项目,一律不批;对环境污染严重,污染物不能达标排放的项目,一律不批;对环境质量不能满足环境功能区要求、没有总量指标的项目,一律不批。同时,对于涉及饮用水源保护区、自然保护区、风景名胜区等环境敏感区的项目,也要严格限制审批。

要强化验收,全程监管。进一步理顺建设项目竣工验收管理体制,加快实行分类管理,建立健全现场督察机制。要推进和规范环境影响后评价和环境监察工作,扭转"重审批轻监管"的被动局面。

3. 突出重点,落实责任,加快推进重点流域区域海域污染防治工作

重点流域污染防治是中央新增投资支持的重点。加快实施规划项目,对扩内需保增长、完成重点流域规划任务具有重要的促进作用。实施好项目,关键在于加强领导、严格考核、加大投入。要积极储备新的项目,争取中央和自治区政府投资的支持;要强化水污染防治工作目标责任制。要推动实施茅尾海环境保护总体规划,加大海洋环境保护工作力度。

切实加强饮用水水源地保护工作。饮水安全直接关系到千家万户的正常生活,任何时候都不能掉以轻心。要对农村集中式饮用水水源地环境基础状况开展调查,探索保护农村饮用水源的有效模式。要依法取缔关闭饮用水源保护区内的违法建设项目。

加强区域大气污染联防联控。要坚持以人为本,着力解决水污染、颗粒物、噪声、餐饮业污染、生活垃圾与机动车尾气污染等群众反映强烈的环境问题,进一步加大城市环境综合整治力度,做到请群众参与、受群众监督、由群众评判、让群众满意。

4. 坚持"以奖促治",加大农村环境保护和生态保护工作力度

农村环保是大有作为的新领域,做好农村环保工作对于促进解决"三农"问题、拉动经济增长具有重要意义。要深入贯彻落实全国农村环境保护工作电视电话会议精神,充分发挥中央农村环保专项资金的示范带动作用,落实好"以奖促治"和"以奖代补"的政策措施。同时要做好今年的项目申报,稳步推进农村环境综合整治。全面完成全国土壤污染状况调查,着力整治畜禽养殖污染、生活污水垃圾污染、工矿企业污染和土壤污染,加快推进农村环境保护基础设施建设,增强农村污染防治能力。加大生态保护工作力度。

5. 坚持维护人民群众环境权益,加大环境执法监督力度

环境执法监督是维护人民群众环境权益的有力武器。实践证明,环保专项集中整治可以极大地震慑环境违法行为。要继续深入开展环保专项行动。开展重点流域集中督察,加大对各类违法排污行为的处罚力度。要对典型案件挂牌督办,确保查处到位、整改到位。对整治不力的,要严格依法处罚,并追究有关人员的责任。要借助社会舆论力量,达到查处一家、震慑一方、影响一片的效果。要拓展环境执法监督领域,积极开展试点,探索生态保护和农村环保领域执法监督的途径和方法。加强生态旅游区、矿产资源和旅游开发环境监管。要加大后督察力度。对重大环境违法案件,既要有调查,又要有处理,更要跟踪督办,直到问题彻底解决为止。要集中力量对挂牌督办企业进行环保后督察,

抓落实、见成效、树权威，切实维护群众环境权益。要落实和完善突发环境事件应急预案预防预警措施，加强应急演练，积极应对突发环境事件，有效防范环境风险，保障环境安全。加强监管，确保核与辐射安全。要大力加强机构建设，切实提升核与辐射安全监管、预警应急监测及反核恐怖应急能力。

6. 选准突破口，努力抓好环境科技、法制宣传教育工作

要做好环境质量监测，客观反映环境质量状况；强化重点污染源、城市集中式饮用水水源地、近岸海域、生态保护和建设项目竣工环保验收等监督性监测工作，为日常环境执法监督提供依据；高度重视应急监测工作，为应对突发环境事件提供数据支持。要提高环境监测数据科学性、规范性，加快建立先进的环境监测预警体系。

要紧紧围绕建设生态文明、探索环保新道路等重点、热点和焦点，全力做好环境宣传教育，表扬和宣传环境与经济协调发展的典型，努力克服经济困境继续加强污染治理的企业典型，既拉动内需又发挥减排效益的工程典型；批评和曝光"两高一资"项目盲目抬头问题突出的企业，污染治理设施建而不用现象普遍的单位，为环境保护工作营造良好的舆论氛围。

7. 狠抓学习实践活动成果转化，深化"五大建设"

要加强思想建设。科学发展观对各级领导班子和党员干部提出了新的更高要求。要按照学习实践活动的部署，积极开展建设"好班子"活动，转变不适应不符合科学发展观的思想观念，进一步强化政治意识、大局意识和责任意识。

要加强作风建设。要发扬求真务实的精神，兴调查研究之风，务解决问题之实。要坚持讲实话、办实事、求实效，深入实际，靠前指挥，努力把环保事业不断推向前进。要牢固树立服务意识，想企业之所想，急企业之所急，济企业之所困，在严格执法的同时，实实在在地帮助企业解决实际困难。要在深入调研的基础上，加快推进环评单位与环保部门脱钩，尽快建立公平公开、统一竞争的环评市场。

要加强组织建设。要按照转变职能、更新方法、突出重点、提高效能的原则，强化统筹协调、宏观调控、监督执法、公共服务职能，完善体制机制，进一步增加机构和人员编制。同时，积极推动事业单位分类改革，构建科学合理的技术支持保障体系，从组织、机构、人员上增强推进历史性转变的能力。

要加强业务建设。各级领导干部要加强学习经济、金融、法律等方面知识，适应机构职能的变化。继续深入组织开展环境保护大培训，扩大基层环保工作人员培训覆盖面，不断提高业务能力。

要加强制度建设。认真执行各项工作规则，做到制度严密、程序规范、责任清晰、奖罚分明，形成用制度管权、用制度管事、用制度管人的良好机制。要按照中央《建立健全惩治和预防腐败体系 2008—2012 年工作规划》的要求，着力在教育、制度、监督、改革、纠风、惩处上下工夫，稳步推进惩防体系建设。

全面贯彻落实科学发展观，努力改善环境质量

内蒙古自治区乌海市环境保护局局长　李春晓

在参加国家环保部组织的 2009 年第二期地市环保局长培训班期间，我就全面贯彻落实科学发展观，加强环保部门思想、组织、作风、业务、制度建设，提高工作效率和服务水平，全面加强环境保护工作，努力改善环境质量等方面进行了深入思考，形成了几点想法和体会。

一、用科学发展的观点，认真分析解决制约环保事业科学发展的突出问题

1. 坚持解放思想，着力解决环保部门思想认识与环保事业科学发展不适应的问题

科学发展观，第一要义是发展，核心是以人为本，基本要求是全面协调可持续，根本方法是统筹兼顾。在当前的实际工作中，乌海环保局的部分干部对科学发展观的学习还存在浅尝辄止的现象，缺乏落实科学发展观的自觉性和坚定性；个别班子成员还不同程度地存在思想不解放，眼界不开阔，工作不主动，落实科学发展观仅仅停留在口头上，心中没想法，手里没办法等问题。为此，要通过科学发展观大学习和大讨论，进一步解放思想，更新观念，使全体干部职工形成环保部门落实科学发展观的三个共识：第一，环境保护是落实科学发展观的核心内容，必须处理好"快"与"好"的关系。目前，经济社会发展与资源环境压力加大的矛盾，成为乌海最尖锐、最突出的矛盾之一。加快解决这一矛盾，是推进乌海市变"增长方式"为"发展方式"，实现又好又快发展的关键所在。而在此过程中，环保部门被历史性地推到了最前沿，肩负着推进经济结构调整和产业优化升级，以环境保护优化经济增长的重大历史使命。第二，改善环境质量是所有环保工作的出发点和落脚点，必须处理好为发展提供更多环境容量和为人民群众创造更好环境质量的关系。对环保部门来说，环境质量的改善是硬道理，我们工作做得再多，环境质量不改善，群众就不答应，社会就不满意。因此，在加大污染减排力度、腾出环境容量支持发展的同时，我们要更加注重人民群众的环境感受，顺应群众渴求在良好环境中生产生活的期待，认真解决好群众关心关注的突出环境问题，努力使人民群众享有高质量的小康生活。第三，环保部门是一个综合管理部门，必须处理好执法监督与宏观管理的关系。当前，环保和金融、信贷、土地一样，越来越成为国家宏观调控的重要手段。因此，环保部门在做好环境执法监督、加强业务创新的同时，要加快由专业执法部门向宏观管理部门的转型，主动参与宏观调控，从经济社会发展大局出发统筹思考环境保护，从宏观战略层面切入解决环境问题，从生产生活的各个环节和各个领域综合考虑拟订环境经济政策，提高综合运用法律、经济、技术和必要的行政手段来解决环境问题的水平。

2．坚持民主集中制，着力解决环保部门领导班子和干部队伍思想政治建设与环保事业科学发展不适应的问题

领导班子是引领事业前进的核心力量，干部是推进事业发展的决定因素。近年来，乌海环保局在加强班子思想政治建设、选拔任用优秀干部、落实党风廉政责任制、完善决策程序等方面做了一些工作，取得了一些成效。但是，还存在着一些亟待解决的问题，如制度不健全、执行不好等。为此，要通过开展科学发展观学习实践活动，严格执行民主集中制的组织原则，领导班子成员之间要相互信任，相互支持，相互谅解，相互补台，大事讲原则，小事讲风格，团结一致想大事、议大事、干大事，进一步提高科学决策、民主决策水平。加强班子思想政治建设，带好干部队伍，打造一支能适应新形势、新任务需要的高素质环保队伍，进一步增强环保部门推动科学发展的能力、驾驭复杂局面的能力、团结奋斗的能力和防腐拒变的能力。

3．坚持从严治局，从我做起，着力解决环保部门工作水平和工作作风与环保事业科学发展不适应的问题

受国家环保部开展"从严治局、从我做起"活动的启发，乌海环保局把"从严治局、从我做起"作为正在开展的学习实践科学发展观活动的载体，力图达到"促进全局工作充满生机和活力，增强服务意识、责任意识、大局意识，进一步提高工作效率、提升工作水平、促进廉政建设"的目的。近年来，乌海市环保局在制度建设和机关作风建设方面下了一些工夫。去年，制定了乌海市环保局工作规则和党组工作规则，明确排污费核定、项目审批管理、大额资金、干部提拔使用等重大事项必须由局务会集体研究决定。通过整章建制、严明纪律，使全局工作作风有所转变，工作水平有所提高。今年，在科学发展观学习实践活动中，又把"从严治局、从我做起"这一载体和基本要求贯穿始终，坚持边学习、边调研、边整改，加强环保部门政风行风建设，大力推进首问责任制、"一次性"告知制、全程办事代理制等便民利民措施。在整章建制和规范工作程序方面，进一步提升了建设项目环境管理工作水平。同时，修订完善了《乌海市环境保护局建设项目环境影响评价文件审批程序》，对建设项目环境影响评价文件的受理、评估、审查、审批等各环节工作做出明确规定。为应对国际金融危机对我市实体经济的影响，帮助企业渡过难关，为符合国家拉动内需重点投资方向、满足环保准入条件的项目开辟了环评审批"绿色通道"，通过提前介入、缩短审批时间、简化环评、跟踪服务等举措来提升审批效率，提高服务能力。为进一步加大环境监管力度，提高执法效能，报请市政府出台了《关于进一步调整市区两级环境监管职能及排污费分成管理的通知》，进一步强化了市区环保部门环境监管职能，推动执法重心下移，形成执法合力。为确保排污费依法足额征缴，今年 4 月，成立了由监察支队、污控、总量、监控、监测、纪检监察和三区环保局组成的排污费核定小组，对市本级及各区规模以上企业的排污费进行核定，努力使排污费征收对于污染治理和淘汰落后的经济杠杆作用得以充分发挥。针对可能出现的廉政风险问题，4 月份，全面开展了廉政风险点查找工作，针对廉政风险点要求各工作环节制定廉政风险防范制度，着力构建廉政风险防范体系。加大对重点岗位的交流轮岗力度，今年下半年要对科级干部进行交流轮岗、竞争上岗。在此基础上，进一步严格管理队伍，严格执行制度，严格权力监督，以具有环保行政许可项目审批权力的所有岗位和工作环节为重点，进一步修订完善工作流程图，完善工作程序、制度，加强监督检查。要通过不断加强机关思想、组织、作风、业务和制度建设，使"从严治局"做到制度严密、程序规范、责任清晰、奖罚分明，形成用制度管权、管事、管人的良好机制；"从我做起"做到每一个干部特别是局领导班子成员都能严格要求自己，从身边小事做起，时刻牢记党的宗旨，始终保持昂扬向上的精神状态，兢兢业业、干干净净地为国家和人民工作。

关注民生，倾全力解决老百姓关心关注的环境问题，4 月份，局领导班子成员走进市政府纠风办与电台联合主办的行风热线，倾听老百姓的声音，认真解决他们的环境诉求，并将局长手机号码向全社会进行了公布。同时，将环保局班子成员的手机号码在市环保局网站上进行了公布，广泛征求广大市民对乌海市环境保护工作的意见和建议，严肃查处群众举报的环境违法行为。

4．坚持以人为本，着力解决生态环境改善不适应的问题

乌海市学习实践科学发展观活动的主题是"科学发展、构建富裕文明和谐生态乌海"，载体是"重环境、调结构、创新富民"，总体要求是党员干部受教育、科学发展上水平、人民群众得实惠。作为环保部门，一方面，要通过学习实践活动，解决在执法监督、内部建设管理、行风政风建设方面的问题，努力改善行政执法环境；另一方面，更要着力解决危害人民群众健康和影响可持续发展的突出环境问题，努力改善环境质量。近年来，乌海市经济社会发展步入了快车道，地区生产总值连续 13 年实现两位数增长。但与此同时，也付出了沉重的资源环境代价，大气污染防治形势严峻，水体不同程度地受到污染，矿产资源破坏和浪费严重，部分区域生态破坏加剧，严重危害群众身体健康和经济可持续发展。这些问题如果解决不好，发展的资源支撑不住，环境容纳不下，发展持续不了，就可能出现"为官一任，不但不能造福一方，却祸害一方"的情况。因此，环保部门必须不断增强做好环境保护工作的责任感和紧迫感，通过努力改善环境质量，维护和保护好人民群众的环境权益，努力提高乌海人民的环境满意度和幸福指数。

二、落实科学发展观，采取有力举措改善环境质量

科学发展观是关于发展的方法论，环保工作落实科学发展观就是要通过解决制约发展的环境问题来实现和体现科学发展观的价值。

1．从决策源头控制污染，全力以赴推进规划环评工作

环境影响评价就是通过对建设项目实施后可能带来的对周围环境的影响进行评估，提出预防或减缓不利影响的措施，以达到科学有序发展的目的。在落实科学发展观过程中我们切实感受到，规划环评是环保部门实践科学发展观的重要抓手，也是解决资源环境制约经济发展的平衡点之一，在推动产业结构的调整、实现产业合理化布局方面会起到重要作用。一是规划环评从决策源头规划产业布局、资源利用、环境承载力，能较好地处理各种环境矛盾。目前许多环境问题是产业布局和结构不合理引发的，新上马的工业项目从单个上看是符合环保要求，但如果摆布不当，不仅地方环境与资源不能承载，而且会带来交叉污染。因此，做好规划环评是从源头上防范结构性和布局性环境风险隐患的关键环节，可有效发挥其在提升产业层次、调整优化产业结构、合理产业布局、降低污染排放方面的重要作用。二是充分发挥规划环评对于实现经济"又好又快"发展的积极作用。按照《环评法》及其他相关规定，列入规划内的项目，如建设项目的性质与

规划所确定的性质一致，规划已对热源、水源和污染排放等有明确的规定，可以简化评价内容；而对于纳入规划内的环境卫生公益类项目、使用规划内已有项目的废弃物做原料的新建项目、实现循环生产的项目等则可以简化审查程序。因此，按照国家和自治区的要求，所有工业园区或行业发展规划，必须进行环评，其根本原因就在于，规划环评就是一个大的发展蓝图，符合蓝图要求的项目，可以在最短的时间内、最简化的程序办完环评审查，真正体现又好又快的科学发展观的理念。

2. 从污染源头控制污染，抓好建设项目环评审批工作

通过大量的实践和科学的调研，建设项目环评工作不仅在减排工作中起到控制新增污染物的把关作用，而且建设项目环评可以在推动工艺、设备的技术升级改造，调整产业布局，有其他审批无可比拟的优势。因此，要把建设项目环评审批作为解决经济发展与环境保护之间矛盾的关键环节和落实科学发展观、减少污染物排放、减轻资源与环境的压力、提高建设项目科技含量等的重要关口来掌握。明确建设项目环评审批"总量指标"前置制度和"七不批"原则，解决建设项目的随意性，从源头控制污染产生，改善环境质量，保护人民环境权益。

3. 强化污染物减排，控制好地区污染物排放总量

减排工作是环保部门落实科学发展观，实现经济快速发展重要抓手之一。经济的快速发展离不开建设项目的支撑，离不开排污总量，没有项目谈不上发展，而没有排污总量，所有的项目都要束之高阁，经济发展也就变成纸上谈兵，更不要说科学发展。因此，排污总量问题成为各级政府关注的焦点，作为各级的环保部门更是想方设法为地方经济发展提供更多的环境容量。

一是大力推进主要污染物减排，确保增产不增污、增产减污。"十一五"以来，乌海环保局提出以环境保护优化经济增长，大力实施污染物减排，努力实现增产不增污、增产减污，改善环境质量的目标。2007、2008两年乌海市两项主要污染物指标实现了双降，而且全市经济一直以两位数的速度持续增长，可以说基本实现了增产不增污、增产减污的目标。但是，尽管2007、2008两年连续实现双降，但是到目前为止，乌海市二氧化硫减排仅完成了"十一五"任务的37%，化学需氧量减排完成了"十一五"任务的87.5%，并且在国家实施扩大内需、拉动经济增长的政策下，作为一个资源型工业城市，还要面临巨大的污染物新增量的削减问题，减排形势十分严峻，减排目标任务仍然十分艰巨，容不得一丝懈怠。为此，必须注重从经济、政策、法律、技术和必要的行政手段等多角度推动减排工作。在今年2月份召开的乌海市环保大会上，市政府拿出218.5万元首次对2008年全市30个污染减排和环境保护先进单位，以及20名先进个人进行了表彰奖励。市政府印发了《2009年度全市主要污染物减排计划》，将减排年度目标纳入各区政府及有关部门实绩定量考核体系，市政府与各区和相关单位签订了减排目标责任状，严格实行问责制和"一票否决"。继续实施绿色信贷，按照与人行乌海市支行、市银监局联合出台的《关于贯彻落实环保政策法规规范信贷风险的意见》，已向金融部门提供今年第一季度企业的环境违法行为信息，对存在环境违法行为的企业分别实施限贷、停贷、收贷。同时，积极探索依靠科技进步推进节能减排。针对乌海市电力、焦化、建材等行业余热资源集中、总量大、利用途径多的现状，与发改、经委、热源企业组成考察组，赴余热利用工程技术和运营比较成熟的北京、包头、山东临沂进行实地考察，积极引进节能减排

关键性技术和工程项目，引进北京昊华远航工程技术有限公司和中国科学院工程热物理研究所研究开发了乌海市工业余热循环利用"311"高科技示范工程。该项目实施后，既可满足企业自身蒸汽、热水的需要，又可取代各经济开发区、城区内燃煤锅炉，争取用 3 年左右的时间，建成余热、余压循环综合利用项目，实现年节约 120 万 t 以上标准煤，减排二氧化硫 1 万 t 以上的目标。

二是腾出环境容量，扶持符合国家产业政策和环保要求的新项目上马，支持全市经济建设。要积极配合有关部门加大落后生产工艺、设备、产品的淘汰力度，对 300 万 t 焦炭、30 万 t 炼铁、5 万 t 电石和铁合金落后产能予以淘汰。同时，建立淘汰落后产能公示制度，将已经关闭淘汰的企业、生产线、生产能力等定期向社会公告，巩固关停小企业成果。加强重点行业企业治理。重点加强神华大漠发电厂、乌海化工自备电厂、蓝星玻璃、西水自备电厂、千峰自备电厂脱硫设施建设及其他污染源的治理。新建 100 万 t 焦化厂严格执行环境保护"三同时"制度，对未配套建设脱硫设施、废水处理设施及没有煤气综合利用的一律不得烘炉投入试生产。重点抓好城市污水处理厂和经济开发区污水处理厂及配套管网、燃煤电厂脱硫设施建设和已建成污水处理厂运行的监管。

4. 抓好污染防治，改善全市环境质量

科学发展观的核心是以人为本，环境保护的根本任务则是改善环境质量，优化人居环境，二者是内在的统一。无论是抓污染物减排还是严把建设项目环评审批关，其根本目的就是要改善环境质量。说一千道一万，最后环境质量没有实质改善，广大人民群众就不认可，就是环保没干好工作，就是没落实好科学发展观。在解决空气污染上，乌海环保局积极组织推进新形势下的蓝天工程和城区环境质量二氧化硫达标专项整治工作，全面开展机动车尾气治理工作。以内蒙古自治区建立"小三角"区域联防联控机制为契机，逐步解决乌海市及周边小三角区域空气环境污染问题，努力使全市空气质量持续好转。

全面开展流域水污染防治和饮用水源地保护工程，认真落实水源地保护措施，加强沿黄企业治理与监管，以水环境保护为主要内容组织开展环保专项行动，突出抓好农村饮用水水源的环境保护和水质监测与管理，严厉打击危害水环境安全的违法行为，努力改善水环境质量，确保让母亲河休养生息、让人民群众喝上干净水。

5. 建设与监管并重，保护好生态环境

由于自然原因导致的生态环境破坏，属于不可控范畴；在加强生态保护方面，环境保护工作的重点是解决人为原因带来的破坏行为。一方面对有科研价值、生态价值、珍稀植物集聚区等自然保护区、生态功能区和林地、湿地、沙地加强保护，纳入市级、自治区或国家级保护系列，杜绝破坏行为；另一方面停止在自然保护区、环境敏感区、生态脆弱区等除生态保护类项目的审批；通过联合执法打击乱砍滥伐、乱采滥挖等生态破坏行为；认真组织矿产资源开发综合整治专项行动，坚决整治矿山开采和生产经营中的违规开采、环境污染、安全隐患、水土流失、煤田和煤矸石自燃等突出问题，确保矿区环境污染和生态破坏得到有效控制。

6. 治理环境风险隐患、杜绝环境污染事件

环境污染事故基本上是由安全生产事故引发的次生事故，其影响范围广、持续时间长、危害后果显现迟，因此环境污染事故给社会和人民生命带来的损害更大。环境污染事故重在预防，把好环境风险隐患防范关，实现从源头上控制环境风险隐患，即从项目

的选址，到污染防治设施的施工，直至项目的验收投运，实行全过程监管，并落实责任人。定期开展重点行业和环境敏感地区的风险隐患排查，针对化工、焦化等不同环境隐患实行有效专项整治，对重大环境风险隐患的企业实施挂牌督办。特别是有毒有害化学品生产、经营、运输等化工企业不仅要建立健全环境污染事件应急处理机制，还要定期进行环境事故应急处置演练，提高应急处置能力，有效防止和妥善处置突发环境事件。

7. 强化资源综合利用，提高资源利用率

实现经济社会又好又快地发展，必须解决资源的可持续承载力问题。在提高资源利用率上，对于新上建设项目，严格审查原料的用量及来源、工业用水来源及水循环利用率、项目清洁生产水平、清洁能源使用率、生产废物"减量化、再利用、资源化"水平，严格控制新上"两高"项目；对资源消耗大，综合利用率低的已建项目实施强制性清洁生产审核；对于矿产资源开发集中的地区，上大压小，推动资源整合，提高资源利用率；鼓励流域内上下游企业、园区内企业上关联度大的项目，延伸产业链，实现对有限资源的深度开发。

8. 提高新建项目生产工艺标准，实现先进技术应用

科学发展观本身就具有先进性的要素，加大对现有落后工艺、技术、设施的淘汰和更新改造，用先进适用技术和高新技术改造提升传统工业，是科学发展观在环保领域的要求；新上项目一定要采用国际国内先进生产工艺，切实把科技含量高、领先技术运用到生产中。在煤炭开采、焦化等项目提高审批门槛，促使企业投资上新工艺新技术。

坚持以科学发展观为指导，
促进六盘水市资源环境的和谐发展

贵州省六盘水市环保局局长 李晓东

一、六盘水市概况

六盘水市位于贵州西部，是"三线建设"时期发展起来的一座重工业城市，是长江上游和珠江上游的分水岭。1978 年六盘水撤地建市，成为贵州省的第二个省辖市，现辖六枝特区、盘县、水城县和钟山区四个县级行政区，土地面积 9 914 km²，人口 306 万。六盘水境内资源富集，煤炭远景储量 768 亿 t，已探明煤炭资源储量为 153 亿 t，煤种全、煤质好、易开采，素有"江南煤都"之称。又因得天独厚的气候资源优势，被誉为"中国凉都"。经过不断地发展，六盘水已成为贵州西部一座以煤炭、钢铁、电力、建材为重要支柱的现代化能源原材料工业新兴城市。2008 年，全市生产总值为 384.27 亿元，财政总收入为 61.41 亿元，固定资产投资完成 197.7 亿元；城镇居民可支配收入 12 350 元，农民人均纯收入 2 579 元。

二、六盘水市的环境保护工作发展情况

六盘水市是一个典型的资源型城市，从 20 世纪 80 年代至今，六盘水市的环保工作走过了一条曲折的道路，从先前的较好到污染较重，再到目前的逐步好转。20 世纪 80 年代，由于发展模式较为粗放，在发展初期，经历了一个污染较为严重的过程，那时六盘水的小煤矿、土法炼锌、土法炼焦星罗棋布，当时的六盘水是酸雨污染的重灾区，煤矿、选煤厂、铁矿及钢铁企业的污水基本上没有经过有效的处理，便排入到长江上游的三岔和与珠江上游的北盘江，水质也受到严重的污染。

从 20 世纪 90 年代以来，特别是 90 年代中期以后，随着国家对环境保护工作的重视和对环境保护工作要求的明显提高，各级政府也对环境保护工作逐步重视，六盘水市环保工作进入了一个新的发展时期。

一是监管能力不断增强。环境执法工作逐步走向规范化。环境影响评价制度和环保"三同时"制度成为企业发展必须经过的门槛。近 5 年来先后投入 2 000 余万元用于加强环保自身能力建设，环境监测和环境监察能力得到全面加强，2006 年建成环境应急监测和快速反应系统，环境监管和突发环境事故处置能力明显提高。

二是污染治理明显推进。不断加大污染治理投入力度，"十五"期间共投入资金 12.7

亿元，"十一五"的前三年已投入 16.16 亿元用于污染治理。通过限期治理、挂牌督办、停产治理和环境保护专项行动等措施，强化污染源的治理、环保工艺的改进和环保设施的更新换代，工业污染物的治理取得了明显效果。

三是促进产业结构优化升级。坚决执行国家产业政策和环境保护政策，全面取缔了土锌、土焦和改良焦等落后生产能力。有效地推进了焦化行业的转变，促进了焦化行业的化产回收和煤气综合利用，推进了煤矿瓦斯和煤矸石发电综合利用，推进了粉煤灰和冶金废渣等固体废物的综合利用，以工业废弃物综合利用为主的循环经济有一个良好的起步。

四是环境意识明显提高。通过多年来进行的环保宣传，特别是经历了 2006 年的区域限批后，全市上下对环境保护工作的重视程度明显提升，"环保专项行动"和"环境保护年"等活动的开展，各级政府、企业、群众的环保意识大幅提高，市委、市政府已多次明确，"六盘水坚决不要带污的 GDP"。

五是环境质量明显改善。通过连续多年的治理，在地方工业生产总值年均不断增长的同时，实现了污染物排放量的逐年下降，2008 年我市二氧化硫排放量为 11.18 万 t，化学需氧量排放量为 2.18 万 t，分别比 2007 年下降了 25.2% 和 5.4%，两项指标均达到减排计划目标，实现了"双降"。全市空气、水环境质量逐年好转，2000 年以来市中心城区未监测到酸雨天气，2008 年以来市中心城区空气环境质量优良率一直达到 100%。"一江两河"出境断面水质达到功能区Ⅲ类水标准，全市各个集中式饮用水源水质常年保持饮用水Ⅱ类水质标准。

三、当前六盘水市环保工作中的问题和困难

一是特殊的产业结构。六盘水市是典型的资源型城市，因煤而立、因煤而兴。煤炭在生产、运输、加工等各个环节都很容易对环境产生污染，在监管和防控上还存在很大的难度。

二是由于六盘水市地处贵州的西部，欠发达、欠开发还是六盘水市的基本现状，在一些地区甚至温饱问题都还没有完全解决。因此，在做好环保工作方面，有的地方还存在有心无力的情况。由于发展落后、基础薄弱，在环保设施建设投入方面较为困难，目前全市仅有 1 座日处理污水 5 万 t 的污水处理厂建成投运，今年根据减排工作的要求，各县区虽然陆续开工建设了 5 个污水处理厂，但地方配套资金存在很大困难，部分县区是贷款对污水处理厂进行建设。

三是历史原因造成环保工作的先天不足。我市境内的国有大型企业基本上是三线建设时期的老企业，由于处于特殊的历史时期，企业在建设发展的初期基本没考虑到环境保护问题，对生态破坏、地质灾害和环境污染的历史欠账大，虽然近年来，企业不断加大环保投入，积极开展污染治理，但由于设备老化、资金缺乏等问题，企业的污染治理工作有待加强。

四是企业负责人的环保意识不高导致环境污染容易发生。少数国有企业的环保意识和环境管理水平还有待提高，部分企业还时常存在污染物偷排现象。我市的地方企业分布广、规模小、技术落后、布局不合理、业主环保意识不高，使得环境保护措施难以落实到位，

这些企业在生产、运输等环节很容易对环境产生污染，违法排污的情况时有发生。

五是环境监管能力的不足。一方面，近年来，环保工作的要求不断提高，内容不断增加，但环保队伍基本没有得到应有的增加和充实，人手少、工作多，有的工作难以达到上级的要求，部分工作甚至存在应付的情况，这种现象，在县区环保部门显得更为突出。

四、对今后做好六盘水市环保工作的思考

目前，建设生态友好型、环境友好型社会已成为社会各界的共识，对我市在发展过程中产生的环境问题，我们坚持以科学发展观为指导，在积极争取党委政府和上级环保部门的大力支持的同时，认真做好以下工作：

（1）落实减排责任，全力打好污染减排攻坚战。积极督促相关单位加紧污水处理厂建设，督促火力发电企业加紧脱硫设施建设。同时加快调整优化产业结构步伐，按照国家产业政策在规定时限内取缔淘汰落后的生产能力、工艺、技术和设备，严防落后生产能力的反弹。

（2）加大环境污染治理力度。一是积极争取各方资金支持，加大投入，突出重点区域、重点行业、重点企业的污染治理。六盘水市的出境断面水质，主要是水电站的修建，导致出境断面水质较好，但我们在污染防治上的确存在一些缺陷。二是坚持"谁污染、谁治理"的原则，督促重点排污单位污染防治设施的建设和完善。三是加大对地方煤炭企业的污染治理力度，当前地方煤炭企业对环境的影响正成为环境污染影响负荷的主要方面，力争到"十一五"末，基本解决我市地方煤炭洗选行业目前存在的报（批）大建小、布局不合理、擅自开工建设和地方煤矿存在的环保设施不健全、环保设施不正常使用等问题。

（3）严把项目环境准入关口。严格执行环保"三同时"制度、环境影响评价制度，从源头上防止造成生态破坏和影响较大的环境污染。

（4）继续强化环境执法监管工作。一是提高现场执法检查的频次，重点对重点行业、重点污染源、违反环境影响评价制度和环保"三同时"制度等行为进行检查，并对检查中发现的问题及时进行处理。二是对于存在重大环境隐患的企业，采取挂牌督办、限期整改或报请同级人民政府关停等措施；对不能达到环保排放要求的企业，依法责令其限期整改，对经限期整改仍达不到环保排放要求的企业，依法报请政府对其实施关停。三是继续加大科技监管投入，在现有基础上，对国控、省控的重点污染源，全部安装在线监控系统。

（5）加强生态环境建设和固体废物的综合利用。加大生态环境监管工作力度，从项目审批、建设、验收等全过程，严格落实生态保护的有关要求；对生态破坏违法案件严格查处；积极开展废弃工业场地的生态恢复工作；积极协调有关部门，加大绿化工作；积极鼓励企业进行生态治理及发展循环经济，不断改善我市的生态环境状况。

（6）进一步加强集中式饮用水源地和农村环境保护工作。结合新农村建设，对集中式饮用水水质定期进行监测，对集中式饮用水源地集雨区范围内的农村面源污染治理进行治理。加大农村饮水安全保护力度，因地制宜开展集中处理村镇生活污水、集中清运生活垃圾的试点。严格控制农村工业污染，防治工矿企业对农村环境的污染和生态破坏，

采取有效措施，防止城市污染向农村地区转移、污染严重的企业向落后农村地区转移。

（7）进一步加强环境监测能力建设。一方面，加强对环境监测人员的业务技能培训，不断提高监测人员的业务素质和操作技能；另一方面，继续加强环境监测质量管理，确保环境监测过程的规范运行，为环境管理提供科学准确的依据。

（8）坚持与时俱进，继续抓好队伍建设。随着发展的需要，目前的工作对环境监管提出了更高的要求，在对有些企业的监管上，我们的工作人员对企业的生产工艺和污染物排放等方面知之甚少，环境监管难以做好，需要不断加强监管人员的学习培训和提高。

（9）继续深入开展环保宣传教育，增强全民环保意识，让保护环境工作更加深入人心，形成人人重视环保、人人抓环保、人人管环保的良好局面。

以科学发展观为统领，
推进环保宣教"六进"工作

北京市石景山区环境保护局副局长   李元员

　　环境保护是科学发展观的重要内容，关系到人民健康、经济发展和社会稳定，在实现科学发展中占有非常重要的位置。宣传教育作为推动环保事业科学发展的基础性、先导性工作，肩负着落实科学发展观、实现可持续发展的重大历史使命和责任。在"保增长、保民生、保稳定"的新形势下，环保宣教工作面临新的发展机遇与挑战。几年来，石景山区环保局始终坚持以科学发展观为统领，大力推进环保宣教"六进"工作，积极宣传环保工作取得的成效与进展，广泛动员和引导全社会力量参与、支持环境保护工作，努力构建环保宣教工作大格局。

一、环保宣教工作的重要意义

1．环保宣教工作是党和国家事业发展的新使命

　　在全国宣传思想工作会议上，胡锦涛同志强调指出，切实做好新形势下的宣传思想工作，是坚持和巩固马克思主义在意识形态领域指导地位的需要，是全面建设小康社会，促进社会主义物质文明、政治文明和精神文明协调发展的需要，是加强党的执政能力建设、提高党的领导水平和执政水平的需要。环境宣传教育是社会主义精神文明建设的重要组成部分，对于环境保护工作起着先导、基础、推进和监督作用。环境意识如何是衡量一个国家和民族的文明程度的一个重要标志，开展环境宣传教育工作正是为了增强全民族的环境意识。

2．环保宣教工作是贯彻落实科学发展观的新要求

　　加强环境保护宣教工作，是全面落实科学发展观的重要举措。科学发展观强调以人为本、统筹兼顾和人与自然和谐发展，反映了经济社会发展的客观规律，是解决当前经济社会生活中突出矛盾的重要指导思想。贯彻落实科学发展观，要加快转变经济增长方式，积极调整经济结构，进一步实施可持续发展战略，落实节约资源、保护环境的基本国策，实现经济效益、社会效益、环境效益相统一。无论是可持续的协调发展的实现，还是科学发展观的落实，都有赖于环境宣教工作的深入贯彻和全面开展。

3．环保宣教工作是环境保护工作发展的新需要

　　随着我国经济的飞速发展，环境问题日益突出，成为社会关注的焦点。目前我国公众的环境意识有所提高，但是不同地区、不同群体的环境意识存在着明显差异。进一步加强环境宣传教育，提高全民族的环境意识，仍是当前一项十分紧迫的任务。

二、石景山区环保宣教"六进"工作概述

环保宣教"六进"工作是以不同层次、不同性质的群体为对象，以各个群体不同的环保知识需求为重点，深入各个群体中开展有针对性、不同形式、不同内容的环保宣传活动。"六进"分别指进机关、进企业、进学校、进军营、进社区、进家庭。

"进机关"是以各级干部，特别是领导干部为对象，宣传环保理念，宣讲环境保护政策和环保法规，使他们在决策过程中妥善处理好经济发展与环境保护的关系；"进企业"是以企业管理人员和一线职工为重点，学习环保法规，在生产经营活动中遵守环保法规，减少污染排放，并保护自身的身体健康；"进学校"是以创建绿色学校为目标，以中小学生为主要对象，让他们掌握环保知识，树立环保理念，从小养成爱护大自然、保护环境的习惯。"进军营"是以部队官兵为对象，宣传节能环保知识，建设绿色军营和生态军营，为改善区域环境作贡献；"进社区"、"进家庭"是以居民为重点，让居民们了解环保知识、关注身边的环境问题，倡导绿色生活方式，为社区环境建设出谋划策，并积极参加环保公益活动。

1. 结合实际，明确主题，突出环保工作重点

石景山区环保宣教工作紧紧围绕环保中心任务，环保宣传月每年都以鲜明的主题开展形式多样、内容丰富的活动。2004年至2009年分别以"公众共同努力控制与减少尘污染"、"人人参与、创建绿色家园"、"生态安全与环境友好"、"绿色奥运，从我做起"、"绿色奥运我行动"以及"污染减排我行动，绿色北京我建设"为主题，突出了每年的工作重点、热点问题，凸显公众参与的形式，号召社会各界共同关注环保，创造了环保宣教大格局氛围。

2. 逐步扩大宣传范围，丰富宣传形式，倡导公众参与

过去，石景山区只是在"六·五"世界环境日做集中宣传。然而，随着百姓关注环保的程度越来越高，为了满足百姓对环保知识的需求，宣传范围从"四进"逐渐延伸到"六进"，宣传形式从宣传日、宣传周发展到以"六进"为载体的宣传月。

2004年，石景山区开始尝试启动环境宣传周，营造了百姓关注大气污染和空气质量的氛围。从2005年开始，石景山区第一次创新了宣传月活动，一个月内组织了20多项宣传活动，公众参与环保的氛围更加浓厚。从2007年开始，宣传月活动全面推进"六进"活动，拓宽宣传范围，公众参与环保成为自觉的行动，每年直接参与活动近4万人次。

3. 不断拓宽宣传渠道，提高公众对环保的认知度

石景山区充分利用报刊、电视、广播等新闻媒体，普及环保科学知识，使公众自觉接受绿色文明的环保理念和节能减排的小知识等，形成平面媒体与立体媒体相结合的立体、全方位宣传工作格局。例如，在《石景山报》和《首钢日报》开辟"绿色石景山"专栏，每周总结大气环境质量情况，并在专栏中介绍一些环保及节能常识等；在区电视台设立了空气质量播报栏目，每天播报大气环境质量信息，普及环保知识；通过《记者视线》栏目，报道我区环保重点工作进展情况。另外，在重点企业和社区建立了22个环保宣传橱窗，及时更新宣传内容。这些措施拓宽了宣传范围，有效地提高了公众对环保

的认知度。

4．开展特色主题活动，突出公众广泛参与

每年的宣传月期间，石景山区结合区域特色都开展各种主题活动，进一步提高全民环保意识，增强公众参与环保的积极性，取得了一定成效。

在 2008 年的"碳中和林"植树活动中、各界代表 200 余人在永定河东岸水屯段种植了树木、绿草，并用植物组合拼成了奥运五环图案，引起了社会对二氧化碳排放的持续关注。在 2009 年举办的石景山区西部开发建设环保论坛上，聘请了环保部、北京大学、北京师范大学等单位的专家对石景山区西部开发建设过程中的生态环境保护的思路和对策作了专题报告，对打造石景山区生态西部起到了指导作用。开展的优秀环保手机短信征集活动富于浓厚的文化内涵，并且贴近百姓生活，社会反响强烈，各界人士踊跃参与。

在区委、区政府的正确领导下，石景山区环保宣传月活动已经整整走过 5 年历程了。在这 5 年里，得到了环保部宣教中心、北京市环保局宣教中心的指导和大力支持，得到了驻区各企业、各部门的全力配合。环保宣传月作为石景山的品牌活动，成为了每年的亮点，宣传效果逐年提高，广大市民踊跃参与，社会各界广泛关注，为"打造北京 CRD，构建和谐石景山，建设现代化首都新城区"作出了突出贡献。

三、以科学发展观为统领，推进环保宣教"六进"工作

1．创新"六进"宣教体制，加大宣教工作力度

坚持以人为本，全面、协调、可持续发展是我党十六届三中全会明确提出的科学发展观。科学发展观是我国改革开放和现代化实践的宝贵经验的总结和升华，是新世纪全面建设小康社会的必然要求，是我们社会主义现代化建设指导思想的重要发展，为我国协调环境与发展问题提供了思想基础。

（1）坚持科学发展观的思想指导。科学发展观是环保宣教工作的思想指导。环保宣教工作应树立起三个意识，处理好三个关系。要树立大局意识，把围绕当前环保重点和中心工作、服务大局作为环保宣教工作的根本要求；要树立责任意识，在推进污染减排、推动公众参与方面充分发挥宣教工作的主渠道作用、重要阵地作用和生力军作用；要树立创新意识，建立分工合理，运转协调，富有活力的宣教工作机制。处理好三个关系，即要处理好继承与创新的关系，既要继承过去行之有效的工作机制，还要勇于开拓创新，着眼于适应新形势和新任务的需要，理顺关系，有序运转，形成合力；处理好当前与长远的关系，既要有近期目标，还要有长远考虑；处理好全局与局部的关系，既要服从全局安排，服务中心工作，又要发挥主观能动性，在各自职责范围内，有所作为。

（2）成立专门宣教组织机构。建设一支广泛参与的宣传队伍是做好宣传工作的基础。宣传教育工作队伍是环境保护的主力军、生力军、先锋队。环境保护不仅是一个专业，更重要的是一个理念，是新的文明和新的文化形态，广泛宣传好这种理念需要完善的宣教组织机构。借鉴奥运环保成功的宣教机制，成立石景山区环保宣教工作领导小组，构建由区委宣传部、区文明办、区环保局、各委办局、街道、重点企业等齐

抓共管的宣教体制。首先，建好一支环保宣传信息员队伍。机关、企业、社区、学校都设置专职或兼职环保信息员，负责环境保护相关信息的撰写、沟通工作。其次，建立一支高素质的环保宣教队伍，通过进修、讲座、培训等方式提高专业技能，更好地服务于环保宣教工作。

2．创新"六进"宣教机制，形成"大宣教"工作格局

根据《全国环境保护宣教行动纲要》规定，实施部门联动，拓展宣教渠道；注重实效，提升工作内涵；创新载体，挖掘宣教资源。动员各级宣传、教育部门大力支持，积极协调环境保护宣传教育工作，充分依靠各级新闻、科技、文化、艺术等单位的广泛参与。明确各部门环保职责，权责明晰，各司其职，落实环保宣教要求；建立环保宣教共享平台，及时通报环保信息并向社会公布；加强各部门协调联动，相互协作、密切配合，开展环境宣传教育行动。

3．创新环保宣教手段，打造宣教工作精品

（1）以"创绿"为切入点，全面提高公众的环保意识。几年来，我区绿色创建活动在区委区政府的领导下，在政府各相关部门的推动下，得到了全社会的广泛参与，取得了很好成效，涌现出八角北里、六一小学等一批先进典型。绿色创建活动的深入开展使绿色理念已逐渐被人们接受，提高了广大青少年和社区居民珍惜资源、保护环境的意识。今后，我们应继续以"创绿"为切入点，全面提高公众的环保意识。继续开展绿色学校创建工作，联合区教委大力开展"绿色"教育。在巩固成果的基础上，制定并逐步完善符合我区的绿色学校指标体系和评估管理办法。继续开展绿色社区创建工作，吸收环保民间社团组织的积极参与，以倡导绿色生活为宗旨，从生活中的点滴小事做起，根据各自社区的具体情况，积极探索绿色社区创建模式。

（2）以开展领导干部环保培训为抓手，切实提高各级领导干部的环保意识。增强各级领导干部的环保意识是实现经济又好又快发展的关键。领导干部只有重视环境保护工作，才能自觉理解并履行环境保护的法律法规和相关政策，转变经济发展方式，坚持循环经济、可持续发展的原则，保证决策的科学性，同时，各级领导的环保意识的树立是做好宣教工作的前提和基础。可通过规范化、制度化的领导干部培训工作，有计划、有步骤地普及领导干部的环境科学知识和法律知识，提高领导干部的环保知识和理念；可定期邀请环保专家学者开展有关环境与可持续发展的讲座及研讨会；同时，可以通过信息、简报等形式，加大环境保护基本国策和环境法制的宣传力度，渗透环保理念，弘扬环境文化，倡导生态文明。因此，加大对各级领导干部的环保培训力度，切实提高各级领导干部的环保意识，才能将不断改善环境质量，建设绿色石景山的目标落到实处。

（3）以环保宣传月为载体，不断打造宣教品牌。从2005年至今，我们已精心策划、周密组织了五次环保宣传月活动，分别围绕"人人参与、创建绿色家园"、"生态安全与环境友好"、"绿色奥运从我做起"、"绿色奥运我行动"、"污染减排我行动，绿色北京我建设"等主题，以"六进"工作为载体的环保宣传月活动走在了全市前列。已经成为了石景山区的品牌宣传活动，受到各级领导的重视和公众的欢迎。

4．加强宣教能力建设，提升宣教工作水平

（1）建立工作交流制度。建立定期工作交流制度，有利于加强情况沟通，总结推广经验，及时发现解决宣教工作中的问题和薄弱环节，讨论当前组织工作领域中出现的新情况、新问题，提出解决的办法和措施。有利于提高成员业务素质，促进环保宣教工作的顺利开展。

（2）发展多形式的宣教方式与途径。大众传媒为公众参与环保机制提供了一个生存和发展的软环境。我区通过各种新闻媒体、信息、网站、环境质量公报等多种平台和多种形式进行广泛的宣传，在《石景山报》和《首钢日报》开辟"绿色石景山"专栏，每周总结上一周的大气环境质量，并在专栏中介绍一些环保举措和环保知识；在区电视台设立了空气质量播报栏目，每天播报大气环境质量信息，普及环保知识，并及时报道我区环保工作进展；区电视台《环保时空》专题宣传栏目在石景山有较高的收视率，为提高市民环境意识作出了重大贡献；同时在重点企业和社区建立了 22 个环保宣传专栏，及时更新宣传内容；邀请各媒体参加我区重大环境保护活动和举措，通过媒体报道，宣传我区环境保护工作，扩大了宣传的覆盖面和影响力，增强环境宣传的效果。

规范学校的环境教育，编写环保读物也是进一步宣传的有效途径。2006 年我区编写了《石景山区中小学环境教育读本》，免费发给全区初二和高二的中学生。在此基础上，我区还组织参与编写了适合全国中学生的《绿色奥运中学生环境教育读本》，已发放到举办奥运比赛项目的 6 个城市。多形式的宣教方式与途径扩大了我区环保工作的宣传范围，营造了建设生态文明，打造绿色石景山的良好氛围。

四、几点体会

1. 各级领导高度重视是做好环保宣教工作的前提

我区环保宣教工作取得成效，关键在于各级领导的高度重视。区领导高度重视环保宣教工作，每年都将宣传月工作列为区长办公会议事日程，专题讨论环境宣传月活动方案；成立环保宣传月组委会，由区长任主任，区委宣传部长、主管副区长任副主任。区委书记听取工作汇报；主管副区长、区宣传部长共同策划主题活动，并多次主持召开相关部门协调会。

2. 各部门积极配合是做好环保宣教工作的基础

各部门非常重视环保宣传教育，各委办局及重点企业等积极配合做了大量工作，使环保与精神文明建设、和谐社区建设、关注公众健康、企业发展、绿色社区和绿色军营建设较好地结合在一起，使环保宣传教育工作不断地在机关、企业、学校、军营、社区、家庭各个角落渗透。

3. 宣传资金落实到位是做好环保宣教工作的保障

为了做好环保宣教工作，区财政拨专款支持环境宣传工作，各驻区企业也都慷慨解囊、积极参与。环保宣教工作经费逐渐增加，保证了环保宣教工作顺利开展。

4. 坚持"三贴近"原则是做好环保宣教工作的关键

贴近实际、贴近生活、贴近群众是宣传工作的方针。在宣传普及党和国家的环境保护方针政策、法律法规、科普知识以及动员公众参与方面，环保宣教工作坚持以人为本，针对不同的教育对象，选择适合的宣传内容和宣传形式，因地制宜、因材施教。

5．解放思想、创新思路是做好环保宣教工作的根本

创新是环境宣教工作与时俱进的客观要求。特别是当前，我区的经济建设、绿色奥运成功举办、首钢搬迁、西部生态开发等新的形势与任务，都对环境宣传教育工作提出了新的更高的要求。所以我们必须跟上步伐，创新工作思路，更新工作理念。探索环境宣传教育的方式方法和途径。通过主题活动形式，以环保进机关、进企业、进学校、进军营、进社区、进家庭为活动载体，将环保宣传教育深入到群众的生产生活之中，从而促进广大群众的环保意识和环保素质的提高。

发展循环经济，建设生态铜都

安徽省铜陵市环保局副局长 刘海

铜陵市位于安徽省中南部，长江中下游南岸。辖三区一县，总人口 73.9 万，总面积 1 113 km²。2008 年，地区生产总值 325.31 亿元，按可比价计算，比上年增长 13.2%。其中，第一产业增加值 8.43 亿元，第二产业增加值 218.32 亿元，第三产业增加值 98.56 亿元。全年人均生产总值 44 870 元（折合 6 459 美元）。第一、第二、第三产业增加值在地区生产总值中的比例为 2.6∶67.1∶30.3，工业增加值占地区生产总值比重为 61.6%。2008 年，完成财政收入 69.26 亿元，比上年增长 37.7%。其中，上划中央财政收入 45.47 亿元，完成地方财政收入 23.79 亿元。

铜陵是一个由矿山起家的工矿城市，建市初期，工业产业以单一的铜采、选、粗冶炼为主。由于铜矿中伴生硫，在铜的粗冶炼中副产硫酸，以之为原料，建立起了磷硫化工产业。铜陵拥有丰富的石灰石资源，形成了以水泥熟料为主的建材行业。铜陵又是我国重要的苎麻产区，利用苎麻资源建立起了麻纺织工业。改革开放以来，通过不断改造提升，引进国际先进社保和技术，逐步发展起了电子和铜材深加工产业。有色、化工、建材、电子和纺织构成了铜陵五大支柱产业。目前，铜生产能力在全国名列前茅，特种电磁线市场占有率保持国内第一；硫酸化工在全国同行业位居前列；铜陵海螺为世界最大的单体水泥熟料生产企业。

铜陵是一个典型的资源型城市，支柱产业大都建立在一次资源开发和围绕主导产业形成的加工行业上，由于资源约束和环境压力，发展面临着极大的挑战：一是资源产业比重大，产业结构不合理。二是基础产业资源衰减，开采成本逐步增加。三是环境污染严重，环境容量成为发展"瓶颈"。四是生态不断恶化，修复负担沉重。铜陵市要实现又好又快发展，迫切需要寻找一条符合铜陵实际的经济增长方式。

2005 年 11 月，铜陵市和铜陵有色金属（集团）公司被国家列为第一批开展循环经济试点的城市和企业。发展循环经济，改变传统的发展方式，是铜陵市实现可持续发展的必由之路。

一、科学规划构建了铜陵循环经济发展模式

铜陵市发展循环经济始于 20 世纪 70 年代的资源综合利用和工业"三废"治理，如有色铜官山铜矿对响水冲尾矿库尾矿再选利用硫铁资源，获得较好经济效益和社会效益，受到国务院的表彰。有色公司开展全硫利用率工程，鼓风炉铜冶炼副产硫硫酸利用率从不到 50%提高到 2005 年的 80%，铜冶炼二氧化硫年排放从 6 万 t 左右降到 3 万 t，铜冶炼渣在 70 年代以前，只是在建筑行业少量利用，每年大量产生黑砂严重污染环境，经过

不断摸索，有色公司利用黑砂粒子具有一定强度的特性，成功地开发出可用于造船等行业使用的除锈磨料，产品供不应求。通过长期的"三废"治理，铜陵的"三废"和资源综合利用工作广泛开展，到 2005 年，综合利用产值达到 12.7 亿元，水泥行业每年消化地区工业固废超过 100 万 t。铜陵的资源和"三废"综合利用虽然取得成效，但经济发展仍然建立在资金大量投入、资源大量消耗、"三废"大量排放的线性发展模式上，综合利用基本处在自发和被动的状态。

被列为国家试点城市以后，铜陵市循环经济发展走上主动和超前谋划之路。市政府组织各有关部门和南京大学编制了《铜陵市发展循环经济规划》，在此基础上制定了《试点方案》，根据铜陵拥有已探明的 246 万 t 铜、23 154 万 t 硫铁矿和 103 447 万 t 水泥用灰岩资源储量和工业结构现状，规划了"321"工业发展循环经济模式：即围绕三大核心资源，打造铜、硫化工、水泥建材三大产业循环链；以补链、淘汰升级为主改造横港老工业区、按能流物流原理打造城北新工业区，建设二大循环经济示范园区；通过培育一批示范企业、组建一批研发中心、开发一批链接关键技术、发展一批新兴产业，构建一个覆盖全市的循环经济支撑体系。在农业领域实施"123"工程：即规划建设一个农业循环经济试验区；发展"山丘生态保护"和"洲圩绿色农业"二大产业区；引导并实现种植业、养殖业、农产品加工业三大产业的内部循环和种—养—加的区间循环。在服务领域：以绿色物流、生活垃圾和危险废弃物、污水处理等示范项目实施为先导，推动现代化服务业全面参与循环经济建设。以 2005 年为基数，以 2008 年和 2010 年两个时段，《试点方案》确定了资源生产率、资源综合利用率、污染物排放降低率、城市环境保护、经济社会发展五大类 21 项具体目标，为实现目标，规划了废弃物综合利用、伴生共生资源综合利用等七类 59 项发展循环经济重点建设项目，总投资 160 亿元，项目建设对铜陵市经济社会发展和环境改善起到关键作用。

在《规划》和《试点方案》框架下，两个工业园区和农业循环园区各自按照园区定位编制了循环园区发展规划，有色公司和铜化集团也编制了铜产业和磷硫化工产业循环经济发展规划。从而使铜陵市形成区域、园区、重点行业、企业较完善科学的发展循环经济规划体系。

二、加强领导和体制机制建设是循环经济发展的重要保障

为落实科学发展观，实现经济发展方式的转变，市委市政府出台了《关于加快发展循环经济的决定》，要求在全市范围内，大力发展循环经济，市政府出台了《铜陵市发展循环经济行动纲要》，成立了由市长担任组长的发展循环经济领导小组，领导小组设办公室，成员由发改、环保、工信、农委、科技、城建、规划、财政、统计和有色、铜化等部门和企业相关负责人组成，定期研究铜陵市发展循环经济的政策、机制，年度目标任务分解和考核等重大事项。市编委批准成立了正处级的铜陵市循环经济办公室，全额财政事业编制 5 名，负责推进铜陵市循环经济发展的具体工作。

在制度建设上，市政府出台了《铜陵市发展循环经济暂行办法》、《铜陵市循环经济示范企业、示范项目认定管理办法》和《铜陵市发展循环经济专项引导资金管理办法》，基本构建了较为完整的地方制度体系。市财政每年专项列支不少于 500 万元用于支持发

展循环经济，科技和环保部门也根据各自职责每年利用科技三项经费和污染治理专项资金支持循环经济项目，有效地利用政府财力引导循环经济发展。2009 年，省财政又安排了 1 000 万元的专项用于铜陵市发展循环经济。每年，领导小组办公室都根据试点方案和各部门工作重点，研究确定全市年度发展循环经济目标和任务，并对目标进行分解，落实到各级政府、市政府各部门、相关园区和企业，年度目标任务经政府常务会通过后，纳入各有关部门和单位的年度目标任务由政府目标办严格考核。根据示范企业和示范项目管理办法，发挥典型带动作用，铜陵市在各重点行业筛选了一批清洁生产效果明显、补链特色明显和"三废"资源综合利用的企业，授予铜陵市发展循环经济示范企业称号，在引导资金中一次性安排费用，用于企业创建。在规划的重点项目中，有代表性地选择示范项目建设，并用以奖代补的形式，鼓励建设单位加快项目建设，形成效益。铜陵市年度循环经济发展情况已经列入市政府每年向社会公布，向人大代表报告的重要工作之一。

三、园区建设构建了循环经济发展平台

生态园区是发展循环经济的重要载体，建设三大循环经济园区则是铜陵市推动循环经济建设的首要任务，在市滨江循环经济工业实验园和农业循环经济试验区成立了管委会，统筹园区的基础设施建设、按照规划开展绿色招商，2008 年，滨江工业循环经济实验园完成固定资产投资 20.17 亿元，其中基础设施投资 5.71 亿元，全年新增协议投资 37.5 亿元；农业循环经济试验区全年完成投资 2.2 亿元，基础设施建设完成 5 500 万元，年度招商引资 4 000 万元。园区的重点建设项目进展顺利，如有色公司利用铜矿伴生的硫铁资源规划建设的 80 万 t 硫酸联产 120 万 t 铁球团和余热发电组合项目建成投入运营，6 万 t 碳酸二甲酯工程、福茂铜拆解项目投入运行，实验园已成为物流能流通畅，企业间上下游关系明显，铜陵市经济总量快速增长的凸显区域。在老工业区横港循环经济工业区，则是以如下途径开展循环经济建设，一是大力开展补链项目建设，铜化集团硫酸烧渣选铁项目、氧化铁系颜料项目、磷石膏综合利用项目，恒发公司粉煤灰生产加气混凝土砌块，海螺公司 320 万 t 粉磨站工程等相继投产。二是大力调整结构，横港物流园规划进展顺利。三是强力推进节能减排工程，2006 年以来，园区内共淘汰 12.5 万 kW 发电机组 2 台、2 条炼焦生产线共 30 万 t 生产能力、3 座炼铁高炉生产线约 40 万 t 产能、新中国第一座铜冶炼厂于 2007 年底关闭，淘汰 4 万 t 粗铜产能，以上工程的实施，共削减二氧化硫排放量 1 万多 t，在改善市区环境质量的同时，又给铜陵的发展腾出了环境总量空间。园区内 6 条 5 000 t/d 的新型干法水泥生产线全部建设了低温余热发电工程，在有效降低水泥工业能耗的同时，还与有色硫酸余热发电项目一起通过了国家清洁发展机制项目审核，总收益达 4 800 多万美元。

四、科学技术是发展循环经济的支撑

根据多年"三废"和资源综合利用的经验，铜陵市从试点工作伊始就将科技工作作为发展循环经济的重要支撑，在编制试点方案的同时，自下而上地在全市范围内筛选了

一批需要攻关的链接节点、"三废"再生利用技术难题向全社会招标，市科技部门牵头组建了由中国科学院、清华大学、中国科技大学等国内著名科研院所和铜陵市发展循环经济重点企业参加的铜陵市发展循环经济产学研联盟，通过联盟院企、校企面对面对接，破解难题。市科协和环保局举办重点企业发展循环经济、清洁生产论坛，本市相关企业在论坛交流经验，取长补短，共同发展，在重大关键技术上引进国外先进技术，如有色在实施硫铁矿制硫酸联产铁球团项目时，处理烧结烟气引进了国外先进的有机胺脱硫技术，二氧化硫削减率大于 95%，解析的二氧化硫又全部用于硫酸厂制硫酸。为支持企业科技攻关和"三废"综合利用，市财政在引导资金之外，会同科技、环保部门每年安排一定规模的资金用于企业清洁生产、循环经济，2008 年就安排资金近 800 万元。市环保局在已经达标排放的铜化集团 20 万 t 硫酸生产线支持建设了氨水吸收制亚铵示范工程，为下一步硫酸行业减排进行技术准备。

通过三年来的试点，铜陵市节能减排、循环经济都取得了明显的进步，在国内生产总值由 2005 年 182.5 亿元到 2008 年 325.3 亿元，增长 78.3%的基础上，万元 GDP 能耗由 2.29 下降到 1.993 t 标煤/万元，下降 13%；二氧化硫排放总量由 2005 年的 5.3 万 t 下降到 4.08 万 t，削减 23.08%；工业用水重复利用率由 2005 年的 89.25%上升到 93.26%、固废综合利用率由 2005 年的 71%上升到 82.4%。有色在电解铜产量由 2005 年 32.57 万 t 到 2008 年达到 49.46 万 t，增幅达 51.86%的情况下，全硫利用率由 2005 年的 92%提高到 97.77%，二氧化硫排放量从 2005 年的 30 475 t 下降到 6 227 t。在经济高速增长的同时，环境质量保持稳定，有些指标得到改善，城市饮用水源地水质达标率由 2005 年的 99.6%，自 2006 年以来已经连续 3 年达到 100%，2008 年城市空气达到二级以上天数为 344 天。

通过落实科学发展观，大力推进循环经济，铜陵市正朝着社会进步、经济发展、环境改善的小康目标奋进，生态山水铜都将矗立在皖江之滨。

落实国务院 3 号文件，推进环保历史性转变，为区域经济社会科学发展提供坚实的环境支撑

重庆市沙坪坝区环境保护局局长　刘金平

在全国第二批科学发展观学习实践活动启动之际，《国务院关于推进重庆市统筹城乡改革和发展的若干意见》（国发［2009］3 号文件，以下简称 3 号文件）正式出台。"3 号文件"站在全局和战略的高度，为重庆赋予了新的历史使命，也给重庆的发展带来了新的历史机遇，标志着重庆发展战略已上升为国家战略。重庆是长江上游的生态屏障，肩负着三峡库区生态环境安全的政治责任，"3 号文件"明确要求将重庆市建成"长江上游的生态文明示范区"，确保三峡工程的正常运转。当前从全市来看，市民群众对环境质量改善的要求日益迫切，支撑内陆开放高地的若干重大项目落地的环境容量需求日益紧迫，三峡工程蓄水后环境问题日益突出，全市面临的环境形势日益严峻。沙坪坝区作为重庆直辖市的重要主城区，环保基础设施薄弱、环境质量总体不高、环境容量相对不足，今后一段时期，我区的环境保护任务将十分繁重。区环保部门应当深入学习领会"3 号文件"对环保工作提出的新的更高要求，全面对照检查我区环境保护工作存在的差距，以更加创新的思路、更加有力的举措、更加扎实的工作，推动我区环保工作尽快实现历史性转变，为沙坪坝区经济社会科学发展提供坚实的环境支撑。

一、"3 号文件"对重庆市环境保护工作的总体要求

"3 号文件"从指导思想、战略任务、目标要求和工作部署四个层面对重庆市的环保工作提出了要求，立足全局、远近结合、任务具体、支持有力。

一是明确要求将保护环境放在更加突出的位置。重庆市环境保护的成效，直接关系到三峡库区的生态环境安全，直接关系到三峡电站的正常运转，直接关系到三峡工程的最终成败。"3 号文件"将"加快推进环境保护和资源节约，着力构建长江上游生态屏障"列为指导思想的重要内容，将"转变发展方式，把节约资源和保护环境放在突出位置，实现经济社会发展与人口资源环境相协调"列为四条基本原则之一，强化了环境保护在重庆市统筹城乡改革和发展中的全局地位。

二是将"资源环境保障战略"列为中央交办给重庆的五大战略任务之一。"3 号文件"明确要求重庆市要树立生态立市和环境优先的理念，创新节约资源和保护环境的发展模式；要加快转变发展方式，大力发展循环经济和低碳经济；要建设森林城市，构建长江上游的生态屏障；要保护好三峡库区和长江、嘉陵江、乌江流域的水体和生态环境，加快建设长江上游生态文明示范区。

三是明确了重庆市环境保护"两步走"的目标要求。"3 号文件"对重庆市的改革发展作了"两步走"的安排，在每个阶段都明确了环境保护的目标要求。对节能的目标要求作了量化；由于"十一五"末国家对减排目标任务可能作调整，暂未明确量化目标；对生态建设目标进行了量化，要求到 2020 年森林覆盖率达到 45%；对水环境质量要求很明确，要求尽快使三峡库区干流水质稳定达到Ⅱ类。

四是对环境保护任务作了具体安排部署。"3 号文件"第七部分用了 3 条的篇幅具体安排环保工作，并在第 7 条对三峡库区生态环境保护作了强调。"3 号文件"立足建设"长江上游生态文明示范区"，要求重庆市在转变发展方式、调整产业结构、推进污染防治、加快生态建设，完善体制机制、强化环保考核等方面加大力度，并对具体工作任务进行了细化。同时，还从环保项目策划、监管能力建设、环保政策倾斜、中央财政补助等方面给予了极大支持，为重庆市做好环境保护工作提供了有力保障。

二、当前沙坪坝区面临的环境保护形势

在区委、区政府的坚强领导下，通过全区上下共同努力，我区环境保护工作出现了不少亮点：总量减排超量完成，蓝天行动连年达标，碧水行动推进有力，环境质量略有改善，解决环境突出问题取得一定进展，较好地完成了市委、市政府和国家环保部、市环保局下达的环保工作任务。

但我们还应清醒地看到，当前我区环保形势依然十分严峻：

一是环境质量改善缓慢。由于我区正处于大开发、大建设阶段，加之地形地貌不利、控尘能力不足、禁煤力度不够，空气质量虽连年改善，但仍在主城区靠后；区域内除嘉陵江外，地表水大部分为Ⅴ类、劣Ⅴ类，近年来虽连年投入巨资治理，但尚未见到明显成效，环境质量的改善还任重道远。

二是减排压力依然很大。由于我区排污管网规划滞后、减排项目储备不足、能源结构调整缓慢、排放强度总体偏高，总量减排推进困难与总量指标需求递增的矛盾日益突出，环境容量对经济发展的制约逐步显现。

三是环境问题还很突出。清水溪综合整治还未见最终成效、梁滩河流域治理刚刚起步、东部城区雨污分离系统还没启动，水污染问题还很严重；上千家产值低、排放高、污染重的小企业（作坊）散乱无序，工业集中区污染问题突出；城市规划建设滞后、产业布局散乱、企业和人居混杂，噪声、废气、油烟扰民引发的信访投诉逐年攀升，区域内环境满意度调查连年全市落后。

四是体制机制尚待形成。项目审批环保前置难以实现，环境问题"旧账未还，又添新债"；环保考核尚需深化，"一岗双责"尚需强化，"党委政府领导、人大政协监督、环保部门统一监管、相关部门各司其职"的环保工作推进机制还未完全形成。

五是监管能力亟待提升。环境监测、监察两地办公，协调不便、效率低下；业务用房不足且面临拆迁，监管能力无法升级，环境监管信息化进程严重受阻；监管人员年龄老化、专业人才不足，队伍建设滞后，难以适应日益繁重的环保工作要求。

随着我区经济社会加快发展，我区的环境现状与宜居城区的要求相比还有明显不足，与建设"一区三高地"所需的环境支撑相比还显薄弱，与"3 号文件"明确的环保工作要

求相比还有较大差距。我们必须正确认识我区面临的环境形势，尽快扭转当前我区环保工作的落后局面，以更好的环保工作实效，支撑我区经济社会科学发展。

三、新形势下沙坪坝区环境保护的工作思路

今后一段时期，我区环保工作要认真贯彻科学发展观，全面落实"3 号文件"有关环保要求，紧紧围绕"保障发展容量"和"改善环境质量"两大主题，突出"总量减排、水环境治理、大气污染控制、构建环境和谐"四大重点，实施"蓝天、碧水、绿色、宁静"四大行动，重点抓好以下六个方面的工作。

1. 加快总量减排进度，确保重大项目落地所需环境容量

针对当前我区化学需氧量减排任务艰巨和重大产业项目总量指标难以保障的严峻形势，一要加快推进东部城区三级管网建设，继续提高城市污水收集处理率；二要加快推进青木关、凤凰、土主场镇和井双、上新片区一、二级干管规划建设，使土主、井口污水处理厂尽快达到处理量；三要尽快实施西部地区排水管网系统整合规划，确保各大园区和各场镇排水管网相互衔接、形成体系；四要加快推进回龙坝、曾家、中梁污水处理厂及配套管网加快建设，以缓解我区减排压力。

2. 加强扬尘污染控制，持续改善空气质量

我区空气质量多年来在主城九区中落后，持续改善空气质量，一要用好扬尘控制专项资金，增添控尘设备、增加运行经费、提升控尘能力；二要加强施工工地扬尘管理，整治重点尘污染源；三要强化道路清扫保洁，加强运渣车辆冒装撒漏管控；四要加强大气监测，探索大气污染预警机制；五要推进禁煤工作，早日实现"无煤区"和"基本无煤区"全覆盖；六要实行季度节点目标控制，严格控尘工作考核。

3. 推进"两溪两河"治理，努力改善水环境质量

"两溪两河"（清水溪、凤凰溪、梁滩河、虎溪河）历来备受关注，必须加大综合整治项目的推进力度。一要加快清水溪综合整治三期工程，从源头上改善水质；二要启动凤凰溪综合整治，提升磁器口古镇品质；三要尽快启动畜禽养殖污染治理，推进梁滩河流域综合整治项目；四要加大监管执法力度，切实加强饮用水源保护。

4. 强化环境监管，构建环境和谐

针对餐饮油烟、道路交通噪声、建筑工地噪声、娱乐噪声、工业废气等几类突出问题，一要严把审批关，切实执行环保前置要求；二要加强日常监管，严厉打击违法排污行为；三要协调有关部门一道，组织专项整治行动，取缔一批排放高、污染重、产值低的小企业（作坊）；四要创新环境信访投诉调处机制，逐年降低信访投诉量。

5. 创新体制机制，形成整体合力

按照"党委政府领导、人大政协监督、环保部门统一监管、相关部门各司其职"的要求，一要当好参谋助手，及时主动向区委、区人大、区政府、区政协报告重点环保工作，推动环保突出问题得到重视和解决；二要积极向上争取，主动向市环保局汇报我区的环保工作和热点难点问题，争取上级主管部门的支持；三要抓好左右协调，充分利用调度会、专题会、碰头会等载体，主动与相关部门沟通，与街镇密切配合，共同推动环保工作；四要深化环保考核，继续深化镇党政"一把手"环保实绩考核，并适当扩展到

相关部门，确保各项环保工作任务落到实处；五要强化环保宣传，营造"人人都要环境、人人爱护环境"的良好氛围。

6．加强自身建设，提升监管能力

日趋繁重的环保工作对我们的环境监管能力提出了更高更新的要求，我们一要抓住国家支持中西部地区基层环保部门自身建设的契机，加快改善硬件设施，为持续推进能力建设创造条件；二要以达标建设为契机，以监测、监察为重点，提升装备水平，提升环境安全应急管理能力；三要加强队伍建设，严格内部管理、理顺体制机制，强化服务意识、规范执法行为，努力塑造适应环保工作新要求的监管队伍，打造推进我区环保事业的中坚力量，为改善环境质量、确保环境容量提供保障。

加大环境保护工作力度，
为构建和谐阿拉善服务

内蒙古自治区阿拉善盟环保局副局长　王翠花

环境保护是我国的一项基本国策。今后一个时期，是阿盟经济结构进行战略性调整和推进"三化"进程，实现跨越式发展的关键时期，也是落实科学发展观，构建和谐阿拉善的重要时期，同时也是环境问题凸显，新老矛盾交织，在发展中解决环境问题，在开发中改善环境质量的战略机遇期。充分认识当前所面临的环境形势，加大环境保护工作力度，对于解决全盟突出的环境问题，加快推进新型工业化进程，促进全盟经济、社会、环境的持续、协调发展具有重要意义。

阿盟既是经济欠发达地区，又是生态环境脆弱地区，发展与保护的双重矛盾决定了生态保护、监督管理、污染控制工作的重要性。

一、阿拉善盟当前面临的主要环境问题

（1）生态环境还很脆弱。目前，阿拉善盟生态保护和建设现状与全面建设小康社会的要求差距还很大。自然条件恶劣，森林资源总量小，分布不均，全盟沙化土地面积每年还以 150 km² 左右的速度在扩展，通过卫星遥感数据解译和实地调查，共发现"握手沙"5 处，潜在"握手沙" 1 处。沙尘暴频繁发生，大部分沙区已失去人畜生存条件，生态状况整体恶化的趋势尚未从根本上扭转，仍处于破坏大于治理的阶段。除自然条件限制外，无论从发展速度、保护和建设质量、产业结构、整体效益等方面都与先进地区有明显差距。同时由于资源开发、利用活动加剧了对生态环境的影响和破坏，使人为活动干扰环境、破坏环境所导致的生态环境问题成为我盟主要的生态环境问题之一。

（2）近年来，阿拉善盟深入实施"转移发展战略"，大力推进工业化，使全盟工业经济得到迅猛发展，工业产值逐年增加，在三次产业中的比重越来越大，2008 年二次产业对 GDP 的贡献率已达 72%。随着工业化进程的加快，带动了城镇化和农牧业产业化的发展。但一些制约发展的深层次矛盾仍在继续加剧，乡镇工矿业遍地开花，资源、能源过度消耗浪费的问题较为普遍，环保设施不配套的问题仍普遍存在。这些问题的存在，严重制约了我盟工业经济的可持续发展，影响了区域生态环境的良性发展。

（3）环境安全监管工作不到位，危险废物的处置和放射源的管理有待提高。一是部分企业对可能发生的安全事故和环境事故重视不够，措施不力，一些企业存在麻痹心理和侥幸心理。二是环境安全应急预案不完善，应急措施不到位。

（4）主要污染物控制工作压力大。一是城镇基础设施落后，城镇生活废水综合利用

水平低，集中供热工程进度缓慢，城镇生活垃圾围城现象普遍，给环保工作带来一定难度。二是随着我盟电力、焦炭、铁合金、化工、建材等行业的发展，工业烟尘、粉尘、二氧化硫等大气污染物持续增加。"十一五"前三年主要污染物新增量大幅度增加。三是工业经济集中在工业园区，但周边地区生态环境恶劣，沙尘暴频繁发生，煤烟型污染和扬沙污染对大气环境构成威胁。预计"十一五"末随着全盟工业经济的发展，尤其是电力、盐化工、煤化工、冶金等行业的发展，烟尘、二氧化硫等大气污染物还将持续增加。

（5）额济河水质无明显改善。额济河部分断面水质为劣 V 类。因该河属季节性河流，来水频率少，有机肥料和河床堆积物增加后使得来水水质污染物化学耗氧量、生化需氧量、氨氮三项指标超标。

二、阿拉善盟环境保护工作面临的机遇和挑战

阿拉善盟环境保护工作既要坚决贯彻落实"让人民群众喝上干净水、吸上新鲜空气、在优越的环境中生产与生活"的总体要求，又要坚定不移地服务于全盟经济发展的大局；既要贯彻国家削减污染、保护生态的各项规定和要求，又要从我盟实际出发考虑维护地方的当前利益；既要着力解决历史遗留的环境污染和生态破坏的诸多隐患，又要紧跟经济快速发展的形势，避免大开发、大发展引发的结构性环境污染和生态破坏。特别是《环境影响评价法》的实施，环保部门成为区域开发建设和项目依法审批的前沿卫士，既要充分顾及当前的发展与繁荣，又要考虑长期的环境影响和变化。阿拉善盟环境保护工作面临的挑战主要是：

（1）"十一五"期间，阿拉善盟经济总量将大幅攀升，盐及盐化工、煤炭及煤化工、电力、冶金等行业在总体经济构成中占较大比重，工业占 GDP 的比重还将继续上升；如果技术措施不到位，污染物的排放总量势必成倍增长，这不仅有悖于国家削减总量的要求，也对环境质量构成威胁。仅以电力行业为例，"十一五"规划装机容量达到 200 万 kW，"十五"自治区审定下达的二氧化硫允许排放总量仅为 30 000 t，2005 年全盟统计排放量已达 28 100 t，按照国家要求"十一五"主要污染物排放总量要在"十五"末的基础上削减10%，而我盟"十一五"二氧化硫预测新增量将达到 19 000 t 左右，所以污染物排放量的控制工作非常艰巨。

（2）"十一五"期间，我盟规划城镇化率 80%以上，在推动城镇化的进程中，城镇人口的增长和环境基础设施滞后的双重矛盾，将对城镇环境质量改善带来很大困难。

（3）农牧业产业化的发展将改变原有的生产方式，出现新的环境问题，农牧业面源污染和生态破坏，农牧区传统的生活方式和脏、乱、差的环境现状等"三农"环境问题，与建设社会主义新农村、实施农村小康环保行动的要求，都成为环保工作认真研究解决的新课题。

三、加大环保工作力度，为构建和谐阿拉善服务

针对环保工作存在的问题、面临的困难和挑战，我们要抢抓机遇，抓住产业结构调整和优化经济结构带来的机遇，抓住发展循环经济和清洁生产的机遇，抓住"三化"进

程加快的机遇，在发展中解决环境问题，不断提高环境保护工作水平。

1. 加强生态环境保护，逐步实现人与自然和谐

阿拉善盟属于亚洲大陆腹地干旱、极干旱荒漠区，特殊的地理环境和气候特点决定了生态系统的潜在脆弱性和不稳定性，土地荒漠化和沙化的防治任重道远。

全盟生态环境保护以改善生存和发展环境为目标，依托重点生态工程，进一步加强生态保护，严格控制人为破坏，注重自然恢复，推进城乡环境综合治理，加大环境保护执法力度，逐步提高生态修复能力，实现生态环境的进一步好转，为经济社会可持续发展奠定坚实基础。应大力抓好以下重点工作：

（1）大力推进"三区"建设，把"三区"建设作为加强自然生态保护的重要内容。完善和实施全盟生态功能区划，启动黑河下游国家级生态功能区，建立一批生态功能保护区。逐步形成较为合理、工作效率较高的管理体制和运行机制，使区域主导生态功能得到保护和恢复。

提高自然保护区的管理水平。大力提高已建自然保护区的管护能力与建设水平，使80%以上的自然保护区有健全的管理机构。已建自然保护区均配备相应的管理人员，60%以上的自然保护区具有比较完善的保护和管理设施。

以构建阿拉善国家级特殊生态功能区屏障为基点，加快生态环境综合治理步伐，优先解决影响和制约全盟经济社会发展、危及城乡居民生存生活和生产的重点区域、重点地段的生态问题，局部遏制和扭转生态环境持续恶化的趋势，促进生态、经济和社会效益的协调统一。

围绕额济纳荒漠绿洲生态恢复保护建设区、以梭梭等灌木为主的荒漠林草植被恢复保护建设区、三大沙漠周边沙害综合治理区、贺兰山自然保护区、黄河沿岸综合治理区、主要镇区生态环境监测保护治理区六大区域，全力构筑阿拉善西部、中部、东部三大生态防线。重点实施异地扶贫搬迁、退牧还草、退耕还林、天然林资源保护、公益林生态效益补偿、野生动植物和自然保护区建设、人工增雨、水土保持、"三北"四期等重大生态保护和建设工程。结合重大生态工程的实施，大力发展沙产业等后续产业，巩固生态治理成果。

切实加强资源开发的生态保护监管。根据《全国生态保护纲要》和原国家环保总局《关于加强资源开发生态保护监管工作的意见》，加强水、土地、矿产、森林、草原和旅游资源开发的生态环境保护，开展水、土地、矿产、森林、草原和旅游资源开发利用规划和项目的环评，完善监管制度。

规范自然保护区的建设与管理，提高自然保护区和生态示范区的建设质量和管理水平。按照《自然保护区管理条例》要求，各类自然保护区建设和管理水平明显提高，达到规范化要求。

（2）强化水资源保护。坚持开源与节流并重方针，确立引水为先原则，继续加大引水、分水、找水、节水和劣质水利用力度，科学制定用水规划，合理开发利用水资源，建立防洪减灾、水资源供给、高效利用和维护生态环境安全用水的保障体系；强化水资源评价，增强供水能力；完善制度，加强管理，优化配置，加大水权置换力度，用足用好用水指标，协调好生活、生产和生态建设用水，提高综合利用能力；加大水资源保护和节约用水力度，积极开发、引进和推广节水新技术、新材料、新工艺和新设备，努力提高工农业用水利用率和城镇污水处理回用率；改善饮用水质量。

（3）加强农牧区环境保护，为推进社会主义新农村建设服务。实施农牧区小康环保行动计划，提高农牧区人居环境质量，指导和督促农牧区环境综合整治规划。推进农牧区环境基础设施建设，调查并划定农牧区集中式饮用水源地保护区，对水源地实施严格保护。

加强农牧区面源污染控制。加强农药和化肥环境安全管理，建立农产品安全检测和监管体系。推广高效、低毒和低残留化学农药，禁止在蔬菜、粮食和中药材、棉花等生产中使用高毒、高残留农药。防止不合理使用化肥、农药、农膜和超标污灌带来的化学污染和面源污染，保证农产品安全。在扩大农区畜牧业规模的基础上推广畜禽养殖业粪便综合利用和处理技术，鼓励建设养殖业和种植业紧密结合的生态工程。开展秸秆禁烧，大力推广秸秆还田、秸秆气化和其他综合利用措施。

（4）控制土壤污染，保持生物多样性。进行土壤污染调查，为实施农牧区小康村环保行动打开局面。严防野生物种和动物栖息地遭受破坏，禁止滥捕、滥猎、滥采，防止遗传资源消失和外来物种侵入。

2. 突出重点、强化污染防治，推进经济增长方式的转变

为推进建设节约型、环境友好型社会的战略目标，走可持续发展之路，确保经济社会长足的发展后劲，污染防治要着重解决下列主要问题：

（1）进一步改善大气环境质量。综合改善城镇大气环境质量。实行集中供热，发展热电联产，防治煤烟型污染。取缔非法排污企业，进一步提高除尘设备的效率和运行率。加强建筑施工及道路运输环境管理，有效控制城镇扬尘。机动车辆鼓励使用清洁燃料，逐步提高并严格执行机动车污染物排放标准。

加强工业大气污染源污染防治。结合宏观调控，严格环保准入标准，重点控制钢铁、水泥、铁合金、焦化、电石等重污染行业的盲目发展。淘汰落后的生产工艺和设备，控制大气污染物排放，实施大气污染源达标治理工程。新上项目要配置有效的除尘设备。继续抓好煤炭、建材、化工等行业大气污染控制工作，重点污染源实行自动在线监控，开展氮氧化物监测和统计工作，为实施总量控制奠定基础。

新建电厂必须同步建设脱硫设施，并预留脱硝场地，严格控制二氧化硫和氮氧化物的排放量，建立电厂在线监测网络，脱硫设施统一管理。开发风能等可再生能源技术。

合理规划，从源头上控制污染。我盟正处于工业化、城镇化、农牧业产业化快速发展阶段，环境保护要认真贯彻"适度收缩、相对集中"的发展战略，严把建设项目环境影响评价审批关，从源头上控制污染，保护环境。

（2）改善水环境质量。严格控制工业水污染物排放量的增加。大力推进循环经济，提高工业用水重复利用率。积极支持和鼓励企业使用污水处理厂和其他技术处理污水后排水，建立高耗水行业用水限额制度，淘汰高耗水、重污染的落后工艺和设备。以化工、煤炭、建材行业为重点，推行清洁生产，加大治理和改造力度，严格限制高耗水型工业项目。

切实加强重点水污染源的监管，实施全面达标工程。严格执行排污许可制度，重点污染源实行自动在线监控。要把农牧区工业水污染物的排放纳入监管范围。

保护饮用水源地水质，确保人民饮用水安全。加强城镇、农牧区饮用水源污染防治

监管，严格禁止在饮用水源地进行工业项目建设和排放有毒有害污染物。

加强城镇污水处理与再生水资源利用工程的监管。各旗政府要拓宽投资渠道，大力开展城镇污水处理设施和配套管网建设，不断提高城镇污水收集能力和效率。

加大对额济纳河周边环境的监管力度，逐步改善该河水质。"十一五"期间要把对额济纳河周边环境的监管工作作为重点，防止有机物对河水水质的影响，逐步改善河水水质。

（3）实现固体废物无害化、资源化、减量化。实施生活垃圾无害化处理、危险废物和医疗废物的安全处理。加快城镇生活垃圾处理及综合利用等城镇环保基础设施建设，建立垃圾分类收集、储运和处理系统，推行垃圾无害化处置。配置危险废物运输专用车，使危险废物安全运输到指定的地点处置；建设医疗垃圾处理厂，各级环保部门要强化监管，消除污染和安全隐患。

提高固体废物综合利用水平。加强尾矿、各种建筑废弃物和畜禽粪便等农业废弃物的回收和综合利用，促进循环经济的发展。

（4）治理噪声污染。鼓励企业使用低噪声的先进设备和生产工艺；加强对建筑施工、工业生产和社会生活噪声的监督管理。

3．严格控制核与辐射污染，确保公众环境安全

进一步加强已有放射源使用、存贮、处置的环境监管，强化放射源的跟踪管理。严格执行电磁辐射项目的环境影响评价，从源头上控制电磁辐射污染；电磁辐射源的建设要加强规划、合理布局、优化空间布局，为今后发展预留充分的空间。严密监控尾矿、冶炼废渣及核素向空气、土壤中转移，保障环境安全。

4．发展循环经济

把发展循环经济作为转变经济增长方式的突破口，全面推行清洁生产，大力发展煤矸石、粉煤灰、炼铁渣、焦炉燃气、矿井疏干水等二次资源综合利用项目，将单位产品的各项消耗和污染物的排放量限定在标准许可的范围，实现清洁生产和污染排放最小化。以盐煤化工为核心，建设煤—焦炭—发电—氯碱综合利用等八条生态工业链，形成能源、煤化工、氯碱化工、有机化工、合成树脂、塑料加工及助剂六大生态型优势产业集群。

建立循环经济示范基地。按照"产业链条有机结合，上下游产品有序链接，多次循环利用，转化增值"的原则，加快构筑资源综合利用的特色产业链，逐步建设循环经济示范基地，实现区域内企业间废物的交换利用。

三、加强领导、完善机制，全面提高监管水平

1．推进环境保护政绩考核，强化各级政府的环保责任

把"对辖区内环境质量负责"的要求列入党政工作重要议事日程，切实做到"党政一把手负总责，分管领导具体抓"，把环境保护目标纳入领导班子和领导干部实绩的重要依据。落实环境目标责任制，健全环境保护问责制、行政责任追究制、行政监察制和领导干部离任环保审计制度。

2．建立上级监察、同级监管、单位负责的环境监管体制

为着力解决长期存在的有法不依、执法不严、违法不究的环保执法难问题，建立环

境监察制度，划分监察事权，落实监察职能，加强对下级政府和环保行政主管部门的监督检查。坚决贯彻执行"污染者负担、利用者保护、破坏者恢复"的原则和其他相关法律法规，对环境违法行为给予及时有效的查处。

3. 完善环保协调机制

要逐步建立和完善在政府领导下，环保部门统一监管，规划、财政、工业、建设、国土、工商、农业、林业、水利、畜牧等部门协调分工、各负其责的复合型管理模式。建立相应的协调机制，明确各自职责领域和原则要求，使之在环境管理方向和步调上趋于一致，形成合力，做到责任到位、措施到位。

4. 加强环境宣传教育和信息化建设，增强舆论监督和社会监督的力度

环境保护宣传教育要贴近实际、贴近生活、贴近群众，不断增强各级干部和广大群众的环境意识和法制观念。加强对领导干部的环境教育和培训，对党政领导和各级环保局长要开展落实科学发展观、建设和谐社会、发展循环经济的培训。各级党校、行政院校把普及环境科学知识和法律知识，实施可持续发展战略，提高环境与发展综合决策能力等纳入培训计划。

各级宣传部门和新闻单位要把环境宣传作为一项重要任务，大力宣传环境保护的方针政策和法律法规知识。广播、电视、报刊和网络等新闻媒体，要开展公益性宣传，及时报道和表扬先进典型，公开曝光环境违法行为，充分发挥舆论引导和监督的作用。要重视环保知识的宣传教育，抓好环保基础教育、专业教育、社会教育和岗位培训。大力推进绿色学校、环境教育基地、绿色社区、环境优美乡镇、环境友好型企业等绿色创建活动，结合公民道德建设和普及活动，开展环境警示教育，弘扬环保文化，增强公众的环境忧患意识。要全方位、多层次宣传推广适应建立资源节约型、环境友好型社会要求的生产方式和生活方式。大力推进 ISO 14000 体系认证工作，加大宣传力度，扩大认证范围。

完善环境信息公开制度，建立服务于社会和公众的环境信息政府网站，推进环保政务公开。环保部门定期发布环境质量、政策法规、项目审批和案件处理等环境信息，推进企业环境信息公开，保障公众的环境知情权。

今后一段时期，是我盟实施经济结构战略性调整，奠定重化工业发展基础的重要时期，环境保护工作一定要紧跟发展大势，致力衔接开拓，励精图治，奋发创新，为全盟经济持续、快速发展和社会进步打下良好基础，为构建和谐阿拉善服务。

科学发展——让绿色永存

重庆市大渡口区环保局副局长   颜军

绿色，充满生机与活力的色彩，人类向往和追求的色彩，也是环保人终生寻求的——环保色。人类的活动，使人类得以繁衍、得以永续，但足迹所到之处，已经是千疮百孔、不堪重负，地球在呻吟，在哭泣，也在对人类进行着无情的报复。现在自然灾害（天灾）特大洪水、旱灾、雪灾、地震、气候变暖、物种灭绝、水资源紧缺……种种现象已达到几十年甚至数百年未遇。人类共同面临着资源枯竭、生态失衡、环境恶化等种种问题的挑战。正如 100 多年前，恩格斯就曾警告人们说："我们不要过分地陶醉于人类对自然界的胜利。对于每一次这样的胜利，自然界都会对我们进行报复。"

绿色这一描述事物颜色的常用形容词，如今已成为与人类息息相关的词汇。绿色这一概念越来越被人们所向往和运用，绿色 GDP、绿色工业、绿色农业、绿色消费、绿色投资、绿色信贷、绿色家园、绿色食品、绿色建筑、绿色建材、绿色企业、绿色学校、绿色社区（村庄）等绿色环保概念盛行。人们对绿色进行着孜孜不倦的探索、深化和理解。

当前正值我区学习实践科学发展观活动，笔者认为环保工作实现科学发展的首要任务就是奏响绿色旋律，让绿色永存。这既是科学发展观以人为本核心和全面、协调、可持续发展基本要求的集中体现，是构建资源节约型和环境友好型社会的现实要求，也是我区实现"三个转型"、"六个大渡口"建设的客观需要。

大渡口作为依托重钢而建的老工业基地，虽历史环境欠账较多，空气质量、主要污染物减排、绿化（地）面积、次级河流整治（伏牛溪、跳磴河）等较之周边区（县），特别是先进区（县）差距还很大，涉及水、气、声、固废污染环境突出问题，人民反映还较为强烈。但随着重钢搬迁的启动，随着我区森林城市的打造，随着生态宜居区战略定位的深化，将为我区提供难得的发展机遇和环境持续改善、持续优化的动能。

大渡口区绿色之路应如何思考和探索？

一、科学认清绿色发展的三大基础优势

经过几轮的发展、几辈大渡口人的努力，特别近几年的大发展，我区不仅经济实力显著增强，同时绿色、环保的科学发展之路逐渐清晰。我们面临着绿色发展的三大有利基础优势：一是重钢的环保搬迁。将使这一 1965 年建区、1995 年区划调整的城郊型、边缘型、基地型工业城区焕发新生机，为我们提供约 5 km² 的长江沿江黄金土地资源，减轻长期困扰我区的环境污染压力（目前重钢股份公司二氧化硫排放量占全区总量的 85.7%），从而为我区绿色发展腾出发展空间和环境容量，提供可能。二是山、水、园、林基础资

源优势。大渡口地处两山（中梁山、铜锣山）、两江（长江、嘉陵江）之间，"山"有中梁山生态屏障、双山、金鳌山等。"水"有 32 km 的长江黄金水道和跳磴河、伏牛溪两条长江次级河流。"园"有 2012 年的 42 个城市公园（约 690 hm²）、100 余个社区公园和小游园，人均享有公园面积约为 23 m²，人均绿地面积约为 48 m²，城市建成区人均公园绿地 12.67 m²，绿地率达到38%，绿化覆盖率43%的目标；有重庆市首个园林式工业园——建桥工业园等绿色品牌；有极富文化底蕴的中华美德公园、义渡公园、金鳌寺公园等；"林"有《大渡口绿色空间规划》布局的"两带、七廊（形成陈庹路、中坝路、滨江路、上界高速四条主要道路及伏牛溪、跳磴河、钢城生态文化绿廊 7 条绿廊。）、四十二园"森林绿化建设任务，到 2012 年全区森林覆盖率将达到 35%，绿地率达到40%，公园绿地面积将达 333 hm²，生产绿地面积达 180 hm²，防护绿地达 390 hm²，附属绿地实现 1 m² 住宅配套 1 m² 绿地的任务；有上千亩中梁山林带、长江林带和公仆林、环保林等特色义务林。这些山、水、园、林基础将助推大渡口绿色发展进程。三是区域发展方向、定位的支撑。从单一的工业区建设目标定位到"四区"建设目标定位，再到"三个转型"、"六个大渡口建设"，发展方向逐渐清晰、明确，大渡口"四季闻香月月见花"的理念正在形成，无论是"两江四岸"规划的参与、CRD 发展战略的制定、绿色空间规划的编制，还是环境质量改善、森林工程建设、危旧房改造、特色公园打造等重点工作，都透着绵绵绿意，都映衬着大渡口区走绿色发展之路的足迹。

二、科学规划绿色发展路径

没有绿水青山，哪来"金山银山"？大渡口未来的发展离不开"绿色"这一环保色彩，这是我们实现科学发展的主色调。必须在发展中不断探索和阐释。

1. 培育绿色意识

在大力实施资源环境保护战略的基础上，强化生态立区、环境优先的理念，通过多渠道教育、宣传等形式帮助人民深刻理解绿色的内涵，如今的"绿色"，已不仅仅是一个表示颜色的词语，更重要的是代表着一种全新的理念，它已泛指无公害、无污染、健康、节能、环保等内容了。安全环保是"绿色"，时尚健康是"绿色"，便利快捷是"绿色"，温馨宜人更是"绿色"。同时也让人民群众深刻领会中央关于"让人民群众喝上干净的水、呼吸清新的空气、吃上安全的食品"的绿色主张和郑重的承诺。使爱绿、护绿、造绿成为人民的自觉行动，形成良好的绿色发展氛围。

2. 编制绿色规划

绿色发展同样规划先行，要依托两江四岸规划、绿色空间规划、森林工程建设规划、"十一五"规划、CRD 规划以及各行业规划等已有成果，结合区情实际，探索资源节约型、环境友好型"两型"社会建设，高标准、高起点制定我区经济、城市、社会"三个转型"绿色发展规划，构建绿色转型体系，摸索绿色转型路径，最终实现绿色转型。

3. 发展绿色经济（低碳经济）

经济是基础，转型中必须大力发展绿色经济。绿色经济可从四个角度来理解：一是发展经济学上的绿色经济，即资源节约型与发展循环型，培育绿色产业，实现资源最大化利用和循环利用；二是生态学上绿色经济必须是有利于生态安全、生态循环、生物多样性的经济；三是环境保护上的绿色经济是不对环境造成污染的经济；四是人文上的绿色经济就是指能促进社会进步与全面发展的经济。但无论从哪种角度去理解，笔者认为绿色经济说穿了就是低碳经济，大渡口在绿色发展进程中，就是要大力培育和发展低碳经济。

何谓低碳经济："低碳经济"，是以低排放、低消耗、低污染为特征的经济发展模式（2003 年，英国发表了《我们未来的能源——创建低碳经济》的白皮书），是低碳发展、低碳产业、低碳技术、低碳生活等一类经济形态的总称。其实质在于提升能源的高效利用、推行区域的清洁发展、促进产品的低碳开发和维持生态平衡。在目前全球经济受到经济危机的冲击的时候，大力发展低碳经济，是应对危机，转危机为机会，走出困境的一个新的经济引擎。发展低碳经济，是新一轮经济竞争的制高点，谁能抢占先机，谁就会在新一轮竞争中领先一步，获取更大的经济利益和竞争优势。发展低碳经济，能够更好地节约能源、节省资源、节约成本，从而实现经济效益的更大化，实现经济发展与生态保护的有机统一。

发展低碳经济对于大渡口而言，具有更加重要的现实意义和历史意义。由于历史的原因，大渡口经济结构不尽合理，能源、资源消耗严重超标，环境成本较高，可持续发展竞争力不强，大力发展低碳经济，已成为我区优化经济结构的当务之急，也是我们转变经济发展方式、实现经济转型升级的大好时机。因此，在经济结构调整中要清洁使用化石能源，注重用清洁生产技术改造传统产业，逐步降低化石能源的比重，同时按市场化原则淘汰高能耗、重污染、低效率的产业。在招商引资中大力引进新能源开发、低碳技术研发项目；大力引进技术含量高、经济效益好、创新能力强、资源消耗低、环境污染少的先进制造业和其他高新技术产业；大力引进现代服务业，比如旅游、金融、物流、信息、文化创意产业等，确保我们每一分投资都是"绿色"；在消费模式上倡导绿色消费、低碳生活；在政策制定上，要引导企业发展低碳经济，出台激励政策，鼓励企业加大投入，加快自主研发，加快技术进步，使企业成为技术进步的主体，也使企业成为发展低碳经济、绿色经济的受益者。

4. 创建绿色品牌

品牌是可持续发展的"加速器"。如上海浦东"东方绿色水都"、深圳"绿色建筑之都"、绍兴"绿色茶都"、广西崇左"绿色锰都"、三江"绿色米都"、东台"世界绿色能源之都"以及重庆潼南"绿色菜都"等绿色品牌，这些品牌体现着地区特色，支撑着地区发展。作为大渡口也应有叫得响、影响广，蕴涵自身特色优势的绿色文化品牌，坚定不移，持续打造，使之成为大渡口对外交流名片、自身发展的不竭动力和可持续发展的"加速器"，比如"长江绿城"、"重庆公园绿都"等。总之，充分依托其品牌力量吸纳信息流、智慧流、人才流、项目流、资金流、技术流，来助推大渡口经济又好又快发展，助推绿色发展进程，助推"三个转型"和"六个大渡口"建设。

5. 打造绿色环境

一是绿色的人文环境。要广泛开展各类绿色创建活动，结合创文明城区、卫生城区等工作，在区域开展绿色企业、绿色学校、绿色社区、绿色家庭等多形式、多层次的创建活动，构筑绿色文化体系，使绿色深入人心，使社会各个层面以及千家万户都有自己的绿色"责任田"。要让绿色融入我们发展理念和各项决策之中，成为检验各项工作是否实现科学发展的标准，悉心培育绿色发展的氛围、土壤，让绿色发展成为社会共识。二是绿色政策环境。政策的支持和政府的引导是绿色发展的基础，要结合区域特点，让绿色环保参与宏观决策，让资源环境保护战略这一国家战略、国家意志渗透到经济社会各个领域。要认真制定绿色产业政策、绿色扶持政策，鼓励各行业、各企业走绿色的科学发展之路。要推进企业环境诚信体系建设，推行绿色信贷、绿色采购、绿色证券，绿色税收。要积极探索排污交易、总量指标交易和环境污染责任保险等政策。三是绿色服务环境。要在打造绿色硬环境的基础上，特别是要注重在行政决策、审批服务、涉企检查、环境执法等软环境上下工夫、做文章，进一步构建绿色通道，提高服务效能，努力营造实现科学发展的绿色软硬环境。

地球呼唤着绿色，科学发展呼唤着绿色，大渡口发展呼唤着绿色。走绿色发展之路，打造绿色经济是我们义不容辞的责任和义务，让我们共同携手，在科学发展观的引领下，在重庆打造中国经济发展第四极的历史进程中，以绿为基，以绿为本，与绿相伴，实现大渡口绿色跨越与发展，谱写绿色永续的新篇章。

推进污染减排，强化环境执法，服务科学发展

——对安庆市环保工作的若干思考

安徽省安庆市环保局局长　殷宝龙

近期，结合学习实践科学发展观活动的开展，我对安庆市环保工作进行了深入梳理和思考，初步形成了以下几点认识。

一、安庆地域特征决定了安庆环保工作极具特殊性

安庆市地处皖鄂赣三省交界处、大别山南麓、长江中下游，国土面积 1.53 万 km^2，总人口 613 万，辖 7 县 1 市 3 区，是安徽省所辖县份最多的区域性大市，为宁汉之间唯一的长江北岸经济重镇，也是安徽省环境保护和污染减排任务最重的地区之一。

1. 安庆地理位置特殊，是长三角地区重要生态屏障

境内拥有 1 个国家级自然保护区、1 个国家级风景名胜区、5 个国家级森林公园，其中城区为国家历史文化名城、国家园林城市，是安徽省生物物种最具多样性的地区，林地面积 59.3 万 hm^2、湿地 15.3 万 hm^2。有 6 大水系通过长河、华阳河、皖河 3 条支流汇入长江，安庆段长江岸线达 247 km，年均径流量 91.15 亿 m^3、年均过境流量 9 104 亿 m^3。安庆位于长三角几十座重要城市的上游，加之地处多省交界，环境纠纷时有发生，水质状况直接关系到下游地区饮水安全，环境战略地位极其重要。

2. 安庆的产业结构和地理状况，决定了环境保护工作任务异常繁重

安庆市是安徽省唯一的石油化工基地、长江中下游唯一的林浆纸一体化布点地区和全国重要的水泥生产基地。由于历史原因，石油化工紧邻城区，存在着布局性的环境隐患和结构性的环境风险，辖区内大、小重点排污企事业 6 000 多个，污染源分散，全市生产生活污水及地表径流每天进入长江达 100 万 t。安庆地理状况复杂，河流纵横、湖泊众多，水、大气、噪声等例行监测点位达 580 处，还有企业日常监管、环境应急处理、污染减排监控等，环境保护工作任务繁重、责任重大。

二、安庆环保工作现状不容乐观

近年来，在上级环保部门和当地党委、政府的正确领导下，安庆市环保系统认真贯彻落实科学发展观，以推进污染减排为核心，以环境执法为抓手，切实加强环境保护，各项工作取得明显成效。2008 年污染物排放量首次实现"双降"，超额完成省定指标，扭转了"十一五"前两年污染减排留有欠账的不利局面；全市整体环评率和"三同时"执

行率大幅提升，分别提高 19 个和 38 个百分点。但是客观地分析，安庆市环保工作形势依然比较严峻，仍然存在一些突出问题。

1. 污染减排压力依然很大

其一，历史欠账给存量减排造成很大压力。尽管去年超额完成减排任务，但与 2005 年的基数比较，仅削减了 0.33% 和 10.19%，与"十一五"末分别削减 2% 和 42.17% 的目标任务相距甚远。其二，保增长给增量减排造成很大压力。由于核定排放强度居全省之首，加之新增项目多，污染物排放总量需求日益增大，新增污染物难以消化。其三，金融危机对企业减排项目建设造成了一定挤压。一些企业资金链紧张，原定新建的治污设施建设进度放慢甚至延缓，一些应该关停的企业在保增长的政策基调中，也容易死灰复燃。

2. 环境监管任务依然艰巨

一些地方担心因环保门槛抬得过高，影响招商引资和项目投资，基于保增长的考虑，对"两高一资"项目的控制有所放松，违规环评时有发生，污染反弹不容忽视。部分企业为降低经营成本，污染治理设施不正常运转，偷排漏排现象屡禁不止。

3. 环境焦点问题依然突出

总体上看，安庆市工业园区总体环评率和"三同时"执行率，还低于国家规定的标准；城市管网不配套、雨污不分流，存在污染隐患。同时，群众环境维权意识日益提升，环境信访投诉量日益增多，特别是化工企业给城区带来的大气污染问题，难以根治，给环保工作造成了很大压力。

4. 县级环保工作亟待加强

安庆各县（市）区环境监测、监察标准化建设相对滞后，能力建设严重不足。少数地方重复投诉的环境信访量高居不下，还有不少未完成的污染减排项目，总量控制工作难度加大，建设项目新增排放容量管理缺乏具体的强制措施，这些势必影响到安庆整个地区的环保工作大局。

三、进一步做好安庆环保工作的对策与建议

安庆环保工作提质增效，必须深入贯彻落实科学发展观，认真落实上级环保部门和当地党委、政府的要求，强力推进污染减排，大力加强环境执法，着力强化环境服务，全力以赴实现"两项"污染物排放量更大幅度下降，千方百计解决危害群众健康、影响可持续发展的突出环境问题，尽心尽力服务保增长、保民生、保稳定。特别要重点抓好以下四个方面的工作：

1. 严格倒逼，推进污染减排取得新突破

必须以坚定的决心、过硬的措施推进"两项"污染物排放量大幅度下降，确保今年"削减二氧化硫 6 000 t、化学需氧量 1 000 t"的目标顺利。在具体推进过程中，要扎实实行"五个倒逼"，认真落实工程减排、结构减排和管理减排措施：一是项目倒逼。把污染减排目标落实到具体减排项目上来，与城镇污水处理厂建设严格挂钩，与燃煤电厂脱硫设施建设严格挂钩，与淘汰落后生产能力严格挂钩。二是审批倒逼。切实将污染物减排指标作为建设项目环评审批的前置条件，新建项目同步落实具体的总量减排指标，确保

增量减排一步削减到位。三是信贷倒逼。加强与人行、银监部门的协调和合作，严格执行《关于落实环保政策法规和污染减排措施防范信贷风险的实施办法》，对企业和建设项目的环境信息档案实行动态管理，大力实施绿色信贷工作。四是监管倒逼。制定并严格执行重点污染治理设施运行监督管理办法，狠抓脱硫设施、污水处理厂的稳定运行，加强国控、省控重点污染源在线监控。五是责任倒逼。将减排任务落实到各县（市）区，督促各地落实《环境保护目标责任书》，在县（市）区综合考核中，增加污染减排考核权重，促进各地建成、投运重点治污项目。

2. 把好关口，提高环评工作管理水平

严格执行建设项目环境影响评价制度，一手抓老项目的环评补办，使环评执行率明显提高；一手抓新建项目的环评管理工作，确保新建项目的环评率达到 100%。一是从严把关、管住增量。对国家明令淘汰、禁止建设、不符合国家产业政策的项目，一律不批；对环境污染严重、污染物不能达标排放的项目，一律不批；对环境质量不能满足环境功能区要求、没有总量指标的项目，一律不批；对位于自然保护区核心区、缓冲区内的项目，一律不批。二是优化服务、提高效率。大力优化审批绿色通道，提高环评和审批效率，为牵动安庆发展的重大项目、环保型的先进制造业和高新技术产业发展项目提供优质服务。三是强化验收、全程监管。完善建设项目竣工验收管理体制，逐步建立建设项目施工期环境监理制度，强化建设项目竣工环保验收和"三同时"制度的落实。四是拓宽领域、加强管理。切实推动区域规划环评，积极探索城市建设项目环评，完善适应城市建设项目环评管理的监管机制。

3. 强化执法，着力维护群众环境权益

提高环保执法对环保工作的推动力，借力新闻舆论的监督作用，公开曝光典型环境违法案件，达到"查处一家、震慑一方、影响一片"的效果。一要以近两年省级挂牌督办企业为重点，集中时间强力推进环境执法检查和环保专项行动，加强环保后督察工作，确保挂牌企业整改到位。二要强化工业污染源监管，对工业项目的建设过程和建成投产等环节，进行重点执法检查，加强排污申报管理，推进企业环境监督员制度建设。三要重点加大对城区大湖、新河、石塘湖及石门湖等敏感水系的污染防控力度，提高流域内点、段、面水质情况监测覆盖率，抓好水质变化的预测、预警和预报工作。四要进一步强化环境信访工作，全面实行环境信访责任制，对群众反映强烈的案件坚决查处到位、整改到位。着力解决水、空气、颗粒物、噪声与餐饮业污染等群众反映强烈的环境问题。特别要重点解决城区大气恶臭问题，力争实现城区大气质量的明显改善。

4. 加强基础，全面提升环保工作水平

（1）动员社会力量参与支持环境保护。健全环境信息公开工作机制，及时公布项目审批、排污收费和空气质量情况；推进全民环境宣传教育行动试点，深化绿色学校创建、社区生态文明创建，营造推进资源节约型和环境友好型社会建设的良好氛围。

（2）要提升农村环境保护水平。充分发挥中央农村环保专项资金的示范带动作用，落实好"以奖促治"的政策措施，抓紧完善农村环境综合整治措施，加快推进农村环境保护基础设施建设，切实增强农村污染防治能力。扎实开展创建工作，着力整治畜禽养殖污染、生活垃圾污染，争取有更多的乡镇村跻身国家和省级优美乡镇、生态村行列。

　　（3）要进一步夯实环保工作基础。完善国控、省控重点污染源在线监控工作，提高实时监控、动态管理水平，力争实现向省环保厅监控中心传输数据的整体在线时间比达到 85%以上。抓好污染源普查工作，把握普查数据的宏观可靠性，为今后的环境监管工作提供全面的数据参考。加快推进监测、监察、信息标准化建设，切实提高环境保护科研监测应急处理能力。

二、节能减排与气候变化

强化绿色发展意识　全力完成减排任务

山西省大同市环境保护局局长　赵晓宁

在我国以人为本，全面、协调、可持续的科学发展观指导下，节能减排是兼顾质量、效益、速度，推动经济又好又快发展的重要措施和手段。国家"十一五"规划将污染物减排确定为约束性指标之一，赋予了污染减排艰巨的历史使命，为建设资源节约型和环境友好型社会提供了有力保障。作为全国重要的煤炭工业基地，大同市的污染减排既面临机遇，又面临挑战。在着力实现安全发展、转型发展、绿色发展的总体思路下，资源型城市的绿色崛起必须以污染物减排为重要抓手，在削减存量、控制增量上精打细算、严格控制，努力做到还清旧账，不欠新账。

一、大同市污染物减排面临的巨大压力

大同市四季多风，干旱少雨，地理位置位于山西省最北端，地处黄土高原东北边缘。地理坐标为东经 112°34′～114°33′，北纬 39°03′～40°44′。北以外长城为界，与内蒙古自治区丰镇、凉城县毗邻，西、南与山西省朔州市、忻州地区相连，东与河北省相接。从气候条件看，属温带大陆性季风气候，年平均气温在 3.6～7.5℃，易受沙尘天气影响。全市煤炭资源丰富，煤炭及相关产业在地方经济中占据核心地位。按所有制结构划分，企业 GDP 比例中央及省营以上占 64%，地方企业占 36%。而按产业划分，在地方企业占 GDP 的 36 个百分点中，煤炭产业占 28%，建材、化工、冶金、医药等产业占 8%。区域空气主要污染物为二氧化硫（SO_2）、二氧化氮（NO_2）和可吸入颗粒物（PM_{10}）。三项主要污染物中污染负荷最大的是二氧化硫，占 46.7%，其次是可吸入颗粒物，占 37.6%，二氧化氮占 15.7%。由于自然的"先天条件"不足及高污染、高能耗产业占主导地位，大同市的污染物减排面临巨大的压力和挑战：

1. 高污染、高能耗行业性污染突出

煤炭、电力、化工、水泥等高污染、高能耗行业生产过程中产生大量烟尘、粉尘和二氧化硫，但是由于历史原因，这些行业中过去有不少企业因为环保意识不强，没有办理"三同时"，或"三同时"执行不到位，造成污染物不能做到稳定达标排放，严重影响大气环境质量，给二氧化硫的减排带来压力。

2. 地质灾害严重，生态环境不断恶化

全市煤矸石累积数量 1.272 亿 t，占地 483 hm^2。由于煤炭开采造成土地资源和地表设施破坏严重。仅矿区采空区累计已达到 940 km^2，水平投影面积达 500 多 km^2。由于矿井顶板崩塌、采空区围岩变形、山坡矸石堆积等影响了山体稳定，导致地质沉陷、山体开裂、崩塌、地震、泥石流和滑坡等多种地质灾害频发。

3．地下水系遭到破坏、地表水污染严重

大同市区人均水资源占有量不足全国平均水平的 10%，是全国 100 个最缺水的城市之一。并不充足的水资源由于煤炭开采造成地下水系的严重破坏，地下水位以年均 1～1.5 m 的速度大幅下降，大量矿井污水外排，直接影响到矿区及其周边环境，使地下水和地表水受到侵害，矿化度、总硬度大幅度超标，全市八条主要河流不同程度地存在污染，地表水超过国家四类水标准。

4．地方财力有限，环境投入严重不足

全市财政总收入中来自于煤炭及其相关行业的税收达 75%左右。而煤炭行业的增值税和所得税所占比例份额大，上交中央的多、留的少，地方财政保障能力差，由此造成环境地方投入相对滞后，配套资金难以全面保障到位，环境基础设施建设跟不上，污染减排难以在短期内明显见效。

二、大同市污染物减排取得的初步成效

近年来，通过实施"转型发展，绿色崛起"发展战略，大同市在国家中西部崛起政策支持下，产业发展逐步走出单一依靠煤炭的被动局面，开始转向多元化、综合化。特别是随着环境质量的不断改善，大同作为全国首批 24 座历史文化名城之一的城市魅力不断提升，全市的污染物减排工作也取得了初步成效，2008 年实现减排二氧化硫 887 t，实现减排化学需氧量 5 064 t，圆满完成省定减排任务，为全面完成"十一五"两项主要污染物排放总量在 2005 年基础上减少 10%的目标奠定了基础。

1．社会各界对污染减排予以高度关注

随着国家"十一五"规划将污染减排作为经济社会发展的一项约束性指标，社会各界对污染减排也越来越关注，深刻认识到像我国这样一个人口大国，建立资源节约型和环境友好型社会是必然途径，而实现污染减排既是形势所迫，也是国际上履约的需要。一些团体和个人主动加入监督企业环境违法行为中来，向环保部门积极反映情况，极大地促进了环保部门的执法和监督工作。通过广泛的宣传教育和开展环保进社区、进企业等活动，各界的环保意识明显增强，一些企业转变发展模式，扎实开展污染减排工作，使企业发展步入了清洁生产行列。

2．污染减排领导和责任体系初步建立

我市将污染减排与"蓝天碧水工程"紧密结合，成立大同市污染物减排工作领导组，并制定出台了《大同市污染物减排工作方案》，对全市污染物减排工作统一领导、统一监督、统一考核。将污染物减排工作以责任制的形式层层分解到各县（区）和重点企业。以《大同市人民政府关于"十一五"期间全市主要污染物排放总量控制有关问题的通知》文件，明确了总量控制指标，定期公布减排指标完成情况，并实现严格的问责制，对未完成减排任务的企业予以处罚和关停，对各县（区）整体完成减排任务情况进行通报，确保污染减排各项任务落实到位。

3．污染减排相关体系建设逐步完善

我市以污染减排为核心，切实加强减排监测体系、减排统计体系、减排监察体系和减排考核体系的建设。一是减排监测体系，根据国家和省确保的主要污染物减排监测办

法，切实加强自动监控系统建设，初步建成覆盖全市各县（区）的重点污染源在线监测监控系统，目前已有 10 个重点污染源完成在线监测设备安装，实现了污染物实时监控。二是减排统计体系，对污染源实行动态管理，建立污染源增量、减量、变量管理月报台账和污染源信息档案及数据库，及时掌握污染物增减动态，对重点污染源减排数据实现了统一采集、统一核定、统一公布，做到了一个项目一个档案，对占全市排污总量 85% 以上的 30 家市级重点环保监控企业，实行定期的月报、季报制度，及时上报减排统计资料。三是减排监察体系，按照环境监察标准化建设的要求，2008 年投资 55.3 万元，配备环境监督执法取证、交通和通讯等设备 52 台（套），配置污染源现场监察仪器，同时着力提高执法人员执法水平，全面提升污染源监察核查能力。四是减排考核体系，出台《大同市"十一五"时期县区经济社会发展评价方案（试行）》，明确了减排考核方法，将减排列入"一票否决"指标，对各县区污染减排工作进行统一考核。

三、狠抓落实，化"危"为"机"，全力推动减排任务如期完成

国际金融危机对全球经济造成冲击，中央提出"保增长、扩内需、调结构"的应对策略，投入 4 万亿元拉动内需，这对污染减排工作既是机遇也是挑战。如果环保把关稍有松懈，就有可能造成高污染、高能耗项目违规上马，减排压力进一步加大，新增污染量急速上升。因此，在金融危机下，污染减排必须坚持"目标不变、标准不降、力度不减"的原则，在实现保增长、扩内需的目标同时，突出调结构，从淘汰落后生产能力，调整产业结构方面，引导经济发展形成新的增长点，推动经济社会的全面协调和可持续发展。

1. 努力树立绿色发展意识，提高减排社会参与性

污染减排是环境保护的重要内容，要牢牢抓住当前社会各界对减排日益关注的良好机遇，加大宣传力度。一是要充分运用各类媒体，加大减排政策和减排重要性的宣传，着力提高社会各界对减排重要性的认知，使减排工作赢得更多的支持。二是要开展针对各级领导干部和企事业单位负责人的减排讲座、培训，着力提高各级领导和企事业单位负责人抓减排工作的主动性和积极性。三是要发挥典型带动作用，对减排工作做得好的县区和企业的典型经验予以推广，带动企业加快结构调整和减排步伐，推行清洁生产和循环经济模式。

2. 认真落实"三大措施"，狠抓减排目标的实现

2009 年是实现"十一五"规划的关键一年，可以说已经进入冲刺阶段。要确保实现污染减排目标，必须抓好工程减排、结构减排、管理减排"三大措施"的落实。一是工程减排，要突出项目带动战略，加快新增燃煤电厂脱硫工程建设，加快新增污水处理厂建设，以 7 个二氧化硫减排项目和 8 个污水处理厂减排项目为载体，落实减排指标，按期完成减排任务。二是结构减排，继续加大执行国家产业政策和年度落后产能淘汰计划，淘汰钢铁、造纸、电力等行业落后产能，淘汰小焦化、小冶炼、小造纸、小化工等"十五小"企业。三是管理减排，加大已投入运行的燃煤电厂脱硫机组运行监管和已建成的污水处理厂运行监管，加快在线监测系统建设进程，提高自动在线监控率。加强新建项目环保审批，对新建项目污染物排放总量控制指标，按照采取先进的生产工艺和污染防

治措施后达到先进排污绩效的污染物排放量进行核定；对现有承担削减任务的企业，在完成削减任务之前，不予核定新建、扩建项目污染物排放总量指标，技术改造项目，只下达削减量指标，不予分配新增量，确保做到增产不增污，实现污染总量逐步削减，达到从源头上控制污染的目的。

3．建立部门联动机制，全面加强减排监督管理

部门联动是完成污染减排任务的关键环节。发展改革委、经济管理委、工商、电力等部门与环保部门的密切协作、大力配合是确保污染减排任务落实的有力保障。部门联动的作用主要体现在两方面：一是相关制度的支持。如 2007 年 5 月国家发改委与原国家环保总局共同发布的《燃煤发电机组脱硫电价及脱硫运行管理办法》，对脱硫电价的规定，"脱硫燃煤机组补贴 1.5 分/kW·h 的脱硫电价，脱硫效率低于 80%的，扣上网电价并处 5 倍上网补贴电价的罚款"。这对电力行业二氧化硫减排形成了制约和激励，有利于减排指标的完成。二是联合执法的震慑力。如对落后产能的淘汰及"十五小"取缔中，环保依法关停、工商吊销营业执照、电力断电等措施的综合运用，有利于彻底取缔违法企业，淘汰落后产能，加快结构减排，促进减排任务的完成。

4．健全减排体系建设，严格减排问责和"一票否决"

污染减排要始终落实好减排的目标责任制，严格减排计划，积极督察减排进展情况，实现减排问责制和"一票否决制"。要遵循淡化基数、算清增量、核实减量的原则，进一步健全减排统计体系、减排监测体系、减排考核体系建设。在减排统计体系建设中，加大数据审核力度，建立完善的减排数据库。在减排监测体系建设中，加大监测能力投入，对重点污染源加大监测频次，形成比对性强、准确严谨的监测资料。在减排考核体系建设中，要将减排作为各县（区）经济发展的一项重要指标，按季度公示，按年度考核，形成严格的奖惩制和问责制，使污染减排作为一项重要的政治任务得到全面落实。

落实责任，强化措施，
加快实现我州污染减排目标

新疆维吾尔族自治区巴州环境保护局局长　　沈会盼

污染物减排，是党中央、国务院统筹经济社会健康发展和保护环境的迫切需要提出的重要任务，是贯彻落实科学发展观的具体行动，是实现可持续发展，建设资源节约型和环境友好型社会，构建社会主义和谐社会的重要保障；是党中央、国务院在认真分析我国经济发展成就的基础上，针对经济发展的资源环境代价过大，经济结构不合理，增长方式粗放，资源支撑不住，环境容纳不下，社会承受不起，经济发展难以为继的情况，在新的历史时期对经济社会发展下达的约束性指标；是保证经济高速增长的充分必要条件。

近两年来，巴州污染减排工作始终坚持以邓小平理论和"三个代表"重要思想为指导，以科学发展观为统领，认真贯彻落实国家、自治区、环保部各项方针、政策，围绕自治州"地大势强、富饶秀美、平安和谐"三大目标，狠抓环保目标责任书和污染物总量控制目标责任书各项任务的落实，严格执法、强化管理，通过实施工程措施、结构调整措施、环境管理措施，压缩高耗能、重污染行业产能，加快建设治污设施，大力发展环保产业和循环经济，污染物排放总量在经济保持两位数增长的同时，开始得到控制。2007年全年完成 COD 减排 13 819.14 t，占全疆 COD 削减量的 57.17%。2008 年全年完成 COD 减排 9 746.95 t，占全疆 COD 削减量的 41%。2008 年首次实现了二氧化硫的削减。但同时我州污染负荷重，污染减排形势不容乐观，二氧化硫的减排任务依然艰巨。产业结构不尽合理，粗放型发展导致主要污染物排放居高不下的趋势未得到有效遏制，且短期难有较大改变。环境管理基础差，污水处理垃圾处理等治污设施建设严重滞后，企业科技水平不高，治污水平低下。要顺利实现"十一五"污染物减排目标，必须树立打攻坚战的决心，采取更加有力的措施。必须加大力度，完善措施，强化责任，一手抓削减存量，一手抓增量控制，通过削减存量实现"好"的发展，通过控制增量、提升产业解决"快"的问题，全面推进巴州的污染减排工作。

一、强化组织领导，落实污染减排责任

为切实加强污染减排工作的组织领导，我州始终坚持"一把手亲自抓、负总责，分管领导具体抓、分工负责"的工作机制，围绕建设资源节约型、环境友好型社会的目标，把环保工作列入关系经济社会发展大局的重要议事日程，并将环保节能减排指标作为考核各级党政领导干部政绩的重要内容。下达了年度污染物总量控制计划指标和重点企业

限期治理计划，严格按照计划要求开展总量控制和污染减排工作；为更好地完成污染减排任务，我州以责任书的形式将污染减排任务落实到每个企业，督促企业开展污染治理工作。

二、多措并举，削减存量，控制增量

保护是基础，治理是关键。为全面完成污染减排任务，我州一是加强对老企业的治理，努力实现工业污染源达标排放。2008 年 7 月 2 日召开了《全州水污染防治暨废水再利用工作会议》，针对水污染防治的重点县（市）、重点污染企业下达污染防治工程建设任务，通过实施污染防治工程促进减排工作。通过政府投资、企业自筹、银行贷款三部分，先后建成新疆博湖苇业股份有限公司碱回收工程，中段废水一期、二期治理工程，建成新疆泰昌实业有限责任公司棉浆粕分公司中段废水处理工程及即将建成棉浆泊黑液处置工程，建成中粮新疆屯河股份公司焉耆糖业分公司和焉耆番茄制品分公司污水处理工程，建成轮台县生活污水处理厂，建成新疆博湖苇业股份有限公司、新疆泰昌实业有限责任公司中段废水脱硫除尘工程，塔什店火电厂锅炉脱硫技改工程，这些污染减排工程极大地保障了我州污染物总量控制和污染减排任务的顺利完成。在治理工业污染的同时，我州切实加强博湖流域环境的保护工作，针对流域水污染的三大特征，对症下药，要求北四县城镇必须在 2009 年 6 月底前完成生活污水处理厂的建设，实现生活污水的达标排放。二是严格控制新建项目污染。按照《环境影响评价法》和《建设项目环境保护管理条例》的规定，严把建设项目环境准入关，严格落实环保第一审批权制度，及时对选址不当或不符合国家产业政策的建设项目实行一票否决。

三、积极争取项目，加强基础研究，为污染减排工作提供资金和技术支撑

一是按照国家环保部就贯彻国务院 32 号文件同新疆维吾尔自治区人民政府对接协议的要求，抓紧编制完成了《博斯腾湖流域水污染防治规划》，规划已经自治区人民政府批准，为"十一五"后两年至"十二五"期间博斯腾湖流域水污染防治项目的实施、各县（市）城镇生活污染源防治工程建设、工业企业污染治理设施建设及流域内的环保监管能力建设打下了良好的基础。二是申报的《博斯腾湖水环境综合治理与生态修复技术研究及工程示范》项目，目前已通过国家专家组的审查并纳入国家重大科技"水环境专项"工程。课题的实施，将为我国西部内陆湖泊暨博斯腾湖水环境质量的改善，主要污染物浓度的降低提供技术支持，具有重要的工程示范作用。三是向环保部科技司申报的环保公益性行业科研专项项目《干旱半干旱地区内陆大型湖泊生态健康监测评估体系研究》于 2008 年 11 月 14 日经专家论证通过。同时申报的《草原湿地自然保护区长效生态监测与友好产业示范研究》项目一期工程已经启动。四是积极争取外资项目，促进博斯腾湖流域环境治理。《博斯腾湖水环境综合治理工程》项目得到世界银行和科威特政府 3.4 亿元的支持，项目已进入实施阶段。五是启动"数字巴州项目"——环境污染实时监控平台，将污染源在线自动监测、"12369"环保投诉热线、环境质量监测平台与巴州地理信

息系统有机结合，实现污染源监测、环境质量监测数据嵌入全州信息查询数据系统。

四、加快"三大体系"建设，加强环境监管

监测体系、监管体系、考核体系是环境管理的基础，更是减排工作的基础。要抓住国家重视的机遇，加快建设进程。通过国家支持、自治区配套，完成我州污染源在线监控平台建设，通过企业自筹，各级财政补助，建成国控、区控污染源在线监控系统；通过努力，在国家和各级财政支持下，早日完成县以上环境监察机构标准化建设，解决"说得清"的问题，为考核提供基础数据。

五、扎实开展污染源普查，摸清家底为污染减排工作打牢基础

按照《国务院关于开展第一次全国污染源普查的通知》（国发[2006]36 号）和自治区《关于印发自治区开展第一次全国性污染源普查工作方案的通知》（新政发[2007]14 号）的要求，我州精心组织，安排 30 万元资金配备污染源普查相关的设施设备，保证污染源普查工作的顺利开展。目前我州普查工作已通过五级质量审核，建立相关的普查数据库，已顺利通过自治区污染源普查质量验收。通过扎实开展污染源普查工作，基本摸清了我州污染物排放总量情况，为总量控制及污染减排工作打下了坚实的基础。

六、维护群众环保权益，加大环境监察执法力度，切实减少企业污染物排放量

一是根据自治区"整治违法排污企业保障群众健康环保专项行动"的总体部署，及时制定实施方案，重点狠抓水污染防治工作，提高企业生产废水的循环利用率，淘汰落后的生产工艺和设备，关停浪费资源、污染严重的企业。同时把企业的达标排放与技术改造、清洁生产、企业改制等结合起来，加大重点污染源治理力度。二是加大污染源的现场监察力度，对重点污染源每季度监察至少 2 次，其他一般污染源每季度至少 1 次。三是打击违法排污企业，对那些不法排污企业坚决打击，该关的要坚决关掉，该停的要坚决停下来，该处理的要坚决处理到位，切实解决守法成本高、违法成本低的问题。四是严格环境影响评价审批，把好建设项目"三同时"验收审批关。

七、强化宣传教育，积极营造节能减排良好氛围

节能减排是一项长期而艰巨的任务，绝不是一朝一夕就能完成的，因此环境宣传必须要有一个长期坚持打硬仗的思想准备，通过宣传教育，才能更好地组织和引导广大群众积极参与环保事业，积极营造节能减排良好氛围。一是充分利用"六·五"世界环境日开展文艺会演、法律法规咨询等形式多样的环保专题宣传活动，普及环境保护及节能减排知识；二是充分发挥新闻舆论的引导和监督作用，报道环境保护先进典型，曝光违法排污和破坏生态的案件，利用舆论督促企业达标排放；三是高度重视信息报送工作，

通过信息工作促进减排工作，我州信息报送工作连续六年为全疆第一。作为环保部信息直报单位，在 62 个信息直报点中，2008 年我局排名第二，获得了环保部信息报送先进集体，科研宣教科科长荣获先进个人称号。

八、加强农村环境保护工作，推进农业面源污染治理

生态环境保护与建设是环境保护的首要任务，污染减排工作最终目的是减少污染物的排放量，实现生态文明。我州在生态环境保护工作中认真贯彻国务院"全国农村环境保护工作"电视电话会议精神，扎实推进农村环境保护工作。积极申报"农村环境综合整治"项目，2008 年共争取四个县、乡的四个村"农村环境综合整治"资金 384 万元，通过在农村实施环境综合整治工程，减少农业面源、农村生活源及畜禽养殖污染物的排放量。

北京郊区空气质量保障长效机制探索

——顺义区奥运环境保障成果分析

北京市顺义区环保局副局长 李书仁

一、顺义区空气质量情况

1. 奥运空气质量情况

2008 年，顺义区二级和好于二级天数达到 267 天，占全年有效天数的 73.1%，同比提高 8 个百分点，增加 31 天。其中，一级天数 68 天，占有效天数的 18.6%，同比 2007 年增加 22 天（见表 1），优良天数实现跨越式增长。

表1 近5年优良天数情况汇总表

年份	优良天数	比例/%	同比增长/天数	同比增长/%	一级天数	二级天数	三级及以上天数
2004	210	57.4	—	—	33	177	153
2005	226	61.9	16	4.5	46	180	139
2006	231	63.3	5	1.4	36	195	134
2007	236	65.0	5	1.7	46	190	127
2008	267	73.1	31	8.1	68	199	98

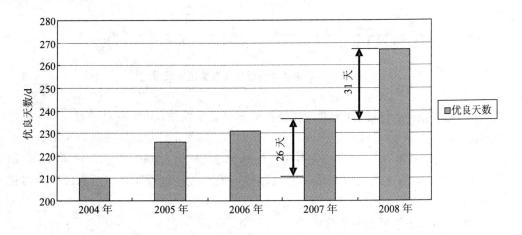

图1 2004—2008 年优良天数变化情况图

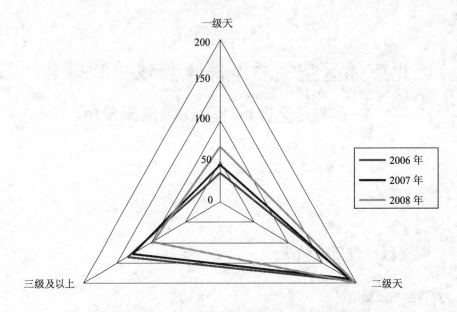

图2　2006—2008 年空气质量变化情况雷达图

从图 1 可以看出，自 2004 年以来，顺义区优良天数呈递增趋势，以 2008 年增幅最大，超过前三年增幅之和。从图 2 可以看出，自 2006 年以来，一级天数所占比例不断增加，二级天数基本持平，而三级和三级以上天数逐步减少，三级天减少数量与一级天增加数量基本相同。

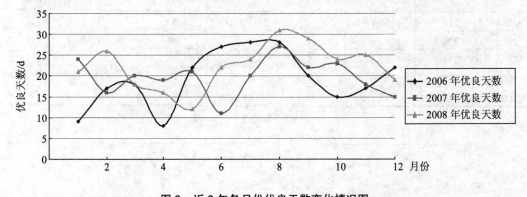

图3　近3年各月份优良天数变化情况图

从图 3 看出，各月份优良天数变化情况整体呈波浪曲线。4 至 6 月普遍较差，7 至 10 月普遍较好，优良天数基本保持在每月 20 天以上，并在 8 月份达到最高。从图 3 中我们还可以看出，2008 年 8—10 月，优良天数均高于 2006 年、2007 年两年同期水平，而这段时间正是我区实施奥运大气环境临时保障措施的时段，这说明，奥运保障措施对提升大气环境质量有明显作用。

2. 奥运期间空气污染指数分析

从表 2 中可以看出，自 2006 年以来，年均空气污染指数逐渐下降，并在 2008 年首次达到 90 以下。

表2　2006—2008年年均空气污染指数统计表

年份	2006	2007	2008
年均指数	101.24	95.25	87.57

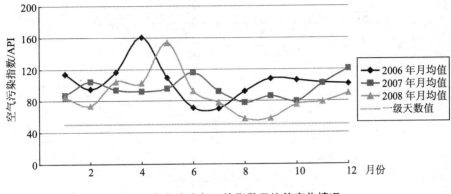

图4　各年度空气污染指数月均值变化情况

从图4可以看出，2008年1至7月未实施奥运临时保障措施阶段，空气污染指数月均值与往年同期基本相同。而在奥运保障措施实施的8至9月，空气污染指数月均值与往年同期相比下降明显，接近了一级天的标准。10月以后，随着奥运临时保障措施的终止，空气污染指数均值逐步升到往年同期水平。由此可见，奥运临时保障措施的实施对我区大气污染物排放量的减少起到至关重要的作用。

3．污染物浓度分析

2008年，顺义区大气主要污染物二氧化氮年均浓度达到国家一级标准，二氧化硫年均浓度达到国家二级标准，可吸入颗粒物年均浓度高于国家二级标准。

表3　大气主要污染物年均浓度统计表　　　　单位：mg/m³

	可吸入颗粒物（PM₁₀）	二氧化硫（SO₂）	二氧化氮（NO₂）
2008年年均浓度	0.122	0.032	0.04
国家二级标准	0.10	0.06	0.08
国家一级标准	0.04	0.02	0.04

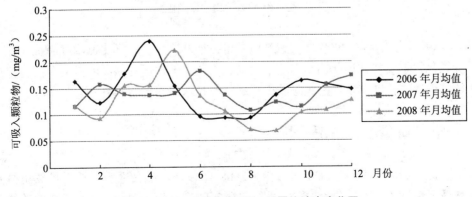

图5　2006—2008年PM₁₀月平均浓度变化图

通过对比图 4、图 5 可以看出，近 3 年可吸入颗粒物浓度变化情况与空气污染指数变化情况曲线基本相同，因此，目前主导顺义区空气质量的污染物仍为可吸入颗粒物。可吸入颗粒物浓度 3 至 5 月普遍较高，6 至 10 月普遍较低，这与顺义区北温带季风气候有着直接影响，春季多风，地面干燥容易产生扬尘，夏季多雨，将对消除可吸入颗粒物有明显效果。

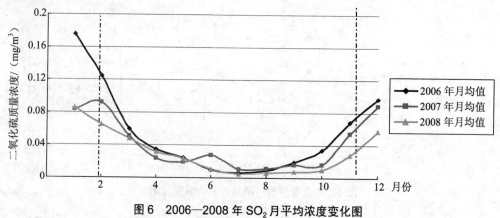

图 6　2006—2008 年 SO_2 月平均浓度变化图

从图 6 可以看出，顺义区二氧化硫月均浓度呈 U 字形变化特点，在 1、2、11、12 四个月浓度最高，由于这 4 个月为采暖季，说明顺义区二氧化硫主要排放源是燃煤锅炉。而从三年对比情况可以看出，近三年采暖季二氧化硫浓度逐渐降低，这说明集中供热中心的使用和燃煤锅炉治理对有效削减二氧化硫排放量起到了明显作用。

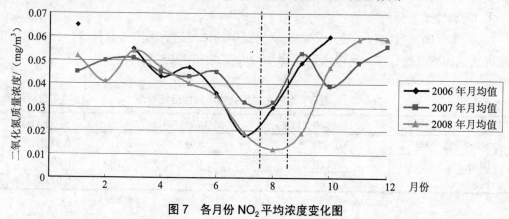

图 7　各月份 NO_2 平均浓度变化图

从图 7 可以看出，除 2008 年 8、9 月奥运会举办期间，二氧化氮浓度降幅明显，其他时间二氧化氮浓度与往年同期相比基本相同，而 8、9 月正是顺义区机动车限行措施实施阶段，这说明，机动车限行措施对减少二氧化氮排放量有着直接作用。

二、空气质量改善情况分析

从上面提到的空气质量现状不难看出，2008 年以前，顺义区空气质量虽然也得到改善，但是循序渐进的，而 2008 年空气质量却得到显著提升。可见，空气质量的改善不是一朝一夕，而是长期与短期相结合的产物。

1. 下狠力、建机制，空气质量逐步改善

空气质量改善是一项长期艰苦的工作，过去七年里（2002 年开始监测空气质量），我区按照奥运空气质量承诺，投入 30 多亿元，先后进行了 14 个阶段的大气治理。在防治烟煤型污染、机动车污染、工业污染和扬尘污染等方面，连续实施了 160 多项治理措施。从削减污染物排放总量、调整工业结构与布局入手，对全区 100 多家高污染企业实行了关停、搬迁、转产。我区空气质量实现连续 7 年持续改善，达到和好于二级天数比例由 2002 年的 58.6%增加到 2007 年的 65.0%。正是在这项长期长效的机制作用下，顺义区的空气质量才逐步得到改善。可以说长效机制的建立是空气质量改善的基础和前提。

一是高标准进行燃煤锅炉治理。采取"独立改造"与"拆小并大"相结合的方式，不断加大燃煤锅炉治理改造力度。七年来，累计对全区 521 台共计 2 409 蒸吨燃煤锅炉进行了治理改造。2006 年，在建成区 632.4 万 m² 供热面积 100%实现集中供热的基础上，又投资 10 亿元，先后完成城南、城西、城东供热中心建设，取消城区原有分散锅炉房 110 座，有效地减少了煤烟排放量和粉尘污染，实现了我区集中供热的历史性突破。

二是严格要求落实尾气污染治理。随着我区机动车保有量的急剧增加，为切实做好机动车尾气污染控制工作，在 2001 年底实行了由环保和交管部门协同配合的机动车尾气检查执法机制。针对全区机动车特点，实行了每周 5 天上路检查、不定期夜查和入户检查的工作制度，对重点地区、重点时段进行重点检查，平均每年检查机动车近 30 000 辆次，对不合格车辆严格按照有关规定给予限期治理、处罚或劝返处理，全区机动车尾气路检达标率由 2001 年的 77%上升到现在的 91%。

三是创造性开展扬尘污染治理。为有效降低可吸入颗粒物污染指数，我区于 2003 年开始针对施工扬尘进行专项执法检查，2005 年起在全市率先实行了由区环保、建委、城管三部门联动执法的工作机制，严格按照《北京市建设工程施工现场环境保护标准》和"五个百分之百"（工地沙尘必须 100%覆盖，工地路面必须 100%硬化，出工地车辆必须 100%冲洗车轮，拆除违章必须 100%洒水压尘，暂时不开发的地方必须 100%绿化）要求，开展了全方位综合执法。全区降尘量由 2001 年的 13.1 t/km² 下降到 2007 年的 9.4 t/km²，减少了 28%；可吸入颗粒物平均浓度由 2001 年的 0.164 mg/m³ 下降到 2007 年的 0.139 mg/m³，降低了 15.2%。

四是超计划推进工业污染治理。从 2003 年起，连续六年开展环保专项行动，在原有任务的基础上，通过实地调查，深挖重点，加快淘汰步伐，提前对牛栏山水泥厂等 30 余家大气重污染企业进行了关停并转。2005 年以来，又对 27 家污染严重的企业进行挂牌督办，治理后全部实现了达标排放。2007 年，又投资 400 多万元建设了顺义区环境信息监控中心，实现了对北京天利热力有限公司、燕京啤酒集团公司等重点大气、水污染源的实时在线监控。

2. 立方案，抓措施，空气质量大幅提升

为确保奥运期间有良好的空气质量，达到国家标准和世界卫生组织指导值，我区奥运前后又采取了停限产、启动应急预案等大量富有成效的措施。奥运会、残奥会举办期间，我区空气质量实现了连续 53 天达标，创造了有监测历史以来的最好水平，良好的空气质量圆满地兑现了奥运空气质量承诺，可以说奥运期间的管控力度为空气质量达标锦

上添花。

一是全面实施奥运临时保障措施，进一步减少污染物排放。为进一步减少污染物排放量，我们对全区 18 类 938 个重点大气污染源进行了进一步细化分解，制定了严格的保障措施。首先，与奥运外围保障区域内 72 家企业全部签订了《顺义区夏季燃煤锅炉奥运保障承诺书》，对其中 54 家进行了深度治理改造，18 家奥运期间实施了停产。2008 年 7 月 1 日起，要求全区燃煤锅炉必须达到"第Ⅱ时段排放标准"要求，比原计划整整提前了五年。其次，进一步加强扬尘污染控制，奥运会前，全区施工工地（除花博会、汉石桥）全部采取停工措施，从源头上有效地控制了施工扬尘污染。奥运外围保障区和"十条路线"可视范围内裸露地面 100%实现绿化或硬化，实现了"黄土不露天"。奥运期间，又对可吸入颗粒物排放量较大的拉法基、特种两家水泥厂和同顺城混凝土有限公司东杜兰分站等六家搅拌站实施了停产。再次，对区内 241 台客运机动车全部安装尾气净化装置或更新尾气达标车辆，实现了达标排放。7 月 20 日起，全区黄标车一律禁止上路行驶，其他车辆按照单双号行驶。此外，还开展了有机气态污染物专项治理工作。制定实施了《顺义区奥运会前及奥运会期间停产减排工作方案》，完成化工、家具制造、防水材料等 9 大类共 320 家有机气态排放企业治理工作，对全区 91 家加油站、4 座储油库、79 辆油罐车全部安装了油气回收装置。通过这一系列措施，全区大气污染物排放量降低了 40%。

二是迅速启动应急措施，为奥运会保驾护航。8 月 8 日、9 日，由于持续的静稳型天气，温度高、湿度大，不利于污染物扩散，出现周边区域污染物向北京市上空输送现象，顺义区空气质量处于临界状态！顺义区迅速启动实施了奥运空气质量应急保障措施。9 家污染企业在第一时间紧急停限产、环保执法人员采取连续不间断巡查方式，加大对二氧化硫、氮氧化物、挥发性有机物排放企业和可能影响空气质量的污染源单位的执法检查。在这些积极措施共同作用下 8 月 9 日 17 时空气质量保障监管应急措施解除，恢复了常态管理。

三、吸收奥运成果，探索建立空气质量改善长效机制

奥运空气质量保障工作的成功是一个里程碑，它对我们带来了一种启示，就是只要肯下力、措施得当，空气质量一定能够得到改善。奥运空气质量保障的成功是方方面面各方因素组成的。在此，我总结出几点适合于我区特点的环保措施。

1. 成果卓越的长效机制要继续坚持

空气质量的改善不能只注重一时，而是一个长期的工作，奥运前，我们正是采取了十四个阶段的空气质量改善措施、每年的环保专项行动、各类专项执法检查才使空气质量逐步改善。这些措施已被实践证明是适合我区特点的长效机制，因此，应继续将这些措施坚持下去，如大气控制第十五阶段、十六阶段；2009 年、2010 年环保专项行动；机动车尾气专项执法检查、燃煤锅炉专项执法检查等，并且将这些措施进一步强化、执法措施进一步严格、处罚力度进一步加大，使之成为空气质量不断改善的助推器。

2. 效果显著的临时保障措施应当继续实施

"绿色奥运"的顺利实现是全社会共同努力的结果，确保空气质量达标就必须对奥运期间执行的临时措施加以分析研究，思考哪些可以继续实施，以一定的形式保留下来，

如：奥运会后，加快对重污染车辆的限制以及淘汰速度，大力发展公共交通，提倡绿色出行，同时深入研究机动车排污费征收政策；奥运会期间停工、限产的重污染企业，必须要解决排污问题后才能恢复生产；进一步加大对施工扬尘的控制，提高建筑企业的环保准入标准。要通过继续实施这些措施，确保大气环境质量不出现反弹。

3．行之有效的工作机制可以继续推行

从奥运期间的环境保障工作来看，是一些创新的保障机制确保了各项措施的顺利实施。环境保护工作是全社会的共同责任，仅环保局一家无法将此项工作推向圆满，只有在全区上下共同努力、协同配合的情况下，才能取得环境保护的突破性进展，如：奥运期间，我们实施了"双向联动"的工作机制，"上下联动"做到了把握全市环境保障工作重点，有效结合我区实际，发挥属地管理职能，确保了各项措施落实到位；"左右联动"做到了全区执法力量有效整合，在污染源点多面广的局面下，实现了责任分工细致，环境监管无缝隙。因此，我们必须把奥运环境保障工作中那些行之有效的工作机制建立成为长效机制，用以推动环保工作不断向前发展。

4．经济发展与环境保护必须协同共进

我们必须着力研究和解决经济发展与环境保护的协同并进、实现有机统一，既要讲求经济社会效益，又要注重环境保护；既要讲求经济指标考核，又要注重环境指标考核；既要大力发展二三产业，又要着力培育环保产业。只有如此，我们才能正确处理好保护与发展的关系，才能在环境保护中实现集约发展、清洁发展、安全发展、可持续发展。

乌昌地区污水综合处理引入北部荒漠
灌溉防护林可行性初研

新疆维吾尔族自治区昌吉回族自治州环保局局长　苗成德

一、前言

我国在世界上属于缺水的国家，地处西北的新疆又是我国极度缺水区域，水资源的节约和综合利用显得尤为重要。新疆的地理特点是三山夹两盆，即南端的昆仑山脉、中部的天山山脉、北端的阿尔泰山脉，位于昆仑山脉和天山山脉之间的是塔里木盆地，位于天山山脉和阿尔泰山脉之间的是准噶尔盆地。新疆以天山山脉为中线分为南北疆。乌鲁木齐市和昌吉回族自治州是北疆位于天山山脉北坡紧邻的两个州市，目前正处于政治经济逐渐融合的乌昌（乌：指乌鲁木齐市，昌：指昌吉回族自治州，以下同）一体化进程。

乌昌地区有 9 区 8 县市，总面积 8.90 万 km²，占全疆面积的 5.36%。乌昌地区与全疆相比，面积约 1/20，人口密度不到 1/5，经济总量占 1/3。

新疆的绿洲面积只占 4.26%，乌昌地区的绿洲面积占 14.7%。乌昌地区属于典型的绿洲经济，有水的地方才有绿洲。从科学发展观理论来讲，综合利用极度稀缺的水资源，是保障乌昌地区经济社会可持续发展的重要组成部分。乌昌地区有限的水资源难于满足生产生活和生态环境保护双重需要，极易造成下游植被衰退和环境恶化；地表水量小，水体的纳污和自净能力低，容易形成流域中下游污染；一旦地表水遭受污染，地下水水质也随之恶化，同时也就造成对农作物的污染。

二、目前乌昌地区城市城镇污水处理现状及存在的问题

处理城市城镇污水的有效手段就是建设污水处理厂，污水处理厂建设的规模和布局以及总体规划，必须与城市城镇的发展目标相适应。

1. 城镇污水处理厂现状

（1）目前已运行污水处理厂。目前乌昌地区已投入运行的二级生化污水处理厂有 6 个，总投资 7.3 亿元，设计处理能力为 46.5 万 t/d，达到处理能力后可处理污水 16 972 万 t/a，2007 年实际处理污水量为 9 531 万 t，占设计能力的 56%。

（2）到 2009 年全部建成投运的污水处理厂。预计到 2009 年乌昌地区全部投入运行的二级生化污水处理厂有 12 个，总投资 11.89 亿元，设计处理能力为 96.5 万 t/d，达到设

计能力后处理污水量为 3.52 亿 t/a。

2. 城镇污水处理厂建设存在的问题

污水处理厂虽然是处理城镇污水的有效手段，但污水处理厂的建设必须在较大的宏观范围内统筹规划、合理布局，否则会出现一些问题。

（1）处理能力严重失衡。目前乌昌地区污水处理能力严重失衡。一方面部分已建成污水处理厂的负荷太轻，污水量远远达不到处理能力需求。如昌吉市污水处理厂 10 万 t 的日处理能力，已建成 6 年了，目前只有 3 万 t 左右的污水日处理量，也就是处理能力的 30% 左右。乌市七道湾污水处理厂 7 万 t 的日处理能力，目前实际日处理水量也只有 3 万 t 多一点，只占处理能力的 45%。

另一方面很多城镇污水得不到有效处理，直接污灌农田。乌鲁木齐市 2007 年经过城市污水处理厂处理的污水只有 8 506 万 t，只占生活污水排放量的 59%。昌吉州城市城镇未处理的污水处理量只占全部城市城镇生活污水量的 40%。

（2）布局不合理。以乌鲁木齐市为例，在同一个城市，部分污水处理厂负荷严重不足和整个城市的污水处理量只有 59%，矛盾十分突出。造成这种现象的原因就是污水处理厂建设布局不合理。

（3）造成投资浪费。污水处理厂建成后，如果在相当长一段时期内达不到满负荷或接近满负荷运行，设施闲置、局部处理能力"过剩"，最终就会造成投资浪费。

（4）正常运营难保障。部分污水处理厂长期低负荷运行，运营成本除了正常的电费、物料等直接费用外，还有过高的财务费用和折旧费用，导致运行成本过高，污水处理厂运行困难，污水达标排放难以保障。昌吉市污水处理厂就是典型的例子，2007 年冬季由于亏损严重，出现被迫停运数日，市政府临时出资支撑后，才得以恢复运行。

三、城镇污水对绿洲环境的污染

乌昌地区城市城镇污水尤其是未经处理的污水，对城市城镇周边及沿天山北坡附近的绿洲带的地表水环境、地下水环境、土壤环境和大气环境均造成不利影响，给农业生产带来隐患。

1. 对地表水环境的污染

城市城镇污水对地表水环境的影响以米东区的水磨河和青格达湖最为典型。乌鲁木齐市生活和生产污水相当一部分未经处理常年排入水磨河，最终进入青格达湖（位于乌市下游），造成水磨河和青格达湖水质持续恶化，湖水水质由 1996 年的 I 类（清洁级）水质下降为 2005 年的劣 V 类（重度污染），鱼虾大量死亡。青格达湖也逐渐失去了作为旅游景区的功能。

按照农六师环保局 2006 年对青格达湖污染情况调查结果，造成青格达湖水质污染的主要原因是近年来水磨河劣 V 类河水注入。根据昌吉回族自治州环境监测站 1996—2008 年对青格达湖 12 年的水质监测数据，湖面高锰酸盐指数（COD_{Mn}）平均值 1996 年为 0.89 mg/L，属于 I 类水质。2005 年到达最高值 8.0 mg/L，是 1996 年 COD_{Mn} 浓度的 9 倍。生化需氧量（BOD_5）超标 9.02 倍，总磷超标 21.3 倍，水质已下降为劣 V 类，属于重度污染。

2．对地下水环境的污染

乌鲁木齐市城市污水流经原米泉市区，对米东区地下水已产生累积效应，造成米东区原米泉市地下水水质连年超标，早已不适合作为饮用水水源。

根据原米泉市环境监测站 2005 年 3 月 9 日、29 日、30 日对原米泉市各乡镇 48 个村的饮用井水进行了监测。结果表明，水质评价为极差的村有 23 个，在水质监测项目中，溶解性总固体最高浓度值超标 1.76 倍，总硬度最高浓度值超标 1.86 倍，硫酸盐最高浓度值超标 1.24 倍，氯化物最高浓度值超标 3.11 倍。通过对原米泉市各乡镇地下水的监测，地下水属于南山水系的水磨沟河水质属于极差，与乌鲁木齐市相连接南起古牧地镇的十三户村北到三道坝镇的碱泉子村的各村水质属于极差。流至原市小水渠地段即原米泉市古牧地河（水磨河）时，水质状况已由最初的泉水变为五级（重污染）水质。地下水污染主要原因就是乌鲁木齐城市污水进入水磨河，形成劣 V 类水质（重度污染），然后又污染原米泉市地下水。

3．对土壤和农田的污染

由于城市城镇污水中含有一定量的重金属和其他有害物质，由于日积月累在土壤中富集，进而影响到在农田土壤上种植的粮食、蔬菜和瓜果等农作物，有害物质可能进入人类的食物链，给食品安全带来隐患。

4．对大气环境的污染

城镇污水处理厂由于不正常运行，或设备运行发生故障，会产生难闻的恶臭，对周围大气环境造成非常不利的影响，影响周围居民正常生产生活。2005—2007 年乌市河东污水处理厂和昌吉市第二污水处理厂散发恶臭气体，附近居民难以忍受，多次投诉、上访，反映污水厂的恶臭问题。

四、乌昌地区废水排放状况分析和预测

污水处理厂处理的城市城镇污水只是全部污水的一部分，以生活污水为主，还有少部分工业污水。

1．目前乌昌地区废水排放状况分析

2007 年乌鲁木齐市生活污水排放量为 1.443 6 亿 t，其中经污水处理厂处理的量为 8 506 万 t，占 59%。经污水处理厂处理后的废水有 434 万 t 用于绿化，占总处理量的 5.1%；其余废水全部进入头屯河、水磨河和安宁渠，最终进入青格达湖。

昌吉州城市城镇生活污水排放量为 2 557 万 t，经污水处理厂处理的量约为 1 025 万 t，占 40%。经污水处理厂处理后的污水部分进入农田污灌，其余全部经头屯河流入青格达湖。

2007 年乌昌地区合计城市城镇生活污水排放量为 1.70 亿 t，其中经污水处理厂处理的量为 9 531 万 t，占 56%。除极少量污水直接用于绿化外，其余进入地表水体然后污灌农田，或直接污灌农田。

2．2020 年排放状况预测

根据乌鲁木齐市和昌吉州 2020 年远期发展目标，到 2020 年乌昌地区城市城镇的生活污水排放量约为 2.83 亿 t。城市城镇以北区域的乡镇生活污水按 0.2 亿 t 计算。工业排

水按 2.8 亿 t 估算。

到 2020 年乌昌地区的生活污水和工业污水量合计约为 5.8 亿 t。

3．2020 年可综合处理利用的污水量预测

由于一部分污水经过处理后直接用于城市绿化，占 2%～5%，一部分污水处理后中水回用，作为工业用水，最终大量蒸发，占 10%～25%。实际可综合处理利用的污水至少占 70%，即约 4 亿 t。

五、昌吉州三北防护林建设状况分析

要为乌昌地区生产和生活污水寻找合适的用途或者说出路，可以了解乌昌地区三北防护林建设情况及有关规划。

1．2015 年建设规划情况

根据昌吉州林业局规划，从 2007—2010 年，建设一条东西长 540 km、宽 8～9 km 多条乔灌结合的防风阻沙生态林，建设期为 4 年，安排治防条件好，风沙危害较大的地区，采取封、造结合，综合治理的方法进行防沙治沙，充分发挥林业的三大效益，以保护绿洲，阻止沙漠南移为目标，在准噶尔盆地南缘荒漠沙漠与农田交界地带建成生态林，并逐步形成绿色屏障，为荒漠化治理，扭转荒漠化进程的加剧，打下坚实基础。

目前该计划尚未获得批准实施，预计推迟到"十二五"，到 2015 年完成。该项目总建设规模 46 万 hm^2，其中：封育 32.7 万 hm^2，人工造林 13.3 万 hm^2。项目建设总投资需 16.35 亿元，全部申请国家生态建设专项投资，占总投资的 100%。其中人工造林 13.3 万 hm^2，需投资 9 亿元；封沙育林 32.7 万 hm^2，需投资 7.35 亿元。

2．防护林用水量分析

该项目中封沙育林 32.7 万 hm^2，主要靠自然界补充水分，部分可由山洪水灌溉。人工造林 13.3 万 hm^2，应靠人工浇灌。水源主要是开采地下水。采取滴灌约需水 1.2 亿 t/a，若采取漫灌方式需水量约为 8 亿 t/a。

3．地下水资源情况

根据昌吉州水利局提供的资料：2007 年昌吉州开采地下水量为 9.993 亿 t，占可开采量 94.4%。超采的县市为：吉木萨尔县、奇台县。

将 2007 年底与 1983 年底的潜水水位进行比较，分析点共 124 个。其中有 120 个监测点的水位呈下降趋势，占分析点总数的 96.8%。下降平均值为 6.86 m。水位下降区面积约 6 678 km^2，占监测总面积的 99.98%，全州大于 10 m 降深面积约 1 559 km^2，10 m 降深漏斗面积约 175.3 km^2。

将 2007 年底与 1983 年底的潜水水位进行比较，昌吉州七个县市和乌市米东区潜水水位多年变化全部为下降趋势。玛纳斯县、呼图壁县和奇台县监测区内潜水水位下降幅度多在 5～15 m，昌吉市、阜康市、吉木萨尔县、木垒县监测区内潜水水位下降幅度多在 2～6 m。

4．对地下水及下游植被影响分析

在我国北方严重缺水的地区，诸如荒漠地带、沙漠周边及沙漠之中等，这里一般情况是地下水埋藏深、数量少，年蒸发量是年降水量的 10 倍左右。植树造林可以减少水

土流失，但通过开采地下水灌溉防护林，会使开采区下游的地下水位下降，因此是不可行的。这也是昌吉州北部防护林建设迟迟无法推进的根本原因。在保证不掠夺沙漠地下水——"不可动用的净储量"前提下，必须从系统外部调入一定数量的水资源。

六、废水引入荒漠的总体框架设想

2008 年 6 月 1 日，我国实施新修订的《中华人民共和国水污染防治法》，其中第十五条要求："防治水污染应当按流域或者区域进行统一规划。"

乌昌地区土地面积虽然较大，但绿洲面积还不到 15%，适合人类生存的空间相对狭小。绿洲地带的乡镇建制密度甚至高于东部沿海地区平均水平约 40%，绿洲地带的水污染问题已经显现。结合乌昌地区南部是天山、中部是绿洲、北部是荒漠的独特地形特点，提出乌昌地区污水综合处理引入北部荒漠灌溉防护林的方案设想，将乌昌地区的污水通过修建 3 条大的地下主管线分别引入北部荒漠，在污水汇聚点集中建设污水处理厂和污水库，彻底解决乌昌地区污水没有合适的出路以及北部的荒漠缺乏生态用水的问题。

1. 主管线布设

根据乌昌地区地形地理条件，可布设 3 条污水管线，可以把乌昌地区城市、县城城镇及其以北区域主要乡镇的污水全部纳入管线，送入北部的荒漠地区。

（1）乌昌荒漠排污管线。即乌鲁木齐、昌吉市、五家渠市、阜康市城区及城市以北乡镇生活和工业污水合并后进入沙漠，汇聚点在五家渠市北面。这条线污水总量约为 2.8 亿 t，大部分经污水处理厂处理达标，直接用管线引入沙漠前缘，同时修建大型污水库，冬季进入大型污水库储存，春、夏和秋季对人工种植的乔、灌、草片区进行浇灌。可浇灌 28 万 hm² 荒漠防护林。

（2）奇台荒漠排污管线。即吉木萨尔县、奇台县和木垒县污水管线，县城及县城以北乡镇生活和工业污水全部纳入管线，汇聚点在奇台县农区北面和荒漠戈壁交界处，即绿洲和荒漠交界的边缘，建设大型的污水处理厂进行处理，同时修建大型污水库，冬季储存，春、夏和秋季用于灌溉。这条线污水总量约为 0.5 亿 t，可浇灌 5 万 hm² 荒漠防护林。

（3）呼玛荒漠排污管线。即玛纳斯县和呼图壁污水管线，县城及县城以北乡镇生活和工业污水全部纳入管线，这条线污水也是部分经过污水处理厂处理达标的，合并后直接引入沙漠前缘进行冬储夏灌，汇聚点在沙漠前缘。这条线污水总量约为 0.7 亿 t，可浇灌 7 万 hm² 荒漠防护林。

3 条大管线建成后，将会把乌昌地区城市、县城城镇及其以北区域主要乡镇的污水全部纳入管线，送入荒漠地区，形成"涓涓细流归大海"的局面。

2. 污水库和污水厂的建设原则

（1）污水处理厂的建设原则：

①充分利用已建设的城镇污水处理厂，让其发挥最大处理能力。

②凡接入大管线的工业企业污水必须经过预处理，达到三级标准后才能让污水进入大管线。

③所有污水汇聚后还要进行统一生化处理。处理后水质达到《农田灌溉水质标准》（GB 5084—2005）旱作用水标准即可，即化学需氧量（COD）浓度在 200 mg/L 以下。如果按照国家《城镇污水厂污染物排放标准》（GB 18918—2002）要求，COD 应达到 120 mg/L 以下。

④该设想方案一旦立项后，立即停止分散的未统一规划的污水处理厂建设。

（2）污水库建设原则。主要是用来储存冬季非灌溉期污水。

①汇聚点一般设置大型污水库。

②在分片喷灌、滴灌区域可根据具体情况设置小型污水库。

七、污水引入沙漠边缘的可行性分析

废水引入荒漠涉及方方面面很多部门，跨区域、跨流域、跨部门。这里主要概述其在技术上、经济能力方面的可行性。如果该设想能立项，则还要进行更深入的可行性论证。

1. 企业污水引入荒漠实践经验

为解决污水处理和荒漠防护林建设存在的主要问题，在新疆可借鉴玛纳斯澳洋科技有限公司、石河子天宏纸业两家企业污水引入北部荒漠的实践经验；在宁夏可借鉴美利纸业污水综合处理引入腾格里沙漠种植速生杨的成功模式。

玛纳斯澳洋科技有限公司投资 1.4 亿元，将废水经物化处理达到三级标准后，修建 60 km 地下玻璃钢管线穿越绿洲带，将污水引到沙漠。全程高差为 127 m，污水可实现自流，并建设污水库和灌溉设施，人工种植了胡杨、沙枣、梭梭、芨芨草、芦苇等荒漠植被，利用污水进行灌溉，极大地改善了局部生态环境。

美利纸业率先在全国提出并开始实施林纸一体化工程。实现了废水的治理—利用—生态建设—造纸原料的循环产业链，走出了重污染行业环境治理的循环经济之路，得到中央领导的高度肯定。

美利纸业对污水的处理模式是首先将生产污水进行生化处理，有日处理 400 t 碱回收制浆黑液处理系统，有日处理 2.5 万 t 白水回收处理系统，有日处理 5 万 t 中段水污水综合处理系统，有日处理 12 万 t 对工业园区制浆造纸废水综合处理系统。投资 6 000 多万元修建了 27.8 km 废水北调上山工程和北干渠扬水工程。将处理达标后与黄河水按一定比例掺合，用专用干渠输送至 20 多 km 以外，用于浇灌 50 万亩速生林地。单此项每年可减少黄河取水量 1 600 万 t，节约水资源费 160 万元。速生林地渗滤出的水流到下游的湖中，有美利湖、美利东湖、美利西湖，水质非常好，再循环用于造纸生产。这样真正实现污水的循环利用，污水零排放。污水处理产生的污泥用于林地施肥，很好地改善了土壤。

2. 污水引入荒漠的有利条件

（1）地理优势。乌昌地区的辖区内，从玛纳斯到木垒共 4 个城市、5 个县城，距离沙漠边缘距离约为 18~80 km，最近的是奇台县距沙漠边缘距离仅为 18 km。从城市城镇到沙漠边缘地形均为南高北低，污水引入沙漠不用水泵，靠地形坡度即可到达。因此应充分发挥这一独特的地理位置优势。

（2）便于支线污水接入。当主管线足够粗，容量足够大，沿途支线接入不存在技术问题。当然主管线的容量和粗细程度，要经过详细深入的论证后才能确定。

（3）农业用水减少不是问题。由于污水全部引入荒漠地带，对于部分靠污水浇灌的农田会造成缺水的现象。但如果换一个角度来考虑这个问题，就应当明白，农田靠污水浇灌其实相当于"饮鸩止渴"，对农产品和人体健康始终存在安全隐患。新修订的《农田灌溉水质标准》（GB 5084—2005）规定，废水中只有养殖废水和农产品加工废水可以用于农田灌溉，其他工业废水不得用于农业灌溉。根本的解决途径应当是提高灌溉效率，比如喷灌、滴灌等。

（4）优于中水回用方案。在缺水地区，为了提高水的综合利用效率，发展中水回用是一个较好的选择。但对于昌吉州乃至环准噶尔盆地边缘，则要做一个具体分析。是中水回用的成本低，效益好，还是发挥特有的地理优势，将污水用于北灌荒漠绿化带好。

实际上中水使用的成本非常高，据有关资料，二级污水处理厂处理后的废水，深度处理后达到中水标准，深度处理费用约为 0.7 元/t。修建深度处理设施投资费用为日生产中水 1 万 t，投资在 1 000 万元左右。而且中水要回用于城市，必须修建单独的中水回用管线，管线建设费用就是一个惊人的数字。这也是目前中水回用难以大规模推行的关键问题之一。

因此对于乌昌地区，充分发挥独特的地理优势，让污水北灌荒漠防护林，既节约了成本，又产生很大的生态效益。中水回用方案与其绝对无法相提并论。

3. 管线和集中污水处理建设费用

（1）管线建设费用。管线建设可借鉴玛纳斯澳洋科技有限公司的经验教训，管材可采用新型的 PE 管，耐腐蚀，强度和韧性均可达到要求。这里只进行粗略的估算，主管线管道直径可选取 2～4 m，2 m 管径埋入地下的全部造价约为 1 000 元/m，4 m 管径造价约为 1 800 元/m。管线长度分别为乌昌线 2 m 管径 100 km，4 m 管径 50 km。奇台线 2 m 管径 150 km。呼玛线 2 m 管径 130 km。线路总长度按 430 km 计算，单纯主管线埋入地下的总造价约为 4.7 亿元。

（2）污水处理建设费用。奇台线的三个县市只有吉木萨尔县目前有一个小型的污水处理厂即将建成（处理水量为 5 000 t/d），奇台县和木垒县还没有污水处理厂，因此奇台线按 0.5 亿 t/a 污水量计算，需建设 14 万 t/d 的污水处理厂，建设污水处理厂和污水库投资较大，约需 1.4 亿元。

乌昌线建设污水处理厂处理水量最大，按 2.8 亿 t/a 污水量计算，需建设 76.7 万 t/d 的污水处理厂，但由于现有乌昌地区的污水处理厂还要继续运行，接入主管线的污水已较大程度地得到处理，这部分污水处理难度不大，建设污水处理厂约需 4 亿元。

呼玛线污水量按 0.7 亿 t/a，需建设 20 万 t/d 的污水处理厂由于已有呼图壁县污水处理厂和即将建设的玛纳斯县污水处理厂，建设污水处理厂约需 1 亿元。

三条线集中污水处理厂建设费用约 6.4 亿元。

（3）污水处理和管线建设合计费用。合计管线建设和污水处理厂建设费用约 11 亿元，不包括荒漠防护林的滴灌、喷灌建设费用。

4. 日常管理维护

三条线汇聚点设置充分考虑了日常管理维护的方便，乌昌线汇聚点在五家渠市北面，日常管理维护人员的日常生活基本条件较好，管理维护方便，费用较低。呼玛线和奇台线汇聚点在绿洲北部和荒漠之间的边缘地带，日常管理维护需要做一些生活基地的基本建设，由于和绿洲连接，交通并不是很困难。

管理人员可以从林业、城建、水利、环保等部门抽调人员组成，也可以由政府委托专业运营机构来维护运营。

5. 经费筹措

经费来源可以从 4 个方面筹措，一是国家的退耕还林（包括荒地造林）政策，1 500 元/hm^2，按 40 万 hm^2 造林计划计算，可以争取 6 亿元资金。二是新疆一次性生态环境补偿费用，75 元/hm^2，可以争取 0.3 亿元资金。三是城市城镇基础设施建设费用，由乌昌地区财政拨款。该项目毕竟具有公益性质，因此财政拨付一部分款项是合理的。暂按 4 亿元计算。四是大型企业污水接入管线费用（不包括处理费用）。粗略按 1 亿元计算。合计可筹措资金为 11 亿元。

八、废水引入沙漠边缘的生态效益、环境效益、社会效益和经济效益分析

1. 生态效益显著

（1）防沙林带的建设。防沙林带配置于绿洲的边缘，介于绿洲和沙漠边缘之间的荒漠地带。按自然地形地貌配置，种植适宜当地生长的植被，采用乔、灌、草结合和网、带、片相贯联的"三线"造林方式，有利于防风阻沙，有利于树木生长和生物带稳定。

到 2020 年，预计乌昌地区可接入管线的污水预计排放量 4 亿 t，如果全部引入沙漠边缘，采取漫灌方式可解决 6.7 万 hm^2 荒漠人工造林所需水量；采取喷灌方式可解决 33.3 万 hm^2 荒漠人工造林所需水量；采取滴灌措施可以解决 44.5 万 hm^2 的荒漠人工造林所需水量。

具体纳入规划时，应当采取滴灌和喷灌结合的方式比较合理。荒漠人工防护林面积可按 40 万 hm^2 计划，是昌吉州林业局现在规划人工造林面积的 3 倍。最终可以形成东西长 541 km，南北宽约 20 km 的乌昌北部荒漠防护林。

具体植被种类有胡杨、沙拐枣、梭梭、红柳、芨芨草等。

（2）保护了荒漠和沙漠地带的地下水。污水通过管线引入荒漠后，防止对荒漠地带地下水的过度开采，并且带来了每年 4 亿 t 的外来水量，从而保护了依靠地下水存活的下游荒漠植被和沙漠植被。

2. 环境效益

（1）消除对绿洲带的环境污染。污水通过管线引入沙漠后，可彻底消除城市城镇污水对绿洲地表水、地下水、土壤、农田的污染，大大减轻对污水厂附近居民大气环境的影响。防止城市污染向农村转移，保障农业生产安全。

（2）大幅削减化学需氧量排放总量。该设想变成现实后，可大幅削减化学需氧量排放总量，腾出宝贵的化学需氧量总量指标，为乌昌地区的经济发展保驾护航。预计可腾出化学需氧量总量指标为 5 万 t。

（3）实现碳减排。全球碳减排的国际协议——《京都议定书》于 2007 年生效，该荒漠防护林的建设可以为国家实现碳减排和碳汇融资做出贡献。

按照每年每亩防护林吸收 30 kg 二氧化碳，释放 20 kg 氧气计算，40 万 hm² 荒漠防护林每年可吸收二氧化碳 18 万 t，释放氧气 12 万 t。

3．社会效益

符合建设"资源节约型和环境友好型"社会的根本要求。污水通过管线引入沙漠前缘，防止了污水对绿洲的环境污染，防止城市污染向农村转移，使绿洲带可以免除污水对地表水、地下水的污染，对于绿洲带城市和乡镇农村居民"喝上干净的水，呼吸新鲜的空气，吃上放心的食物"，有很大的保障作用。对于减少城乡矛盾、减少污染纠纷，确保农业生产的安全有很大意义，符合建设资源节约型、环境友好型的根本要求。

4．经济效益

乌昌地区污水处理统筹考虑、统一规划后，充分利用现有的污水处理厂对污水进行处理，节省了投资，节省了运行费用。解决现有污水处理模式下造成的污水处理厂处理能力严重失衡、布局不合理、投资浪费以及正常运营难保障的问题。

如果不修管线，合计再要投入约 10 亿元建设污水处理厂，才能基本解决城市、主要城镇和部分中心乡镇污水治理问题。而如果修建三条管线将污水集中处理后排入沙漠前缘用于绿化，约需 11 亿元即可完成。

从运行费用的角度来说，三个大规模污水集中处理的费用将远远小于几十个分散处理的小污水处理厂的费用。

如果每个县市的每个乡镇均建设污水处理厂，乌昌地区 81 个乡镇，到 2020 年按照 60% 建设乡镇污水处理厂计算，需投资约 5 亿元资金。不算其他的效益，单乡镇建设污水处理厂的投资，已接近统一处理建设管线的费用。现有污水处理厂建设投资约为 11.89 亿元，还不能满足全部污水处理需求。按现有模式建设污水处理厂，还要投入至少 5 亿元在乌市、阜康、吉木萨尔县、奇台县和木垒县等城市和中心城镇建设污水处理厂。

九、结论

目前乌昌一体化进程逐渐加快，经济进入全面融合阶段。乌昌地区的污水处理和综合利用必须改变现有条块分割、极不经济的建设和运营模式。乌昌地区水污染问题的解决必须以科学发展观理论为指导，按照乌昌一体化总的主导思想，站在一定的战略高度进行统一的长远的规划，发挥乌昌一体化的整体效应优势，合理布局、统筹规划，根据地理地形优势条件将污水分片统一集中处理，然后引入荒漠地带营造人工防护林，阻挡沙漠难移，消除水污染，保障绿洲带农业生产安全，改善乌昌地区生态环境。

2007 年，乌昌地区地方财政收入已经突破百亿元大关，完成 113.6 亿元，约占新疆地方财政收入的 40%。乌昌地区的经济发展规模已经使得该设想的提出更具有现实意义，有更强的可行性。现正处于乌昌一体化建设初期，该设想的提出有一定的战略意义。

苏州工业园区国家生态工业示范园区建设的
探索与实践

江苏省苏州工业园区环境保护局副局长　王学军

苏州工业园区是中新两国政府间重要的合作项目，1994 年 2 月经国务院批准设立，同年 5 月实施启动。园区地处苏州城东金鸡湖畔，行政区域面积 288 km²，其中中新合作开发区规划面积 80 km²。园区的发展目标是：建设成为具有国际竞争力的高科技工业园区和国际化、现代化、信息化的创新型、生态型新城区。

15 年来，在党中央、国务院的高度重视和亲切关怀下，在中新合作双方的共同努力下，园区开发建设一直保持着持续快速健康的发展态势，主要经济指标年均增幅达 30%左右。2003 年经济总量达到了开发前苏州全市水平，2005 年率先高水平实现江苏省制定的四大类 18 项小康考核指标。2008 年全区实现地区生产总值 1 001.5 亿元，地方一般预算收入 95.1 亿元，进出口总额 625 亿美元，其中出口 311 亿美元，新增注册外资 30.2 亿美元，到账外资 18 亿美元，总量与增幅保持领先，质量与效益同步提升，综合发展指数位居全国国家级开发区第二位，成为国内开发速度最快、协调发展最好、竞争能力最强的开发区之一。

目前，园区以占苏州市 3.4%的土地、5%的人口以及 1%的 SO_2 排放量和 2%的 COD 排放量创造了全市 15%左右的 GDP、地方一般预算收入和固定资产投资，25%左右的注册外资、到账外资和进出口总额，已经成为区域经济社会发展的重要增长极，我国对外开放的重要窗口和中外经济技术合作的成功典范之一。

一、苏州工业园区创建国家生态工业示范园区的主要做法与成效

苏州工业园区的发展，并没有以牺牲环境为代价。在加快开发建设和经济发展的同时，苏州工业园区十分注重生态环境保护和建设，建立了以环境保护规划为龙头，环境基础设施建设为重点，兼顾源头控制与全过程治理的环境保护体系，营造了良好的投资环境和人居环境，较好地体现了经济发展、社会进步以及人与自然的和谐统一。同时，充分调动全社会参与环境保护和建设的积极性，争创资源节约型、环境友好型示范区。特别是 2004 年园区被国家环保总局批准率先开展创建生态工业示范园区试点以来，积极探索实践发展循环经济、建设生态园区的新理念、新模式，从企业、产业、社会、区域和政府等不同层面开展创建活动，取得了初步成效，各项指标均处于全省乃至全国的领先水平，初步走出了一条集"科技创新、经济循环、资源节约、环境友好"于一体的新型工业化发展之路。2008 年 3 月，园区通过了环保部、商务部、科技部联合验收，成为

全国首批国家生态工业示范园区。在具体工作中，主要抓了以下几方面：

1. 制定并实施了科学的生态建设与保护规划

苏州工业园区积极借鉴新加坡及其他国家先进经验，坚持"先规划后建设、先地下后地上"、"一次规划、分步实施"、"规划即法"和"环保优先"等先进理念，以高标准的规划引领开发。一是以国际先进理念编制实施了 300 多项专业规划，紧凑有序地布局城市生产、生活和生态功能，实现了开发建设规划与环境保护规划的全覆盖。二是在国内率先开展了区域环境影响评价，全方位融入了"功能分区"、"项目分类"、"雨污分流"、"清洁能源"、"景观绿化"等国际先进的生态环境保护理念，构建了功能分明的环境保护和建设规划体系，并严格做到同步规划、同步建设、同步管理。三是根据工作目标不断制定新的环保规划，先后编制了《生态工业园区建设规划》、《生态示范区建设规划纲要》、《生态优化实施规划》等，保障园区生态环境保护工作紧跟世界先进国家的发展步伐和要求。

2. 狠抓了生态工业体系的完善和循环经济的推广

苏州工业园区始终把发展循环经济作为构建和谐园区、生态园区的核心内容，通过优化提升产业结构、转变经济发展方式、构建生态产业链等途径，不断推动绿色经济的发展。一是坚持从污染预防、总量控制入手，强化绿色招商和环保前置审批，不断提高引资质量和水平，对能源、资源消耗高、环境风险大的项目实施一票否决，共否决不符合园区环保要求的项目近 300 个、投资金额达 30 亿美元。二是坚持在园区层面完善生态工业网络构建，按生态补链原则引进关联企业，构建工业共生网络，促进产业结构生态化。目前，园区已初步形成了半导体、光电一体化、精密机械和新材料等为核心的产品和产业链。三是进一步优化、提升产业结构，转变经济增长方式，推动产业结构向"微笑曲线"两头发展。累计引进高新技术企业 3 000 多家，初步形成了以集成电路、光电、软件及服务外包、生物医药、纳米技术以及新材料等为特色的高新技术产业集群。四是通过静脉产业链的构建，实现废物再利用和资源化产业集群化，积极推动区域动脉产业与静脉产业协调互动发展。针对区内电子信息、精密机械等产业密集的特点，构建了多条以电子废弃物回收综合利用为主体的静脉产业链，有针对性地引进了投资额均在 1 000 万美元以上的日本瑞环化工、富士施乐、台湾美加金属、佳龙科技等高水平的资源回收公司，提高了废弃物回收处置和资源化利用的技术水平。五是坚持以企业为主体，积极引导企业从产品设计、原料选用、工艺控制、厂房建设等不同层面开展清洁生产、中水回用和节能降耗等循环经济试点，切实降低企业本身的资源消耗和废物产生，降低园区总的物耗、水耗和能耗。共建成循环经济重点示范企业 100 家、市级绿色企业 186 家，占全市约 60%。通过 ISO 14001 认证企业 270 家，认证单位数在全国开发区保持领先。六是利用园区先行先试优势，积极倡导绿色物流。苏州物流中心在国内率先引入现代绿色物流的理念，通过现代化物流管理模式和技术优化物流过程，积极推进"虚拟口岸"及物流平台建设，采用共同配送、区港联动、双向空陆联程（SZV）等模式，大大提高了物流效率、降低了能耗和污染物排放。

3. 强化了环境基础设施与生态建设水平的提升

先后投资 300 多亿元进行环境基础设施和生态环境建设。一是按照"先规划后建设，先地下后地上"的开发程序，超前建设了高水准的"九通一平"基础设施，集中建设了自来水厂、污水处理厂、供热厂等源厂设施，日供水、污水处理和供热能力分别达到 45 万 t、35 万 t 和 310 t/h，中新合作区清洁能源使用率达 100%，集中供热率达 90%。实现了区域雨水污水分流收集，在国内率先实现了区域（包括农村）污水管网 100% 全覆盖，污水处理率达 100%，污水处理厂尾水排放全部达到国家一级 A 标准。全国最大的燃气联合循环热电联供项目-蓝天燃气热电厂一期工程建成投用。二是加强生态环境风险的控制，太湖饮用水源地水质自动监控系统及时安装到位，并率先实施了园区与周边区域自来水供水联网，提高了供水应急能力，保证了园区饮用水的安全。已投用的 39 座污水泵站全部安装了 TOC 在线监控系统，初步实现了区域污水水质智能型远程监控。三是将循环经济理念融入环境基础设施建设中，在拓展生态产业链方面进行了新的尝试。作为省内首家区域性中水回用项目，园区污水处理厂中水回用一期工程全面建成，1 万 t/d 的中水供给蓝天热电公司作为冷却水补给水使用。与世界 500 强企业法国苏伊士环境集团组建苏州工业园区中法环境技术有限公司，正式启动了江苏省首个污泥干化焚烧项目，项目采用国际先进技术，利用园区东吴热电厂生产的蒸汽将园区污水处理厂产生的湿污泥干化，干化污泥与煤掺和后送入热电厂锅炉内作为燃料焚烧，污水处理厂产生的中水则作为冷却水，实现了环保基础设施全方位的循环补链和零排放。四是加强生态保护，改善生态系统和生态功能，进一步加大沿湖、沿河、沿路绿化力度，建设了多层次、多功能、立体化、网络式的绿地生态系统和城市景观水系，开创了"清淤—治水—取土—造景"相结合的环境综合治理新模式。建成沙湖生态公园、白塘生态植物园、方洲公园等一批生态公园和公共绿地，建成绿地面积超过 2 500 万 m²，绿地覆盖率达 45%；全面实施了金鸡湖、阳澄湖、斜塘河等水环境综合治理，其中金鸡湖种植各类水生植物 24 万 m²，放养了 720 t 鱼、蚌等水生生物和 1 600 万尾鱼苗；阳澄湖取消内湖螃蟹养殖面积 2 000 多 hm²，沿湖种植芦苇 30 多 hm²，大大改善了水体环境。五是积极探索土地综合开发利用新模式，率先取消农村宅基地审批，鼓励各类建筑向高层发展，提高了土地集约利用率。大力实施择商选资战略，切实提高工业用地门槛，积极推进"腾笼换鸟"、"退二进三"、"优二进三"工程。11 万 V 及以下高压线全部入地，22 万 V 与 50 万 V 高压线全部按规划要求并入高压走廊，在全国率先取消了 3.5 万 V 和 1 万 V 供电，推行 2 万 V 供电，大大节约了土地。通过以上措施，多年来园区共节约土地近 20 km²。六是在环境管理上充分利用现代科技手段，在全省率先建设集环境管理、环境质量监控、污染源监控、环境基础设施监控、危险废物管理监控、放射源监控等为一体的环境综合监控系统，提升了环境管理效率和水平。

4. 突出了生态理念的培育和绿色创建的深化

为了让生态、环保的理念深入园区的各层面，全面构建生态文明，苏州工业园区大力开展了绿色政府、绿色社区、绿色学校、绿色乡镇、绿色建筑系列创建活动，并通过绿色结对、跳蚤市场等特色环保宣教活动让节约、环保理念深入人心。一是政府及时制订促进生态园区建设的政策和措施，总结、推广发展循环经济、建设生态园区的做法和经验，制定下发了《苏州工业园区加快生态工业园区建设工作意见》、《苏州工业园区绿色建筑评奖办法》、《苏州工业园区关于发展循环经济、推进生态工业园区建设若干政策措施》。设立每年 5 000 万元的专项环保引导资金，用于支持乡镇、企业、社区、学校等的环保优化提升项目。"生态园区展示厅"作为省级环境宣教基地，成为园区展示科学发

展、和谐发展、率先发展的窗口。二是发动社会各层面推广生态环保理念，发起成立了
苏州市第一个民间环保组织——环境健康安全（EHS）协会，有 124 家单位参与，定期
开展活动，交流环保先进理念与做法，多家企业在环境管理方面的做法和取得的成绩得
到集团总部推广与嘉奖，成为我国在国际上展示生态文明建设成果的窗口。定期开展以
闲置物品交换为主题的"邻里互助广场"、"跳蚤市场"、"汽车后备箱跳蚤市场"等活动，
目前由社区、乡镇及有关部门组织开展的大型跳蚤市场活动已有近 40 次。三是绿色创建
取得了显著成效，共建成各级绿色社区 47 个、绿色学校 47 所，其中中新合作区内的社
区和学校已全部建成绿色社区、绿色学校；所辖三镇已全部建成全国环境优美镇，实现
了全国环境优美镇"一片绿"。四是以节能环保为特色的绿色建筑正在全区普及和推广，
朗诗国际社区成为苏州市第一个采用地热资源的绿色住宅项目，荣膺科技部绿色生态建
筑金奖，缤特力科技公司成为国内首家通过美国 LEED 绿色建筑认证的高科技企业。

二、苏州工业园区创建国家生态工业示范园区的经验与体会

1．领导重视、思想统一是创建生态工业园区的前提

党的"十七"大提出"建设生态文明，基本形成节约能源资源和保护生态环境的产
业结构、增长方式、消费模式"，创建生态工业园区正是大力倡导生态文明、贯彻落实科
学发展观、构建和谐社会的一项重大举措。中新联合协调理事会第九次会议也对园区新
十年发展目标进行了优化和提升，并要求园区加快建设成为"资源节约型、环境友好型
生态示范区"等"四个示范区"。园区工委、管委会高度重视创建工作，将其作为提升生
态环境质量、转变经济增长方式、增强区域综合竞争力、圆满实现园区新十年发展目标
的重要抓手。园区各部门、各单位把创建生态工业园区作为当前和今后一个阶段的工作
重点认真贯彻落实，充分认识到了创建工作的重要性、必要性和紧迫性，并努力提高创
建的自觉性。领导重视、思想统一使得创建工作得以扎实、有效地展开。

2．高标准的生态环境建设是创建生态工业园区的基础

园区成立以来，十分重视环境基础设施建设、环境整治和绿化景观建设，注重将循
环经济理念融入环境基础设施规划建设中，先后投资 300 多亿元进行环境基础设施和生
态环境建设，有效地减少了区域污染物排放总量，提高了资源利用效率和产出效益。我
们深刻体会到，高标准、超前建设环境基础设施，大力开展环境与景观建设是做好环境
保护工作、避免"先污染、后治理"、发展循环经济、建设生态工业园区的重要基础。比
如：只有充分做到雨、污水分流、污水 100%集中处理，中水回用等先进的循环经济、生
态工业园区建设理念才可能在区域范围内得到切实、有效的实施；只有区域的生态环境、
人民的生活质量改善了，循环经济的开展、生态工业园区的建设才有了广泛的社会基础
和群众基础。

3．管委会各部门协同作战是创建生态工业园区的保障

发展循环经济、建设生态工业示范园区是一个系统工程，需要管委会各部门协同作
战，共同完成。管委会充分认识到了这一点，2005 年初管委会召开了生态工业园区创建
动员大会，下发了《关于加快生态工业园区建设工作意见》，明确了两年的创建工作任务
和分工，2006、2007 年，管委会又先后召开了生态工业园区建设工作会议和创建生态工

业示范园区现场会，编印了循环经济成果集，总结、推广发展循环经济的做法和经验，进一步调动各部门、各单位的创建积极性。管委会相关部门积极投入创建工作，招商部门进一步强化绿色招商、产业链招商；规划、建设部门全力推进体现循环经济理念的绿色建筑；国土房产部门把节约用地、推广生态住宅作为日常工作的重要内容；社会事业部门、教育部门、各乡镇积极开展绿色社区、绿色学校、环境优美镇的创建工作；办公室进一步强化政府绿色采购、无纸化办公等绿色政府的构建。通过各部门共同努力，生态工业园区建设取得了积极的成效。

4. 全社会各层面共同参与是创建生态工业园区的关键

政府仅仅是创建生态工业园区的一个倡导者、引导者，辖区内企业、社区、学校才是真正的建设主体。我们在工作中通过表彰、奖励、现场借鉴等形式鼓励、帮助企业在内部开展形式多样的循环经济工作；通过召开研讨会、交流会等方式，引导企业之间物质形成闭环流动，减少废弃物的产生。通过多次的宣传、发动，辖区内企业已对循环经济工作有了普遍的认同感，正在根据企业内部的不同情况开展此项工作。除此之外，园区内的居民小区也全面投入到节约型社会的构建中，以物品交换为特色的邻里互助广场、跳蚤市场已开展多次，产生了良好的社会反响，规模不断扩大；学校在绿色学校的创建中也把"循环经济在校园"作为创建的重点和特色；所辖三镇也积极接受中新区辐射，在建设与管理中融入建设生态工业园区、发展循环经济的相关内容。

流域水污染防治工作的探索与实践

山东省聊城市环境保护局局长 许泽英

聊城，地处冀、鲁、豫三省交界，全境属海河流域，是引黄济津的源头和南水北调东线工程的途经之地。境内河流众多，全市流域面积在 30 km² 以上的河流有 23 条，流域面积在 100 km² 以上的河流有 3 条，中华母亲河——黄河在境内蜿蜒 60 多 km，著名的京杭大运河纵贯聊城市城区，中国北方最大的城市湖泊——东昌湖，水域面积 6.3 km²，库容量 2 000 多万 m³。

近年来，聊城市以生态文明市建设为总抓手，始终坚持环保优先、科学发展的理念，积极构建"治、用、保"体系，认真落实"防、管、控、服"措施，走出了一条区域流域水污染防治的新路。

一、坚持环保优先，走环境保护促进经济发展之路

由于历史的原因，聊城产业结构不尽合理，资源依赖型行业多，工业结构明显偏重。这给聊城带来了较为严重的环境污染，聊城一度出现有水皆污的现象，环境质量状况远远不能满足经济发展和人民群众的需求。

面对日益严峻的环保形势，聊城市委、市政府牢固树立"生态是借贷而不是继承"的发展理念，在我国北方城市率先召开了由市、县、乡三级干部参加的建设"生态文明市"工作会议，坚持环保优先，下定决心，迎难而上，走可持续发展之路。

针对全市水污染防治工作任务繁重的实际，市政府成立了海河流域水污染防治工作领导小组，加强对水染防治工作的组织领导。出台了《加强节能减排工作的意见》、《污染物减排和环境改善目标责任考核奖惩办法》、《主要污染物减排巡查管理办法》等一系列的规范性文件，指导治污减排工作。将环保工作目标以责任状的形式逐项分解落实到各县（市、区）和重点企业，并将完成情况作为政府领导干部综合考核评价和企业负责人业绩考核的重要内容，实行"问责制"和"一票否决制"。通过综合运用经济、行政、法律手段，各级政府和企业开展污染治理的积极性和主动性明显提高，极大地促进了流域水污染防治工作的开展。

聊城在财政比较困难的情况下，不等不靠，不断加大环保投入，有力地推动了水污染防治工作。尤其是 2008 年，在经受经济危机的巨大冲击下，全年环保投入资金达到 32.6 亿元，占全市 GDP 的 2.6%，其中各级财政投入 2.8 亿元，完成预算的 213%，同比增长 157%，增幅居全市各行业之首。

二、构建"治、用、保"体系，推进流域水污染防治工作

聊城围绕海河流域水污染防治任务目标，按照"点、线、面"相结合的工作思路，积极构建"治、用、保"体系，对全市所有河流实施全流域、全过程、全方位的立体治理。

1. "治"污染，努力降低流域内污染负荷

一是大力调整产业结构。严格执行国家产业政策和环保标准，按期淘汰不符合产业政策的高消耗、高排放、低效益的落后工艺技术和生产能力，全面取缔了"十五小"和"新五小"企业，不断推进工业结构优化升级。"十一五"以来，共关停阳谷景阳冈造纸厂等 5 条 5 万 t 以下草浆生产线和东阿酒厂等 6 条 5 000 t 以下酒精生产线。

二是狠抓工业点源治理。2008 年以来，全市累计投资 2 亿多元，在 66 家市控以上重点工业污染源建设了污水治理"再提高"工程或污水深度处理工程。对 48 家重点企业采取了强制性清洁生产审核，其中 29 家取得绩效证书。对 20 家治污设施不能稳定达标的企业，予以关停、关闭。全市工业废水排放达标率达到 98%。

三是完善城市污水处理设施。全市累计投入 7 亿多元，建成了 10 座城市污水处理厂，污水日处理能力达到 39 万 t，出水水质均达到《城镇污水处理厂污染物排放标准》，所有污泥都得到了妥善处置。全市配套建设了污水处理管网 450 km，城市污水处理率达到 80% 以上，污水处理厂平均运行负荷率达到 75% 以上。

四是全面推进农业面源污染治理。全市实施测土平衡配方施肥 31.1 万 hm^2，减少化肥使用量 1.02 万 t；对全市规模化畜禽养殖场污染进行了综合整治；建设农户用沼气池 6.32 万户、畜禽养殖场大中型沼气工程 4 处，总池容达到 63.4 万 m^3。在 9 个乡镇（办事处）开展了污水集中处理设施建设试点工作。农业面源污染得到了有效控制。

2. "用"中水，最大限度地实现水资源的流域内循环

一是实施企业中水回用工程。通过中水回用试点工程建设，聊城工业企业的中水回用工作由点到面全面铺开，阳谷金蔡伦纸业、鲁西化工集团第二化肥厂、高唐泉林纸业有限公司等 19 家工业企业都建立了适合自身工艺特点的中水回用模式。例如，凤祥集团为提高水资源综合利用，投资 3 000 万元，建成了 12 000 m^3/d 废水集中处理与中水回用项目，处理后的中水回用于祥光铜业生产，年可回用中水 400 万 t，削减 COD 4 380 t，氨氮 219 t，中水回用率达 99.5%。

二是实施中水截蓄工程。全市建设了橡胶坝 3 座，河道节制闸 16 座，年截蓄中水 7 000 万 t，通过自然降解和净化，水质得到进一步改善。聊城城区的东昌湖发挥着中水调蓄水库的功能，华能聊城热电有限公司每年从东昌湖调水用于生产，实现了水资源的综合利用，年减少地下水开采量 1 000 万 t。随着东昌湖国家"水专项"的深入实施，其中水调蓄功能将更加明显。

三是实施中水景观工程。东阿县实施了"拦河造湖"工程，将官路沟城区段开挖成洛神湖，水源补给全部来自污水处理厂处理后的中水；茌平县实施了"人工造湖"工程，在城区及周边形成近百亩的水面，使用部分中水作为补给水源；聊城城区的新水河两岸建成截污管网后，将污水处理厂的中水引入河中，沿河建设了绿化带，形成一道亮丽的

城市景观；聊城大学建成"东湖"工程，校内全部生活污水进行深度处理后进入"东湖"，成为校园景观。这些中水景观工程的实施，对水土保持、城区绿化都起到了很好的作用。

3. "保"生态，全面改善水质与生态环境

一是提升水体生态净化能力。充分发挥人工湿地对水体的自然净化作用，建设了东昌湖、洛神湖、赵王河植物园等 13 处人工湿地。对境内主要河流、湖泊全面开展了生态修复能力改造和提升，1 亿多 m³ 河流库容水体得到了休养生息。

二是实施"退渔还水"和"退房还岸"。"退渔还水"，主要是以东昌湖、鱼邱湖为重点，投资 800 万元，清理了 3 000 个网箱，水质得到了明显改善，每年可提供 1 000 余万 t 工业用水，创造直接经济效益 800 多万元。"退房还岸"主要是以徒骇河聊城城区段和莘县城区段为重点，累计投资 9 000 万元，完成了 3 个综合整治工程，整治河道 15 km，拆迁河道两侧民居 80 余户，修建橡胶坝 3 座，实施绿化、美化工程 200 余 hm²，新增岸堤 100 hm²。为百姓提供了人水和谐的优美环境，形成了经济社会发展与环境治理的良性循环。

三是实施"治荒还湿"和"治沙还林"。全市累计投资 6 000 万元，在徒骇河、马颊河、卫运河流域实施"治荒还湿"工程 7 个，治荒还湿面积达 567 hm²。聊城是引黄济津的源头，每年输送黄河水 2 亿 m³，滞留黄沙 200 万 m³，吞噬良田 66.7 hm²。在为天津市做出巨大贡献的同时，聊城市大力开展"治沙还林"，在沉沙池周围植树造林 2 000 hm²，使茫茫沙荒变成片片绿洲。地处黄河故道的莘县马西林场和冠县西沙河林场，植树造林 1.8 万 hm²，取得了显著的经济效益和生态效益。

三、落实"防、管、控、服"措施，提升防污治污工作能力和水平

聊城各级按照防住新增污染源、管好现有污染源、严控排放标准、服务经济发展的工作思路，强化环境监管能力建设，着力提高全市防污治污能力和水平，实现了保护环境与发展经济的良性互动。

1. 立足"防"——严把新建项目准入关，建立应急预防体系

严格落实建设项目环境影响评价制度，坚持"环保第一审批权"，严格执行"先算、后审、再批"的程序，对不符合国家产业政策和环境保护法律、法规，不符合污染物排放总量控制和区域环境功能区划要求的项目坚决不批。"十一五"以来，全市共拒批 41 个不符合相关规定的项目，严防了新污染源的产生。

全市各级进一步完善应急预防体系，建立了环境应急队伍，配备了应急监测、应急处置设备，制定了应急预案，全市 40 多家化工、造纸等危险化学品企业和重点废水排放单位建设了防范设施，完善了应急预案，并定期演练，做到防患于未然。构筑了预防水环境污染事故的坚固防线。2008 年以来，全市未发生过污染事故。

2. 强化"管"——提升环境监管水平，实现自动化、数字化和经常化

一是建立了"人机结合、以机为主、生物辅助"的"三位一体"环境监控模式，即，实施自动监控：投入 7 000 余万元，在 63 家重点废水排放企业和 10 家城市污水处理厂安装了自动在线监测设施；在具备安装条件的 32 家重点废水排放企业和 9 家污水处理厂安装了视频在线监控装置，在主要河流建设了 3 个河流断面自动监测站，实现了对重点污

染源、重点河流断面的实时监控。投入 1 000 余万元建成了市、县两级环境监控中心，并实现了省、市、县三级联网和第三方运营管理，运行率和准确率均达到 90%以上。强化人工监测：加大人工监督监测频次和在线监测比对频次。增设生物监控：全市 32 家废水污染源、10 家污水处理厂出水口均建设了生物指示池，池内养鱼，既可监测污染指标变化，又可直观地展示企业排水水质状况。

二是加强重点污染源的执法巡查。市、县两级环保部门按照山东省环境监管"四个办法"，强化了对市控以上重点污染源的日常监管和河流断面的监督监测。并实行了市、县两级环境监察机构联动查处制度，确保环境违法违规行为及时得到查处。实行错时执法，开展突击检查、节假日检查和雨雪天重点检查，不断强化对排污企业的环境监管频次和力度，有效遏制了环境违法行为。

三是大力开展环保专项行动。2008 年以来，全市先后组织了春季环保专项行动、整治违法排污企业保障群众健康环保专项行动、海河流域水污染防治专项检查等专项行动。现场检查排污企业近 1 500 家（次），立案查处环境违法行为 26 起，限期治理、停产治理企业 5 家。去年 5 月，市政府 4 名副市长分别带队赴各县（市、区）、经济开发区开展水污染防治工作专项检查，有力地震慑了企业环境违法行为。

3. 严格"控"——提高污染物排放标准，严控超标超总量排放

继 2000 年"一控双达标"之后，造纸行业、纺织染整行业、淀粉加工行业由执行国家标准到执行山东省地方标准并逐步加严；2007 年，聊城市再次提高了工业废水排放标准：由原来执行国家污水综合排放标准提高到执行山东省海河流域水污染物综合排放标准。城镇污水处理厂由执行国家《城镇污水处理厂污染物排放标准》二级标准（100 mg/L）到执行一级 B 标准（60 mg/L）。通过逐步加严污染物排放标准，全市每年可削减 COD 排放量约 3 800 t。

4. 注重"服"——促进经济平稳较快发展，保障人民群众环境权益

2008 年以来，市、县两级政府扭住环境保护工作不放松，在不断加大对环境保护工作投入的同时，积极指导企业积极争取中央、省级环境保护专项资金。对符合国家拉动内需重点投资方向、满足环保准入条件、无污染或轻污染的项目，开辟"绿色通道"，实行"一站式"服务，提高审批效能，推动项目尽快投产见效。环保部门把解决人民群众来信来访作为保稳定、保民生的重要工作来抓，让人民群众在经济发展和环境质量的持续改善中得到实惠。

聊城市通过有效防治水污染，改善河流水质、增加湿地面积，不仅改善了城乡环境，为全市经济发展腾出了环境容量，拓宽了发展空间，而且还有力地推动了聊城各项事业的发展。"江北水城·运河古都"的城市名片越来越响亮。

认真实践科学发展观
让污染源自动监控系统在环境监管中发挥更大作用

浙江省绍兴市环保局副局长 张荣社

《国务院关于落实科学发展观加强环境保护的决定》（国发[2005]39 号）提出"要完善环境监测网络，建设金环工程，实现数字环保，实行信息资源共享机制"。污染源自动监控系统建设是"金环工程"的重要内容，是完成污染物减排任务、改善当地环境质量的重要举措，也是国家污染减排"三大体系"能力建设重点任务之一。切实增强贯彻落实科学发展观的自觉性和坚定性，进一步加强污染源自动监控能力建设和运行管理工作，通过自动监控手段督促污染企业加强环境管理和提高污染治理水平，切实推进主要污染物减排工作任务的顺利完成和环境安全。

一、认真实践科学发展观，坚持着眼实际，切实提高对污染源自动监控工作的认识

近年来，绍兴的环境保护工作取得了重要进展，但是环境形势依然严峻，尤其是污染反弹比较普遍。温家宝总理指出："环境保护要采取综合措施，依靠法制保障，加强监管；利用市场机制，提高环境意识；依靠科技进步，加快污染治理。"温总理的这一要求让我们认识到，防治环境污染，要认真实践科学发展观，着眼实际，充分依靠法制、机制和科技进步。推进污染源自动监控工作，就是要利用现代化的高科技手段，促进执法到位。因此，我们必须从关系环境保护大局的高度充分认识推进污染源自动监控工作的重要性。

1. 推进污染源自动监控是应对当前严峻环境形势的需要

当前，环境问题是关系民生、影响发展的首要问题。我市目前的生态环境形势依然相当严峻，一些区域性、行业性环境污染问题仍然比较突出。环境监测部门开展的日常污染源监测工作量大，很难做到及时准确掌握排污状况，再加上执法不到位，现有的工作模式和业务习惯已经很难适应当前环保工作的需要。面临环境保护的新形势，迫切需要把环境保护工作和先进的信息技术结合起来，建成以污染源自动在线监测和视频监控为核心的污染源自动监控系统，达到环境监察信息化、污染源监测自动化的目的。推进污染源自动监控，安装污染源自动监控装备，可以实施实时监控，震慑企业环境违法活动，规范企业环境行为，是缓解监管压力的迫切要求和必要选择。

2. 推进污染源自动监控是提高环境执法效能的需要

推进污染源自动监控，不仅是为了方便地获得相关监测数据，更重要的是可以快捷

地对排污企业实施监管，有利于对重大环境污染事故及时采取预防和应急措施，同时也可以降低环境执法成本。如果我们的监管手段仍然停留在人盯人的水平上，是无法真正做到监管到位的，其结果只能是环境监察人员疲于奔命。实施污染源自动监控可以对废水、废气污染源实行 24 小时不间断的监控及取证，能够及时、准确地掌握企业污染排放情况，能够避免由于企业现场设置而造成的偷排和漏排，最大限度地降低污染事故造成的危害。有利于提高监管的科学性，强化执法监督力度，促进污染源达标排放，为提高环境执法效能给予技术支持。

3. 推进污染源自动监控是实现环境管理创新的需要

对辖区内污染源排放物、污染治理设施运行等情况进行现场检查、取证、处理是环境管理的重要内容。但企业污染物排放情况复杂、变化快，环境监察人员少、任务重、能力严重不足。因此，必须改变传统的环境管理模式，创新环境管理思路。实施污染源自动监控，是对传统环境管理业务流程的梳理、规范和改造，是环境管理能力创新的重要内容。将信息化、自动化等先进技术手段引入环境执法工作，通过排污现场的自动监控设备，取得污染物排放、污染治理设施运行情况，然后传输到环保局的监控中心，利用这些信息进行排污量核定、排污费征收、远程监控并付诸执法。实施污染源自动监控可以使环境监管工作更加严密、规范，服务更加便捷、高效，环境监管和服务能力得到明显增强。实践证明，经过市、县两级环保系统几年来的努力，我市污染源自动监控工作取得了一定成效，已经成为环境保护日常管理工作中的一个重要内容。

二、认真实践科学发展观，坚持求真务实，全力保证污染源自动监控系统装好用好

污染源自动监控设施的安装标志着环境管理走向了定量化，标志着环保执法行为走向了科学化。因此，污染源自动监控系统与环保部门联网后，必须向环境管理部门提供真实、可靠、完整、实时的监测数据信息，为政府环保决策提供科学依据。污染源自动监控系统工作投入大，技术性强，管理复杂，涉及现场监测分析仪器，数据传输通信设备，数据处理与计算机软件，仪器校正和比对监测，规范操作和运营维护，以及法规政策等问题。因此，需要我们在实际工作中认真实践科学发展观，以求真务实的精神，边推进、边改进、边完善，达到装好、用好、管好同步。

1. 要保证污染源自动监控系统自动监测数据的可靠性和有效性

关键是严把"两个关"。一是严把日常运行维护关。环保部门要切实督促运维公司每日巡检各站点仪器设备和网络，并做好运维日志，发现问题及时解决，并报地方环保部门；要督促运维公司建立水、气比对分析实验室，按要求进行仪器设备的校正和比对；要检查运维公司仪器设备配件库和整套仪器备件的落实情况，保障仪器设备故障的及时修复。二是严把定期检测和比对监测关。在线监测仪器的质量问题直接关系到整套污染源自动监控设施的运行质量和效果，做好对在线监测仪器的性能测试和对比试验分析，是维护管理工作中的重要一环。对安装并通过验收的在线监测仪器应按省局有关规定，确保每季度至少一次的污水自动监控仪器比对，每半年至少一次（国控站点每季度一次）的废气自动监控仪器比对。同时结合"飞行监测"等专项监测工作，开展自动监控仪器

的监督性比对，确保在线数据准确。同时环境监测部门还应该指导运维公司做好比对实验室建设，帮助建立分析操作程序和规范。

2．要让污染源自动监控系统自动监测数据与其他环保业务有机结合

"环境信息必须为环境管理服务"，污染源自动监控系统也是一样，如果不能为环境管理服务，不能够为各项环保业务提供准确、及时的数据，这样的信息系统是没有生命力的。在污染源自动监控系统的运行过程中，每分每秒都会产生数据。可以说，自动监控系统的原始数据是无穷无尽的。这些原始数据，除了具有实时性外，还具有很大的信息价值，要把这些价值充分发挥出来，就需要让自动监控数据与环保管理的其他环保业务系统相结合，通过数据交换、信息共享等手段，让自动监控数据在环境管理的其他领域发挥价值，让污染源自动监控系统更具生命力。

三、认真实践科学发展观，坚持与时俱进，促进污染源自动监控工作再上新台阶

1．提高企业社会责任意识，规范企业的环境行为

按照浙江省"811"环境污染整治工作的要求，前两年，绍兴市对 227 家重点排污企业先行安装污染源在线监测系统。但在实施过程中，有的企业认为安装自动监控仪器是花钱买手铐，不愿装、不肯装，存在一定的抵触情绪；有的企业尽管环保部门三番五次做工作，仍然对安装工作不予配合；有的企业尽管安装了但又不肯委托第三方运维，认为这是把"命根子"交到了别人手中。这种状况如不切实加以扭转，污染源在线监测系统建设就难以继续推进。要切实加大这方面的宣传教育力度，让广大排污企业认识到，开展污染源自动监控系统安装，绝不仅仅是政府行政的要求，更是国家法律法规的规定；绝不仅仅是企业的一桩经济负担，更是企业的政治任务和应尽的社会责任。要增强企业的主体意识和责任意识，落实各项措施，积极主动地推进污染源在线监测系统建设工作。

2．提高环保部门合力意识，保证污染源自动监控系统运行顺畅高效

市局于 2007 年出台了《绍兴市区污染源自动监控系统管理办法》，为认真执行好这一《办法》，相关处室、单位要认真履行职责，避免相互推诿，发挥管理优势。污控处要从宏观管理的角度制定建设计划，调配资金。现场监察部门要从监察执法的优势出发，推动在线设备的安装。监测站要充分发挥监测技术的优势，推进仪器设备正常运行。信息中心从系统集成技术支撑的角度出发，规范数据应用和信息反馈，从而达到四方合力，公平使用资金、公正使用职权、公开使用数据的成效。

3．提高市场意识，积极推行第三方运营管理

随着治理设施市场化逐步规范和运行服务质量的提高，实现自动监控系统社会化运营，已成为环保部门加强监督管理的重要手段。关键是要解决好三个问题。一是要解决准入问题。要通过比较，确定一家有资质和技术、资金优势的专业运营单位进行统一封闭运维管理，这种模式可以为自动监控系统长期有效运行提供可靠保障，也为数据的有效应用打下坚实基础。二是要解决经费问题。污染源自动监控系统运营经费的落实到位是第三方运营有效、稳定开展的基本保证。应制定相应的条例，使运营经费纳入地方财政管理，使有限经费得到较合理的使用和监督，避免第三方运营商与企业间因利益关联

产生的不正常现象发生。三是要解决考核问题。制定第三方运营的管理制度和技术规范，明确各方的职责、权利和义务，促进运营单位发挥主观能动性，提高污染源自动监控系统的有效使用率，保障第三方运营质量。

4. 强化监管意识，充分发挥在线监控实用性

随着重点污染源在线监控系统的日益完善，管理和运营体制的逐步理顺，接下来就是要真正发挥其在污染监管和减排中的作用，首先是要认真及时分析数据，达到区域污染预警目的，对区域污染的种类和异动现象能够及时反映，其次是要拓展在线监控的处罚范围和力度，督促超标超量企业及时改正，最后是利用在线监控数据，积极鼓励群众和企业相互监督促进，我们现在的做法是通过手机短信每天将部分超标排放企业的数据发送到部分管理人员，接下去要拓宽知晓范围，实行每日短信公告，真正发挥群众和领导的作用，能够为企业转型和污染减排作出一定的贡献。

推进排污权有偿分配和交易的实践及思考

浙江省嘉兴市环保局局长　章剑

一、嘉兴市开展排污权交易的基本概况

嘉兴开展排污权交易的研究和探索实践，起始于 2003 年，但由原于国家未实行主要污染物总量控制等多种因素，而未能取得实质性进取。2006 年，国家实行总量控制条件下的减排，为开展排污权交易，特别是推行总量控制型的排污权交易提供了千载难逢的契机。

第一，制定了交易办法和实施细则，构建起了排污权交易的基本框架。排污权交易在市政府的高度重视下，从 2007 年 6 月开始着手准备，研究起草了《嘉兴市主要污染物排污权交易办法（试行）》和与之相配套的《嘉兴市主要污染物排污权交易办法实施细则（试行）》。通过努力于 2007 年 8 月初完成了起草工作。2007 年 8 月 28 日，嘉兴市政府常务会议讨论通过，并于 9 月 27 日以市政府正式文件下发，于 2007 年 11 月 1 日起在嘉兴市实行排污权交易制度，从而结束了我市企业无偿获得主要污染物排放权的历史。

第二，注册成立了国有独资企业，嘉兴市排污权储备交易中心。全国首家排污权交易中心——嘉兴市排污权储备交易中心，于 2007 年 11 月 10 日正式挂牌成立。同时，积极帮助指导各县（市、区）出台相应的政策措施，成立分中心，构建排污权交易的网络体系。

第三，盘活并出让政府拥有的公共环境资源存量，新建项目全面实行排污权有偿使用，为交易中心提供滚动交易所需要的资金。截至目前，排污权储备交易中心已经成功交易 160 多笔，交易额为 1 亿多元。南湖区开始了初始排污权有偿分配的积极探索，340 家企业完成了初始排污权有偿分配，资金达到 3 000 多万元。

第四，积极争取国家环保部和财政部的支持，成为全国的排污权交易试点地区之一。国家环保部和财政部十分重视嘉兴的排污权交易探索实践，将我们列为全国仅有的两个排污权交易试点地区之一，并拨出专款 900 万元，用于嘉兴市的排污权交易中心平台建设，浙江省财政厅也表示将拨出相应的配套资金，支持嘉兴的排污权交易。

第五，加强对排污权交易工作的调研，不断完善交易制度和拓展新的领域。主要是处理好：①排污权交易与总量控制减排之间的关系；②区域整体减排和企业单个减排与排污权交易之间的关系；③排污权有偿使用与初始排污权有偿分配之间的关系；④《主要污染物排放权证》（简称《排污权证》）与排污许可证之间的关系；⑤排污权交易与环保行政监管之间的关系；⑥嘉兴市排污权储备交易中心与各县（市、区）分中心之间的关系；⑦排污权交易与银行合作，创新金融产品之间的关系。

二、全面开展排污权有偿使用

减排是当前各级政府特别是环保行政主管部门的重要任务之一。由于减排涉及产业结构调整、减排工程建设、清洁生产审核、生产工艺改造等，要求高难度大，需要投入大量的人力物力。因此，既要运用政府行政手段强势推动，更需要引入市场机制，激发企业的积极性和主动性。排污权交易是运用市场机制推动减排的一种行之有效的手段。

在排污权交易体系中，排污权初始分配（可分为有偿和无偿两种）、排污权有偿使用、排污权再分配是一个完整的体系，它们之间既相互联系，又相互制约。从排污权交易理论体系上看，我们感到：①初始排污权有偿分配是为了解决开展排污权交易之前，已经存在企业的排污权有偿获得问题。②排污权有偿使用是解决新进入市场的企业排污权有偿获得和使用问题。③排污权再分配或者叫排污权交易是企业在有偿获得排污权的基础上，排污权的有偿再分配。

我们的具体做法是：

第一，对实行排污权交易以前已经存在的企业，我们承认通过行政审批所获得的主要污染物排放权属于企业。①企业通过行政审批无偿获得的主要污染物排放权在没有进行有偿初始分配之前，可以无偿使用。②当企业发生倒闭或迁出嘉兴市行政区域，通过环保行政审批而无偿获得的主要污染物排放权（排污权），由嘉兴市排污权储备交易中心无偿收回，作为政府的公共资源。③企业通过投资减排工程等获得减排量，经环保监督管理部门派出的专家组（由总量办、监测站、环保专家库随机抽取的专家组成）确认后，扣除企业应该承担的减排任务，多余的减排指标可出让给排污权交易中心，并从中获得减排收益。

这就跨越了摆在我们面前的初始排污权有偿分配的障碍，为嘉兴市顺利推动排污权交易奠定了较为扎实的基础。

第二，对实行排污权交易以后新进入市场的企业，凡有新增主要污染物的必须通过排污权交易中心购买排污权。从 2007 年 11 月 1 日起，嘉兴市所有新增主要污染物的建设项目需要的排污权，必须从嘉兴市排污权储备交易中心或分中心购买，从而结束了无偿获得排污权的历史。①排污权购买者的认定（一要有新的投资建设项目；二要符合产业和环保政策）。就目前而言，由于经济社会快速发展和推行总量控制条件下的减排，使得环境资源或者说排污权十分紧缺，因此购买排污权必须符合相关条件。这就是购买者必须有建设项目，同时建设项目必须符合产业和环保政策。②排污权购买量的确认（一要以环评和"三同时"验收为数据为准；二要实行多退少补）。购买排污权必须以建设项目环境影响评价文件确认的主要污染物排放总量为基础，以建设项目"三同时"验收为基准，实行多退少补，即通过"三同时"验收后主要污染物排放总量超过购买的排污权，一方面要求企业通过各种措施达到环评要求，确有难度的重新购买增加部分的排污权；另一方面当发现企业购买的排污权多于建设项目排放总量的，排污权储备交易中心将出资收购。因为在目前的总量控制条件下推行减排，排污权比资金更紧缺。③排污权购买与行政审批之间的关系。排污权交易作为环保行政许可中间的一个环节，当建设项目完成环境影响评价文件后，报环保部门审批时的第一个环节就是按照环评确定的排放总量与排污权储备交易中心签订买卖合同，购买排污权。买卖完成后转入正常环保行政许可审批和环境监督管理。

排污权有偿使用的全面展开，为初始排污权有偿分配奠定了良好的思想基础，积累了许多实际工作经验。

三、试点初始排污权有偿分配

在推进排污权有偿使用的同时，我们并没有停止对初始排污权有偿分配的研究和实践。我们在推进排污权有偿使用的同时，在南湖区开展初始排污权有偿分配试点工作。初始排污权有偿分配的问题说到底，其实就是老企业已经通过行政许可无偿取得的排污权，怎样变成有偿使用。

从环保行政主管部门角度看，推行初始排污权有偿分配，主要有以下三方面的积极意义：①通过初始排污权有偿分配可以筹集非常可观的资金，利用这笔资金可集中建设较大规模的减排工程，提高减排的效率。因为单个企业分散减排投资成本大，效率差，不利于降低整个社会的减排成本，提高减排效率。②通过初始排污权有偿分配使实行排污权交易前后进入市场的企业在有偿使用环境资源上相对公平，有利于推动排污权交易，提高环境资源的利用率，最大限度地发挥环境资源的经济社会效益。③老企业实行初始排污权有偿分配和新进入市场企业的有偿使用，为排污权的再分配或者说排污权交易奠定了基础。没有老企业的初始排污权无偿或有偿分配，就不可能有真正意义上的排污权交易。

我们规定了三条原则：

第一，初始排污权有偿分配价格低于排污权交易价格，并在取得初始排污权一年以后，通过减排工程等产生减排量，即可上交易平台进行排污权交易，获得经济收益，从而使参与初始排污权有偿分配的企业感到有利可图，主动购买初始排污权。从南湖区的实践看效果比较明显，许多企业积极参与初始排污权有偿分配，购买初始排污权。

第二，初始排污权有偿分配以环境影响评价文件确定的总量或"三同时"验收数据为准。现在环保行政主管部门对企业的主要污染物排放情况有多种数据[①行政许可数据（这个最具法律效力）。②"三同时"验收数据（数据最为可靠，但是"三同时"验收率不高，数据不够）。③排污许可证数据（这个数据目前还没有法律地位）。④排污收费数据（由于受利益驱使，这个数据被人为减小）。⑤环境统计数据（受人为因素干扰，数据的真实性受到考验，但这是国家层面承认的数据，并以此为基础开展减排）]。因此，对已经完成"三同时"验收的企业原则上采用验收数据，未进行"三同时"验收的采用环评数据，对一些早年未做环评的企业由环保部门派出专家组进行现场核定。

第三，始终坚持从实际出发，针对不同情况采取不同的方法，积极推进初始排污权有偿分配。①经济实力强愿意一次性买断排污权的企业，只需按排污权交易价格的 60%购买初始排污权，所获得的初始排污权连续使用 20 年，且自购买初始排污权的第二年开始如有减排量即可以上交易平台进行交易。②一些排污总量大，一时难以拿出大笔资金购买初始排污权的企业，特别是在当前金融危机的条件下，企业拿出一大笔资金购买排污权有一定的困难，对此可在规定的时限内，采取分期分批的方式购买初始排污权，其费用略高于前者，通过购买而获得的初始排污权满一年后，如有减排量也可上交易平台进行排污权交易。③一些由于资金比较紧张一时无法出资购买初始排污权的企业，可采取购买临时排污权办法。这实际上是一种临时租用排污权方式，但是每年的租金比一次性购买或分期分批购买初始排污权的费用要高。④一些不愿意购买初始排污权的企业也可自主选择减排，即必须按照环保部门核定的初始排污量，按照上级政府规定的减排任务逐年递减，其排污权属政府所有，不得上排污权交易平台进行交易。当企业转产、破产、关停后排污权由政府无偿收回。从而使企业可根据自身的实际情况确定购买初始排污权的方式，大大降低了推进初始排污权有偿分配所遇到的阻力和风险，确保了初始排污权有偿分配的顺利推进，并获得了成功。

考虑今年经济形势和企业现状，我们正开展老企业排污权量的总量核定工作，为有偿分配和流转交易奠定基础。

四、不断拓展排污权交易新领域

第一，开展排污权抵押贷款。在推进排污权交易过程中，一些中小项目投资主体由于购买了排污权，客观上占用了一定量的资金，出现了资金紧张，特别是当前出现金融危机的条件下，企业的发展遇到了许多困难。为了帮助中小投资主体摆脱资金短缺困难，积极主动地推进排污权交易，我们根据企业购买排污权后，排污权已经成为企业无形资产的现实，设计了排污权抵押贷款制度，以排污权作为抵押物，进行抵押贷款，创新金融产品，以缓解中小投资主体资金短缺的压力。

（1）核发《嘉兴市主要污染物排放权证》（以下简称"排污权证"），即对已经通过排污权交易平台购买排污权的企业发放《排污权证》。核发的量以浙江省的以新带老比例来确定，如1∶1.5，那么《排污权证》上只有1，另外的0.5作为减排指标予以抵消。同时，《排污权证》与正在核发的《排污许可证》并存。

（2）《排污权证》始终具有价值存在，今后企业倒闭或者通过减排出现多余指标，排污权储备交易中心可以按出让价格收购。同时《排污权证》还具有保值与增值作用。因为可以预想排污权将越来越稀缺，有一天可能会走到公开拍卖这一步。

（3）加强与银行的合作，推出金融服务新产品，开展《排污权证》抵押业务。嘉兴市环保局、嘉兴市排污权储备交易中心正式与嘉兴市商业银行签订三方合作协议，即环保局为抵押登记机关，商业银行给已经发放《排污权证》的企业根据购买排污权的数量（价值）以70%～80%授信。当企业需要贷款时可将《排污权证》作抵押物，到嘉兴市商业银行申请抵押贷款。企业与银行签订抵押贷款合同时，企业与嘉兴市排污权储备交易中心签订排污权交易出让合同，并出具委托书，即当企业到时不还贷时，为实现银行的债权，排污权储备交易中心可以直接按照预先签订的合同和授权委托书出售该企业的部分排污权，并将出让所得作为企业还贷，这样银行的利益就得到了较好的保障。

第二，试水排污权公开拍卖。目前，嘉兴市推行的排污权有偿使用和初始排污权有偿分配指导价格，主要参考依据是不同行业企业减排工程投资和运行维护等综合成本核算后的一个基础性价格。排污权作为一种稀缺资源，其价格应该由市场来确定，这样更能体现，在环境资源日趋紧缺条件下的价值。我市于2008年10月19日，首次组织进行了排污权的公开拍卖活动，将公共环境资源COD：6.5 t 和 SO_2：1.8 t 进行公开竞拍，共有 10 家企业参与了公开竞拍活动。每吨 COD 在 8 万元的起拍价上，经过公开竞拍达到 10.35 万元；每吨 SO_2 在 1.2 万元的起拍价上，经过公开竞拍达到 2.16 万元，远远高出了排污权交易的指导价。

通过公开竞拍我们达到预期目的，进一步强化了企业主对环境资源稀缺性的认识，对于推动初始排污权有偿分配和排污权有偿使用起到了积极作用。

五、下一步打算

（1）利用交易中心，实施以资金购买减排指标，活跃交易市场，同时使市场主体公平承担减排的社会责任。在我们推进整个嘉兴市主要污染物减排过程中，往往是一些大型企业在减排上做出了重要贡献，承担着重要角色，这些企业在削减主要污染物上达到 20%～30%，有的甚至达到 40%，远远超出国家赋予的减排任务量。每个市场主体在承担社会责任上应该是公平的，但事实上许多企业并没有完成国家规定的减排任务。为了体现在承担和完成减排任务上的公平性：①我们将在完成污染源普查，通过企业行业排污强度绩效考核（我们现在请专家研究这个课题），确定企业初始排污总量和重新核发排污许可证的基础上，对在"十一五"期间履行未完成减排任务的企业收取减排费，出钱购买减排指标，也就是出资让其他企业帮助减排，以此完成国家赋予的减排任务。②排污权储备交易中心将这笔资金支付给超额完成减排任务的企业，这样在承担国家赋予的减排任务上就实现公平。同时，也推动了排污权交易。

（2）积极探索工业反哺农业，以工业资金去治理农业面源污染，从中获取的 COD 用于新建项目。①嘉兴的养猪业非常发达，在给农民带来可观的经济收入的同时也带来了严重的环境污染。目前，生猪养殖污染治理主要受治理资金等因素的制约。同时，工业经济的快速发展也受到主要污染物排放指标的制约。②如果能把治理生猪养殖污染而获得的 COD，并以一定的比例用于建设项目审批的排放指标替代，这将是一举多得。一是解决了治理资金不足的问题；二是解决了工业经济发展所需要的排放指标问题；三是解决了排污权储备交易中心排污权来源问题；四是排入环境的污染物将明显减少，环境质量也会得到改善。③当前关键是农业农村面源污染还未列入环境统计口径，实行总量控制。这次污染源普查就已经将农业农村面源污染纳入其中，今后一定会列入总量控制之列，否则环境质量是不可以有彻底的改观。同时，工业反哺农业将是一种趋势，完全符合党中央构建和谐社会的要求。今年我市已被环保部定为农村分散型水污染物减排试点，相关工作正在启动过程中。

（3）进行企业行业排污绩效考核体系的研究。加强对经济效益与排污强度的绩效考核，从而为排污权初始分配如何获得科学合理的主要排污物排放总量，提供可操作的政策性文本。由于种种历史的原因，目前企业所获得的主要污染物排放指标进入 2005 年环境统计的企业排污总量，作为企业的法定排放量存在许多问题。一是与环保行政审批不相符；二是与实际排放量有差距；三是与鼓励企业开展节能减排有悖。因此，需要探索一种方法来科学合理地确定企业应该获得多少主要污染物排放指标才是科学合理，且又能鼓励企业多做减排。这就是要认真研究经济效益与排污强度的绩效考核体系的重要性和必要性。

发展低碳经济促进我国城市生态文明

上海市虹口区环保局副局长　马前

2007 年 9 月 8 日，胡锦涛主席在 APEC 会议上表示，中国"要发展低碳能运技术，要发展低碳能源技术"。党的十七大报告提出："建设生态文明，基本形成节约能源和保护生态环境的产业结构、增长方式和消费模式"。如何合理利用资源，提高资源的利用率，通过发展低碳经济带动城市生态文明建设是我们面临的重大课题。

一、低碳经济的概念及其发展

2003 年英国能源白皮书《我们能源的未来：创建低碳经济》。第一次提出了低碳经济，将低碳经济这一概念植入经济发展和城市建设中，它指出低碳经济是通过更少的自然资源消耗和环境污染获得更多的经济产出，创造实现更高的生活标准和更好的生活质量的途径和机会并为发展应用和输出先进技术创造新的商机和更多的就业机会。低碳经济的最终目标是在发展中排放最少量的温室气体，同时获得整个社会最大的产出。对于我国这样一个正处于工业化、城镇化和国际化的关键阶段，既要实现经济发展又要维护生态环境，必须走一条依靠低碳经济推动经济发展，同时不断降低温室气体排放的新型工业化道路。

伴随着《京都议定书》的执行，目前，世界各国在碳排放的方式、过程及循环状态等方面取得了很大的突破，英国是首先提出也是最早对低碳城市进行规划和实践的国家，通过推广可再生能源应用、提高能效和控制能源需要，来实现减碳目标。重点规划领域是建筑、交通，从市民入手，大力宣传鼓励市民节约能源，提高市民的环保意识，从而促进了低碳经济的开展；日本在防止全球气候变暖对策上也提出了自己的方案，通过动员各部门共同参与制订目标，发挥减排潜力，最终实现低碳经济。中国的低碳经济发展还处于起步阶段。2007 年，国家主席胡锦涛在亚太经合组织第 15 次领导人会议上，首次明确主张"发展低碳经济"。2009 年 6 月 6 日，温家宝总理主持会议研究部署应对气候变化加强节能减排工作指出，要把应对气候变化、降低二氧化碳排放强度纳入国民经济和社会发展规划。我国在节能减排过程中提出了很多措施和方案，但还面临着许多困难和问题，首先我国对低碳经济的投入资金不足，2008 年我国用于支持节能减排工作的资金达 538 亿元。但和我们面临的节能减排形势任务相比，这些资金远远不够。据专家估计，我国节能减排的市场规模大约 4 万亿元，这相当于每年投入资金需要将近 8 000 亿元，约为 2008 年相关财政收入的 16 倍。其次，我国科技相对落后，缺乏自主知识产权，一些关键技术和设备依赖进口。我国对先进技术的推广和应用方面缺乏力度，缺乏相应专业管理人才特别是一些地方上的中小企业产品技术含量低能源消耗浪费大，给发展低碳经济带来不良的影响。再次，有关部门和相关机构在节能减排方面发挥的作用不够，虽然出台了一些监督管理措施，但在企业项目审批和环境评估上把关不严，造成一些高耗能高污染项目盲目上马。

二、低碳经济发展的必要性

从我国的实际国情来看，首先我国是一个能源相对贫乏的国家，人均能源占有量大大低于世界的平均占有水平。近 20 年来，随着人口和经济的持续增长，能源消费量也在不断增长。专家预测，2020 年我国石油对外依存度将达 60%，石油供应缺口将达 2.5 亿～3 亿 t。导致我国工业对煤炭能源的过度依赖，我国煤炭的消费占能源消费总量的比重达到 70%左右，从 1980 年，我国一次能源消费量为 6.02 亿 t，到 1999 年，我国一次能源消耗量达 12.2 亿 t。

其次，矿物能源是空气污染的主要排放源，也是污染城市生态环境的"罪魁祸首"。我国由矿物燃料消耗所每年排放的总量可达 22.7 亿 t。据计算，每燃烧一吨煤炭就会产生 4.12 t 的二氧化碳气体，比石油和天然气每吨分别多 30%和 70%，特别是目前我国矿物质碳排放治理难度大、成本高，缺乏成熟的高新技术、治理的周期较长。

第三，目前我国处于工业化的初、中期阶段，它的基本特点是高能源消耗的重化工发展迅速，这也是经济发展阶段所决定的，加之我国民营企业中小企业发展较快，这些企业无论从管理和技术上都缺乏经验和人才，对能源的消耗普遍高于国际、国内同行业的平均、先进水平。

第四，我国人口众多，占全世界人口的 1/4，近几年来，随着城乡生活水平的不断提高，汽车、电器等消费品普遍进入家庭，人民生活对能源的依赖性增强，需求量增加。卡内基国际和平基金会的能源和气候专家钱德勒说："如果中国人像美国人一样消费能源，全球能源消耗将会翻倍需要在有 5 个沙特阿拉伯才能满足石油需求，中国自己也需要生产其当前产量 6 倍的煤炭。"

综上所述，我国目前面临一方面要加快经济、工业化的发展，另一方面又要兼顾资源的消耗、减少污染；既要提高城乡居民的生活条件，又要保护我们生存的环境。选择正确的途径解决这一难题是关系到我国经济快速发展、人民安居乐业、生态环境持续稳定的重要因素。工业是经济发展的动力，城市又是工业化的载体，也是人口聚集、消费集中的地方，以城市作为切入点和突破口，研究和解决这一难题可以收到事半功倍的效果。

三、发展低碳经济的途径

根据当前的现状和国家提出的目标任务，我认为应从建设城市生态文明系统着眼，以发展低碳经济为主要途径，从消费、生产、建设等环节入手，作为一个系统工程来统筹考虑大力推进。建设城市生态文明系统，是持续发展的城市范式，需要建立综合效益高、风险小、生存机会大的城市体系，需要发展合理的产业结构、发展新型、替代性能源要求的新型工业，需要"低碳经济和低碳生活"双轮驱动，促进城市生态文明的建立。

从而解决工业化与城市化发展中出现的生态问题。真正做到以低碳经济促进城市生态文明的建设，城市生态文明的建设带动低碳经济发展，具体的措施如下：

1．普及低碳消费理念，提高节能意识

倡导低碳消费新的生活方式，大力推广低碳消费产品，广泛宣传使用低耗能产品的意义，引导消费者去选择购买节能产品，培育低碳消费市场。例如提高人们的节能意识，广泛使用节能灯泡；加快提高天然气使用的覆盖率，由原来的电热水器转变用太阳能热水器。例如大中型超市都有意识地采用玻璃门冰柜，因为超市耗电的 70%用于冷柜，敞开式冷柜电耗比玻璃门冰柜高 20%，据估计，一年可节电约 4 521 万 kW·h，也就是节约 1.8 万 t 煤，减排约 4.5 万 t 二氧化碳。鼓励人们拒绝或减少使用高碳消费产品，国家出台相关政策来控制高污染产品的生产。例如，2009 年 6 月，国家实施了"限塑"的规定，基本上戒除人们使用"一次性"用品的嗜好，限制超市提供的塑料袋，其实"限塑"的意义在于节约塑料的来源——石油资源、减排二氧化碳。据我国科技部《全民节能减排手册》计算，全国减少 10%的塑料袋，可节省生产塑料袋的能耗约 1.2 万 t 煤，减排 31 万 t 二氧化碳。完善城市间的交通运输网络，如实行超市免费接送消费者，方便群众，减少私家车的使用。减少了二氧化碳的排放。像日本等国家积极鼓励坐公共汽车，在东京地区私家车车年行驶量在 3 000～5 000 km，出行并不依赖私家车，很多欧洲国家开始发明使用电瓶汽车不仅环保而且方便经济实惠。

2．发展低碳生产，研发自主创新技术

国家"十一五"规划把发展循环经济、节约资源定位基本国策，基本内容是坚持节约有限、立足国内、多元发展。通过发展技术创新和制度创新，节能减排发展循环经济。如生物能转化技术可以高效的利用生物质能源，生产各种清洁燃料替代煤炭，石油和天然气等燃料，生产电力，从而减少对矿物能源的依赖保护国家能源资源，减轻能源消费给环境造成的污染。它是作为一种清洁环保和可再生资源发电技术，主要是利用农业、林业废弃物为原料，采取直接燃烧的发电方式。例如，利用秸秆发电是生物能发电的一种，它是高科技、新型、环保、可再生能源方式，是缓解目前能源短缺的重要途径。既可以利用秸秆的热能转化为电能，降低秸秆燃烧产生的废气，又可以减少对矿物质的消耗，减少二氧化碳的排放。据计算，发 1 亿 kW 电，可需要 13 万 t 的秸秆，可替代标煤 4.5 万 t，减少排放二氧化碳 4.6 万 t，发电剩下的草木灰，含氮、磷、钾等成分，又可作为肥料，体现了循环经济。这项创新技术真正做到了由高碳经济向无碳经济的转化，实现了变废为宝，发展循环经济的目标。也同时解决了以往秸秆焚烧带来的污染、交通和消防等隐患，增加了就业机会和农民收入，促进了城市生态文明的发展。

除了利用生物能外，还要大力发展水能、核能、太阳能。世界自然基金会中国首席代表欧达梦说："截至 2008 年底，中国累计风力发电装机容量已超过印度，成为全球第四大风电市场，同时也提前实现了可再生能源'十一五'规划中 2010 年风力发电装机容量 1 000 万 kW 的目标。不仅可以创造巨大的经济利益，同时创造数百万个就业岗位。"

3．建立低碳经济发展的利益导向机制

国家在财政、金融、价格、税收等方面，采取鼓励政策，支持发展低碳经济，实行低碳消费。同时严格控制高耗能项目的上马，提高准入"门槛"。尽快建立"碳交易"市场实现碳指标的商品化，加快贯彻落实国务院关于《规划环境影响评价条例》，开展城市生态文明创建活动，把发展低碳经济和低碳消费纳入科学发展观考核的重要内容，纳入城市规划、建设之中。建立城市可持续发展的良好生态系统。

由此可见，发展低碳经济是有利于我国生态文明建设，是有利于我国经济发展，符合我国科学发展观构建和谐社会的要求，符合人民大众的根本利益。转变经济发展方式调整经济结构是我们必须要走的道路，发展创新型工业，改善环境促进资源节约型、环境友好型社会建设是我们刻不容缓的任务，我们不仅要大力发展低碳生产，更要大力倡导低碳消费，从自身做起，保护我们人类赖以生存的生态环境。

三、生态保护与农村环境保护

台州市农村环境保护现状与防治对策研究

浙江省台州市环保局副局长　丁友桂

一、前言

改革开放以来，我国农村经济快速增长，农村面貌发生了巨大的变化。但是，随着农业集约化的快速发展和农村生产方式的转变，以及城镇化和工业化对农村生态环境的负面影响增加，加剧了我国农村环境的总体恶化。

调查表明，全国农村每年产生生活污水 80 多亿 t，生活垃圾约 1.2 亿 t，畜禽粪便年排放量达 25 亿 t，这些污染物大部分得不到有效处理，随意堆放在道路两旁、田边地头、水塘沟渠或直接排放到河渠等水体中，造成严重的"脏、乱、差"现象。造成我国农村环境恶化的另一重要因素是农药、化肥的过量施用。据不完全统计，我国农药、化肥的年施用量分别高达 132 万 t 和 4 412 万 t，其中高毒农药占农药施用总量的 70%，而有机肥施用量仅占肥料施用总量的 25%。由于长期过量使用农药、化肥，污染物在土壤中大量残留，导致我国耕地面积大幅度减少，农作物品质下降、减产甚至绝收，影响了农民增收，甚至严重影响了农产品出口，降低国际竞争力。另外，近年来，随着我国现代化、城镇化进程的加快以及城市人口规模的扩大，加之产业梯级转移和农村生产力布局调整的加速，城市工业污染向农村转移趋势进一步加剧，由于环境污染引发的群体性事件也呈上升之势，影响了农村社会的和谐稳定。

当前，我国农村生产与生活中存在的这些环境问题，已严重威胁到广大农民群众的身体健康，制约了农村经济的进一步发展，这些环境问题如不能得到及时解决，必将影响社会主义新农村建设和全面建设小康社会总体目标的实现。

同样，台州农村环境也面临着如此严峻的形势，需要给予极大的关注和特别的重视。

二、现状

1. 生活污水

目前我市乡镇、街道办事处共 131 个，行政村 5 034 个，农村人口 497 万人，其中外来人口 37 万人，按每人每天 75 L 的生活污水排放量，我市农村每天约有 37.3 万 t 的生活污水排放，全年约有 1.36 亿 t 的生活污水排放，年排放 COD 高达 5.44 万 t。而截至 2008 年底，我市农村建成的生活污水处理设施才不过 1 000 余套，覆盖率仅 18%左右，绝大部分生活污水未经处理就直接排入附近河道。此外，由于村镇之间、居民区与城市排水管网间的距离远，污水管网建设投资费用高，给生活污水的收集和处理带来了相当大的难度。

另一方面，已经建成的农村生活污水处理设施效果也并不理想。我市完成的农村生活污水治理采用的技术主要有生活污水沼气净化、人工湿地、有动力厌氧处理等，其中以人工湿地模式较多，目前出现的问题是由于运行维护不当，导致湿地处理部分散发臭气，周围居民颇有怨言。处理设施最后的出水也不能完全稳定达到相关排放标准。

2. 生活垃圾

根据城建部门的统计数据，2007 年，我市共产生城镇生活垃圾约 43 万 t。这一数据仅仅是指城镇生活垃圾，还远未包括农村大量的生活垃圾，即使农村按人均每天产生 0.5 kg 的生活垃圾估算，全市农村产生的生活垃圾也高达 90 万 t/a。目前，我市在 131 个乡镇、街道办事处共建设垃圾中转站 118 座，全市有 2 652 个村建成垃圾收集点、2 295 个村组建环卫清扫保洁队伍，分别占总数的 52%、45%。虽然我市城乡环卫一体化进展顺利，城市生活垃圾收集率和清运率均有所提高，但每年仍有将近 90 万 t 的生活垃圾不能进入收集、运输、处置系统，直接排放，进入农村生态环境，严重污染了农村地区居住环境，直接威胁着广大农民群众的生存环境与身体健康。

3. 养殖业

根据《浙江省典型农村废弃物现状调查研究报告》（2006），我省农村平均每户畜禽粪便产生量约为 326 kg/a。2006 年我市农村户数 158.86 万户，除去 12.28 万的外来住户数，常住户数 146.58 万户，2006 年我市共产生畜禽粪便高达 47.785 万 t。我市除 158 个存栏 300 头以上生猪的规模化养殖场得到治理之外，其余较小规模及农户自家的畜禽粪便大部分还未得到有效处理，加之农业上由传统的使用有机肥转向大量使用化学肥料，畜禽粪便利用率低，成为严重的环境污染物，畜禽粪便造成的环境污染问题日益严重。此外，由于我市有 6 个县市区靠海，还有大面积滩涂养殖，大部分未经处理的滩涂养殖废水进入到近岸海域，加重了近岸海域的海洋环境质量污染的程度。

4. 农业面源

农业化肥和农药是形成农村面源污染的主要原因。由于化肥、农药大量和连续过滥施用，氮、磷大量流失，使河流、溪水、湖泊水质变差、土壤板结、农产品品质下降。同时，农药残留量超标，对生态环境、食品安全和农业可持续发展构成威胁。根据环境统计数据，2006 年，我市农业化肥和农药的施用量（折纯量）分别为 88 848 t、5 561 t，流失量则分别高达 17 770 t（按纯氮计）、3 893 t。同时，据调查，我市每公顷耕地化肥施用量为 606 kg，大大超过了国家相关标准。

三、对策及建议

2008 年 5 月 6 日，环保部将我市列为全国农村环境保护试点地区。今年年初，浙江省环保厅又将我市列为全省农村环境保护试点地区。我市已编制出台《台州市农村环境保护规划》、《台州市农村环境保护试点工作方案》等系列文件，全面开展农村生活污水治理、生活垃圾整治、养殖业污染防治、农业面源污染治理、饮用水源保护、农村工业污染防治等工作，着力解决农村地区突出环境问题。现结合台州实际，就如何进一步加强农村环境保护工作提出对策及建议如下：

1．加强农村生活污水治理

第一，要加大宣传力度，切实提高农民群众的环保意识，破除陈旧的生产生活陋习，大力倡导科学文明的生产生活方式。第二，各级政府应尽快出台相应的政策对农村生活污水治理工作进行扶持，在加大财政投入力度的同时，应尽快建立"政府主导，市场运作，公众参与"的资金运作机制，建议采用 BT 模式吸引外来有资金实力、具有相当技术水平的环保公司投资。第三，按照"因地制宜，分类处理"原则，选择适宜的水处理工艺。同时，生活污水治理工艺的设计和土建施工必须由具有资质证书的设计单位和专业施工队承担，确保工程建设质量。第四，加快生活污水处理设施的配套管网建设。第五，建立健全长效管理机制，确保农村生活污水治理设施的日常运行维护管理。农村生活污水处理等环境基础设施各村要有专人分管，并保证正常运转的必要资金。

2．加强农村生活垃圾整治

继续推进城乡环卫一体化工程，进一步完善"户集、村收、乡镇运、县（市、区）或区域集中处理"的生活垃圾收集处理体系，提高垃圾无害化处理水平。要通过多种途径促进垃圾的分拣、再生利用和生化处理。远离县城的平原村庄，要以几个乡镇为单位规划建设区域性的垃圾中转或处理设施。经济欠发达的偏远或海岛社区，可以按照"统一收集、就地分拣、综合利用、无害化处理"的模式进行处置。全面淘汰不符合环保技术标准的生活垃圾焚烧炉。普遍建立长效卫生管理制度，有专人负责村庄垃圾收集与清运、道路清扫等日常保洁工作。

3．加强养殖业污染治理

按照城市主体功能区和生态环境功能区等规划要求，及时调整并严格执行禁养、限养区制度，优化养殖布局，削减散小畜禽养殖户。新建规模化畜禽养殖场严格执行环境影响评价和"三同时"制度。鼓励建设生态养殖场和养殖小区，通过发展沼气、生产有机肥和无害化畜禽粪便还田等综合利用方式，重点治理规模化畜禽养殖污染，实现养殖废弃物的减量化、资源化、无害化。逐步推行规模化养殖场排污申报登记制度和排污许可证制度。组织开展水产养殖污染调查，依据水体承载能力，科学确定水产养殖方式，严格控制水库、湖泊网箱养殖规模。加强水产养殖污染监管，禁止在一级饮用水水源保护区内从事网箱、围栏养殖。

4．加强农村面源污染防治

大力推广测土配方施肥和作物专用肥、缓释肥等新型肥料，逐步提高化肥施用效率，减少农药化肥用量；积极发展无公害、绿色和有机等农产品生产基地。积极推行减量增效技术，减少农田化肥氮磷流失。鼓励开发使用有机肥等新型高效肥料。完成百万农田化肥减量增效示范区建设，完成全市土壤污染与农业污染源状况调查，建立土壤污染调查建档、监测和修复制度。制订土壤污染防治技术指南，开展污染土壤修复综合试点。加强对农田特别是基本农田的生态保护，强化农田土壤重点污染区的治理和修复。

5．加强农村饮用水源保护

把保障和改善饮用水源地水质作为农村环境保护工作的首要任务，按照《饮用水水源保护区污染防治管理规定》等相关法规的要求，积极开展农村饮用水源地周边污染源调查与评价、饮用水源地水质监测，划定饮用水水源保护区，设置饮用水源保护区标志，明确保护目标和责任。严格禁止饮用水水源保护区内各项开发活动和排污行为，加强对保护区内化肥、农药、垃圾和有害物品的监控，加快实施水源安全防护、生态修复和水源涵养等工程建设。制定饮用水水源保护区应急预案，强化水污染事故的预防和应急处理。加强农村饮用水水质卫生监测、评估，掌握水质状况，采取有效措施，防止水源污染事故发生，保障农村生活饮用水达到卫生标准。

6. 加强农村工业污染防治

落实各项产业政策和节能减排要求，制定农村节能减排的政策，严把建设项目环境准入关，有效减少农村地区污染物排放总量。严格执行国家产业政策和环保标准，防止"十五小"和"新五小"等企业死灰复燃。深入实施"811"环境保护新三年行动计划，加大对农村地区工业污染整治力度，对突出的环境问题实行重点监管、挂牌督办、限期整治、动态管理。建立和完善工业废物特别是农村中小企业生产的工业废物、危险废物、医疗废物的收集、运输、处理体系，防止对农村环境造成污染。

7. 加强河沟池塘疏浚整治

严禁随意填埋或改变河沟池塘用途，疏浚淤积严重的河沟池塘，建立农村河沟池塘长效保洁管理制度，全力清除农村河沟池塘水面有害漂浮物、障碍物，努力恢复河沟池塘自然功能，提高水体自净能力。

四、结语

农村环境保护是一项系统工程，涉及面广，工作量大，任务繁重，需要各方力量的联合推动。我们要在加大环境保护宣传力度，提高农民群众保护意识的同时，进一步建立健全"市级指导、县区协调、乡镇负责、村庄实施"的工作机制，突出强化区、县（市）的工作责任，一级抓一级，层层抓落实。认真抓好规划、建设、管理、投入这四个重要环节，及时协调解决问题。重点做好饮用水水源地保护、农村改厕和粪便管理、生活污水和垃圾处理、畜禽和水产养殖污染治理、农村工业污染防治等工作，加快推进城乡一体化和社会主义新农村建设，改善农村发展环境，促进农村和谐社会建设。

探讨农村生态环境保护的对策与措施

黑龙江省环境保护厅垦区环境保护局副局长　冯建全

十七大报告中，首次提出了生态文明这一建设目标。党中央、国务院提出要把解决"三农"问题作为全国头等大事来抓，与此同时农村环境保护已成为我国环境保护的重点领域之一。在今年的十一届人大二次会议上，温家宝总理强调要毫不松懈地加强生态环保工作，推进农村环境综合整治。在当前开展的社会主义新农村建设中，"资源节约和环境友好"问题更引起了社会各界的广泛关注和广大民众的理性思考，农村生态环境问题已成为制约农村可持续发展的重要因素，碧水蓝天的广大农村，生产生活环境正面临着来自各方的严重威胁。

一、农村生态环境问题及成因

随着农村经济的长足发展，农民的生产生活发生了重大改观，但农村生态环境形势与农村经济社会发展和社会主义新农村建设要求、与农民生活质量改善相比，还存在明显差距。主要表现在：

一是生活污水、生活垃圾、农业污水（主要是畜禽养殖业）对农村生态环境的破坏。据测算，全国农村每年产生生活污水约 90 亿 t，生活垃圾约 2.8 亿 t，绝大多数污水随意排放，未经处理的废水直接污染饮用水源和用于农田灌溉；生活垃圾随意堆置，有的农村地区生活垃圾的简单填埋，造成垃圾中的难降解有机物质迅速增加，垃圾在腐败过程中经渗透污染地表水和地下水，产生有害气体污染大气。同时，长期以来农村建设无规划，缺少公共的基础设施，道路缺少硬化、畜禽散养、人畜居住混杂等问题依然普遍存在。

二是农业生产中农药、化肥、农膜等不合理地过度使用，造成土壤板结、肥力下降，水体氮含量增加，富营养化严重。我国化肥和农药年施用量分别达 4 700 万 t 和 140 万 t，而利用率仅为 30%～35%，流失的化肥、农药造成了水体和土壤污染。尤其是剧毒农药和生产激素不但破坏了农产品品质，使农产品残留问题突出，而且在大气、土壤、水体间残留短期内难以削减。畜禽和水产品养殖特别是规模化畜禽养殖和农副产品加工污染的急剧加重，造成农产品综合生产能力衰减，农产品质量安全面临新的威胁。

三是落后的生活方式，主要是水源和能源利用方式，利用率不高，造成极大的资源浪费和植被破坏，地面水减少，地下水位降低。而且，随着严重污染的工业企业向农村地区转移增加，成为农村新的污染源，一个企业污染一条河、一个小采矿毁了一座山的现象屡见不鲜。

四是农村环境保护工作基础薄弱，与新形势、新任务要求不相适应。农村生态环境保护的法规、政策、标准体系不完善、环保部门实施统一监管的手段不足，能力建设严重滞后，队伍、技术力量薄弱、投入机制不健全，不能满足实际工作的需要。

农村环境污染问题的原因很多，归纳起来主要有以下几个方面：一是农村发展进程中的各类污水、垃圾污染；二是受传统落后的生产、生活方式影响；三是广大农民的环保意识不强，认识不高；四是环保工作薄弱、投入严重不足。

二、农村生态环境建设工作应遵循的原则

农村生态环境建设涉及农村经济、社会事业的方方面面，是一项复杂的系统工程。根据黑龙江省生态垦区建设体会，笔者认为，环境保护工作的根本目的是改善环境质量，为人民群众的生产和生活创造一个良好的环境。农村生态环境建设中，环保工作应该遵循以下原则：

一是要把农村生态环境保护纳入各级政府国民经济和社会发展总体规划和新农村建设的总体规划。充分利用新农村建设中的发展条件，做到规划、建设、环境友好的高度统一，实现经济效益、社会效益与生态效益的多方共赢。

二是努力实现环境管理从"应急反应型"向"预防创新型"的战略转变。发挥地方建设生态省（市、县）的主体作用，制订生态省（市、县）建设成效评估办法和评价指标体系，落实国家"以奖促治"政策，大力推进农村环境综合整治，努力改变传统落后的生产、生活习惯，逐步改善农村的整体环境质量。

三、农村生态环境建设对策与措施

1. 扎实推进生态省（市、县）建设，强化目标管理

生态示范区创建是从源头防治环境污染和生态破坏的有效途径，是环保部门参与综合决策的最好方式，是推进新农村建设的重要载体。以黑龙江垦区为例，黑龙江垦区 2005 年将生态建设纳入分局、农场环境保护年度目标考核管理，各级将生态建设纳入本地经济和社会发展计划，制订了"十一五"和年度发展规划，层层分解和落实各项创建任务，生态垦区建设纳入农垦总局重大督察事项，建立环境保护问责制度，实行"环保一票否决"制度，并将垦区环境综合整治实施情况作为基层领导干部政绩考核的重要内容。生态垦区建设取得了明显成效，显示了强大的生命力，受到社会各界的广泛关注，其地位和意义越来越大。但是，生态农场、生态村（队）建设是薄弱环节，环境脏、乱、差的面貌没有根本性的改变，制约农业和农村发展的环境问题尚未根除，农业面源污染，农村生活污染、呈蔓延趋势，环境管理力量很弱。笔者认为，随着国家实施城乡环境管理一体化战略，环保工作重点应实施面向农村的转移，要充分认识到农场（村）生态保护的重要性和紧迫性，加强农村环境保护机构和能力建设，增强农村环境监测和监控能力，并充实其新的工作职责。利用好国家、地方环保专项资金支持，坚持国家、集体、个人多元化的合理投入，多渠道、多层次、全方位地全面筹措资金，建立环境保护与生态建设长效稳定的投入保障机制，用 10～20 年的时间实现农村环境质量根本改变，实现农村经济社会的可持续发展。

2．加大环境保护宣传力度，增强现代生态文明意识

建设生态文明是我们党在充分汲取中国传统文化的优秀成分和当代国际社会有关可持续发展的最新理论与实践成果的基础上提出的；十七届三中全会将加大解决严重危害群众身体健康的农村突出环境问题，作为促进新农村建设的重要内容；2009 年 2 月国务院办公厅转发《关于实行"以奖促治"加快解决突出的农村环境问题实施方案》。我们应该利用好国家环保政策，通过各种形式和渠道对农村领导和农民进行环保培训，增强现代农民的生态文明意识，引导他们向循环农业、生态农业、观光农业转变，将农村生态建设的理念贯穿于新农村建设的始终，绝不能再走工业化进程中"先污染，后治理"的老路，而应当积极采取对策，努力使农村向环境与经济协调发展、人与自然和谐相处的方向发展。继续开展绿色学校创建、生态村、生态文明家庭评选活动，推进"农村小康环保行动计划"，结合生态建设目标，开展环境优美乡镇和文明生态村创建活动，以此调动广大农民参与环境保护和农村生态建设的积极性。开展环境教育，让孩子们从小认识到破坏环境、污染环境的危害，充分了解他们生活的资源基础和生态条件。如黑龙江垦区由于特殊的管理体制，政令顺畅，农场、作业区生态环境保护宣传和监管比较到位，公众环保意识，改善人民生活质量，生态文明理念提升很快，环境优美乡镇、模范小区、绿色学校创建都走在全省的前列，部分地区初步走上了生产发展、生活富裕、生态良好的发展道路。这样，对于建设环境友好型社会、建设农村生态环境具有重要的意义。

3．不断调整产业结构和能源结构，走生态农业发展之路

农业生产和生态环境有着极为密切的关系，大气、水和土壤对农业生产来说，既是资源，又是环境要素。生态环境条件良好，农业生产就发展；生态环境条件恶劣，农业生产就停滞甚至遭到破坏。近年来，我国农业生态环境和农产品污染问题日趋严重，耕地环境质量不断下降，农产品有毒有害物质残留问题突出，已成为制约农业和农村经济发展的重要因素。黑龙江垦区从 2000 年起，开始实施国家级生态示范区建设，走生态农业发展之路，加大生物循环利用生态工程、清洁能源利用工程、生态复合肥料工程、绿色食品工程等的推广应用力度；加大对化肥、农药、农膜等面源污染的防治力度；以农场户用沼气建设为重点，积极推进规模化养殖场沼气工程建设，加快畜禽养殖场粪便污染治理，取得明显成效，涌现一批示范农场。2008 年垦区生产总值连续 4 年增速超过 13%，粮食总产、单产、商品率和商品量连续四年"四超"历史，获全国粮食生产特别贡献奖。实践证明，大力发展生态农业，按照生态经济学原理和系统工程方法构建的农业生态系统，将粮食生产与多种经济作物相结合，种植业与林牧渔业相结合，农业与农村二三产业相结合，利用传统农业的精华和现代科学技术成就，通过人工设计生态工程，协调环境与发展、资源利用与保护之间的关系，达到既满足当代人对农产品需求，而又不损害后代人可持续发展的农业，是保护农村生态环境的有力措施。我国化肥农药的使用量、生产量、进口量均为世界第一，严重影响了农村生态环境，同时中国农村还面临着如水土流失、土地沙化、盐碱化等农业生态系统退化的问题。而生态农业正是解决农村生态环境问题的有效途径，对农业自身的可持续发展，对扶贫开发、发展农村经济和解决农村能源问题等都有重大意义，在市场经济体制下发展生态农业是当前实现可持续发展战略进行的最佳选择。

4. 尽快完善生态和农村环境保护法规政策体系

近 20 年来，国家、省颁布实施了一系列环境保护与自然资源管理的法律、法规、政策和标准，但是，总体上还不够完善，存在的空白较多。《环境保护法》中关于生态保护只有一些原则的要求，没有相应的法律制度规定，生态和农村环境保护的基本原则、统一协调机制尚未在法律上确立，导致自然资源管理法律法规之间存在的矛盾难以协调；一些需要综合防控的领域，缺乏专门的法律、法规、政策的支持。在这种情况下，笔者的体会是，争取各级党委、政府的支持，调动其他资源管理部门积极配合，农村生态环境建设一定会进展顺利。如黑龙江省垦区环保局积极争取农垦总局党委、领导理解和支持，成立了生态垦区建设领导小组，农垦总局领导任组长，与生态环境建设有关的 16 个单位为成员单位，生态垦区建设走在全省的前列。为更好地发挥环保统一监督管理职能，国家、省应对目前已颁布的环境保护法规进行适当修改完善，首先应赋予生态环境保护执法部门以相应的强制性手段和措施，使其能够预防和制止生态环境污染和破坏事件的发生；其次，应修改完善现行生态环境保护制度，使其具有可操作性；再次，完善农业环境标准，对于现有的已经不能适应当前技术经济发展水平和保护农业环境需要的标准，应当及时进行修订。同时，还要根据实际需要，各地农业环境特点制定地方环境标准。

阿坝州灾后生态恢复重建的思考

四川省阿坝州环境保护局局长　高跃进

"5·12"汶川特大地震是我国历史上发生的最严重的破坏性地震灾害。灾害不仅给人民的生命财产造成了巨大的损失，也使生态环境遭到严重破坏。位于这次特大地震震中区域的阿坝州，主要生态功能、水土保持功能受到极大破坏，水源涵养功能下降，生态环境受灾面积达 6.3 万 km²。面对如此严重的生态环境破坏，如何积极有效地开展灾后生态恢复重建已成为阿坝州未来几年急迫而艰巨的任务。

一、地震对阿坝州生态环境的影响

汶川大地震给人民生命财产造成了巨大的损失，也给生态环境带来了严重的影响。植被、水体、土壤等自然环境遭受严重破坏，地质环境稳定性变差，崩塌、滑坡、泥石流等次生灾害隐患增多，水土流失加剧，局部重要生态功能退化，使得灾后生态修复、环境治理任务艰巨。

1. 森林植被损毁严重

汶川大地震对阿坝州森林资源造成了严重的损失。全州林地及蓄积损失：有林地面积损失 16.47 万 hm²、森林蓄积损失 3 706.65 万 m³，其中 7 个重灾县有林地面积损失 16.35 万 hm²、森林蓄积损失 3 679.08 万 m³。重灾区汶川县森林覆盖率降低 29.2%，森林生态功能减弱。森林生态系统的严重受损给我州生态安全和区域经济社会可持续发展带来巨大的影响。

2. 次生地质灾害加剧

阿坝州地质构造复杂，地质结构不稳，坡陡，沟深，多峡谷。汶川大地震导致山体滑坡、泥石流等次生地质灾害加剧，部分重灾县地表崩塌滑坡产生的剥离面积高达 15%以上，全州仅重大地质灾害就达 2 172 处，其中滑坡 910 处，崩塌 1 257 处，泥石流 5 处，损毁耕地 1.58 万 hm²。

3. 水环境安全隐患严重

阿坝州位于岷江、沱江、嘉陵江和大渡河上游流域，区域水系密布。地震灾后，河流两岸的泥沙及堆积物随着雨水的冲刷进入水体，造成河流泥沙淤积，水体的自净功能下降，水质变差。灾后防疫工作大量使用的消毒剂、灭菌剂、杀虫剂，以及灾民安置点大量来不及处理的医疗废物、生活垃圾、生活污水等，客观上也会对水体造成污染。同时，城镇污水、垃圾处理等设施严重受损，大大降低了治污能力，水环境安全隐患严重。

4. 自然保护区损失惨重

阿坝州是长江黄河上游重要的生态屏障，是我国生态保护的核心区，拥有九寨沟、黄龙、卧龙、四姑娘山等一批国家级和省级自然保护区。地震发生后，通往这些自然保护区的道路断裂受阻，自然保护区内各种设施遭到不同程度的破坏，自然生态环境受损严重，卧龙、四姑娘山等自然保护几乎遭到毁灭性破坏。

5. 区域生态功能下降

汶川大地震造成阿坝州大量自然选择形成的优势物种、特有物种在地震中及地震后相继死亡。根据生物多样性数据库已有数据分析，至少有 263 个重要物种（昆虫除外）在受灾范围内，其中国家 1 级和 2 级 60 余种，处于易危以上级别的有 80 余种。这一区域的主导生态功能包括水源涵养、水土保持、生物多样性保护，以及农、林产品提供，人居保障功能减弱。

二、阿坝州生态恢复重建面临的主要问题

灾后生态恢复重建是一项全新的、庞大的系统工程，也是一项十分艰巨的任务，在实施过程中必然会出现一系列新的困难和问题，需要认真地加以分析和研究。

1. 传统观念转变难

生态环境保护与恢复重建的关键在于观念的转变，包括领导和群众的观念转变，要由传统的工业文明发展观向现代生态文明发展观转变，这也是灾后生态恢复重建的难点。就目前我州干部群众的发展观来看，解放的程度还不够，个别县和部门对生态环境保护与恢复重建的认识还不到位，在灾后重建中"重建设、轻保护"，环境影响评价报告的前置性作用发挥不够。灾后重建不是简单的原貌恢复，也不是简单的旧貌改造，更重要的是提升发展水平。要借助灾后重建的机遇，加强生态州建设，加强社会主义新农村建设，不断完善功能，改善环境，走生态文明发展之路。

2. 灾后系统重建难

灾后生态环境保护与恢复重建是一项系统工程，不仅是个环境问题，本质上更是个自然—经济—社会的复合大系统。因此，就环境论环境、就生态论生态已不能从根本上解决问题，而只有采取综合的措施才能有所收获。如，应综合考虑重建整体功能作用，建设相应的功能配套设施等。生态恢复重建必须放在整个灾后重建大系统中，与其他重建工作相互协调发展，才能见实效。然而，要解决部门之间、行业之间如何协调，生态建设与产业调整、村镇重建等工作如何衔接等现实问题，就目前的重建阶段来看仍然相当棘手。

3. 规划作用发挥难

为指导和推进地震灾后生态环境保护与恢复重建，国家、省、州相关部门都编制了相应的地震灾后生态环境保护与恢复重建规划，但这些规划在灾后重建过程中的指导作用并没有得到充分发挥，很多规划都侧重于资金和项目的实施，规划的导向性作用未得到充分发挥。由于灾区的影响表现是滞后深远的，而且也有很多后续的次生和衍生环境问题。所以不仅需要各级相关部门编制相应的重建规划，而且在实施过程中还必须充分发挥规划的指导作用，科学有序地开展灾后生态恢复重建，切实保护好生态环境。

三、阿坝州生态恢复重建的对策建议

汶川特大地震给阿坝州生态环境带来了严重破坏，削弱了区域生态系统功能，将对区域经济社会可持续发展产生长期、广泛的影响。生态环境保护与恢复重建必须坚持生态文明理念，化地震危机为生态治理、经济发展的机遇，在生态环境保护与恢复重建中实现区域可持续发展。

1. 合理划分生态功能区域，分类指导生态恢复重建

阿坝州位于青藏高原东南缘，是生物多样性丰富、生态环境非常敏感的地区，是长江黄河上游重要的生态屏障，地质构造复杂，地貌类型多样，生态环境脆弱。其生态安全不仅对长江黄河上游地区至关重要，而且对全流域、全国乃至全球环境、气候变化都有不同程度的影响。依据全国和四川省正在进行的生态功能区划，阿坝州主导生态功能是生物多样性保护、水源涵养等生态调节功能。因此，我州生态环境保护与恢复重建应充分考虑其区域的特殊性，把生态恢复重建与阿坝州生态州建设有机结合，按照资源开发强度、人口集聚和城镇建设的适宜程度，将全州划分成不同类型的生态功能区，准确分析不同类型生态功能区生态环境保护与恢复重建存在的问题，制定出各生态功能区经济发展方向和产业发展的领域，明确各种类型的生态功能区生态环境保护与恢复重建的方向以及采取的方法步骤等，分类指导各区域经济发展和生态环境保护与恢复重建。

2. 建立科学的考核体系，督促和引导生态恢复重建

充分利用综合目标考核的导向作用，将生态环境保护与恢复重建指标纳入州委州政府对各县政府和各部门综合目标考核体系，作为政府和部门领导干部综合考核评价的重要内容，切实把各县政府对本辖区生态环境质量负责、各部门对本行业和本系统生态环境保护与恢复重建负责的责任制落到实处，严格实行行政问责制和一票否决制。应根据各县生态环境和资源利用实际，修订和完善现有目标考核体系，对不适宜发展工业的县取消工业经济考核指标，对适合发展生态农业、生态旅游业的县加强生态农业、生态旅游业的考核指标，将生态文明理念区域化、明确化、显现化，使之具有规定性和指导性。通过党委、政府层面督促和引导各县、各部门加强重建发展、资源利用与生态恢复方面的综合决策和协调能力，合理利用和开发资源，发展生态型经济，走生态文明发展之路，从根本上解决加强生态环境保护与恢复重建的问题。

3. 发展生态型经济，促进生态环境恢复重建

加强环境保护与恢复重建既是重建发展的重要内容，更是重建发展的有力支撑。阿坝州的生态恢复重建，就是要充分利用生态环境优势发展特色产业，提高经济实力，从而更好地保护生态环境。一是发展生态工业。一方面要依据现有工业基础，建立起资源节约、环境友好的生态工业体系。要严禁"两高一资"企业进入，引导企业高起点恢复重建，避免低水平产业重复发展。要以灾后重建为契机，调整产业结构，大力发展农副产品、中药材精（深）加工等有利于我州生态环境保护和恢复的产业。另一方面，要充分利用成都—阿坝共建工业集中发展区的有利契机，积极探索工业发展新路子。要转换发展思路，加大招商引资力度，抢抓难得历史机遇，全力承接产业转移，做大做强阿坝工业。二是大力发展生态农业。阿坝州气候独特，有利于多种植物的生长，具有良好的

发展生态农业的优势。应强化生态恢复重建在农村经济结构调整中的作用，转变传统农业发展观念，大力发展无公害、绿色、有机现代农业，形成"小品种、精种植、深加工、高附加"的新型农业发展新模式，使一亩地可以养活更多的人口或使留下来的人过上更富裕的生活。三是大力发展生态旅游。阿坝州拥有九寨、黄龙、四姑娘山等一批国家级、省级自然保护区和风景名胜区。得天独厚的生态优势，是我州最具潜力和活力的后发优势。应依据生态优势，对生态旅游进行重新定位，坚持以生态环境保护为前提，以国家级自然保护区和风景名胜区为龙头、省级自然保护区和风景名胜区为骨干，充分挖掘红色文化和藏羌民俗文化，丰富生态旅游内涵，突出生态优势和区域文化特色优势，把生态旅游业建成阿坝州生态支柱产业之一。

4. 探索建立切实有效的生态补偿机制

根据全国和省正在进行的生态功能区划，阿坝州属限制开发区或禁止开发区。因此我们要充分利用国家和省对我州的土地利用规划和生态功能定位，积极争取国家或省转移支付来促进我州社会稳定和生态安全，争取国家或省参照青海三江源生态保护的做法，建立流域生态补偿机制。同时也应依照"开发者付费、保护者获益"的原则，探索制定科学合理的矿产、水电等资源开发行业生态补偿制度，要求生态保护与恢复重建区域的企业、经济单元、个人在资源利用中对生态环境和资源损耗做出经济补偿，对绿色产业、绿色能源的发展给予重点支持。

5. 完善政策措施，整合各方资源，强力推进生态恢复重建

地震灾后，国家和省出台了一系列促进灾后重建的政策措施，国家、省、援建省（市）及社会各界给予了大力支持，我们必须把这些政策用活，资源用好，强力推进生态环境保护与恢复重建。一是完善支持重建的政策措施。要协调落实、执行实施国家和省出台的支持地震灾后生态恢复重建的各项政策措施，针对重建工作实际，及时调整和完善各项政策措施。要完善灾后恢复重建总体规划和各专项规划的统筹协调和协作实施机制，探索建立各种灾后恢复重建，与生态恢复、环境保护相统一的重建长效机制。二是整合支持重建的各种资源。应捆绑使用国家、省及各方支持资金，整合各方面的资源和优势，集中人力、财力、物力，坚持自然恢复与人工修复相结合，开展灾区可持续发展模式研究，建立生态环境保护与恢复重建的示范工程，以此指导我州科学重建，逐步把灾区建设成经济绿色、资源节约、环境友好的新家园。

昆明生态文明建设的思考与探索

云南省昆明市环境保护局副局长　郝玉昆

改革开放 30 年来，我国经济突飞猛进，综合国力大幅提升，人民生活发生了深刻变化，但我们也付出了沉重的资源环境代价。党的十七大报告中首次提出生态文明的理念，强调要建立人与自然的和谐相处关系，其意义是巨大而深远的。现结合昆明市环保工作实际，针对如何进一步学习实践科学发展观，用科学发展观武装头脑、指导实践、推动工作，建立起有利于可持续发展和生态环境保护的体制和机制，大力推进生态文明建设谈一点思考与探索。

一、科学发展观是生态文明建设的根本指导思想

科学发展观的第一要义是发展，核心是以人为本，基本要求是全面协调可持续，根本方法是统筹兼顾。科学发展观是统领经济社会发展全局的思想武器，也是生态文明建设的根本指导思想。生态文明，是指人类遵循人、自然、社会和谐发展这一客观规律而取得的物质与精神成果的总和，也是指以人与自然、人与人、人与社会和谐共生、良性循环、全面发展、持续繁荣为基本宗旨的文化伦理形态。科学发展观与生态文明是辩证统一的关系，落实科学发展观是建设生态文明的前提和保证。建设生态文明是贯彻落实科学发展观的重要内容和必然要求。

二、昆明生态文明建设的现实基础

近年来，昆明市坚持以科学发展观统领经济社会发展全局，始终把生态文明建设贯穿于全市经济社会发展的全过程，紧扣建设现代新昆明这一中心，围绕富民、强市两大目标，坚持率先发展、科学发展、和谐发展，加快建设富强昆明、活力昆明、文化昆明、生态昆明、和谐昆明，推进资源节约型和环境友好型社会建设，加速实现"四创两争"①。通过广泛宣传教育，全市广大人民群众的环保观念、生态理念意识不断增强，各级领导干部积极创新发展思路，全社会生态理念基本形成；创模、争创生态市和循环经济发展工作已基本形成各级党委政府领导、人大政协监督、部门分工协作、社会广泛参与的良好格局，工作合力不断增强；全市各级政府把项目建设作为建设生态市、发展循环经济的重要支撑，加大投入力度，强化要素保障，"一二三四五六"②重点工程启动实施，城

---

① "四创两争"：创建国家环保模范城市、国家卫生城市、国家园林绿化城市、国家文明城市，争创生态城市和宜居城市。
② "一二三四五六"工程：指自 2008 年开始，用六年时间，分步完成城市规划区绿地系统建设、市域环境保护工作及环保基础设施、环境生态系统建设以及城市交通等一批基础设施建设等工程。

乡环境基础设施进一步完善。在全市经济社会又好又快发展的同时，切实加强环境保护和生态建设，局部区域环境质量有所改善，在全省城市环境质量综合整治考核中连续四年荣获第 1 名，总体环境质量在全国 109 个环境保护重点城市中争先。

但是，昆明市生态文明建设还面临着比较严峻的形势，主要反映在以下五个方面：一是从功能定位来看，环境容量有限的问题将长期存在。昆明正进入工业化加速、城市化提升、市场化转型、国际化拓展的时期。作为省会城市，经济基础与发达省份省会城市相比较为薄弱，经济条件的相对落后导致了城市基础设施建设的滞后和环境保护投入力度的不足，节能、减排等硬约束加剧，调整经济结构、转变发展方式、保护生态环境特别是滇池治污任务艰巨，环境压力加大。二是从经济发展情况看，粗放型增长方式很难在短期内有根本性的扭转。制造业中低、小、散的特征还比较明显，高物耗、高能耗、高污染的一般加工业比重还比较大。三是从环境污染现状看，一些突出的环境污染问题尚未从根本上解决。从水污染情况看，滇池、阳宗海水质为劣 V 类；滇池、阳宗海污染治理项目前期工作滞后，治理投资和治污工程建设严重不足，治理项目开工率、完工率低，与"十一五"规划目标的要求差距较大。从大气环境污染看，可吸入颗粒物污染指标已经成为建成区环境空气质量指标的首要污染物；从创模指标来看，31 项考核指标还有 5 项没有达标；从争创生态市指标看，昆明市还有多项指标与国家生态市指标要求差距较大，特别是水环境问题突出，滇池富营养化严重，入湖河道水质基本为劣 V 类。四是从环保工作延伸看，农村环境仍然是薄弱环节。农村环境保护投入相对滞后，缺乏完善的人畜粪尿收集和处理系统，化肥农药流失；农村人口饮用水安全尚存在问题；土壤重金属污染和有机污染问题日益显露，农产品安全问题不容忽视。五是从人民群众环境需求看，存在公共需求增加与环境供给短缺的矛盾。近几年来，人民群众对环境的需求越来越高，不仅关注水、空气环境质量，而且越来越关注噪声、土壤、辐射等环境污染问题。作为一种公共产品，环境资源有限，环境容量有限，这与人民群众提高生活品质的要求构成了一对矛盾。

三、昆明生态文明建设的主要举措

生态文明建设的内涵十分丰富，路径也非常宽阔。当前，贯彻落实党的十七大提出的加强生态文明建设的新要求及《中共云南省委 云南省人民政府关于加强生态文明建设的决定》，必须牢牢抓住以下"六个着力点"：

一要抓住更新思想理念这个着力点。思想是行动的先导。推进生态文明建设和环境保护工作，最根本的是要牢固树立科学发展观和生态文明观。因此，我们一定要牢固树立、自觉践行生态文明理念，真正把生态建设和环境保护作为执政为民的应尽之责，作为经济发展的应有之义，作为评价成果的应有之份，使"科学发展看生态、和谐社会看民生"成为我们各级领导的共识，加快推进环境保护工作的三大历史性转变。

二要抓住主要污染物减排这个着力点。"十一五"主要污染物总量减排目标：到 2010 年，化学需氧量排放总量控制在 2.4 万 t 以内，在 2005 年的基础上削减 0.45 万 t，削减率 15.9%，其中滇池流域化学需氧量排放量控制在 1.8 万 t 以内，在 2005 年的基础上削减 0.2 万 t，削减率 10%；二氧化硫排放总量控制在 8.9 万 t 以内，在 2005 年的基础上削减 17.7%，其中火电行业二氧化硫排放量不超过 1.86 万 t，是市委、市政府向全市人民作出的庄严承诺。不折不扣地履行和实现这一承诺，要求我们使非常之力、用非常之功，千方百计破难题，全力以赴抓推进，以实际成效取信于民。概括起来就是抓牢"六个依靠"：依靠优化发展降低总量，依靠环保工程削减总量，依靠淘汰落后产能腾出总量，依靠强化污染源监管控制总量，依靠节能降耗约束总量，依靠科技支撑降低总量。

三要抓住可持续发展这个着力点。实现经济发展和环境保护的统一，既要摒弃"重经济发展，轻环境保护"的观念，也要重视宏观经济形势发生的变化，保障社会经济健康稳定地较快增长。为此，要进一步加大"三个力度"：一是加大污染整治力度，二是加大规划决策落实力度，三是加大政策导向力度。在新一轮经济发展中，要充分考虑环境的承载力，百姓的接受力，给子孙后代留下一定的发展空间。综合运用价格、财税、金融、产业和贸易等经济手段，改变资源低价和环境无价的现状，强化资源有偿使用和污染者付费政策，形成科学合理的资源环境补偿机制、投入机制、产权和使用权交易机制等，从根本上解决经济与环境、发展与保护的矛盾。

四要抓住发展循环经济这个着力点。循环经济是一种生态经济模式，以尽可能少的资源消耗和环境成本，获得尽可能大的经济效益和社会效益。近年来，通过各级各部门的共同努力，昆明市循环经济发展工作取得了积极成效。按照循环经济"减量化、再利用、资源化"原则，通过政府、企业与公众有机结合，政策、市场、技术相互作用，对企业、产业区、全社会三个层面进行全面部署，深入构建与都市型农业、装备制造、医药制药等优势产业，光电子信息、太阳能、新材料等一批新兴产业相适应的昆明特色循环经济发展模式。就当前来讲，重点要抓好"四个一批"建设：建设一批清洁生产示范企业，建设一批循环经济示范园区，建设一批生态县、镇、村，建设一批绿色社区、绿色学校等绿色单位。

五要抓住生态县（市、区）创建这个着力点。生态县创建工作是建设生态文明的具体措施，要把这项工作任务真正做成德政工程、民心工程，做成经得起历史检验的工程，让群众完全认可。要树立起生态市建设只有起点、没有终点的观念，要不断完善生态县建设工作的机制和目标，继续保持生态县创建工作中好的做法和思路，不断深化创建工作。

六要抓住公众参与这个着力点。环保是关乎人人的自救行为，因为水、空气、粮食等物质是所有人生存的必需条件。维护环境是为了给自己争取生存权利和健康权利。生态保护涉及诸多复杂、两难的问题，光靠政府和环保工作人员是远远不够的，如果没有社会大众的理解、支持和参与，很难真正取得成效。归纳起来要在"三个强化"上下工夫：强化宣传教育深度，强化绿色消费广度，强化公众参与力度。

四、探索创新生态文明建设的体制机制

体制机制创新是加强生态文明建设、推进环保事业发展的最根本、最有效、最持久的促进因素。结合昆明实际，重点要进一步加快"五个探索"。

1. 积极探索排污权交易的路子

所谓排污权交易是指在满足环境要求的条件下，建立合法的污染物排放权利，并允

许这种权利像商品一样被买入和卖出，以此来控制污染物的排放，实现环境容量的优化配置。2009 年昆明市将出台《昆明市主要污染物排污权有偿使用和交易管理办法》，并将择地开展排污权交易试点。在区域试点工作成功的基础上，开展特定行业和重要流域排污权交易试点，取得经验后再在全市范围内推广。

2．建立健全环境资源配置的政策体系

在经济发展过程中，环境资源的稀缺程度不断提高，导致了对其优化配置需求的不断增加。因此，昆明市当前要着力完善五项政策措施：一要出台政策完善生态补偿机制；二要政府财政优先支持污染减排项目；三要执行国家鼓励节能减排的税收政策；四要建立健全绿色信贷；五要积极推行绿色贸易。

3．探索环保投融资和环保产业发展机制

要积极鼓励和引导社会资本进入环保基础设施建设领域，形成多元化投资主体和融资渠道。对于供水、污水和垃圾处理等经营性行业，要进一步开放市场，按照"谁投资、谁经营、谁受益"、"谁污染、谁治理"的原则，采取多种形式，吸引社会和国外资本进入，实现投资主体多元化。完善特许经营制度，鼓励有资格的企业通过公开竞标获取特许经营权。以环保设备制造、环保服务、清洁生产技术和洁净产品等为重点，以处置集中化、经营企业化、运营市场化、服务社会化、治污专业化为方向，努力发展壮大昆明的环保产业。

4．探索环境科技创新机制

创新环境科技是推进新时期环保事业发展的关键所在。我们要不断增强环保科技创新能力，努力开创环保科技工作新局面。当前要重点加强三个方面的工作：一是通过重点强化科研条件和信息平台建设，整合环境科研力量和科技资源，切实加强环境科技基础能力建设；二是通过建立环保标准体系、污染减排技术管理体系、环境保护目标考核体系等，切实强化环境管理软科学支撑；三要通过开展共性关键技术攻关，实施污染防治与生态修复技术工程，推进清洁生产技术和废弃物资源化技术研发等，切实提高生态建设和污染防治技术水平。

5．完善环境保护考核和监督机制

建立严格的环保工作目标考核和监督机制，是推进生态市建设和污染治理的有效手段。我们要坚持把污染减排、创模、生态市建设、"一湖两江"流域水环境治理、高污染禁燃区管理纳入地方党政领导班子和领导干部政绩综合评价考核体系。要将各项环保任务的完成情况与生态补偿和生态环保专项资金安排挂钩，与各类评优创先考核挂钩，与各地建设项目审批挂钩。要用好建设项目审批权、执法监察权、考核评审权和一票否决权。要在依法行政基础上建立和完善各项环境管理制度，定期不定期地组织专项督察、暗查，对重点、难点问题实行挂牌跟踪督办。

生态文明建设是一项庞大的系统工程，它既迫切需要下大力对现有污染进行治理，更迫切需要对现有产业结构和生产生活方式、消费方式等进行彻底的调整和转换，还迫切需要唤起人们的生态文明自觉，说到底就是要以党的十七大精神为指引，深入学习实践科学发展观，努力在生态文明建设上探索新经验，走出新路子，取得新成效。

从滇池治理看昆明市生态文明建设

云南省昆明市环保局副局长　和矛

2009 年 7 月 25 日至 28 日中共中央总书记胡锦涛同志在云南调研时，对滇池治理工作给予了充分肯定，并做出了"按照建设生态文明的要求，深入实施七彩云南保护行动，突出抓好滇池等水污染综合治理"的重要指示。

一、学习和理解"生态文明建设"

胡锦涛总书记在十七大报告中，提出了实现全面建设小康社会奋斗目标的新要求，其中提出要"建设生态文明"。这是我们党首次把"生态文明"这一理念写进党的行动纲领，必将在建设中国特色社会主义过程中产生重大影响。

1. 生态文明观的核心是"人与自然协调发展"

生态文明是在人类历史发展过程中形成的人与自然、人与社会环境和谐统一、可持续发展的文化成果的总和，是人与自然交流融通的状态。生态文明观的核心是从"人统治自然"过渡到"人与自然协调发展"。在政治制度方面，环境问题进入政治结构、法律体系，成为社会的中心议题之一，在物质形态方面，创造了新的物质形式，改造传统的物质生产领域，形成新的产业体系，如循环经济、绿色产业；在精神领域，创造生态文化形式，包括环境教育、环境科技、环境伦理，提高环保意识。

生态文明与其他文明形态关系十分密切。一方面，社会主义的物质文明、政治文明和精神文明离不开社会主义的生态文明。没有良好的生态条件，人类既不可能有高度的物质享受，也不可能有高度的政治享受和精神享受。没有生态安全，人类自身就会陷入最深刻的生存危机。从这个意义上说，生态文明是物质文明、政治文明和精神文明的基础和前提，没有生态文明，就不可能有高度发达的物质文明、政治文明和精神文明。

另一方面，人类自身作为建设生态文明的主体，必须将生态文明的内容和要求内在地体现在人类的法律制度、思想意识、生活方式和行为方式中，并以此作为衡量人类文明程度的一个基本标尺。也就是说，建设社会主义的物质文明，内在地要求社会经济与自然生态的平衡发展和可持续发展；建设社会主义的政治文明，内在地包含着保护生态、实现人与自然和谐相处的制度安排和政策法规；建设社会主义的精神文明，内在地包含着环境保护和生态平衡的思想观念和精神追求。

2. 生态文明建设必须以科学发展观为指导

建设中国特色社会主义，必须建立符合社会发展要求的文明形态。建设生态文明，是践行科学发展观的内在要求，是建设和谐社会的基础和保障。胡锦涛总书记在十七大报告中强调，要建设生态文明，基本形成节约能源资源和保护生态环境的产业结构、增长方式、消费模式。循环经济形成较大规模，可再生能源比重显著上升。主要污染物排放得到有效控制，生态环境质量明显改善。生态文明观念在全社会牢固树立。因此，生态文明与科学发展观在本质上是一致的，都是以尊重和维护生态环境为出发点，强调人与自然、人与人以及经济与社会的协调发展；以可持续发展为依托；以生产发展、生活富裕、生态良好为基本原则；以人的全面发展为最终目标。

建设生态文明必须以科学发展观为指导，从思想意识上实现三大转变：一是必须从传统的"向自然宣战"、"征服自然"等理念，向树立"人与自然和谐相处"的理念转变；二是必须从粗放型的以过度消耗资源破坏环境为代价的增长模式，向增强可持续发展能力、实现经济社会又好又快发展的模式转变；三是必须从把增长简单地等同于发展的观念、重物轻人的发展观念，向以人的全面发展为核心的发展理念转变。

3. 生态文明建设是复杂的社会系统建构进程

生态文明，是继工业文明之后的新型文明，是人类对工业化带来的严峻环境问题反思的结果，以联合国世界环境与发展委员会 1987 年在《我们共同的未来》报告中提出的可持续发展理念和联合国 1992 年召开的国际环境与发展大会形成的《21 世纪议程》为突出标志。

综观发达国家生态文明建设的进程，不难发现，生态文明绝不是环保领域或是企业生产方面的简单行为，其具有丰富的内涵，从观念层面看，影响生态文明的制度建构的主要因素包括：一是国家意识形态的进步，即高度重视公众生态权利的保护，确立"保护环境就是保护公众的生命权"的执政理念，确保公众捍卫环境安全的权利、参与环境保护的决策权和监督权。二是企业和社会价值观的变革，即确立企业的环境责任意识，培养公众的生态伦理和健康节约、环保的生活方式，其取决于整个社会的环境教育和环保的法制建设，这是公众生态意识的确立和环保行为的基础。三是建立完善的法律制度和执法体系，制订一系列促进生态建设和环境保护的法规制度和建立完备的执法体系，以法律的形式约束企业和民众的行为，保障政府监管、民众参与治理和监督的权利。

在这三者之间，观念和意识进步是法规制度建设的基础；而健全和完善的生态文明建设标准以及相关的法制体系建设是保障，只有齐头并进，推进三者的进步，才能最终形成生态文明建设的制度环境和文化基础。此外，从生态文明建设的实践角度看，生态文明建设涉及政治、经济、文化和社会建设四个层面、多个领域，是一个极为复杂的社会系统建构进程。

二、昆明淡水湖泊治理中的矛盾

1. 云南淡水湖泊的现状

云南是一个神奇美丽的地方，是集生物多样性、地理气候多样性以及民族文化多样性于一身的多民族大省，是祖国的生态屏障，同时，云南还是一个山地面积占全省土地面积的 95% 的省份，也是西南地区淡水湖泊最多的省份，面积大于 1 km² 的淡水湖泊有 300 多个，总面积达 1 060 km²，其中面积大于 30 km² 的高原湖泊就有 9 个：滇池、洱海、抚仙湖、泸沽湖、异龙湖、程海、阳宗海、杞麓湖、星云湖，简称"九大高原湖泊"，其面积虽然只占全省面积 39.4 万 km² 的 2%，但每年创造的国内生产总值却占全省的 1/3 以上。

九湖流域还是云南粮食的主产区，汇集全省 70%以上的大中型企业，云南的经济中心、重要城市大多位于九湖流域内。因此，水资源的保护尤其是淡水湖泊的水环境质量对云南经济社会的发展举足轻重，具有不可替代的作用。

然而，由于工业化进程、城市人口的增长和生活方式的变化，日益严重的湖泊污染以及水资源短缺问题日益成为制约其经济社会发展的重大问题。如今，九大湖泊中除泸沽湖为一类水，抚仙湖、洱海和阳宗海为二类（后者 2008 年 9 月变为劣五类），其余四大湖受到严重污染，水质劣五类，水体富营养化严重，蓝藻暴发频繁，甚至不能灌溉农田。环保部门认定，工业废水、生活污水、化肥农药残留物、垃圾等是污染湖泊的元凶。

2．滇池的污染及其原因

滇池流域位于云贵高原中部，是中国第六大淡水湖。地处长江、珠江和红河三大水系分水岭地带，地势由北向南逐渐降低，面积 2 920 km²。南北长 114 km，东西平均宽 25.6 km。滇池水面面积为 300 km²，占流域的 10.3%。滇池在大观园可乘船游览滇池风光，滇池又名昆明湖，约在一亿年前，为石灰岩断层陷落而成，它是云贵高原最大的淡水湖，碧波万顷，山水相映，湖光山色，引人入胜。

然而，滇池流域地处贫水地区，人均水资源量不足 300 m³，滇池本身是一个半封闭的宽浅型湖泊，缺乏充足的洁净水对湖泊水体进行置换，这使得滇池水体衰老和恶化。滇池水质从 1988 年以来基本为五类、劣五类。现草海水质劣五类，属重度富营养状态；外海水质五类，属中度富营养状态，与保护目标差距甚远。在已监测的新老运粮河、西坝河、船房河、篆塘河等 19 条入湖河流中，90%以上的河道水质均为劣五类，上游水质优于中下游。

造成滇池污染的原因主要有：

（1）滇池在自然成长过程中，已进入衰老期，湖盆缩小、变浅，湖泊的自净能力较低。滇池周边没有大江大河注入，属于半封闭性湖泊，加之年平均蒸发量大于降水量，水质状况受气象因素的影响较大。在理想状况下，滇池水平均每四年才能置换一次。

（2）滇池位于昆明城市的下游，盆地最低凹地带，除降雨补给水源外，其余补给水源均是城市生活污水经入湖河道注入滇池。

（3）随着经济的快速发展和城市规模的不断扩大，人口急剧增加，污染物产生量也随之加大，沿湖土地又过度开发，湖滨生态带基本消失，导致 20 世纪 90 年代滇池严重富营养化，全湖水质劣五类，水体的使用功能受到严重限制。

（4）生活污染严重。每个市民不但是滇池治理的受益者，同时也是滇池污染的责任者。现在我市每人每天平均产生生活污水 150～200 L，产生垃圾 1～2 kg，是滇池的主要污染物。生活污水中包含有粪便污水、洗涤污水和废弃食物，这些生活污水包括高锰酸盐、氨氮、总磷等含量，并经过入湖河道流入滇池。据统计仅以粪便计算，每人每天排出的粪便中含氮 18.6 g、磷 1.74 g，可以污染 10 t 水体。

（5）农村生活垃圾、农田废弃物乱丢滥放，有些甚至还直接摆放在河道边，被雨水冲刷后经河道流入滇池，加重了滇池的污染负荷。近年农村畜牧养殖业大量发展，农田化肥农药施用量不断增加，化肥、农药中含有的氮、磷、钾等元素经地表径流、河道沟渠流入滇池，滇池沿岸部分农田每亩化肥每年的平均施用量高达 2 000 kg，流域内每年农药施用量已超过 100 t。

（6）少数单位和个人只图眼前利益，环保意识淡漠，置法律法规于不顾，没有建相应的污水处理设施，偷排、乱排污水的现象时有发生。特别是部分餐饮业不建或简单设置必要的排污处理设备，油污直排城市排水管网，给城市排水安全和滇池污染带来危害。

（7）入湖河道沿岸违章建筑屡禁不止。一方面，由于历史的原因，各入湖河道两岸建有大量违反《滇池保护条例》的违章建筑，所产生的生活污水直接排入河道内，流入滇池；另一方面，有的居民为了个人的利益，又大量在河堤两岸新建房屋，加重了河道污染负荷。

从以上的分析可以看出，滇池污染是一个经济、社会和文化的系统综合问题，是人类社会发展到一定的阶段出现的困难和矛盾，对其治理必须从生态文明建设的高度进行。

3. 滇池治理与生态文明建设

为认真学习贯彻好胡总书记的重要讲话精神，提高云南生态文明建设水平，昆明市提出滇池治理进入全面提速期——水域周边覆盖 50 万亩生态植被，110 万 t 污水处理能力年底实现，35 条入滇河道将变成美丽的景观渠。昆明市要进一步加强环境保护和生态建设，继续加快滇池治理步伐，以节能减排、生态工程等水污染综合治理为重点，着力在环境保护上取得新进展。

首先，昆明市将坚持把水环境综合治理摆在生态文明建设的首要位置，要把滇池流域水环境综合治理作为现代新昆明建设和可持续发展的关键环节来抓。

坚持"一个方针"，即"治湖先治水、治水先治河、治河先治污、治污先治人、治人先治官"；遵循"一条规律"，即水环境治理"着眼汇水区，由面到点，顺流而下，从流域到水域，从大范围到小范围，从大区域到小区域，从大环境到小环境"的规律；把握"四条原则"，即湖泊治理"湖外截污杜绝外源增量污染，湖内清淤减少内源存量污染，恢复湿地修复生态功能，外流域调水增强水动力"的原则。

做到"四个坚定不移"，即坚定不移地抓滇池环湖截污和交通、农业农村面源治理、生态修复与建设、入湖河道整治、生态清淤、外流域调水及节水"六大工程"。坚定不移地抓滇池湖滨"四退三还一护"，确保 2010 年前完成任务。坚定不移地抓 35 条入滇池河道综合整治工程，强化城市内河截污、清淤和河岸整治，努力恢复河道生态和景观功能。坚定不移地抓"一湖两江"流域全面截污、全面禁养、全面整治、全面绿化"四全"工作。

同时，还要实现"四个转变"，即由开发、排放、单项利用转变为综合利用、循环利用；由水污染单纯治理向水生态整体优化转变；由对洪水简单截流排放，转向和洪水和谐相处；由一味依赖远距离调水，转向提倡水资源就地循环利用，实现零排放。确保实现"湖外截污、湖内清淤、外域调水、生态修复"四大刚性目标，做到经济建设与生态建设一起推进，物质文明与生态文明一起发展。

昆明市委、市政府明确提出，通过坚持不懈地努力，力争到 2009 年底达到国家环境保护模范城市考核指标要求；至 2010 年，化学需氧量排放总量控制在 2.4 万 t 以内，在 2005 年的基础上削减 0.45 万 t，削减率 15.9%，其中，滇池流域化学需氧量排放量控制在 1.8 万 t 以内，在 2005 年的基础上削减 0.2 万 t，削减率 10%；二氧化硫排放总量控制在 8.9 万 t 以内，在 2005 年基础上削减 17.7%，其中火电行业二氧化硫排放量不超过 1.86 万 t。

三、昆明市生态文明建设的对策建议

认真学习贯彻好胡总书记的重要讲话精神，是当前和今后一个时期全省、全市的重要政治任务，也是全面推进生态文明建设，全力提速滇池治理工作的头等大事。昆明市在贯彻胡总书记讲话方面，提出了六条方针，坚持把水环境综合治理摆在生态文明建设的首要位置；坚持把城乡园林绿化作为生态文明的第一设施；坚持把培育生态产业作为生态文明建设的有力支撑，坚持把节能减排作为生态文明建设的重要抓手；坚持把城乡环境综合整治作为生态文明建设的重要内容；坚持把创新机制作为生态文明建设的根本保障。

昆明市今后生态文明建设的几点对策建议主要包括：

（1）实施科技创新和产业结构调整，进一步向生态化产业体系发展。通过产业结构调整，逐步形成有利于高新区可持续发展的生态化产业体系。通过发展绿色科技，充分利用资源和优化生态环境的技术，抑制和减少危害生态环境的因素，解决生态环境问题。着力引进高科技环保技术和项目，增强技术创新能力，发挥环保孵化器作用，逐步把我区建设成为全国环保产业园中建设规模、企业产出、技术含量领先的环保产业基地。

（2）加强水资源利用和水环境整治，进一步改善区域水环境质量。大力开发、推广节水技术和设备，引导和鼓励企业开展中水回用，不断提高水资源循环利用能力。继续开展中心城区水污染综合治理，实施中心城区污水管网和污水泵站改造，彻底解决河道水质发黑发臭现象。要严格落实环境责任追究制度，加强工业企业废水处理设施监督管理，加大对违法超标排污企业的处罚力度，严惩环境违法行为。

（3）建立和完善环境监控和预警系统，进一步提高污染源监管水平。建立较为完善的污染源信息自动监控系统，实现污染源（企业）基本信息管理、排污口信息管理、危险化学品信息管理、污染源治理设施信息管理、监察情况汇总信息管理等污染源综合信息管理；对重点污染源实时监控及预警，及时接收污染源现场设备的监测数据，实现查询、统计分析、视频监督等；形成科学的网络运行机制和信息发布机制，从而，适应污染源现场监察与执法的需要和污染源事故防范的需要。完善公共安全应急预案，加强部门协同，配齐必要的应急装备，积极强化应急演练，以进一步提高环境应急能力。

（4）探索创新，夯实基础，不断深化循环经济试点工作。积极开展循环经济标准化试点，探索和研究废旧家电收集规范体系，完成电子废弃物、废橡胶、废钢铁综合利用示范项目。发挥现有试点企业的示范效应，推广先进技术和经验，继续推进新的企业试点，大力扶持试点企业和项目，着重指导企业在清洁生产审核、ISO 14000 认证、工业用水重复利用、节能减排、资源循环利用、技术推广项目上实现新的突破。

（5）拓展新农村建设内涵，发挥自然生态优势，打造"自然、生态、人文"景观。实施西部地区十大生态项目，建设生态休闲旅游区，拓展新农村建设的内涵和领域，完善和提升基础设施水平，充分发挥生态自然优势，完善旅游要素，着力于发展生态旅游及相关绿色产业，打造高新区绿色、休闲产业的新优势。加快新农村绿色创建工作，通过创建环境优美乡镇、生态村、农村人居环境达标村，加快镇村环境基础设施建设，开展农村环境综合整治，提高村民环境意识，倡导良好的生活和卫生习惯，因地制宜发展特色产业，多种经营，促进农村经济快速发展。

（6）建立全民生态文明观。生态文明最关键的观点，是人和自然不是对立的双方，是和谐相处的统一体。建立全新的生态文明观念，不仅科学家要高度重视，而且政治家、企业家及全体公民都要高度重视，站在自然之子的角度，人类应当约束自己，摆正自己在自然界中的位置，关注自然的存在价值。人是自然物，是自然界的一分子，人类在改造自然的同时要把自身的活动限制在保证自然界生态系统稳定平衡的限度之内，实现人与自然的和谐共生、协调发展。

（7）建立文明的生活方式。文明的生活方式就是生态化的生活方式，生态化的生活方式的核心内容是生态消费方式。所谓生态消费，又称生态文明消费或绿色文明消费，是指以维护自然生态环境的平衡为前提，在满足人的基本生存和发展需要的基础上的适度的、绿色的、全面的、可持续的消费。积极倡导消费者的循环再利用，引领生态化的生产方式，从而最大限度地减少对能源的消耗和对环境的破坏。同时，强调每个人对环境保护贡献力量，从小事做起。还要建立开发环境的补偿机制，谁破坏，谁补偿；谁污染，谁治理。这样坚持下去，环境才会一天天改善起来。

农村环境保护迫在眉睫

河北省廊坊市环保局副局长　李春元

党的十七届三中全会指出，要进一步加大农村改革力度，把加强农村环境保护作为一项重要的目标任务来抓。农村环境保护事关广大农民的切身利益，事关可持续发展。近年，廊坊市通过不断加大农村污染防治和生态保护力度，重点开展了对生活污水、村镇垃圾、畜禽养殖和农业面源污染的治理。但农村生态环境形势总体上仍然比较严峻。一些乡村生活污染、面源污染还相当严重；工业污染、城市污染向农村转移。对此，我们必须重视农村环境保护工作。

一、农村环境现状不容乐观

廊坊市目前有 90 个乡镇，3 222 个行政村。全市农村人口为 282 万多人，日产生活垃圾量为 2 260 t。全市共有乡村工业 9 163 家，畜禽养殖户 7 663 家。各类污染产生源正逐年扩展和加大。

调研发现，目前，全市农村都存在环境点源污染与面源污染共存，生活污染和工业污染叠加，各种新旧污染相互交织；工业及城市污染向农村转移，对农村饮水和农产品安全产生影响；缺少统一规划，环保基础设施投入严重不足，部分村容村貌有"脏、乱、差"现象。农村环境问题已经成为危害农民身体健康的重要因素，制约了农村经济社会的可持续发展。

1. 面源污染与点源污染共存，生活污染和工业污染叠加，各种新旧污染相互交织

由于施用过量化肥和农药，农作物没有吸收的残留物排入了地下水，造成农村浅层水水体污染，破坏生态防护功能，土壤中持久性有机物污染风险增大。生产工艺落后的乡镇企业产生的废水、废气、废渣、噪声形成的点源污染对农村环境影响也越来越大。畜禽养殖排泄物随着养殖规模大幅增加，污染着周边水体和大气环境；农用塑料薄膜大幅增加，废弃或破损的农膜污染土壤、污染农村居住环境。这些情况使得农村形成了面源污染与点源污染共存，生活污染和工业污染叠加，各种新旧污染相互交织的局面。

2. 工业及城市污染向农村转移，危及农村饮水安全和农产品安全

随着农村工业经济的发展，安次区农村工业企业逐年增加。根据 2008 年全市所做的污染源普查，安次区 8 个乡镇共有工业源 475 家，生活源 176 家。这些企业大多规模较小，环保设施投入不足，对农村环境产生了一定的污染。

3. 缺少统一规划，环保基础设施投入不足，村容村貌"脏、乱、差"现象明显

随着现代化进程的加快，小城镇和农村聚居点规模迅速扩大，但是规划和配套基础设施建设普遍未能跟上，规划之间缺位或不协调。小城镇和农村聚居点的生活污染物则

因为基础设施和管制的缺失一般直接排入周边环境中，绝大多数农村没有集中的垃圾填埋场、污水管网，白色污染在村庄中同样普遍存在，农村小沟、小河、水塘淤积变黑发臭和漂浮物蔓延的现象普遍存在，造成了"脏、乱、差"现象。

二、农村环境污染问题成因复杂

农村环境污染量大、点多面广，污染源分散，历史欠账较多，农村环保工作基础薄弱。形成这样的局面，原因是多方面的，通过深入基层调研，主要有以下几个方面的因素：

1. 责任主体不明

农村环境保护工作是一项复杂的社会工程，再加上农村污染源点多面广，成因复杂，需要各部门分工合作和社会各界的积极配合。《中华人民共和国环境保护法》规定，县级以上人民政府的土地、矿产、林业、农业、水行政主管部门，依照有关法律的规定对资源的保护实施监督管理。李克强副总理在全国农村环境保护工作电视电话会议上的讲话明确指出：地方政府是农村环境保护的责任主体，环保部门要加强对农村环境保护的统一监管和指导协调。发展改革、财政等部门要抓紧制定有关政策措施，加大资金投入。水利部门要牵头抓好解决农村居民喝不上干净水的问题。建设部门要加强对农村污水和垃圾处理的指导。农业部门要抓好农业面源污染防治。因此，解决好农村环保问题，不是环保部门一家能够力所能及的，它需要政府的统一协调指挥，各部门的密切配合，广大人民群众的共同参与。

2. 治理模式不适

农村环境污染与城市环境污染的情况特点不同，规模以上工业企业的污染治理由于其污染排放的集中性、污染物相对的单一性和企业经营规模相对较大等特点，末端治理方法在多数情况下是适用的，而农村地区套用解决城市污染和规模以上工业企业污染的主要手段存在技术、经济障碍。除了面源污染难以收集污染物外，其他类污染用末端治理常会出现既治不起也治不净的情况。

3. 资金投入不足

由于长期以来对工业污染和城市污染的重视，使得污染防治投资几乎全部投到工业和城市。城市有污水处理厂、垃圾处理厂，而农村从财政渠道却几乎得不到污染治理和环境管理能力建设资金。环境保护尤其农村环境保护本身是一项公共服务，属于责任主体难以判别或责任主体太多、公益性很强、没有投资回报或投资回报率较小的领域，对社会资金缺乏吸引力。

三、落实科学发展观必须着眼长远，把农村环境保护工作做实

1. 突出农村环境保护规划的先导作用

目前，我国对于农村环境质量的评价还缺乏全面和定性的描述分析，但是农村环境污染已经引起环保部门的高度重视，今年国家环保部更是把农村环境污染治理工作作为近几年的一项重点工作。安次区的新民居建设工作也稳步推进。通过布局规划逐步引导

农村人居环境和生产环境的分离，通过农村综合整治规划引导，合理开展农村环境基础设施等建设。最近，省环保厅按照环保部的要求，正在制定我省农村环境综合整治规划。我局按照国家环保部印发的《农村环境综合整治规划（2009—2015）编制大纲》及省环保厅相关文件精神。已于 2008 年 8 月着手起草了我市《农村环境综合整治规划（2009—2015）大纲要点》（以下简称《要点》）。同时与清华大学城市规划设计研究院、北京易科环境科学研究所、河北师范大学资源与环境研究所、河北科技大学环境科学与工程学院进行了联系，委托资深院校进行农村环境综合整治规划的编写，目前《要点》已基本完成，农村环境综合整治规划的编写单位选定为河北师范大学资源与环境研究所，我局已于 2008 年 12 月将此工作落实。依据环保部大纲精神，通过农村环境综合整治规划工作，对严重危害农村居民健康、群众反映强烈的突出污染问题，以村为基本单元，实施环境污染治理项目，切实加强农村环境保护。《要点》初稿选取了 112 个村庄作为 2009 年到 2010 年拟治理的规划村庄，40 个村庄作为 2011 年到 2015 年规划治理村庄，并上报省厅列入河北省农村环境综合整治规划，向中央申请奖励资金。以此为契机，安次区应考虑结合本区实际情况，制定全面加强全省农村环境保护工作的具体落实和实施规划。

2. 加大农村环境保护投入

农村环境保护本身是一项公共服务，属于责任主体难以判别、投资回报率较小的领域，对社会资金缺乏吸引力，必须强调政府在其中的主导作用，各级政府应把资金适当向农村倾斜。根据全国农村环境保护工作电视电话会议精神，自 2008 年下半年以来，对采取有力措施使严重危害农村居民健康、群众反映强烈的突出污染问题得到解决的村镇，国家实行了"以奖促治"政策，将环境保护专项资金向农村倾斜，以激励和促进地方人民政府及社会各界加大农村环境保护投入，稳步推进农村环境综合整治。2008 年 9 月 19 日我局已向省厅申报了文安县新镇王庄子村电镀污水治理、固安县柳泉镇大寒寨村肠衣加工污水治理、大厂县夏垫镇苇子庄村屠宰污水治理 2008 年治理奖励资金。文安县新镇王庄子村申报的 150 万元治理奖励资金国家已决定奖励 100 万元，目前资金已拨付到位。工程于 2009 年 3 月 28 日开始施工，计划 5 月初竣工，6 月份准时向省环保局提出验收申请。同时，运用市场机制，广泛吸纳社会资金。

3. 典型示范带动作用

典型带动，是科学抓好农村环境保护工作的重要方法，要充分发挥典型单位的示范带动作用，以点带面，全面推进，抓一点带一片，抓一村带一乡。我们有一个初步设想，廊坊市农村环境综合整治工作以典型示范作为突破点，作为主要抓手来抓，以村庄为基本单元，按照以点带面、逐步推进、务求成效的原则，从 2009 年 6 月起至 2012 年 6 月止，利用三年时间，实施"581"农村环境综合治理工程，即在全市选定 5 个乡镇所在地、8 个生产小区、100 个村街作为实施重点。2009 年至 2010 年 6 月完成 1 个乡镇所在地、2 个生产小区、20 个村街的环境综合整治，2010 年 7 月至 2011 年 6 月，完成 2 个乡镇所在地、3 个工业小区、30 个村街的治理，2011 年 7 月至 2012 年 6 月完成 2 个乡镇所在地、3 个生产小区、50 个村街的治理。

4. 增强科技支撑作用

要大力引进和推广农村环保实用技术，为农村生态保护和环境综合整治提供技术保障。比如，要大力开发节约资源和保护环境的农业技术，大力推进秸秆综合利用。重点推广废弃物综合利用技术、相关产业链接技术和可再生能源开发利用技术，积极开发节地、节水、节肥、节药、节种的节约型农业新技术等。今后我局将加强与农业、水利、林业、科技等部门的工作联系和协作，充分整合和利用现有科技资源，推动农村环境保护科技创新。

5. 加强农村环境监测和监管

建立和完善农村环境监测体系，定期公布农村环境状况。严格建设项目环境管理，依法执行环境影响评价和"三同时"等环境管理制度。加大环境监督执法力度，严肃查处违法行为。同时借助环保综合执法、环保专项行动和环保目标考核等手段，组织开展农村地区环境综合整治的督导检查，加强农村环境监管。

6. 加强农村环境保护宣传力度

环境保护宣传要深入农村，深入基层，使广大农民朋友认识到环境保护的重要性和紧迫性，变被动为主动，增强自觉性。具体工作过程中，要坚持农民自治的路子，通过让农村提高环保意识，从而实现农村环保工作的新突破。

7. 提高农村环保新境界

科学发展是农村环保的必由之路。抓好农村环境保护，积极开展农村环境整治，逐步使我市环保工作实现城乡并进与互动，我认为必须着眼长远，努力实现农村环保工作组织领导的科学化、规范化；工作运行的自治化、常态化；推进方法的典型化、示范化；管理监督的标准化、网络化；目标追求的清洁化、生态化；城乡并进的一体化、互动化。做到有规划、有组织、有典型、有亮点、有经验、有成果。

总之，解决农村环境污染问题，必须遵循科学发展的理念，尽快动手、尽快规划、尽快展开治理。全市各地农村要根据实际情况因地制宜地采取一系列举措。要坚持从农民最关注的民生问题入手，把农村污水处理、垃圾处理作为工作重点，大力改善农村卫生状况。各级政府要在资金上予以鼓励和扶持，从而调动农民投资的积极性，加大治理力度，使村街和农民真正成为自治的主体，实现农村环保的远景目的。

保护祖国北疆生态屏障，实现美丽与发展"双赢"

——浅谈呼伦贝尔地区的可持续发展之路

内蒙古自治区呼伦贝尔市环境保护局局长　李聪林

环境保护是我国的一项基本国策。保护和改善环境，防治污染及其他公害，是全面建设小康社会和实现中华民族振兴宏伟目标的重要内容。在 2006 年 4 月召开的全国第六次环境保护大会上，温家宝总理指出，十六大以后，党中央提出的树立科学发展观、构建和谐社会的思想，以及建设资源节约型、环境友好型社会的构想，是我们党对社会主义现代化建设规律认识的新飞跃。做好新形势下的环保工作，要从重经济增长轻环境保护转变为保护环境与经济增长并重，从环境保护滞后于经济发展转变为环境保护和经济发展同步。在当前世界性资源紧张、环境恶化的大背景下，把环境保护工作摆到更加重要的战略位置上来，是实现可持续发展内在的必然要求。

一、呼伦贝尔环境保护面临的形势与任务

呼伦贝尔市位于我国东北边陲，地处中俄蒙三国交界，总面积 25.3 万 km²。在这片绿色净土上，有中国最美的草原、最大的原始森林和发达的生态水系。呼伦贝尔草原，总面积 8 万 km²，是世界著名的三大草原之一，也是保护最好的草原。大兴安岭森林作为陆地生态系统的主体，在呼伦贝尔市面积 13 万 km²，河流、湿地星罗棋布，生物多样性丰富，生长着 3 000 多种植物和 400 多种兽类和禽类。嫩江、额尔古纳两大水系，有大小河流 3 000 多条，湖泊 500 多座，水资源总量 287 亿 m³。这一切构成了完整而独具特色的生态环境系统，这个系统是东北亚生物圈的重要组成部分，是祖国北疆绿色生态屏障，呼伦贝尔的生态环境状况，直接关系到我国东北、华北地区的生态安危。呼伦贝尔独具特色的生态环境和不可替代的功能、作用，确立了保护与开发的重要地位。

近年来，呼伦贝尔市的经济发展呈现出增长较快、质量较高、发展后劲较强的良好态势，经济总量实现了大的跨越，经济结构有了质的转变。当前，呼伦贝尔市确立了打造内蒙古自治区新的经济增长极、实现产业发展"115535"的奋斗目标。即形成 1 亿 t 煤炭开采、1 000 万 kW 电力装机、500 万 t 煤化工、500 万 t 水泥、300 万 t 石油开采、50 万 t 有色金属冶炼生产能力。到 2012 年，全市生产总值计划达到 1 700 亿元，财政总收入超过 300 亿元。与此同时，完整而脆弱的生态系统、严峻的总量空间压力给该地区的经济发展形成了更为严格的约束条件，对环境保护提出了更高的要求。虽然几年来，呼伦贝尔市的环保工作取得了较大成就，环保事业得到长足发展。重点区域、流域治理取得决定性进展，生态保护与建设成绩显著，环境综合决策机制基本确立，全市环境质量

明显改善，北疆生态屏障得到有效保护。但环保工作还面临着许多困难，还有许多问题有待解决。结构性污染比较突出，生态环境脆弱。环保基础设施建设严重滞后，环保机构能力建设薄弱。这种现实情况客观地要求我们必须把环境保护放在更加突出的位置，切实落实好环境保护基本国策，坚持生态立市，真正实现资源、环境和经济社会的协调可持续发展。

二、呼伦贝尔实现美丽与发展"双赢"之路

环境和自然资源是人类赖以生存的基本条件，是经济社会发展的物质源泉，保护环境就是保护和发展生产力。呼伦贝尔最大的优势是资源和环境，保护好生态环境是加快发展最大的本钱和最有利的条件。科学合理地利用自然资源，有效地保护环境，坚持可持续发展是振兴呼伦贝尔的必然选择和唯一出路。为落实胡锦涛总书记"要切实保护好内蒙古这块辽阔草原，保护好大兴安岭这片绿色林海，为建设祖国北方重要生态屏障作出贡献"的重要指示，呼伦贝尔市以科学发展观为指导，正确处理经济社会发展与生态环境保护的关系，将"生态立市"确立为五大战略之首，做出了创建国家级生态市的战略部署，提出了"有进有退，科学发展"，坚持不懈地走生态文明建设之路和又好又快发展之路，努力实现美丽与发展"双赢"的战略构想。

1．加强生态保护，构筑北疆绿色生态屏障

为了保护呼伦贝尔生态系统的完整性，呼伦贝尔市委、市政府将"点状布局、集中发展、深度开发、循环利用"的原则贯穿于引进建设项目工程的始终，积极推进神华、华能、鲁能、大庆等具有骨干带动作用的重大项目建设，发挥重大项目拉动作用，促进产业多元、产业延伸、产业升级，降低第一产业比重，坚持用 1% 的开发节点释放 99% 的森林、草原，缓解生态资源压力。在草原生物多样性保护方面，申报了"呼伦贝尔草原可持续管理"入选中国-欧盟生物多样性保护示范项目，项目赠款金额 109 万美元，建立了呼伦贝尔生物多样性数据库，开展了新型放牧制度示范和退化、沙化草地治理恢复示范项目，建立了中俄蒙地区生物多样性跨国保护共管机制。加强对自然保护区、风景名胜区、森林公园的建设和管理，防止不合理的开发建设活动造成的破坏，维护生态安全。全市共有各级各类自然保护区 30 个，其中国家级 5 个，总面积 4 万多 km^2，占全市国土面积的 17%，大部分重要的生态功能区和重要的动植物种群得到了有效的保护。

2．坚持有退有进，全面实施生态建设工程

"进"是发挥生态优势，发展新型特色产业，是为了更快发展。"退"是恢复自然生态，拓展可持续发展空间，是为了更好发展。近年来，呼伦贝尔市坚持不懈地完成退耕、退牧、退伐、退小的"四退"目标，全面实施了草原保护与建设、防沙治沙、退耕还林还草等生态建设工程，每年禁牧 33.3 万 hm^2，休牧 333.3 万 hm^2，退耕 6.6 万 hm^2，治沙 6.6 万 hm^2。在"退小"方面，严格环境准入，严把建设项目审批关，"择商选资、压小上大、以新带老"，从源头控制环境污染和生态破坏，促进产业结构调整。坚决淘汰落后产能，关停低水平工业企业，"十一五"以来，累计关停小火电机组 17 台，总关停装机容量 7.45 万 kW。拆除分散供热锅炉 728 台，关停、转产小水泥厂 6 家、小造纸厂 5 家。大力推广清洁生产，发展循环经济和环保产业，伊敏煤电公司、玖龙兴安浆纸公司、神

华宝日希勒煤业公司 3 家企业完成了清洁生产审核，伊敏煤电公司被命名为国家环境友好企业。三年多来，呼伦贝尔市在退耕、退牧、退伐、退小方面减少生产总值 19 亿元，但同时通过再造发展优势增加生产总值 264 亿元。

3. 坚持依法治理，强化生态环境监管

充分发挥环境保护综合监督管理职能，建立市直属单位和地方政府环境保护目标责任制、环境保护责任制、行政责任追究制和行政监察制。把环境保护纳入党政领导班子和领导干部的政绩考核体系，并将考核结果作为干部任免奖惩的重要依据。进一步加大生态监察力度，鄂温克族自治旗被列为第二批全国生态环境监察试点地区。坚决控制不合理的资源开发活动，加强对公路、铁路等建设项目的生态环境监管，开展主要旅游线路生态破坏点恢复治理工作。加强生态科研工作，呼伦贝尔市生态环境监测站开展了呼伦贝尔草原、林地生态定位监测和境内敏感区域生态遥感监测及生态现状遥感调查，建立了生态质量地面定位监测网，实施了日本无偿援助的"中国酸沉降监测网络建设项目"，为全市的生态环境保护与建设提供了翔实、全面的基础数据。与俄罗斯联合开展了中俄跨界水体水质监测，实施了额尔古纳河湿地生态调查。与中国环科院合作，在辉河国家级自然保护区建立了生态研究基地，设立了生态监测站，实施了生态移民和产业项目转移。加强河流上游两岸生态保护和综合治理，有计划地退耕还林还草，恢复植被，防止水土流失。依照《环境影响评价法》，对无序乱建的旅游景点予以了清理取缔。对河流沿岸破坏生态环境的农业作业、金矿开采现象进行了清理整顿。从保障流域水体质量、维护水环境安全的战略高度出发，加强海拉尔河、雅鲁河重点流域污染防治，海拉尔晨鸣纸业公司投资 2 800 万元建设了碱回收、废水深度处理回用和冬储工程，实现了稳定达标排放。积极推进松花江流域水污染治理项目，7 个工业点源污染治理项目、3 个饮用水源地保护项目 2008 年全部建设完工，1 个城市污水中水回用项目正按计划进行，累计完成投资 2.04 亿元。加快推进城镇污水处理设施建设，提高城市污水处理率，海拉尔、牙克石污水处理厂实施了管网扩建，满洲里污水处理厂、扎赉诺尔园区污水处理厂建设完成。积极推进主要污染物减排工作，严格控制二氧化硫和 COD 排放。随着各项治理工程的实施，确保了全市空气、水环境质量优良，绝大部分河流、湖泊水体保持或接近天然水质，海拉尔河、雅鲁河水质得到进一步改善，城市空气良好及以上天数达 95%以上。

4. 建设生态文明，全力开展生态市创建

为进一步发挥生态与资源优势，促进经济结构战略性调整，保护生态环境，在成功创建国家级生态示范区的基础上，2006 年，呼伦贝尔市委、市政府决定在全市范围内开展生态市创建工作。计划力争到 2010 年，50%的旗市区达到全国生态县创建标准，其余旗市完成 80%以上的创建指标，全市森林覆盖率达到 55%以上，单位生产总值能源消耗比"十五"期末降低 10%左右；到 2015 年，全市生态环境质量整体好转，资源综合利用率显著提高，所有旗市全部达到全国生态县创建标准，实现国家级生态市的建设目标。以生态市创建工作为载体，加强污染防治，实施重点污染源治理、污水冬储夏排、危险废物处置、城市污水垃圾处理等工程。加强水、土地、森林、草原、矿产等重点资源开发的生态保护监管。发挥环评导向功能，推进生态农业、生态工业、生态旅游业和现代服务业发展。加强农村面源污染防治，防止农药、化肥和规模化养殖造成的面源污染。积极推进嫩江、额尔古纳河上游水源涵养区和呼伦贝尔草原防风固沙水土保持区等重要

生态功能保护区的划定，加强自然保护区建设管理。加强基础工作，市本级《生态市建设规划》已委托中国环科院编制完成，13 个旗市区的生态旗（市）建设规划已经通过自治区评审，其中 7 个旗市的规划已颁布实施。开展环境综合整治，组织了阿荣旗那吉镇、扎兰屯成吉思汗镇等 17 个乡镇申报全国环境优美乡镇。

良好的生态环境是呼伦贝尔的特色、优势，是呼伦贝尔的生存之本、发展之源。经过几年来的努力探索和实践，呼伦贝尔市逐渐走出了一条符合呼伦贝尔实际的经济社会发展与生态环境保护并重、美丽与发展"双赢"的科学发展之路、成功之路。内蒙古自治区党委、政府着眼于全区可持续发展和区域协调发展大局，着眼于呼伦贝尔在科学发展中崛起的良好条件、现实机遇和大好来势，明确提出了打造内蒙古自治区新的经济增长极的具体要求。面对新形势新任务，呼伦贝尔市肩负着保护祖国北疆生态屏障的光荣使命和打造自治区新的经济增长极的艰巨任务。只有站在全面落实科学发展观的高度，走实现经济社会又好又快的可持续发展之路，才能真正把呼伦贝尔建设成为国家重要的能源战略高地、绿色食品基地、休闲旅游胜地、北疆开放龙头、自然生态屏障、平安和谐家园。

关于潍坊市农村环境保护工作的调研报告

山东省潍坊市环境保护局局长　王秀禄

为了贯彻落实山东省政府办公厅转发的省环保厅等部门《关于加强农村环境保护工作的意见》，我们对全市农村环境保护工作情况进行了全面调研，在摸清现状、查找问题的同时，进一步提出了当前全面加强农村环保工作的主要任务与措施。

一、农村环境保护工作现状

潍坊市位于山东半岛中部，辖 4 区、6 市、2 县和 3 个市属开发区，1 个国家级出口加工区，1 个生态发展区，面积 1.58 万 km²，人口 862 万，其中农业人口 480 多万，是著名的世界风筝都、国家环保模范城市、中国优秀旅游城市、国家卫生城市，荣获中国人居环境奖。2008 年全市地区生产总值 2 491.8 亿元，其中第一产业增加值 281.7 亿元，第二产业增加值 1 455.0 亿元，第三产业增加值 755.1 亿元，城镇居民人均可支配收入 15 691 元，农民人均纯收入 7 072 元。2008 年完成农林牧渔业总产值 561.6 亿元，全市村镇建设总投资 80 亿元，其中基础设施投资 20.5 亿元，新建改造道路 2 040 km，修建排水管沟 1 948 km，新建绿地 685 万 m²，初步完成了首批 30 个小城镇改造提升任务。新增农村自来水受益人口 30.2 万人，完成改造农村自来水受益人口 40 万人。

近年来，面对日益严峻的农村环境形势，潍坊市把农村环保工作摆上更加突出的重要位置，出台了《关于进一步加强农村环境保护工作的实施意见》、《关于加强农业面源污染防治工作的意见》等文件，并通过创建生态示范区、环境优美乡镇，推行农村小康环保行动计划等活动，推动了生态市建设和农村环保工作的持续开展。2009 年年初，我们在全市全面开展了土壤污染调查工作，完成了 235 个土壤污染状况普查点、12 个背景点和 71 个重点区域的土样采集、样品分析以及统计分析等工作。按照环保部和省环保厅的统一部署安排，对全市所有排放污染物的工业源、农业源、生活源和集中式污染治理设施进行了详细普查，进一步摸清了我市各类污染源的数量、行业、区域分布、污染治理设施和技术水平等环境基础数据，并顺利通过了省政府组织的验收。目前，我市已创建了 5 处全国环境优美乡镇、38 处省级环境优美乡镇、3 处国家级生态示范区、6 个全国农村小康环保行动计划示范县（镇、村），建成了国家、省和市级绿色学校 143 所、绿色社区 59 个。2008 年全国环保重点城市定量考核综合排名列山东省第五位。

二、农村环保工作存在的主要问题及原因

潍坊是一个农业大市，农村人口多，种植业、养殖业以及农产品加工总量较大，生态保护工作十分艰巨，尤其是农村环境污染和生态破坏等问题日益突出。①部分地区农村饮用水安全受到威胁。我市共有 12 处地表水饮用水源地和 10 处地下水饮用水源地，大部分饮用水源地保护区和汇水区内都有村庄，有的水源地保护区内还存在企业和养殖场，居民生活污水、垃圾及其他污染物排放对水源地水质造成直接或潜在威胁，严重影响农村饮水安全。据粗略统计，我市境内存在饮用水安全问题的村庄约有 700 多个，总人口达 60 多万。②农村生活污水和生活垃圾处理率低。据初步统计，我市境内农村生活污水年产生量约 10 674.1 万 t，生活垃圾产生量约 88.9 万 t。目前，全市农村生活污水集中处理率为 20%左右，68 个乡镇中有 7 处乡镇已建成或正在建设污水处理厂，其他乡镇基本没有污水处理设施，生活污水直接排放；在生活垃圾处理方面，少数乡镇设有垃圾转运站，能够做到"户集—村收—镇运—县处理"，仍有大部分乡镇的生活垃圾没有经过处理就随意堆放，严重影响农村地区的环境质量。③畜禽养殖污染较重。我市规模化畜禽养殖场约 940 多家，另外还有一些比较分散且难以统计的小养殖场和农村家庭养殖场。畜禽养殖废弃物的年产生量约 1 200 多万 t，处置率约为 66%。大多数养殖场污染防治设施简陋，有的甚至没有污染防治设施，大量畜禽粪便、污水得不到有效处理，仅有少数作为农业生产有机肥源利用，且多沿袭传统堆肥方式，畜禽粪便往往堆放于居所四周、村口、河边等处，影响村容村貌；畜禽粪便中所含氮、磷等有机肥源总体得不到有效利用，在引发严重环境污染的同时又造成农业资源的巨大浪费。④工业污染向农村转移。近年来，随着城镇化进程加快，各类开发区、工业园区在我市农村地区悄然兴起。部分企业污染治理设施不健全、不运转，污染物不能稳定达标排放，这些已成为影响农村环境质量的重要因素。另外，农村企业布局分散、设备简陋、工艺落后、污染点多，难以监管和治理，也加剧了农村环境的污染。

总体来看，造成我市农村环境问题的原因主要有以下几个方面：①对农村环保工作的重视程度不够。长期以来，环保工作的重点在城市，农村环境保护工作相对滞后，特别是近年来，在重视农村经济发展的同时，尚未意识到农村环境保护的重要性和必要性，导致农村环境保护措施不明、效果不显。农村大多数居所和工业企业布局零乱，缺乏统一的规划，环境基础设施配套不全，宣传教育大多停留在空泛的标语口号上，有法不依、执法不力的现象在农村十分普遍。②农村环保机构不健全。农村污染源分散，涉及人口和村庄数量多，环境保护工作任务繁重，而人员配备相对薄弱，特别是县级环保部门，作为农村环保工作的第一监督机构，难以有专门部门或专人监管农村环境保护。而乡镇一级大部分未设置环保机构，导致农村（特别是偏远地区）环境监管存在脱节现象。③农村环保工作投入不足。农村污水处理、垃圾处理等环境基础设施建设配套能力薄弱，而多元化投资机制不健全，地方财政投入又远远满足不了农村环保工作的需求，直接影响农村环境改善。另外，由于缺少相应的财政支持，"以奖代补、以奖促治"政策无法落实，难以调动乡镇一级政府参与环境优美乡镇、文明生态村等各项创建活动的积极性来

推动农村环保工作的开展。④各部门之间配合力度不够。农村环保工作是一项复杂的系统工程，牵扯面广，涉及农业、林业、畜牧、水利、建设、卫生、海洋渔业、国土、财政等多个部门，需要各部门之间共同协调努力才能抓好。但从目前的情况看，各部门之间的配合力度不够，在一些部门工作存在交叉的地方衔接不够。而环保局作为农村环保工作指导协调和统一监管部门，工作难度很大。

三、农村环保工作的重点和工作措施

加强农村环保工作已成为当前一项重要而紧迫的任务。新形势下，进一步做好农村环保工作，必须要从指导思想、目标任务和工作措施等方面把握好"三个坚持"，即坚持以建设清洁水源、清洁田园、清洁家园为目标；坚持城乡统筹、城乡一体，因地因村制宜；坚持与建设社会主义新农村有机结合。在具体工作中，应该以创建环境优美乡镇为切入点，重点抓好农村饮用水源地保护和农村饮用水安全、生活污水和垃圾治理、规模化畜禽养殖污染防治等工作。

1．防止工业污染向农村转移

按照国家产业政策，严格执行环境影响评价及"三同时"制度，提高农村工业项目准入门槛，防止污染项目向农村区域转移。坚持工业企业适当集中原则，优化工业发展布局。在有条件的乡镇规划建设工业园区，同步配套环境基础设施。在对农村工业项目进行调查摸底的基础上，加强环境监管，严厉打击违法排污行为，依法取缔关闭"十五小""新五小"企业，淘汰工业设备落后、污染严重的企业。

2．确保农村饮用水安全

以饮用水源地保护为重点，加强对水源、水质的环境安全监督管理。结合"村村通自来水工程"，有针对性地划定集中式饮用水源地保护区，多渠道、多形式加大投入，因地制宜建设农村饮水工程，确保农村饮水安全。饮用水源地附近严格禁止发展工业项目，取缔所有向饮用水源地保护区直接排污的排污口。严格禁止在饮用水水源保护区内从事网箱、围网等水产养殖活动。

3．大力推进农村环境综合治理

以"环境优美乡镇"创建为载体，以环境基础设施建设为重点，积极推进农村环境综合治理。制定合理可行的污水处理规划，采取相对分散或相对集中的处理方式，推广使用成本低、易管理的污水处理技术，有序推进村庄排水和污水处理设施建设，逐步实现村庄污水达标排放。积极推行"户集—村收—镇运—县处理"的农村生活垃圾处理模式，提高回收利用率；在条件适宜的乡镇，建设简易生活垃圾卫生填埋场，提高生活垃圾无害化处理率。

4．加强畜禽养殖污染治理和废弃物综合利用

积极推广科学施肥、用药和绿色植保技术，严控农业面源污染。科学划定、合理布局畜禽养殖的禁养区、限养区和宜养区，加快发展集约生态养殖，严格控制在重点流域、区域或生态敏感地区新建规模化畜禽养殖场。引导畜禽养殖业向宜养区集中，对规模较大、人口相对密集的村镇，严格实行人畜分离，切实加强环境监管。按照减量化、资源化、无害化原则，加强畜禽养殖废弃物的综合利用和污染治理。

5. 加大农村环境保护投入和宣传力度

建立健全农村环境保护工作目标责任制，积极探索建立政府、村镇、企业、社会多元化农村环保投入机制，落实好"以奖促治、以奖代补"政策。加大农村环境保护投入，支持农村饮用水源地保护、生活污水和垃圾处理、畜禽养殖污染治理和生态系列创建活动。开展形式多样、内容丰富的环保知识宣传教育，提高环境保护意识，调动广大群众参与环境保护的积极性和主动性，推广健康文明的生产、生活和消费方式。

借鉴新加坡经验，建设生态型园区

苏州工业园区环保局副局长　许绍杰

苏州工业园区是中国和新加坡两国政府间的重要合作项目，自1994年5月启动以来，在党中央、国务院的高度重视和亲切关怀下，经中新合作双方的共同努力，园区经济社会始终保持又好又快发展，主要经济指标年均增幅达30%，投资环境综合排名位居国家级开发区前列。2008年实现地区生产总值1 001.5亿元、地方一般预算收入95.1亿元、进出口总额超过625亿美元。目前，园区以占苏州市4%左右的土地和5%的人口、7%左右的工业用电量以及1%的SO_2和2%的COD排放量，创造了全市15%左右的GDP、地方一般预算收入和固定资产投资，25%左右的注册外资、到账外资和进出口总额，是苏州经济社会发展的重要增长极，成为我国对外开放的重要窗口和中外经济技术互利合作的成功典范之一。

15年来，园区始终坚持全面、协调、可持续发展方针，牢固确立"环境立区、生态立区"的科学发展理念，探索发展循环经济、建设生态工业园区的新理念、新模式，积极借鉴新加坡环境保护的成功经验，在生态环保方面走出了一条新路。

一、新加坡生态环境保护的成功经验

新加坡是一个美丽的花园城市，新加坡政府和民众环境保护意识很强，有效控制和减少污染，青山、碧水、蓝天、绿地，整个国家都很干净。新加坡优美的环境和高速的经济发展得益于国家重视环境保护建设和城市规划。新加坡的环境保护工作也曾经历了"先污染后治理"的过程，但政府在关键时期将环境保护放在第一位，使环境保护取得了卓越的成绩。特别是20世纪90年代后，开始了促进垃圾减少和废物循环工作，国家经济发展和环境保护进入了真正意义上的良性循环，近年来又先后出台了绿色计划、国家再循环计划、无垃圾行动等政策，通过健全的法律、严格管理和全民宣传，环境保护工作取得了积极成效。

1. 国家非常注重环保宣传

新加坡政府意识到不能单靠执法来应对日益严重的环境污染问题。如果公众能养成保护环境的习惯，效果将会更好。解决长远问题的关键是对群众教育，向群众灌输环境意识和社会责任感。因此，新加坡将环保教育视为民众终生教育，从儿童抓起，与学校教育紧密结合，使每个国民都有环保意识，并能做到身体力行。环境教育被列入了学校课程的一部分，并鼓励每所学校至少成立一个环保俱乐部。新加坡还鼓励人人参与环保，自1990年以来，新加坡每年都展开"清洁绿化周"，推动环保团体、学校与公司参与环境保护，鼓励每个人对环境负责。新加坡政府把新生水厂、垃圾填埋场等环保工程作为环保教育基地，要求所有机构组织员工、所有学校组织学生进行参观，接受教育。

2．国家在环保基础建设方面投入大量资金

新加坡国土面积只有 700 km²，但污水收集管网总长达 3 200 多 km，新加坡已投资 36 亿新元建设完成了污水深隧道阴沟系统，整个城市生活污水、工业污水都做到全部集中收集处理、达标排放，城市生活污水处理后成为可饮用的新生水，新加坡实行"全民水源"政策，并出台"四大水喉"计划，即收集天然降水、从马来西亚进口水、新生水和淡化海水，保证了符合标准的高质量生活用水和工业用水，"新生水"的开发和利用是新加坡缓解水资源紧缺的主要措施。

3．合理规划，严格审批

新加坡很注重规划，规划一旦确定，就严格执行。先规划后建设、先地下后地上，严格按环境功能分区和环保法律、法规审批，任何人也没有特权。目前新加坡仍然留有 25% 的土地没有开发利用，参天大树犹如原始森林，炼油厂都在外岛，工业制造业也全部建设在园区，所有排放的污染物都必须经过治理达标。新加坡政府长期坚持经济发展与环境保护并重的政策，政府不会因为引进某大型企业而降低环保标准和要求。

4．严格的标准和先进的监督手段

新加坡环境保护部门借鉴世界上先进国家的环保经验，制定了严格的污水、废气排放标准。借助在线监测系统对企业污染源实施监控，对重点污染企业安装 pH 自动监控系统，一旦发现超标可自动切断排污口。同时在主要马路上设立了汽车尾气监测体系，不符合"欧洲 2 号"废气标准的车辆已被禁行，进口到新加坡的汽车都必须安装机动车尾气处理装置，因此，在新加坡的马路上不会看见冒黑烟车辆。

5．严格且严厉的环境执法

新加坡是一个法治国家，制定了较为严格的环境保护法律法规，并能有效执行，没有任何单位和个人可以干预执法。高效率的政府是新加坡环境保护的主导力量，廉洁的公务员队伍保证了新加坡各类环境法律、措施的落实，使新加坡有良好的执法环境。对于一些破坏环境与公共卫生者，其罚金之高当冠世界之最。监管人员通过日常检查和群众的举报投诉，对违法排污企业进行严厉查处。此外，还通过税收手段，对超标排污企业征收额外的税收。

二、园区生态环境保护工作的主要做法

开发建设 15 年来，苏州工业园区高度重视生态环境保护，实现了区域经济、社会、环境的持续、快速和协调发展，生态环境质量呈现逐年改善趋势。

1．加强环境管理、狠抓节能减排

在环保前置审批方面，环保部门与招商部门积极协作，推动绿色招商，坚持择商选资，提高引资质量和水平，鼓励引进资源能源消耗少、污染排放量低的高新技术产业和现代服务业，目前占工业增加值 77% 的企业为国家环保部认定的低 COD 排放企业。对于资源能源消耗高、污染物排放量大、环境风险大的项目，园区坚决贯彻高标准的环保一票否决制，自 1994 年园区开发建设以来，已否决不符合环保要求的项目近 300 个、投资金额近 30 亿美元。

　　在环境监督管理方面，园区在管理手段、管理水平上不断创新、突破，继 2006 年成功开发"园区固体废物处置管理系统"后，2007 年又在全省率先建设集环境管理、环境质量监控、污染源监控、环境基础设施监控、危险废物管理监控、放射源监控等为一体的环境综合监控系统，一期工程已顺利完成投入使用，有效提升了环境管理效率和水平。

　　在节能减排方面，园区全面推广清洁能源，对企业开展能源审计，自 1999 年起，园区开始实施禁煤政策，到 2007 年禁煤区已实现了"全覆盖"。园区环保局围绕主要污染物年度减排目标，结合园区实际，编制主要污染物减排方案，确定重点减排工程，实现了区内工业污染物排放量的逐年递减。此外，园区环保局定期召开企业中水回用经验交流会，进一步推动园区减排工作的开展。

　　以 2008 年为例，园区环保局确定了污水管网延伸建设、金华盛纸业污水处理系统深度处理、跨塘热电厂脱硫技改等 5 项重点减排工程，总投资约 4 600 万元。此外，园区还设立了每年 5 000 万元的专项环保引导资金，用于支持区域、企业、社区、学校的各项环保提升和改造工程。

　　环保工作的积极开展和落实，收到了明显的成果，2008 年，园区环境空气质量优良天数 331 天，优良率达 90.4%，其中，空气质量达到 I 级的天数达到 80 天，比 2007 年增加 8 天；金鸡湖经治理后水质明显改善，水质综合污染指数比治理前的 2003 年下降 48.1%；噪声控制区实现了建成区全覆盖；区域环境质量综合指数达到 97.1，远优于江苏省小康社会考核指标 80 的要求；累计建成绿地面积超过 2 500 万 m^2，绿地覆盖率达到 45.5%，真正实现了社会、经济、环境的和谐发展。

2. 科学规划引领开发，基础设施超前建设

　　环保基础设施的建设是提高环境管理水平，实现社会、经济与环境协调发展的重要保障，为了进一步提升苏州工业园区环境保护与生态建设的水平，园区积极借鉴新加坡经验，坚持"先规划后建设、先地下后地上"、"一次规划、分步实施"、"规划即法"和"环保优先"等先进理念，以高标准的规划引领开发，共编制了前瞻性的总体规划和 300 多项专业规划，规划编制中坚持功能分区、项目分类、清洁能源、雨污分流、总量控制、生态绿化等六大原则，将生态环保理念纳入各项规划，并于 2003 年编制了生态工业示范园区的建设规划，构建了功能分明的环境保护和建设规划体系，保证了园区的开发建设顺利推进。

　　同时，园区突出关键，狠抓环境基础设施的超前建设，完成了自来水厂二期、污水处理厂二期扩建工程，日供水、污水处理能力分别达到 45 万 t 和 30 万 t，污水处理厂排放标准按国家最严格的一级 A 标准控制；园区完善了污水管网建设，在国内率先实现了区域（包括农村）污水管网 100%全覆盖，并在已投用的 39 座污水泵站全部安装了 TOC 在线监测系统，初步实现了区域污水水质智能型远程监控；全区坚持推广集中供热理念，并建设了配套的供热设施，建成供热管网近 40 km，目前使用集中供热的单位达到 69 家。全国最大的燃气联合循环热电联供项目——蓝天燃气热电厂一期工程已建成投用，该项目总装机容量 360 MW，供热能力 250 t/h，每年可为区域减排 SO$_2$ 达 1 403 t，烟尘等其他大气污染物排放浓度仅为燃煤热电厂的 56%左右。此外通过采用先进节能和闭式循环冷却技术，有效减少能源和水资源的消耗。

　　园区将循环经济理念融入环境基础设施建设中，作为省内首家区域性中水回用项目，

园区污水处理厂中水回用一期工程 1 万 t/d 的中水供给蓝天热电公司作为冷却水补给水使用，热电厂产生的蒸汽用于污水处理厂的污泥干化，实现了环保基础设施的生态补链。2009 年初，园区组建了苏州工业园区中法环境技术有限公司，正式启动了江苏省首个污泥干化焚烧项目，该工程设计日处理湿污泥 900 t，其中一期工程日处理湿污泥 300 t，预计于 2010 年建成投产，工程采用安全、环保、节能的工艺，利用园区东吴热电厂生产的蒸汽将园区污水处理厂产生的湿污泥干化，干化污泥与煤掺和后送入热电厂锅炉内焚烧，以回收干化后污泥的能量。以上措施有效地减少了区域污染物排放总量，提高了资源利用效率和产出效益，并为污水处理厂的扩建创造了条件。

在生态保护方面，园区积极改善生态系统和生态功能，开展生态绿化及生态保护工程的建设，目前已建成沙湖生态公园、白塘生态植物园、方洲公园等一批生态公园和公共绿地，全区绿地覆盖率达 45.5%；全面实施了金鸡湖、阳澄湖、独墅湖、斜塘河等水环境综合治理，并开创了"清淤—治水—取土—造景"相结合的环境综合治理新模式。

3. 突出重点，实现生态工业的完善和循环经济的推广

苏州工业园区始终把发展循环经济、转变发展方式作为构建和谐园区、生态园区的核心内容，通过优化提升产业结构，转变经济发展方式、构建生态产业链等方式，不断推动绿色经济的发展。

在优化提升产业结构、转变经济发展方式上，园区大力推动产业结构向"微笑曲线"两端延伸。通过绿色招商，初步形成了以集成电路、光电、汽车及航空零部件、软件及服务外包、生物医药、纳米技术以及新材料、新能源以及节能技术为特色的高新技术产业集群。2008 年高新技术产业产值占工业总产值比重达到 63%，集聚各类研发机构 145 家，近年来 R&D 投入占 GDP 比重每年提高 0.5 个百分点，2008 年达到 3.9%。现代服务业也呈现倍增发展势头，环金鸡湖金融商贸区、综合保税区、中新生态科技城、国际科技园、阳澄湖休闲旅游度假区等重点服务业集聚区加快发展，服务业增加值占 GDP 比重每年提高 1～2 个百分点，2008 年达到 30.5%，形成了以高新技术产业为主导、先进制造业为支柱、现代服务业为支撑的现代产业体系。

园区通过构建生态产业链，实现了废物再利用和产业集群化，积极推动区域动脉产业与静脉产业协调互动发展。针对区内电子信息、精密机械等产业密集的特点，构建了多条以电子废弃物回收综合利用为主体的静脉产业链，有针对性地引进了投资额均在 1 000 万美元以上的高水平的资源回收公司，提高了废弃物回收处置和资源化利用的技术水平。同时积极探索电子产品回收工作新思路，成功引进了既不会产生二次污染，又在生产者责任延伸方面起到示范作用的富士施乐产品回收项目。

园区还坚持以企业为主体，积极引导企业从产品设计、原料选用、工艺控制、厂房建设等不同层面开展清洁生产、中水回用、节能降耗和绿色建筑等循环经济试点，贯彻"减量第一"的最基本要求，切实降低企业本身的资源消耗和废物产生，降低园区总的物耗、水耗和能耗。其中和舰科技等多家耗水量较大的企业实施了厂内中水回用，年节约用水达 1 000 多万 t，目前园区企业工业用水重复利用率已达 91.5%。第一热源厂、华润雪花啤酒公司等单位完成了清洁能源替代改造工程。生益科技、和舰科技等企业开展了废异丙醇等有机溶剂资源化再生利用试点。安德鲁电信、三星半导体建立绿色采购计划和环保供应链等。全区共建成三星半导体、和舰、格兰富、清源华衍等循环经济示范企业 100 多家, 友达光电等 162 家单位被评为市级绿色等级企业, 建成环境友好企业 18 家; 264 家单位通过 ISO 14001 认证, 另有 40 多家单位正在实施 ISO 14001 认证, 认证单位数在全国开发区继续保持领先。

4. 强化生态理念和绿色创建

为了让生态、环保的理念深入社会的各个层面, 全面构建生态文明, 苏州工业园区大力开展了绿色政府、绿色社区、绿色学校、绿色乡镇、绿色建筑系列创建活动, 并通过绿色结对、跳蚤市场和各类环保宣教活动让节约、环保理念深入人心。

在政府层面, 园区管委会先后组织召开了"生态工业园区创建工作会议"、"园区首届绿色建筑国际研讨会"、"绿色建筑现场观摩暨研讨会"、"固体废物综合利用研讨会", 并协办了"中国首届国际循环经济博览会"。同时, 管委会及时总结、推广发展循环经济、建设生态园区的做法和经验, 制定下发了《苏州工业园区加快生态工业园区建设工作意见》、《苏州工业园区绿色建筑评奖办法》、《苏州工业园区关于发展循环经济、推进生态工业园区建设若干政策措施》等文件。

园区管委会投入大量的人力物力, 完成了"生态园区展示厅"的建设, 成为园区展示科学发展、和谐发展、率先发展的新的窗口, 更成为园区环保教育的重要示范基地。

园区管委会还定期开展环保志愿者招募工作和以闲置物品交换为主题的"邻里互助广场"、"跳蚤市场"、"汽车后备箱跳蚤市场"等活动, 其中跳蚤市场是苏州工业园区借鉴国外经验, 在中国举行最早、规模最大的绿色创建活动。目前, 园区每年由政府组织的大型跳蚤市场活动近 40 次, 社区自发组织开展的更是难以统计, 这些活动的深入开展, 将生态、环保、节约的观念渗透到社会生活的各个方面, 形成了创建循环型生态社会的良好氛围。

园区以绿色学校、绿色社区创建为载体, 在学校和社区层面推广生态建设。截至目前, 苏州工业园区已建成省市级绿色社区 50 个、绿色学校 47 所; 所辖三镇已全部建成全国环境优美镇, 率先实现了全国环境优美镇"一片绿"。

三、开拓创新, 建设生态型园区

经过 15 年的努力, 园区生态环保方面各项指标已达到或优于国家和省、市规范标准, 在国内处于领先地位, 部分指标接近发达国家同期发展水平, 去年园区顺利成为由国家环保部、商务部、科技部联合授牌的第一批国家生态工业示范园区。站在新的起点, 园区必须进一步借鉴新加坡在环境保护方面的成功经验, 紧紧抓住当前产业结构调整机遇, 全面启动"生态优化行动计划"、进一步提升生态环保建设和管理水平, 在资源综合利用、循环经济推广、生态社会构建、环境管理手段、中新环保合作等方面形成一批新的亮点示范项目。同时, 扎实开展污染物减排等工作, 不断规范环境管理行为, 加强亲商服务。着重要做好以下工作。

1. 协调各方, 启动"生态优化行动计划"

以不断优化生态环境为目标, 以实施"生态优化行动计划"为抓手, 着力提升园区生态文明建设水平, 促进创新发展、科学发展、和谐发展。①在"生态优化行动计划工作领导小组"统一领导下, 进一步细化生态优化行动计划工作内容。②委托新加坡方面编制"生态优化行动计划"实施规划，双方成立工作小组，实现工作的对接。规划从"硬件、软件、政件、人件"四个层面入手，着眼整个园区，力求形成有别于其他区域的新特点，并将中新生态科技城的建设作为规划重点。③进一步深化中新合作，在高教区集中供热、制冷项目，在中新生态科技城选择中等规模住宅小区实施真空垃圾分类、直饮水供应项目，在能源管理和环境监测等方面确定一批近期合作的项目。④全面完成规划的编制工作，以"政府推动、市场运作、总体规划、统筹兼顾、长短结合、先易后难"为工作原则，通过不懈的努力，力争把园区打造成为全国乃至全世界生态建设与保护的示范区。

2. 不断推进，生态亮点项目建设实现新突破

结合园区自身特点和优势，进一步探索生态文明建设新模式、新思路，形成一批新的亮点示范工程。①全力推进中新生态科技城生态公园、雨水利用、地源热泵及太阳能路灯等生态示范项目建设，加快生态产业项目引进，将中新生态科技城打造成节能环保、绿色生态理念体现最集中、最全面的区域。②建设一批生态示范工程。苏虹大楼完成太阳能利用、雨水收集等节能环保改造；新加坡国际学校建成太阳能综合利用系统；采用国际先进技术和设备的污泥干化项目全面启动建设等。③开展"生态优化年"主题活动。通过跳蚤市场、EHS 协会等活动深入开展生态文明社会构建工作，同时进一步加大在各类媒体宣传园区生态环保成绩的力度。④研究探索环境经济政策，开展环保责任险试点工作，进一步研究制定各项奖励、优惠措施，发挥好环保引导资金作用。

3. 强化督察，狠抓减排工作

进一步落实省、市政府关于总量减排的各项要求，推动减排工作深入开展。①对照《苏州市主要污染物总量减排考核办法》，进一步建立完善相关部门联席会议等日常管理制度。②科学制定主要污染物减排计划，确定园区第二污水处理厂 15 万 t/d 污水处理新建工程、金华盛纸业 1 万 t/d 中水回用工程等重点项目工程，督促各减排项目按期完成。③进一步加强对减排相关政策的研究，全面分析减排工作存在的问题，为全面完成"十一五"期间总量减排目标做好准备。④完善对园区减排项目补助资金的使用和管理，充分调动各单位减排的积极性。

4. 加强管理，确保环境安全

采取有效手段，加快落实各项工作目标，确保环境安全。①继续强化建设项目源头控制和全过程管理，切实落实污染防治措施。②加强环保信息化建设，完成环境保护信息化规划编制，对园区环保网站进行改版，建立环境信息共享平台。③加大太湖取水口及园区三湖（金鸡湖、独墅湖、阳澄湖）监控力度，进一步落实太湖取水口及阳澄湖水质监控及蓝藻防控要求，确保饮用水源地水质及园区水环境安全。④做好环境质量监控工作，建成湖东环境空气自动监测站和娄江水质自动监测站。⑤利用科技手段进一步提高执法效率，开展环境管理综合信息监控系统三期工程建设。⑥进一步规范和强化对环境风险源的管理，开展对废气排放企业的专项整治工作。⑦推进应急系统建设，进一步完善环境突发事故应急预案，加强应对突发环境事件业务培训和应急演练。⑧及时处理环境纠纷和信访工作，不断改进工作方法，防患于未然。

5. 创新思路，做好亲商服务

把握经济形势变化，切实转变工作方式和工作作风，维护园区良好的发展势头。创新环保工作方法，探索环保工作新思路，切实落实服务经济发展的各项工作措施，进一步提高亲商服务意识。①加大资金支持力度，用好环保引导资金，对污染物减排、循环经济、生态保护等企业和项目进行资金补助。②进一步提高项目环保审批、环保工程验收、危险废物转移审批、核与辐射审批等工作效率，延长排污许可证有效期。加大重点项目扶持力度，对重大项目的对上报批等工作采取保姆式全程服务，对有特殊需要的项目开辟"绿色通道"审批。③脚踏实地，深入基层，了解辖区企业及乡镇发展需求，每月安排一个调研课题，及时研究环境管理面临的新情况、新课题，提出对策和建议，并及时编写相关工作简报。④协助企业做好申报环保引导资金等各项对上争取工作。

认真贯彻落实科学发展观，结合中国国情，积极借鉴新加坡环境保护和生态建设的成功经验，并持之以恒加强生态文明建设，园区明天的生态环境一定会更好。

践行科学发展观，
探索"全域成都"城乡生态建设的道路

成都市环境保护局副局长　张静

党的十七大报告明确提出："用科学发展观指导建设生态文明，基本形成节约能源资源和保护生态环境的产业增长结构、增长方式、消费模式，生态文明观念在全社会牢固树立。"成都市结合生态文明建设，树立"全域成都"理念，积极探索城乡生态建设的道路，谋求城乡经济效益和生态效益"双赢"的路子，推进成都市生态环境保护与经济社会协调发展。

一、城乡生态环境的现状

1．经济社会概况

成都市是中国中西部地区的特大城市，政治、经济和文化中心。面积 12 390 km²，辖 9 区 4 市 6 县，2007 年，全市户籍人口 1 112.28 万人，农村人口 516.73 万，非农人口 595.56 万，地区生产总值达 3 324.2 亿元。近几年来，先后获得全国环保模范城市、全国文明城市、中国最佳旅游城市、全国绿化先进城市、国家园林城市，国家森林城市等殊荣。

2．生态环境现状

根据成都市 2007 年环境质量报告：中心城区环境空气质量状况，空气污染指数不大于 100 的天数达 319 天，14 个郊区（市）县的环境空气质量均达到国家环境空气质量二级标准。城区达到水域功能区水质标准，达标率为 100%。饮用水源水质良好，水质达标率为 97.68%，城市区域环境噪声质量处于"较好"水平。工业固体废物处置利用率达到 98.71%。城镇生活垃圾无害化处理率 85%。成都市工业危险废物处置率 100%。医疗废物处置率 100%。

3．生物多样性得天独厚

成都市境内高山地区野生动物资源比较丰富，市境内野生动物共有 80 个科 329 种，不仅有相当数量的有益动物，而且有举世闻名的珍稀动物大熊猫、金丝猴、牛羚等。森林树木有 111 科 1 433 种。据统计，成都市有属于国家、四川省重点保护的珍稀树种共 33 种，属国家一级保护有银杏、珙桐、银鹊树等。

二、统筹城乡生态建设的有益尝试

几年来，成都市委、市政府践行科学发展观，大力实施城乡统筹、"四位一体"科学发展总体战略，深入推进统筹城乡综合配套改革试验区建设，加快推进灾后重建，以保护生态环境，提升城市品位，构建和谐成都，促进持续发展为目标，大力推进城乡一体化战略，综合实力不断增强，城乡居民生活质量明显改善。

1．以《规划》为龙头，着力推动生态市建设

结合成都市实际和国家、省、市灾后重建规划的要求，编制了《成都生态市建设规划》的编制。经专家对《规划》评审后报请政府常务会讨论通过，并报请市人大审议通过后组织实施。以《规划》为龙头，将城乡生态环境建设工作扎实、有序地推进。

2．重点突破，夯实基础，加快推进生态区（市）县创建

以大力开展"生态细胞工程"创建为基础，加强绿色学校、绿色社区创建，以加快保护区建设为抓手，推进城乡生态环境保护工作，城乡环境明显改善。经过几年的努力，有 10 个乡镇已获全国环境优美乡镇授牌，7 所国家级绿色学校，2 个国家级绿色社区获得命名，建成自然保护区、风景名胜、森林公园总面积达 3 238.8 km^2。

3．细化举措，务求实效，努力改善城乡生态环境质量

坚持"保护优先、预防为主、防治结合"原则，细化举措，务求实效，确保生态环境质量的不断改善。大力开展大气环境综合整治。全面实施扬尘污染防治"三大工程"，修订了大气污染防治管理办法，扩大禁煤区域，全面开展清洁能源改造，深化机动车排气污染防治。深入开展水环境综合治理。按照"全流域规划、全流域整治、全社会参与"的原则，着力开展了城乡污水处理设施及管网建设、中小河道治理等工作，促进了水环境质量的改善。扎实抓好农村污染防治。以城乡环境综合整治为契机，开展农村垃圾集中收运处置系统建设，采取"户集、村收、镇运、县处理"的运行体系。着力治理畜禽养殖污染，通过划定禁养区、限养区和宜养区，规范养殖范围，控制农村面源污染。

4．调整结构，促进循环，大力发展城乡生态经济

以生态市创建为契机，大力培养循环经济，推进生态经济、生态产业体系建设，推广使用有机复合肥和农家肥，推行安全、洁净、无害化循环生产技术，发展无公害优质农产品生产，扩大无公害食品、绿色食品、有机食品等优质农产品的生产和供应。

5．加强宣传，营造氛围，提高全民生态保护意识

以国家环保模范城持续改进、水和大气环境综合整治、节能减排、污染源普查等工作为重点，整合资源，发动群众开展丰富多彩的环境保护专题宣传教育公益活动。开展各种宣传媒体，做好环境保护新闻宣传报道。通过加强全民环境保护宣传教育，提高全民生态保护意识。

三、推进城乡生态建设存在问题

1．"5·12"汶川特大地震生态环境破坏严重

"5·12"汶川特大地震导致区域植被、土壤理化性状发生改变，造成的水土流失，土地资源减少，生态承载力降低；珍稀濒危物种及其栖息地受破坏，导致生物多样性受损，生态环境遭受严重破坏。

2．城乡生态环境保护严重不协调

农村环境基础设施差、管理严重滞后。农村生活污水、固体废物、生活垃圾处置率低，农村面源和点源污染严重。镇（乡）、村、社没有专职环境管理机构和人员，区（市）县环境管理机构面临的形势与任务与农村环境监管需求的矛盾十分突出，城乡生态环境保护严重不协调。

3. 经济增长与环境质量制约的矛盾日益突出

城乡人民群众日益增长的物质文化需要同落后的社会生产之间的矛盾。市委、市政府的工作重点是以经济建设为中心。历史的原因，过去的经济增长主要依靠粗放型增长方式，随着经济的快速发展，经济增长与环境质量制约的矛盾日益突出。

四、探索城乡生态环境建设的新道路

1. 积极探索城乡环保体制机制

建立和完善党委加强领导、政府组织实施、环保部门统一监管、政府部门一岗双责、全社会共同参与环境保护的工作体制。建立和完善环保工作绩效考核体系，将环保绩效考评结果作为干部选拔任用、评先创优和奖惩的重要依据，实行环保目标政绩考核"一票否决制"。

2. 编制"全域成都"环保规划，建立持续稳定的环保投入机制

编制"全域成都"环保规划，建立和完善服务城乡的功能区划、饮用水源保护规划、固体废物处置利用规划等专项规划，并纳入全市国民经济发展规划之中，列为公共财政支出的重点，建立持续稳定的环保投入机制，加大对污染防治、生态保护、环保示范工程和环境监管能力建设等环保事业的投入。

3. 抓住机遇，着力推进城乡环保一体化

以科学发展观为统领，以灾后恢复重建、扩大内需、全国统筹城乡综合配套改革试验区建设为契机，生态市建设为载体，结构调整与转变发展模式为主线，疏缓资源环境约束"瓶颈"为突破口，优化与提升生态环境质量为根本出发点，建设高效的生态经济体系、宜居的自然生态体系、安全的环境支撑体系、生态的社会保障体系为重点，努力将成都建设成生态环境保护与经济社会协调发展的首善之区。

四、基层环境问题与对策

基层环境保护工作面临的问题及对策

黑龙江省黑河市环保局副局长 陈广华

黑河市地处黑龙江省东北部，下辖三县二市三区，2008 年末人口 174 万，占地面积 6.8 万 km²。东南与伊春市、绥化市接壤，西南与齐齐哈尔市毗邻，西部与内蒙古自治区隔嫩江相望，北部与大兴安岭地区相连，东北与俄阿州隔黑龙江相望。黑河市幅员辽阔，土地、森林、草原、水利、矿产和野生动植物资源极为丰富，形成了边境地区独有的资源优势，总体上为"六山一草一水二分田"。

2007 年，黑河市四次党代会提出今后五年发展战略：即，坚持邓小平理论和"三个代表"重要思想，全面贯彻落实科学发展观，实施"改革创新、开放升级、综合开发、强市富民"战略，扩张经济总量，增强发展活力，提高综合效益，同步协调推进经济、政治、文化、社会建设，加快建设小康黑河、和谐黑河。

温家宝总理在第六次全国环境保护大会上指出：保护环境关系到我国现代化建设的全局和长远发展，是造福当代、惠及子孙的事业。党中央、国务院历来重视环境保护工作，把保护环境作为一项基本国策，把可持续发展作为一项重大战略。党的十六大以后，我们提出树立科学发展观、构建社会主义和谐社会的重要思想，提出建设资源节约型、环境友好型社会的奋斗目标。这是我们党对社会主义现代化建设规律认识的新飞跃，也是加强环境保护工作的根本指导方针。

面对地方党委、政府，党中央、国务院和人民群众对环境保护越来越强烈的要求，面对日益严峻的环境形势，基层环境保护部门工作任务越来越重，工作压力越来越大。然而，基层环境保护工作面临着诸多问题。这些现实问题影响了基层环境保护工作的开展。分析问题产生的原因，提出有效的解决对策，才能推进基层环境保护工作，才能实现建设资源节约型、环境友好型社会的奋斗目标。

一、基层环境保护工作存在的问题

中国地域广阔，自然环境、社会情况、经济发展水平差异较大，因此，基层环境保护部门面临的问题也不一样。归纳起来，比较突出的问题表现在以下几个方面：

1. 人员业务素质不适应新形势需要

表现在以下两个方面：一是学历偏低。学历偏低是指基层环保系统人员的学历与当地政府部门工作人员学历相比较而言。黑河市环境保护系统 295 名职工，大专以下学历职工有 186 人，占全部职工的 63%；大学本科以上学历人员占全部职工的 37%。黑河市政府部门工作人员大专以下学历人员仅占全部工作人员的 57%，大学本科以上学历人员占全部工作人员的 43%，相比较，学历比政府部门低 7 个百分点。二是具有环境保护专业的人员少。黑河市环境保护系统具有环境保护专业的毕业生仅有 65 人，占全部职工 22%，非环境保护专业毕业生而从事环境保护工作的人员占全部职工的 78%。

2．工作条件、管理建设能力差，经费不足

一是办公场所简陋，人员拥挤。有些县（市）环保局机关与监测站工作在一起，每天工作在药品的异味环境中，身心健康受到了严重影响。黑河市环保局机关和环境监测站在同一栋楼的三层和二层，监测站和局机关工作人员每天都受二楼化验药品异味熏染。一些地方办公用房严重不足，很多人挤在一个狭小办公室里面，有些县市人均办公面积不足 10 m²；一些环境保护部门二级机构在外面租房，不利于管理。二是环境管理建设能力差。办公设备不足，在信息化的今天，办公必备的电脑、复印机、打印机不够用。执法和业务用车除国家配备外，地方政府购置很少。黑河市环保系统地方政府购置的车辆仅占现有车辆的 8%。环境监测能力满足不了基本监测需要。从全国基层看，仅以与群众生活息息相关水源地水质监测能力为例，全国有 10%城镇没有监测点，全国有 23%地下水源地每年只能监测一次。三是经费不足。黑河市及所属市县财政状况窘迫，2008 年全市人均财力 4.5 万元，全省人均财力 5.6 万元。低于全省人均财力的 20%。全市各级财政部门预算安排人员工资外，年人均公用经费不足 2 000 元。除去车辆开销后，差旅费所剩无几。更有甚者，一些县（市）工作人员工资无能力全额发放，工作经费更无从谈起。

3．环保机构不够健全，人员不足

一是部分县（市）级环保机构没有独立，隶属于当地建设部门或其他相关部门开展工作。黑河市的孙吴县环境保护局隶属于县建设局，自身不能独立执法，要受建设局的委托才能执法。二是环保内设机构不全。2001 年地方政府机构改革时，环境保护部门工作仍然没有得到地方政府的重视，机构设置少，人员编制没有得到增加。环境信访、应急管理工作等都由其他业务科室兼职。从局机关来看，基本上设置 5～6 个科室，编制在 8～15 人。随着全社会对环境保护要求越来越高，环保职能不断加强，现有的机构和编制不能适应新形势下环境保护工作。

4．环境保护工作创新不够

一些基层环保部门工作因循守旧，"等、靠、要"的思想严重，不能创新开展工作。表现思想保守，一味求稳，满足于已取得的成绩，止步于眼前的局面。表现创新氛围不浓，创新工作不多，创新成果不明显。工作习惯于照本宣科，抓不出特色，更谈不上创新了。面对新情况、新问题、新挑战，缺少不断推进方法和举措等方面的创新，站得不高，看得不远，使环境保护工作不能体现时代性和创造性。

5．对上级审批项目前期管理手段弱

我国对建设项目环评实行分级审批制度，分为国家审批、省审批和基层审批。项目一般都建在县市，项目建设和试生产等前期的监管由上级授权。但基层环境保护部门也只有发现问题向上级汇报的权利，没有处理权力，而上级审批机关距离项目所在地遥远，不能及时处理，基层环保部门执法手段显得苍白无力。《建设项目环境保护管理条例》二十四条至二十八条关于项目建设前期和试生产对期间违法违规都明确规定由项目审批部门负责处理。

二、问题产生的原因

基层环境保护工作面临的问既有主观原因也有客观原因，既有外部原因也有内部原因。分析和归纳起来，有以下几个方面。

1．地方政府重视程度不够

关于环境保护工作重视程度，一直存在着"上重下轻，上紧下松"现象。从中央到省，从省到市县，对环境污染治理的重视程度和紧迫性逐级降低。在经济发展和环境保护关系上，上级政府能够从国家、民族可持续发展的战略高度重视；而一些地方政府没有正确认识和处理好经济发展与环境保护的关系，当前与长远的关系，局部与全局的关系。一些地方重经济发展、轻环境保护，甚至不惜以牺牲环境为代价换取经济增长；只顾当前，不计长远，考虑局部利益多，考虑全局和整体利益少。由于重视不够，环境保护部门经费、办公条件、机构设置、能力建设投入不足也就在所难免了。

2．对环境形势认识不足

我国环境形势严峻的状况仍然没有改变。主要污染物排放量超过环境承载能力，流经城市的河段普遍受到污染，许多城市空气污染严重，酸雨污染加重，持久性有机污染物的危害开始显现，土壤污染面积扩大，近岸海域污染加剧，核与辐射环境安全存在隐患。生态破坏严重，水土流失量大面广，石漠化、草原退化加剧，生物多样性减少，生态系统功能退化。由于对环境形势认识不到位，地方政府和环境保护部门在思想上没有紧迫感、使命感。

3．环境保护的法规、制度，与任务要求不相适应

环境保护工作涉及范围广、影响大，生态破坏和污染危害延续的时间长、危害后果严重。因此，需要完备的法律体系和切实有效的制度作保证。然而，目前还存在立法空白、现有法规不配套、现有的政策和制度得不到落实的问题还没有解决。尤其是基层政府没能按照《国务院关于落实科学发展观，加强环境保护的决定》要求，将环保投入列入本级财政支出的重点内容并逐年增加，致使环境保护工作效果差，基层政府也没有责任。

三、解决问题的对策

1．全面提高人员素质，增强做好环境保护工作的能力

一是建立培训制度。基层环境保护部门要定期对环境管理、环境监察、环境监测、环评审批等业务人员进行培训，提高现有人员的理论水平和业务能力，适应环境保护工作需要。二是吸纳专业人员。从招收具有专业知识的大学毕业生和调入具有环保专业知识的人才入手，解决专业人才人数比较少的问题。黑龙江省各级环保部门对下级班子成员的调入采取了上级协审的办法，对保证环保队伍的素质起了一定的作用。环境保护队伍如果新增人员都能够突出具有环境保护专业知识或者从事过环境保护工作经历，那么，自然就会提升队伍的业务素质。

2．建立多元投资渠道，确保环境保护资金的需求

环境保护部周生贤部长指出："基础不牢，地动山摇"。实现资源节约型和环境友好型环保目标重点在基层，难点也在基层。除了采取促进区域与环境协调发展、加快经济结构调整、强化法制严格监管措施外，建立多元投资渠道也是加强环境保护重要举措之一。一是明确基层环境保护部门公用经费由地方政府按着工作需求安排。二是环境基础设施建设、环境监管能力建设等资金主要以地方各级人民政府投入为主，中央政府区别不同情况给予支持。三是重点流域综合治理、核与辐射安全、农村污染治理、自然保护区和重要生态功能区建设，由中央政府投资为主，地方投资为辅。四是工业污染治理按照"污染者负责"原则，由企业负担。

3．工作有所作为，赢得地方政府支持

俗话说："无为无位，有为有位"。如果基层环保部门有所作为，就会赢得地方政府的支持，有了地方政府的支持，那么，办公条件、能力建设、经费问题、机构等问题就会迎刃而解。一是要积极主动服务于企业。在项目建设的前期，对项目环境影响评价审批，归本级审批的，需要加班加点，不能拖拉；需要上级审批的，要与上级积极沟通和协调，尽快得到上级环境保护部门批准。在北方，冬季漫长，项目施工期短。因为环评审批时间过长而耽误项目的推进，自然会引起企业和政府的不满。在项目营运期，要经常到企业了解情况，善于发现污染苗头，把问题解决在萌芽中。二是要积极主动为政府当好参谋。要充分发挥环境综合管理职能，主动协助政府和有关部门制定和实施有利于经济社会可持续发展的政策，在编制区域或行业经济发展规划、制定政策法规以及制定重大战略性决策和开展社会经济活动等方面，统筹考虑环境保护因素。要超前介入重大项目建设，准确把握产业发展的总体趋势，为产业结构调整出谋划策，为政府宏观决策提供重要依据。要变被动、事后、补救、消极环保为主动、事前、预防、积极环保。重大项目环保部门要从始至终进行参与，及时发现问题并进行调整。三是为群众办实事。要充分发挥环境监察职能，对关乎群众利益噪声、粉尘、饮水等环境问题加大整治力度，让群众放心，让群众满意。

4．创建学习型队伍，创新环境保护工作

创新是一个民族进步的灵魂，是一个国家兴旺发达的不竭动力。只有创新环境保护工作才能适应当前环境保护工作的需要。"工欲善其事，必先利其器"，创新需要有知识作保障。因此，加强学习，学以致用，努力建设学习型环境保护队伍十分必要。正如周生贤部长对环境保护干部所要求的，每一位干部都要认真学习中国特色社会主义理论体系，学习科学发展观、构建社会主义和谐社会等新的思想理论，学习环保业务和经济、法律、科技、文化、历史等各方面的知识，不断提升自己的政治觉悟和精神境界，提高解决问题的能力。

5．提高环境保护指标在各级政府考核的比重，增强政府开展环境保护工作主动性

目前，各级政府对下级政府年度目标考核都包括了环境保护工作的指标。但是，环境保护工作的指标的分值没有国内生产总值、招商引资、财政收入分值高，因而导致政府领导对环境保护工作轻视。为此，建议组织部门加大环境保护工作占考核指标体系的份额，促进地方政府投入更多的精力主动做好环境保护工作。

加强环境保护，加速推进湘潭市新型工业化进程

湖南省湘潭市环保局副局长　李莉

党的十六大报告中指出，"坚持以信息化带动工业化，以工业化促进信息化。走出一条科技含量高、经济效益好、资源消耗低、环境污染少、人力资源优势得到充分发挥的新型工业化路子。"

党的十七大报告中提出，"建设生态文明，基本形成节约能源资源和保护生态环境的产业结构、增长方式、消费模式。循环经济形成较大规模，可再生能源比重显著上升。主要污染物排放得到有效控制，生态环境质量明显改善。生态文明观念在全社会牢固树立。"这是首次把"生态文明"写入党代会报告，并将之作为实现全面建设小康社会奋斗目标的新要求之一。

因此，如何从湘潭的实际情况出发，探讨促进新型工业化的环境保护措施尤其重要。

一、环境保护是新型工业化的内在要求

相对于传统工业化道路而言的，新型工业化道路主要有六层含义："一是以信息化带动工业化的跨越式发展。强调了信息化背景下工业化的新特点，是工业技术革命、产业革命、信息革命和产业制度的重大变革。二是工业经济领域技术贡献的提升。新型工业化的实现过程是现代自然科学技术、现代技术科学和现代社会科学在工业领域广泛地综合运用的过程，强调提高工业领域的科技含量，以技术进步提高工业发展的质量和工业经济效益。三是以可持续发展理念为指导，在人口、资源、环境协调发展的基础上实现工业化的可持续发展。四是以充分就业为先导，在工业化的进程中既促进经济发展，又实现充分就业。五是突出强调了工业化的连续性和阶段性。工业化不是一次性的，而是连续不断的过程，新型工业化是连续不断的工业化过程中的一个新阶段。六是强调工业经济增长方式的转变。在新型工业化道路中使工业经济由粗放型增长向集约型增长转变，由数量型向质量型转变。"

在新型工业化的内涵中突出强调了生态环境保护，要求在新型工业化的实现过程中要以可持续发展为原则，以经济效益、社会效益和生态效益的结合为目标，走资源节约型、环保型和生态型的工业化发展道路。因此，环境保护是发展新型工业化道路的内在要求。

二、湘潭市工业化和环境保护的现状

1. 湘潭市工业化现状

湘潭市工业起步于"一五"时期，经过 50 多年的建设，现已形成以冶金、机电、化

工、纺织、建材、汽车为支柱的门类比较齐全的工业体系，工业得到了全面的发展。"十五"期间，由于市委市政府积极实施"强工富市、开放带动、科技兴市"的重要战略，我市 GDP 年均增长高达 11.8%，其中一、二、三产分别增长 5.6%、15.5%、10.6%，产业结构得到进一步调整优化。

虽然取得了很多成就，但还存在一些问题。一是传统工业化格局尚未打破。从整体上看，我市的产业结构仍以传统重工业、资源型工业为主，高新技术产业比重低。2005 年高新技术产业产值占全部工业总产值的 32.9%，离工业化标准值 70%相差一半。二是产业集群程度低。产业形不成链式发展、集群发展的优势。产值过 100 亿元的仅湘钢一家，过 10 亿元的企业只有江南、江麓和湘潭电机三家。作为产业升级和产业集聚平台的工业园区，其规模和档次都还没有达到现代工业的发展要求。目前，我市园区工业产值占工业总产值的比重不到 20%。

2. 湘潭市环境保护现状

上述种种原因造成我市工业既对资源、能源形成高依赖、高消耗，又影响附加值的提高，制约了我市工业的可持续发展。与此同时，快速推进的工业化进程对湘潭的资源与环境也造成了巨大的压力，生态环境继续弱化，环境保护与工业化发展的矛盾日益凸显。主要表现在以下几个方面：

第一，环境保护在宏观决策中相对滞后。环境保护参与制定城市发展、区域开发和行业发展规划、产业结构、产业布局的等比重较轻。2005 年全市环保投资占 GDP 的比例为 1.09%，距控制环境恶化所需的 1.5%～2.0%还有较大差距，环境保护投资在经济决策中所占比例较低。

第二，工业污染形势严峻。我市工业由于历史原因，受当时生产技术水平的制约，环保历史欠账太多，高能耗、高资源消耗企业较多，而其在工业经济中所占比重较大。机电、冶金、化工、纺织、建材、制革、水泥几大行业既是我市的支柱行业，也是造成我市工业污染的主要原因。2008 年，全市工业废水排放量为 10 860 万 t，其中传统的重点污染源工业废水占到排放总量的 82%，老污染治理任务十分繁重。同时在新的经济快速发展态势下不断出现的新环境问题，使得我市环境保护的任务更显艰巨。

第三，流域性和区域性污染问题突出。湘潭湘江段部分污染因子在湘江枯水期时存在超标现象，直接影响湘江两岸人民的饮水安全。而且我市工业污染源又相对集中在岳塘、湘潭县易俗河、湘乡城区，形成相对集中的区域性环境污染特点。

第四，开发区环境管理相对滞后。随着区域经济的快速发展，各地相继建成了一批工业园区。作为产业集群发展的先进模式值得推广，但有的在立项建设时没有进行环境影响评价，存在区域规划不规范，忽略产业定位与区域规划布局的要求，开发园区环境管理相对薄弱。

三、湘潭市发展新型工业化的环境保护对策与建议

1. 树立科学发展观，走工业文明和生态文明并重发展模式

十七大报告中明确指出，要"建设生态文明，基本形成节约能源资源和保护生态环境的产业结构、增长方式、消费模式"。这一重要的思想论述，为进一步坚持以人为本，

树立全面、协调、可持续发展的新型工业化道路指明了方向。以科学的发展观作指导，保护好生态环境，走一条工业文明和生态文明并重发展模式成为湘潭市发展新型工业化道路的必然选择。

2．大力调整产业结构，建立生态工业化体系建设

从工业布局和产业结构的层面上看，我市的环境污染主要表现为结构性污染：由于起初工业点位的区域性设置和产业结构的"先天"性不合理，致使污染物无序排放与区域环境质量要求之间形成了尖锐矛盾；随着城市建设的发展和环境功能的不断调整，城市产业结构形式，特别是第二、三产业结构形式严重滞后于现代城建和环保的要求；资源利用率高，污染物排放量高，而技术含量低的"两高一低"产品，构成我市工业制造业产品的基本特征。为此，应采取以下措施：一是通过"关、停、禁、治、迁"，限制高污染、高能耗企业的发展。二是通过加快运用信息、清洁生产、节能降耗等现代技术改造提升我市冶金、纺织、建材、食品等传统产业。三是通过从投资、税收、信贷、原材料供应、价格等方面给予优惠和扶持的一些倾斜性经济政策，引导资金向环保产业、绿色产业投入，形成以绿色产业、环保产业为依托的现代工业化群体。

3．全面推行清洁生产，逐步发展循环经济

实施清洁生产是走新型工业化道路的根本性措施之一，发展循环经济是实施可持续发展战略的必然选择和重要保证。只有把清洁生产和资源综合利用等融入我市的工业发展中，才能将传统的"资源—产品—污染排放"所构成的物质单行道流动的发展模式转变为"资源—产品—再生资源"反复循环发展模式，实现生产废物的最大减量化、最大利用化、最大资源化。从我市的实际情况看，一是要迫切调整能源结构，推广使用清洁能源。虽然市政府已于 2007 年 7 月出台了《关于市城区第一批燃煤锅窑炉限期改用清洁能源的通告》，对 85 家单位锅炉实施强制拆除，但后期的任务还相当艰巨。二是可以选择我市冶金、建材、化工、机电等重点行业进行清洁生产审核试点，树立一批资源利用率高、污染物排放量小、经济效益显著的清洁生产先进企业。三是通过重点支持发展湘钢、电厂、湘机等大企业发展循环经济项目，在全市逐步推进循环经济发展，带动和促进全市工业技术链、产业链的延伸和拓展。四是在工业企业较集中的工业园区，倡导建立生态工业园区，兼顾资源的循环利用，使上家的废料成为下家的原料和动力，最大限度地把各种资源都充分利用起来，做到资源共享，互为利用，共同发展。

4．切实做好工业污染防治工作

在未来 20 年，湘潭市将处于一个高速增长的态势，工业化进程将进一步加快，加之工业企业和人口的增加，这种态势必将给环境造成巨大的压力。一是根据我市污染物排放控制指标和《湘潭市环境保护"十一五"规划》，认真做好污染物总量控制和节能减排工作，确保到 2010 年我市二氧化硫、烟尘、工业粉尘、化学需氧量和氨氮几项指标比 2005 年分别下降 17%、18%、3%、40%、59%。二是对新、扩、改建项目的审批，按照"依法审批，简化程序、快捷高效"的原则，为园区和企业提供服务。三是突出对重点区域、重点行业、重点企业的污染治理。对重点区域特别是工业园区的工业污水采取集中治理、集中监督管理的有效措施，集中力量解决我市污染相对集中的区域性环境污染问题。坚决关停大气治理无望的工业窑炉和煤炉，改善大气环境。加快湘钢烧结脱硫、中水回用、湖铁合金煤气除尘回收等重大环保治理项目建设步伐。四是加大执法力度，加强环境监

管，特别是要强化电厂脱硫、河西污水处理厂等重点环保设施的运行监管。完善环境应急监测中心和重点污染源在线监测网络建设，对湘江湘潭段各主要段面和全市重点排污单位实行污染源 24 小时监控。

5. 建立健全新型工业化道路和环境保护的长效运行机制，确保经济、社会和环境的可持续发展

一是建立健全严密的环境保护的监控和评价体系，严格执行《中华人民共和国环境影响评价法》。如果不从政府的经济发展规划和开发建设活动的源头预防环境问题的产生，将会继续陷于防不胜防、治不胜治的严峻局面，湘潭市在推进新型工业化道路的过程中将付出更大的环境代价和经济代价。因此，实施《环境影响评价法》，包括政府的经济发展规划进行环境影响评价在内的环境影响评价，是防止因经济发展带来的环境污染和生态破坏的一项非常重要的措施，是走新型工业化道路的必不可少的环节。二是坚持新型工业化道路和科学的发展观，吸取其他先进城市成功的经验教训，积极探索通过长株潭区域内城市间环境保护合作的形式，推进我市新型工业化道路，确保我市经济、社会、环境的和谐、持续、稳定发展。

"防治用保管"五措并举，

实现由水污染防治向水资源节约利用转变

——山东枣庄市水污染防治之路

山东省枣庄市环境保护局副调研员　潘全界

枣庄市位于山东省南部，现辖五区一市，面积 4 563 km²，人口 382 万。枣庄市属淮河流域南四湖—运河水系，境内 7 条主要河流贯穿而过，是南水北调东线工程的必经之地。

枣庄因煤而兴，长期以来依赖资源发展，形成了以煤炭、水泥、电力等为主体的重型产业结构，工业增加值占 GDP 的 60%以上，其中重工业又占到工业的 3/4，是一座典型的重化工业城市。枣庄作为新中国重要的能源基地，新中国成立以来为国家作出了巨大的贡献，仅计划经济时期调拨煤炭即达 4 亿多 t。但对资源的过度开采，导致枣庄煤炭资源濒临枯竭，生态环境十分脆弱，特别是偏重的产业结构，带来了较为严重的环境污染，境内 7 条主要河流水质一度全部为劣Ⅴ类，枣庄面临着城市转型发展和环境保护的双重压力。如何才能既确保淮河流域、南水北调水质安全，又保证城市转型期的经济又好又快发展和社会稳定就成为我市不断思索和解决的重大课题。

近年来，在实施转型过程中，我们深深地认识到，资源枯竭，并不意味着发展必然枯竭，更不意味着环境必然恶化。越是资源濒临枯竭，越要更加珍惜环境资源，越要更加突出环境保护。为此，我们提出了"一箱油"的发展理念，把有限的环境容量作为"一箱油"。一方面，采取减少排放、等量置换等措施，尽可能节约这"一箱油"；另一方面，把有限的"一箱油"更多地用于能耗低、污染少、经济社会效益高的好项目、大项目，努力促进环境与经济的高度融合，以保护环境优化经济发展。认真总结实施"防治用保管"五措并举的水污染防治体系，环保优先、大力治水、用心养水。努力打造大环保格局，实行政府负总责、部门共协力、企业为主体、全社会共同参与，实行全防全控、综合治理。全市水污染防治成效十分明显。

（1）河流断面水质稳定达标。2008 年是枣庄市境内河流水质最好的一年。国控台儿庄大桥出境断面，全年水质（高锰酸盐指数、氨氮）达到或优于Ⅲ类水标准，达标率为 100%；新薛河、薛城大沙河、北沙河 3 条河流全年达到Ⅲ类水质标准；城郭河、薛城小沙河、峄城沙河全年达到Ⅳ类水质标准。与 2007 年相比，新薛河氨氮由 10.9 mg/L 下降到 0.83 mg/L，降低了 92.4%；薛城小沙河氨氮由 10.4 mg/L 下降到 0.92 mg/L，降低了 91.2%；主要污染物 COD$_{Mn}$、氨氮分别比 2005 年降低了 83.2%、95.5%。

（2）水污染防治项目建设成效显著。目前，我市列入国家"十一五"淮河治污规划的 58 个项目，有 52 个完成治理任务，完成率达 89.7%。其中，37 个工业点源深度治理项目全部完成；6 个城市污水处理及相关设施项目全部完成；15 个重点流域污染防治项目，已完成 9 个，另外 6 个截污导流项目，因体制、设计、规划调整影响，延缓了开工日期，但目前也已经全部开工建设，确保在计划时间内完成。

（3）水资源循环利用格局初步形成。2008 年，全市中水回用量达到 10 285 万 m³，约占新鲜用水量的 10%。其中，农业灌溉利用再生水 4 500 万 m³；中水进城景观用水等回用水 2 500 万 m³；污水处理厂回用水 1 825 万 m³；企业内部回用水 1 460 万 m³。

（4）水体生态修复能力全面提升。充分发挥人工湿地对水体的自然净化作用，五区一市分别建设了 1 至 2 处人工湿地，建成湿地总面积 3 500 hm²，其中，2 处湿地被命名为国家级湿地，3 处湿地被命名为省级湿地。对境内主要河流、水库全面开展了生态修复能力改造和提升，2008 年，新增蓄水能力 1 000 万 m³、水面 450 hm²，3 亿多 m³ 库容水体得到了休养生息。

枣庄的水污染防治工作已经跨越了工业点源治理为主的阶段、跨越了经济快速发展时期环境质量徘徊不前的阶段，正逐步向水环境质量全面改善、全面稳定达标阶段转变，向流域、区域综合治理阶段转变，向水资源节约利用阶段转变。

一、立足一个"防"字，全年无一例污染事故发生

一是严格落实防控责任。建立"纵到底、横到边"的责任体系，切实增强了各级的工作责任感和紧迫感。市委、市政府两个"一把手"坚持亲自抓，先后 4 次对水污染防治工作作出专门批示；市政府成立了以市长为组长的工作领导小组，先后 5 次召开常务会议和专题会议，研究部署水污染防治工作；市人大、市政协先后 8 次进行水污染防治工作视察、调研，监督指导水环境保护工作。在全市各级各部门实行"一把手"负总责，自上而下层层签订水污染治理目标责任状，层层明确具体任务，层层落实具体责任。同时，市和各区（市）相关部门，按照"一岗双责"的要求，认真履行水环境保护职责，形成了责任明晰、通力协作的工作局面。

二是科学制定防治规划。近年来，我市先后以市委、市政府文件和人大决议、市长令等形式，出台了《环境保护"十一五"规划》、《节能减排工作实施意见》、《小流域水污染防治规划》等 10 余个规章制度和规划指导文件。2008 年，按照淮河流域水污染防治"十一五"规划的要求，编制了年度水污染防治计划方案，对全市主要河流提出了Ⅲ类水的更高目标。完善应急预防体系，专门建立了环境应急队伍，配备了应急监测、应急处置设备，出台了应急预案，对全市 50 多家化工、造纸等危险化学品企业和重点废水排放单位提出了应急处置要求，做到防患于未然。像兖矿国泰化工，利用厂区附近的河道，建设了容积 2 万 m³ 的应急处置池，构筑了预防水环境污染事故的坚固防线。

三是严把环评审批关口。严格执行环保部"四不准"、"十不批"原则，结合枣庄水环境保护实际，对新上项目实行"四个坚决不批"：对不符合国家产业政策，环境法律法规的项目坚决不批；对"两高一资"的项目坚决不批；对南水北调沿线、饮用水源地等环境敏感地区产生重大不利影响的项目坚决不批；对完不成总量减排，没有容量指标的坚决不批。2008 年，共否决重污染项目 4 个，提出更换厂址项目 12 个，有效地预防了新

污染源的产生。

二、突出一个"治"字，污染源治理全部达到山东省地方标准

一是自我加压，三次提高治污标准。继 2000 年"一控双达标"之后，我们先后三次提高了废水排放标准。2003 年，由国家污水综合排放二级标准提高到一级标准；2006 至 2007 年，由一级标准提高到执行全国最严格的《山东省南水北调沿线污水综合排放标准》；2008 年，污水处理厂由一级 B 标准提高到一级 A 标准，投资 5.2 亿元对 150 余家企业实施了污水深度治理工程，年可削减 COD 4 000 余 t、氨氮 380 余 t，全市工业废水排放达标率 98%。

二是抓点带面，推动结构性污染治理。为有效解决煤化工、造纸等产业高能耗、高污染问题，我们结合城市产业转型，选择部分重点企业作为试点，进行了积极的探索和实践，基本达到了"治理一家企业、形成一种模式、带动一个产业"的目的。像兖矿鲁化，先后投入 18 亿元，建设治污工程、中水回用工程和炉渣综合利用、生产废气回收利用等装置，实施"双结构"技改工程，形成了废水、废气、固废回收利用三条循环经济产业链，中水回用率达到 50%，硫化氢废气回收利用率达到 90%，工业固体废物综合利用率达 100%。3 年多时间，兖矿鲁化的尿素产量扩大到 80 万 t，甲醇产量扩大到 20 万 t，但主要污染物 COD、氨氮排放量却并未增加。"鲁化模式"为煤化工企业提供了高效实用的治污途径，促进了我市煤化工产业的快速发展。到"十一五"末，枣庄煤化工产业增加值将达到 240 亿元，占全市 GDP 的比重达到 20% 以上，而排污负荷将降低 30% 以上。滕州市华闻纸业是一家麦草制浆造纸企业，为保障国家南水北调调水水质，我们引导企业下决心关闭了不属于淘汰范围的麦草制浆生产线，以废纸为原料造纸，改变了原料结构，吨纸耗水量由原来的 350 t 降低到 20 t 左右，COD 削减量达 4 100 余 t。我们总结推广"华闻模式"，彻底关闭了境内麦草造纸生产线，并通过实施原料及产品结构调整，使全市造纸生产能力扩大到 80 万 t、产值增加了 8 倍，而 COD 排放却减少了 2.23 万 t，污染负荷削减了 83%。实践证明，资源型城市只有调整产业结构，发展循环经济，才能从根本上解决水污染问题，实现科学发展。

三是提升功能，完善城市污水处理设施。全市累计投入资金近 8 亿元，建成投运了 9 座城市污水处理厂，日处理能力达到 33 万 t。污水管网日臻完善，2008 年新增污水管网 102.45 km，累计配套污水管网 428.67 km。目前，每个区（市）至少有一座污水处理厂，每个污水处理厂有一套完备的污水管网、一套除磷脱氮工艺、一套中水回用网络、一套污泥处置设施、一套自动在线监控系统、一套企业化运行机制，达到了"七个一"的要求。2008 年，全市城市污水处理厂平均运行负荷率达到 75% 以上，集中处理率达到 80% 以上。

四是以人为本，切实保护好饮用水水源地。2008 年，我们实施了饮水安全工程，修订了《饮用水地下水源保护管理办法》；制定了《饮用水源地环境污染事故应急处置预案》，建立了多部门联合应急处置机制；对水源地周边环境进行全面整治，依法清理取缔了保护区范围内的排污企业，全年未发生一例饮用水污染事故。

五是因地制宜，强力推进农业面源污染治理。2008 年，全市实施测土平衡配方施肥

10 万 hm²，减少农药使用量 12 t，减少化肥使用量 15 kg/hm²；有机食品基地发展到 38 个，面积达到 2 413 hm²；全面完成了畜禽规模化养殖场污染综合治理工程，大面积推广自然养猪法；建设农户用沼气池 10.12 万户、畜禽养殖场大中小型沼气工程 173 处，总池容达到 103.4 万 m³，年处理畜禽粪水 7 800 多万 t。

三、推行一个"用"字，再生水成为全市第三水资源

一是实施企业中水回用工程。推行"无一次性用水车间"，引导企业加大中水回用力度。累计投资近 2 亿元，对 70 余家企业配套了中水回用工程，有 10 余家企业购买使用城市污水处理厂的中水，日回用水量达 5 万 t。

二是实施中水截蓄导用工程。先后在薛城沙河、峄城沙河、新薛河、城郭河等季节性河道上建设橡胶坝 21 座、溢流坝 68 座，年截蓄中水 7 000 万 m³ 以上。在去冬今春的农业抗旱中，截蓄导用工程发挥了巨大作用，解决了近 20 万亩农田灌溉问题。薛城小沙河，通过层层截蓄、生物净化、自然降解，COD 浓度由 2005 年的 120 mg/L 下降到目前的 28 mg/L，昔日的污水沟变成了今天的小清河。

三是实施中水进城工程。以台儿庄为试点，结合古城恢复重建，积极打造"生态古城"。投资近 1 500 万元，开挖了 2 300 m 的中水河道，实施中水进城工程。城区内污水经污水处理厂处理后，注入运河湿地，再将经湿地自然净化后的生态水引入城区，用于景观补水，有效涵养了城市水源。

四、注重一个"保"字，实施"三退三还"

一是实施"退渔还水"，对流域源头进行生态修复保护。我市境内共有水库 135 座，水面达 7 333 hm²，但由于长期进行水产养殖，对水体造成了严重污染。为了保护源头水资源，真正让水库休养生息，我们采取"政策引导、经济补偿"等措施，对周村、石咀子、户主等重点水库实施"退渔还水"。2008 年，投资 4 000 余万元，将周村水库内 1.5 万个网箱全部进行清理，使库区水质大大改善。据测算，仅每年提供 8 000 万 m³ 的城市用水，就可创造直接经济效益 8 000 多万元，综合效益非常可观。

二是实施"退房还岸"，对河流流经城区段进行生态修复保护。全市累计投资 3 亿元，实施综合整治工程 10 个，整治河道 30 余 km，拆迁河道两侧居民 2 000 余户，修建橡胶坝、拦河坝 12 座，实施绿化、美化工程 500 余 hm²，新增岸堤 300 hm²。通过实施"退房还岸"工程，打造了一道道亮丽的城市风景线，为百姓提供了人水和谐的优美环境，同时提升了沿河土地价格，带动了周边房地产开发，形成了经济社会发展与环境治理的良性循环。像峄城大沙河生态净化工程，治理河道 4.1 km，增加绿化面积 10 万 m²，不仅提高了原有河道防洪和灌溉能力，而且为城区居民提供了良好的亲水空间，产生了良好的生态效益、景观效益、人文效益和社会效益。

三是实施"退耕还湿"，对入河口、入湖口及河道低洼处进行生态修复保护，打造"生态湿地之乡"。截至 2008 年底，全市累计投资 1.2 亿元，在 6 条河流流域实施"退耕还湿"工程 7 个，退耕还湿面积 7 334 hm²，初步形成了"治理一个流域、培育一个湿地、造就

一个生态景区"的格局。像我市西部流入微山湖的城郭河、界河、北沙河等，通过建设节制闸、橡胶坝等河道综合治理工程，在河流入湖口处形成了大片的湖滨湿地和 30 余 km 的湖岸线。目前，微山湖湿地已成为全国环境教育基地。

五、着力一个"管"字，确保水环境稳定达标

实施"三个四"的执法监察模式，保持高压态势，严查违法行为。即，落实省环保局"四个办法"（全省重点企业监管办法、城市污水处理厂水质监管办法、主要河流水质监测办法、17 个设区城市建成区空气质量监管办法），提升"四种力量"（科学监测手段、先进执法装备、高素质执法人员、全社会环境监管），实行"四个结合"（监测结果与执法监察结合、说服教育与行政处罚结合、例行巡查与突击检查结合、通报批评与环保限批结合）。2008 年，共组织专项检查 180 余次，夜查 50 余次，突击检查 1 000 余次，查处环境违法事件 27 起，限期停产治理企业 3 家，对 3 家企业实行了"一票否决"，对 1 个乡镇实行了"区域限批"。

建立健全了"三位一体"的水环境监控系统。即，实施自动监控：投入 1 亿元，安装了 113 台（套）水质自动监控设施、52 个监控视频，建设了 11 座水质自动监测站，对全市所有重点废水企业排污口、污水处理厂进出口、7 条主要河流跨境断面（包括区、市之间河流断面）实现了实时在线监控；投资 1 000 余万元，提升改造了市、区（市）监控中心，并达到了省、市、区三级联网和第三方运营管理，运行率和准确率均达到 90%以上。强化人工监控：增加人工监测频次和在线监测对比，全年获取水质监测数据 2.87 万个，比对监测报告 1 000 余份。增设生物监控：全市重点监控的 50 余家企业污染源、9 座城市污水处理厂出水口都建设了生物指示池，池内养鱼，既可监测污染指标变化，又可直观地向社会展示企业排水水质。

全面落实监督考核机制。市政府制定了环境保护工作效绩考核奖惩办法，切实把环保工作成效作为各级、各有关部门工作实绩考核的重要内容，进行严格考核、实行一票否决；建立健全环保公示和政务公开制度，鼓励群众举报环保违法行为，编制覆盖全市的环保监督网络。

襄樊市环境保护与经济可持续发展问题的浅析

襄樊市环境监测站站长　　任一

一、可持续发展与环境保护

可持续发展包括环境的可持续发展、经济的可持续发展和社会的可持续发展。环境的可持续发展是基础，经济的可持续发展是动力，社会的可持续发展是目标，因而环境可持续发展成为整个可持续发展的重要部分。

环境的问题实际上是一个环境承载力的问题，包括两方面内容：①经济活动索取自然资源的速度，若超过了资源本身及替代品再生的速度，将导致自然资源的枯竭和生态系统的破坏；②向环境排放污染物的数量超过了环境的自净能力，将导致生态系统的失衡。

环境保护与经济发展相互依靠、相互促进。环境为经济发展提供必需的原料和能源，并容纳经济活动所产生的废料，是经济发展的基础。经济发展是促进环境保护的前提条件。只有保护环境资源才能促使经济长久发展，环境保护需要经济发展。客观事实说明，那种以盲目扩大投资规模、乱铺摊子为基础的经济增长，其增长速度越快，资源浪费就越大，环境污染和生态破坏就越严重，发展的持续能力就越低。

只有遵循环境保护与经济发展和谐统一、实施可持续发展的战略思路，才能保证长期、稳定发展。

二、我市目前的环境问题及其原因分析

1. 目前我市环境问题主要表现在以下几个方面

（1）大气污染严重。根据襄樊市环境监测站监测资料表明，襄樊市市区在 2008 年空气质量为优达到一级的天数有 34 天，为良好达到二级的天数有 278 天，为轻微污染以上达到的天数有 54 天。主要污染物仍是颗粒物，属于煤烟型污染，主要来自本地燃煤烟尘、工业粉尘、建筑施工、机动车辆以及城市地面和裸露土地尘和二次扬尘；其次为二氧化硫。

由于我市地理位置特殊，春季易受北方沙尘暴影响，风沙天气多，扬尘多，空气污染以尘污染为主；夏秋季节多天高气爽且雨量充沛，有利于污染物的扩散稀释，空气质量较好，优良天气多集中在此时段；冬季处于采暖期，我市能源目前仍以燃煤为主，除了生产用煤外，采暖用煤量大幅度增加，加之冬季静风和逆温天气较多，污染物聚集于近地层不易扩散稀释，因此在一年之中污染最为严重，除了尘污染加重外，二氧化硫污

染也有显著增加。酸雨出现频率增加。并且随着汽车的大量增加，汽车尾气污染也日趋明显。

（2）水污染没有得到根本好转、"南水北调"中线工程将使我市水环境形势更加严峻。根据襄樊市环境监测站监测资料表明：我市汉江干流水质虽然符合功能区划要求但污染物浓度仍有增加；汉江六条主要支流（北河、南河、蛮河、唐白河、滚河和小清河）水质状况与上年相比有所好转，但蛮河、唐白河、滚河仍达不到功能区划要求。占我市汉江支流的百分之五十。

近年来，我市在防治工业污染、加强废水处理等方面虽然取得了一些成绩。但是城市生活污水排放量却大幅度增加，而对城市生活污水的处理远不能适应需要。全市除市区鱼梁州污水处理厂和观音阁污水处理厂正常运转外，其他各县市污水处理厂还没完全投入使用，有的还处在规划设计中。

"南水北调"中线工程实施后，随着汉江径流量的降低，势必造成汉江（襄樊段）污径比增加、环境容量降低、污染物浓度增加，若不采取有效的污染防治和生态保护措施，汉江襄樊段水环境污染的范围和程度将逐步扩大与加重。同时，随着丰、平水期延长，形成高气温、低流速的状态，有可能导致水化污染现象发生；由于水位降低，将会造成沿江部分滩涂湿地消失，加重河滩地的沙化。

（3）固体废物和噪声污染加剧。工业固体废弃物和城市生活垃圾排放量越来越大，处理和利用率比较低。目前，我市工业固体废物处理水平较低，综合利用途径有待进一步开发，尤其是危险废物的处置措施仅限于简单堆放和无控制焚烧；部分县市垃圾填埋场缺少渗滤液收集和处理系统，环境安全隐患较大。城市区域环境的噪声污染严重，群众噪声污染投诉逐年增加。

2. 环境继续恶化的原因

（1）长期沿袭粗放型经济增长方式，加剧了环境污染和生态破坏。长期以来，我市（特别是经济相对落后县市）经济增长主要靠粗放经营来扩大经济规模，对资源的消耗大幅度增加，环境污染严重，主要表现为：由于技术、管理水平落后，企业跑、冒、滴、漏现象严重，在生产过程中增加了污染；能耗水平高，单位产值的污染水平高。重开发轻保护、重建设轻管护的思想仍普遍存在，以牺牲生态环境为代价换取眼前和局部利益的现象在一些地区依然严重。经济快速增长对生态环境造成了巨大压力。

（2）产业结构不合理，使结构性污染严重。从经济发展过程来看，我市的产业结构还处于以第一产业、第二产业为主的时期，我市三次产业之间的比例关系严重失调，产业结构中工业偏重，服务业过低的矛盾十分突出。其环境特征是单位国民生产总值污染产生量和生态损失耗量高。在相同的产业结构条件下，由于科技贡献率低影响了产业结构的高度化水平，增加了单位产值的低污染量，而污染型产业结构雷同，又扩大了污染范围，加剧了环境污染和生态破坏的趋势。

（3）环境科技和产业滞后。现有的污染治理和生态保护技术不能适应环境保护的需要；环境科技的整体水平不高，高新技术应用较少，体现环境科技前沿水平的先导性研究不足；有的技术还有待进一步研究与开发，有些还停留在成果阶段，科技成果的实用化、商品化和产业化程度较低，缺乏通用产业化的技术；环保产业规模较小，产品质量和技术水平较低，难以满足环境保护的需要。

（4）环境资源的公共性和环境污染的外部性使污染严重。首先，环境污染具有很强的负外部性。它表现为私人成本与社会成本、私人收益与社会收益的不一致，而这种表现却不能在市场上反映出来，如果没有政府的干预或社会矫正，外部性负效应很可能造成严重的环境污染和公共资源的破坏。其次，环境保护具有正外部性。环境保护是一种为社会提供集体利益的公共物品和劳务，它往往被集体加以消费，它基本上属于社会公益事业，是具有正外部性很强的公共产品，这样就产生了"搭便车"问题。使市场机制提供环境保护这样的公共产品的供应严重不足。再次，环境资源具有公共性。这就可能导致所有人无节制地争夺使用稀缺资源。每个人追求个人利益最大化的结果是不可避免地导致资源的毁灭和环境的破坏。

正是环境资源的公共性和环境污染的外部性，使得或多或少存在：地方政府出于发展经济的考虑，往往纵容一些企业"先污染，再治理"，使内部成本外部化；企业经营者只顾眼前的经济利益而忽视长远的环境利益；……等等现象。这样，整个社会急功近利，破坏环境的成本就转嫁到外部的公共机构或个人身上。

三、加强环境保护以实现我市经济可持续发展

要实现可持续发展战略，可从以下几个方面着手：

（1）优化产业结构，发展循环经济，推广清洁生产，从源头上控制环境污染。要大力推动产业结构优化升级，加快发展先进制造业、高新技术产业和服务业，形成一个有利于资源节约和环境保护的产业体系。严格执行产业政策和环保标准，下决心依法淘汰那些高消耗、高排放、低效益的落后工艺技术和生产能力，严禁新上那些浪费资源、污染环境的建设项目。要按照"减量化、再利用、资源化"的原则，根据生态环境的要求，进行产品和工业区的设计与改造，促进循环经济的发展。要推进节能、节水、节地、节材和资源综合利用、循环利用，推广清洁生产，努力实现增产减污。

（2）建立把环境要素考虑在内的综合决策机制，改变部门封闭、局部分割的制定政策的做法，把环境保护与社会发展政策的制定和执行结合起来。

（3）树立可持续发展观，重视宣传教育和公众参与，提高公众环境意识，形成绿色消费和绿色市场，推动全社会参与可持续发展战略的实施。

（4）建立完善的市场机制，加强环境资源管理，使环境资源的价格能够真正反映其价值。通过市场调节，实现环境资源的优化配置。

（5）解决突出环境问题，维护社会稳定和环境安全。着力维护和保护好人民群众的环境权益。坚持以人为本，继续把水、空气、土壤污染防治作为重中之重，把确保群众饮水安全作为首要任务，落实好重点流域区域污染防治任务，提高城乡污染防治能力，千方百计解决好危害人民群众健康和影响可持续发展的突出环境问题，让广大人民群众喝上干净的水，呼吸上新鲜的空气，吃上放心的食品，实现人与自然相和谐。

济宁市水环境形势分析及对策

山东省济宁市环保局副局长　孙友勋

一、济宁市水环境质量改善目标

依据国家及山东省相关文件，要求如下：

（1）鲁环发[2007]138 号文件，"十一五"期间我市主要河流分年度剔除上游因素水质改善最低目标见表1。

表1　主要河流分年度剔除上游因素水质改善最低目标　　　　单位：mg/L

2008 年		2009 年		2010 年	
COD	NH₃-N	COD	NH₃-N	COD	NH₃-N
50	4	40	2	25	1.3

（2）《淮河流域水污染防治"十一五"规划》，到 2008 年：江苏、山东、安徽涉及南水北调东线的 37 个断面达到Ⅲ类。到 2010 年：淮河干流水质基本达到Ⅲ类；南四湖等 62 个集中式地表水饮用水水源地达到功能要求。

（3）《山东省"两湖一河"碧水行动计划》（鲁环发[2005]144 号）：到 2010 年底，在不断流的情况下，24 条主要河流水质达到水环境功能区的要求（南水北调输水线路区 19 个断面水质达到Ⅲ类。老运河微山段、洸府河黄庄、洙赵新河于楼等断面丰水期、平水期达到地表水Ⅲ类标准，枯水期 COD 浓度低于 50 mg/L，氨氮浓度低于 20 mg/L）。济宁市城市生活污水处理率不低于 80%，县级市市区和县城所在镇不低于 55%。

（4）国家南水北调东线工程推迟五年通水。要求调水水质达到地面水Ⅲ类标准。

综上所述，2009—2012 年我市的水质目标可以概括为：

2009 年各县市区主要河流出境断面达到省定分年度剔除上游因素水质改善最低目标要求：即 COD≤40 mg/L、氨氮≤2 mg/L。

2010 年各县市区主要河流出境断面达到省定分年度剔除上游因素水质改善最低目标要求：即 COD≤25 mg/L、氨氮≤1.3 mg/L。南四湖、梁济运河和主要河流入湖口达到地面水Ⅲ类水质标准：即 COD≤20 mg/L、氨氮≤1 mg/L；其他支流考核断面达到Ⅳ类标准：即 COD≤30 mg/L、氨氮≤1.5 mg/L。2012 年，各县市区主要河流出境断面、南四湖、梁济运河和主要河流入湖口稳定达到地面水Ⅲ类水质标准：即 COD≤20 mg/L、氨氮≤1 mg/L。

地表水水质改善压力最大的一年是 2010 年，由Ⅴ类或劣Ⅴ类水体达到Ⅲ～Ⅳ类水体。

二、济宁市水环境现状

济宁属于淮河流域的南四湖流域，南四湖流域面积 31 700 km²，其中在山东省境内的流域面积为 26 255 km²。南四湖是山东省最大的湖泊，南水北调东线的调蓄库，由南阳湖、独山湖、昭阳湖和微山湖四个湖泊连接而成，接纳鲁苏豫皖 4 省 32 县市区的来水，主要入湖河流 53 条。

2008 年地表水监测结果见表 2。

表 2　2008 年济宁市 20 个河流断面及 5 个湖泊监测点水质

编号	水域名称	监测点位	控制级别	控制地区	年均浓度/（mg/L）	
					COD	氨氮
1	南四湖上级湖	前白口	国控	—	31.0	0.41
2		二级坝	国控	—	28.7	0.14
3		南阳	国控	—	30.2	0.23
4	南四湖下级湖	大捐	国控	—	24.8	0.28
5		岛东	国控	—	19.7	0.10
6	梁济运河	邓楼	省控	梁山县	41.2	2.43
7		李集	国控	梁山县、汶上县、任城区	34	0.89
8	泗河	卞桥	省控	泗水县	13.4	0.10
9		书院	国控	曲阜市、泗水县	37.9	0.34
10		兖南桥	省控	兖州市	35.3	0.66
11		尹沟	省控	泗水县、曲阜市、兖州市	29.7	0.38
12	洸府河	侯店	省控	泰安宁阳县	34.3	1.92
13		东石佛	国控	兖州市、济宁高新区、任城区	49.6	5.68
14	老运河	西石佛	省控	济宁市城区	52.7	4.25
15		御景花园	省控	微山县	30.5	2.10
16	东渔河	徐寨	省控	菏泽地区	40.7	0.55
17		西姚	国控	鱼台县	35.2	0.37
18	白马河	太平桥	国控	邹城市	29.5	0.60
19	西支河	北外环桥	国控	鱼台县	31.5	0.31
20	洙赵新河	喻屯	省控	菏泽地区	34.5	0.30
21	老万福河	高河桥	省控	金乡县	33.2	0.31
22	新万福河	湘子庙闸	省控	菏泽地区	41.2	0.48
23	泉河	牛庄闸	省控	汶上县	30.8	0.26
24	洙水河	105 公路桥	省控	嘉祥县	34.8	1.31
25	沛沿河	入湖口	省控	江苏沛县	40.4	6.97

由表 2 中数据可知济宁市地表水呈有机类型污染，部分水体兼有营养型污染，耗氧有机物和氨氮等营养物是地表水主要污染物，除泗河卞桥断面能达到标准要求，南四湖下级湖岛东基本达到标准要求外，其余均达不到Ⅲ类水质目标要求。洸府河和老运河以及境外来水沛沿河、新万福河等污染还比较重，离南水北调水质目标要求还有很大差距。

三、水污染原因分析

1. 工业废水和生活污水

地表水污染的原因之一是接纳了大量的工业废水和生活污水。由于济宁市地处南四湖流域的下游，流域内苏、豫、皖 3 省的废水也通过跨界河流流入。流域内的工业废水已基本实现达标排放，但企业即使执行最严格的南水北调排放标准（$COD_{Cr} \leqslant 60$ mg/L、氨氮 $\leqslant 10$ mg/L）也与地表水Ⅲ类水质标准（$COD_{Cr} \leqslant 20$ mg/L、氨氮 $\leqslant 1.0$ mg/L）有较大差距。

2. 城镇环境基础设施建设滞后于社会经济发展

流域内仅县、市、区建设了城市污水处理厂，但众多的乡镇、大的村庄和一些工业园区尚未有污水处理厂（站），未经过处理的生活污水排放量逐年增加。即使污水处理厂执行的一级 A 标准（$COD_{Cr} \leqslant 50$ mg/L、氨氮 $\leqslant 5.0$ mg/L）比地表水Ⅲ类水质标准高出许多，排入水体后，也会对接纳水体造成影响。

3. 有限的水环境容量和自净能力

济宁常年降水偏少，且季节性强，平时自然径流较小，有河皆干，有水皆污，水环境容量有限。河流因长期超量纳污，超出了水体自净能力。

四、对策

在实地调研的基础上，针对以上问题，提出以下对策。

1. 加大工业废水深度治理力度

（1）加大工业结构调整力度。鼓励发展低污染、无污染、节水和资源综合利用的项目。对污染严重的工艺和产品实行强制淘汰。2010 年底前取缔麦草制浆工艺和不能稳定达标的农产品深加工企业。

（2）工业企业要在稳定达标的基础上进行深度治理，直接排入河流的企业要执行更加严格的标准。排水进入城市污水处理厂的企业，应将 COD 预处理至 350 mg/L 以下，氨氮预处理到 15 mg/L 以下；直接排入河流的企业，分以下几种情况：①河流断面不能达标：企业执行更加严格的排放标准以满足断面水质；②河流断面达标，工业企业排放废水可执行南水北调排放标准，同时满足地方政府根据环境容量确定的污染物排放总量目标要求。煤矿、废纸造纸、火力发电、机械加工等企业必须最大限度地实施废水资源化，力争实现零排放，确需外排的必须达到 COD 30 mg/L 以下，氨氮 2 mg/L 以下。

（3）积极推进清洁生产，大力发展循环经济。鼓励企业实行清洁生产和工业用水循环利用，发展节水型工业。加大中水资源化力度，鼓励电厂循环冷却水使用污水处理厂中水。

（4）严格环保准入。新建项目必须符合国家产业政策，同时满足济宁市建设项目准入政策，不得新上、转移、生产和采用国家明令禁止的工艺和产品，严格控制限制类工业和产品，禁止转移或引进重污染项目。加大区域限批力度，加强"三同时"验收，做到增产不增污。

2．完善城镇环境基础设施，有效控制城镇污染

（1）合理确定污水处理厂设计标准及处理工艺。现有的污水处理厂改造后达到一级A 排放标准（GB 18918—2002）。达标但其下游接纳水体断面达不到Ⅲ类水体标准的，要进行深化治理，建设湿地进一步净化或污水厂提标改造使 COD 处理至 30 mg/L 以下，氨氮 2.0 mg/L 以下。处理能力不足需要扩容的，尽快扩建。按照"集中和分散"处理相结合的原则优化布局，我市主要河流两侧所有乡镇、工业园区及村庄都应根据当地特点建设污水处理厂（站），收集工业及生活污水。所有的污水处理厂必须达到一级 A 排放标准（GB 18918—2002），同时具备 COD 处理至 30 mg/L 以下，氨氮 2.0 mg/L 以下的能力。

（2）加强污水处理厂配套管网工程建设，提高收集率。大力推行雨污分流。污水处理厂加快建设污泥集中综合处理处置工程。

（3）节约用水，提高城市污水再生水利用率。加大电力企业再生水利用比例，并以此作为项目审批和验收条件。在具备条件的机关、学校、住宅小区新建再生水回用系统。

3．控制面源污染，建设生态修复工程

（1）加快农产品种植结构调整力度，发展生态农业、有机农业，推广测土配方施肥等科学技术，科学合理施用化肥农药。

（2）全面治理畜禽养殖污染，规模化畜禽养殖场要抓紧治污改造，加快治污工程建设，加强污染物的综合利用，力争到 2010 年实现达标排放。

（3）加大农村环保建设力度。编制农村环境综合整治规划，推进农村社区环境基础设施建设，改水、改厨、改厕，建立生活垃圾收集处理系统，铺设污水收集管网，建设庭院污水处理站及村级污水处理站。

（4）加快湿地建设力度。在南四湖和重点河流入湖口建设生态带和其他生态修复工程，提高水体自净能力。

（5）河道清淤整治。老运河、洸府河等尽快清淤，对岸坡修复整治。

4．加大财政资金投入力度

坚持政府引导、市场为主、公众参与的原则，建立政府、企业、社会多元化投入机制，拓宽融资渠道，落实项目建设资金。各级政府要尽快落实污水、垃圾处理收费政策。积极争取国家和省财政资金支持，加大财政"以奖代补"力度。

五、具体做法

为解决好重点流域区域水污染问题，我局以市环委会文件制定下发了 2009—2010 年老运河流域污染、洸府河流域污染环境综合整治实施方案，把治理任务分解到具体部门、县、市、区及有关企业。市环保局成立了洸府河治污、老运河治污指挥部，负责治污工作的协调、督导和调度，以指挥部的形式推进水污染治理工作。对涉及的项目进行一月

一调度，一月一通报。治理进度慢的进行通报批评、挂牌督办。目前各项任务正在有条不紊地向前推进，老运河、洸府河水质得到明显改善，取得了一定成效。

六、结语

水环境质量改善是一项系统工程，不是环保局一个部门的职责，涉及方方面面，必须明确各单位职责、调动方方面面的积极性，共同努力，真抓实干，才能使我市的水环境质量尽快得到改善。

衡阳市水口山地区区域环境问题及整治对策

湖南省衡阳市环境保护局副调研员　唐小平

前　言

　　水口山是驰名中外的铅锌产地，享有"世界铅都"、"中国铅锌工业之摇篮"之美誉，是我国重要的有色金属采掘、冶炼基地之一。全面掌握水口山地区污染现状并对其存在的主要环境问题提出行之有效的整治对策，不仅对促进水口山地区经济社会又好又快发展具有积极意义，同时，对类似的有色金属冶炼工业区的污染防治具有借鉴意义。本文在对水口山地区区域环境问题详细调查分析基础上，提出了具体的整治对策。

一、基本情况

1．地区概况

　　衡阳市境内的水口山地区系指常宁松柏镇，衡南松江工业冶化专业区，以及水口山有色金属有限责任公司金铜公司及其周边区域，区域总面积约 81 km²。区域位于衡阳盆地西南部、湘江中上游，东北距衡阳市区约 40 km，湘江穿境而过。水口山是驰名中外的铅锌产地，最早开采于宋朝，正式建矿于 1896 年，享有"世界铅都"、"中国铅锌工业之摇篮"之美誉，是我国重要的有色金属采掘、冶炼基地之一。

2．产业发展现状

　　水口山地区具备良好的区位优势，便利的交通条件，良好的工业基础，较强的科研开发能力，区域经济发展蓬勃。现有工业企业近 100 家，主导产业为有色金属和贵金属采选、冶炼、深加工和化工行业。2008 年企业销售总额近 100 亿元。

　　水口山地区主导企业——水口山有色金属集团有限公司（以下简称"水口山集团公司"）前身为水口山矿务局，是一家集有色金属采矿、选矿、冶炼、加工为一体的国有独资企业。公司现有铜矿山 1 座，铅锌矿山 2 座，铜、铅、锌、氧化锌和无汞锌粉冶炼厂各 1 座，拥有国内唯一的铍冶炼厂和砷产品生产基地。其所属的康家湾矿为全国第四大铅锌矿山，保有铅锌储量 1 600 万 t，在水口山矿田及周边仍有良好的找矿前景，其潜在有色金属价值在 1 000 亿元以上。公司拥有 60 万 t 矿石采选、24 万 t 铜铅锌冶炼、1 000 kg 黄金和 300 t 白银的年生产能力，其中铅的年生产能力为 16 万 t，锌的年生产能力为 7 万 t，粗铜生产能力为 1 万 t，自给铜铅锌金属含量 3 万 t/a 以上，均居全省前列；铍系列产品为国内独家生产，占据国内 80% 以上的市场。水口山集团公司现为省政府重点调度服务企业，位居全国制造业 500 强，中国有色金属行业 50 强。2008 年，公司实现销售收入 37.6 亿元,利税 3.6 亿元。预计到"十一五"末,铅、锌、铜三种金属年产量将达到 32 万~35 万 t,年销售收入 50 亿~70 亿元,实现利税近 5 亿元。

二、区域主要环境问题及成因剖析

1. 区域主要环境问题

(1)区域局部环境空气质量低劣。在冶炼化工企业高度密集的松柏镇和松江工业区,环境空气 SO_2、Pb、TSP、As 有超标现象。

(2)工业企业重金属排放总量大。据统计,2007 年水口山地区主要工业企业向湘江水体排放工业废水量超过 1 000 万 t,其中镉、铅、砷、锌排放量各约 10.3 t、15.8 t、30.2 t、143.8 t,排放量占湘江重金属排放总量的份额分别为镉 65.9%、铅 51.1%、砷 54.2%、铍 99.1%。水口山地区重金属污染物排放量占衡阳地区总量的 95%,水口山有色金属集团有限责任公司重金属污染物排放量占水口山地区总量的 80%。

(3)主要水系受重金属污染严重。湘江松柏段水质受重金属污染,底泥富集了大量的汞、镉、锌、砷、铅、铜等有毒有害重金属。据调查统计,20 世纪 90 年代以来,衡阳市饮用水源多次出现重金属超标现象与水口山地区企业含镉、铅、锌、铜及砷废水的排入密切相关。以Ⅲ类水质评价,2007 年,水口山地区工业企业排放口下游控制断面——湘江松柏断面水质镉、砷、锌测点超标率分别为 27.8%、27.8%、2.8%。

以湘江松柏上游断面——憩山相应年份底泥作为对照标准,湘江松柏段底泥富集了大量的汞、镉、锌、砷、铅、铜等有毒有害重金属。松柏断面左岸、右岸底泥中总铜、总砷、总汞、总镉、总铅富集率均达到 100%,尤以汞、铅、镉、砷的富集量多,最大富集倍数分别达到 283.5、34.3、62.9、39.1 倍;右岸的富集程度比左岸严重。作为水口山区域主要工业企业直接纳污水体的曾家溪、康家溪底泥中总铅、总镉、总锌、总汞含量均较高,底泥受重金属污染尤其是镉、汞的污染较严重,部分河段最大富集倍数分别达到 490.0、110.3 倍。

(4)重金属面源污染较为突出。松柏镇农用地土壤环境质量已远不能满足其环境功能要求,95%的农用地受重金属尤其是镉的污染严重,91.8%的农用地中镉、70.5%的农用地中砷含量已远远超过"为保障农林生产和植物正常生长的土壤临界值"(GB 15618—1995 三级标准),局部土壤铅、锌含量也严重超标,严重危及百姓身体健康。

(5)局部区域生态破坏现象严重。松江工业冶化专业区(约 1 km²)和金铜公司周边(约 3 km²)由于冶炼活动的影响土壤酸化严重,绿化、配套基础设施缺失,水土流失现象极为严重。

(6)工业废渣未得到有效处理处置。目前,水松地区无规范化渣场。现有的松柏渣场是水口山有色金属集团的工艺废渣、废水处理压滤渣、基建垃圾及松柏镇生活垃圾的堆放集中地。自上个世纪 70 年代开始堆积。由于历史原因,渣场无防渗设施,露天堆放,经雨水淋浸,锌、镉、砷、铅等重金属及水溶性有机物(DOM)溶出污染土壤与地下水,同时渣场每天产生 100~200 t 的渗滤液。渗滤液中主要重金属锌、镉、铅的浓度分别为 189 mg/L、0.83 mg/L、0.25 mg/L。渣场现无渗滤液处理措施,渗滤液直排曾家溪经康家溪入湘江。

（7）污染治理经费缺口巨大。由于水口山地区主要企业均是依托本地丰富的有色金属资源建设的冶炼、化工老企业，污染达标治理往往需要从改革工艺入手，采取源头控制与末端治理相结合、标本兼治的措施，治理所需经费投入高，企业难以承担。以粗铜冶炼为例，水口山有色金属集团有限责任公司金铜公司铜冶炼原采用的是"密闭鼓风炉—转炉吹炼"常规流程，由于环境污染严重、粗铜收益率低、硫利用率低等原由已于 2007 年停产，拟采用的水口山炼铜法需投入约 3 亿元资金，企业无力承担，其采选的铜矿目前直接外售，既造成资源的流失，也影响了水口山有色金属集团的可持续发展。

2. 成因剖析

（1）环保投入不足，治理欠账太多。一方面，水口山地区依托本地丰富的有色金属矿建设了一批冶炼、化工老企业，企业污染物排放量多浓度高，污染治理需投入经费巨大；污染达标治理往往需要从改革工艺入手，采取源头控制与末端治理相结合、标本兼治的措施，治理技术难度高，企业难以承担。如自 80 年代以来，虽然水口山有色金属有限责任公司先后投资了数亿元用于工艺改造、治理和综合利用金铜公司、三厂、四厂、六厂的废水、废气、废渣，但部分企业的"三废"污染环境问题仍未从根本上得到解决，超标排放现象仍然存在。

另一方面，长期以来，由于历史原因，区域整体经济处在高能耗、物耗、高污染产出的粗放型生产经营模式阶段，经济、社会、环境效益协调统一的可持续发展理念未得到多数企业认同，持续的环保投入不足造成区域污染治理包袱沉重，由于长年的累积与富集，区域土壤和水系底泥重金属污染严重。由于历史上重生产、轻环保的观念造成遗留的污染治理负担太重、技术难度太大，短期内很难从根本上扭转区域环境污染的状况。

（2）产业结构单一。水口山地区产业结构以污染严重的冶炼、化工企业为主，产业结构极为单一，资源和能源消耗量高，"三废"产生量大。重型污染企业高度密集，部分地区区划不明，工业、商业、文教、居住相互混杂。松江工业冶化专业区与松柏镇隔湘江相望，南北而立，受季风影响，春夏与冬秋季节交叉污染。

（3）工业装备、技术落后，清洁生产水平低下。水口山有色金属集团有限责任公司是百年老企业，建设时间长，负担重，技术、设备更新投入大，难以承受。以粗铜冶炼为例，水口山有色金属集团有限责任公司金铜公司铜冶炼采用的是"密闭鼓风炉—转炉吹炼"常规流程，由于环境污染严重、粗铜收益率低、硫利用率低等原由已于 2007 年停产，拟采用的水口山炼铜法需投入约 3 亿元资金，企业无力承担，其采选的铜矿目前直接外售，既造成资源的流失，也影响了水口山有色金属集团的可持续发展。

三、综合整治对策与重点

1. 综合整治对策

（1）继续狠抓工业企业老污染治理。本着"谁污染，谁治理"的原则，继续大力推进水口山地区现有工业企业的污染治理。同时，从控制污染物总量入手，继续淘汰资源浪费大、工艺技术落后、污染严重的落后生产工艺；加快推进企业技术改造步伐，用高新技术改造传统产业，减少生产过程中的资源流失和污染物排放，提高清洁生产水平；督促企业逐步开展清洁生产审计，从生产源头削减污染物产生量，减少末端治理负荷。

进一步加大执法力度和监管力度，严肃查处环境违法行为；按要求完成在线监控设备的安装并与市环保局联网，实时监控企业排污状况，确保企业污染治理设施长期正常运转，确保企业污染物长期稳定达标排放。

（2）严格控制新污染源产生。严格项目审批，切实实施主要污染物总量控制前置。严格执行与湖南省人民政府签订的主要污染物减排目标责任状，水口山地区将一律不再审批新建涉砷、涉镉污染物排放的项目，改扩建项目必须以新带老，削减排污总量，实现增产减污。

（3）积极争取国家和省级政策、技术、资金的支持与扶助。水口山地区污染综合整治工作是一项系统性、综合性、长期性、复杂性兼备的工作，迫切需要得到中央、国务院的高度重视和各部委的大力支持。

积百年沉淀累积而成的区域性局部生态破坏、主要水系底泥重金属污染、土壤重金属污染等区域性环境问题的解决，所需治理资金巨大，地方政府无力承担。同时，水口山地区主要工业企业要改革传统工艺、提升产业结构也急需政府的扶持与支持。目前，水口山地区的重金属污染治理已纳入国家重大水专项，同时，湘江流域污染治理也已纳入国家大江大河治理工程。应以此为契机，积极做好水口山地区污染治理项目的前期准备工作，为争取国家和省级财政资金对水口山地区区域污染综合整治的投入打下基础。同时，要争取将水口山地区重金属污染治理项目，特别是土壤重金属污染治理、河流底质重金属污染治理列入国家水专项"十二五"、"十三五"计划，争取将水口山地区列为国家循环经济试点地区和大江大河治理——湘江流域重点治理工程，争取国家和省级政府在资金、政策和技术上给予优先考虑和重点支持，特别是在资金上给予重点支助和扶持。

2．综合整治重点

（1）点源污染控制战略重点

①水口山有色金属有限责任公司金铜公司铜冶炼技术改造。采用水口山炼铜法改造现有"密闭鼓风炉—转炉吹炼"常规流程。项目实施后，S 利用率由 20% 提高到 95%，年 SO_2 排放量削减 0.3 万 t，削减率达 90%。废水达标外排，年削减 SS 160 t，铅 1.76 t，硫化物 4.4 t，锌 3.3 t。

②松柏渣场污染治理与新渣场建设。关闭现松柏渣场，覆土收复，拦截、收集现松柏渣场渗滤液，并对渗滤液进行有效治理，实现达标排放。同时，建设有防渗和污水处理等措施的规范化工业废渣处置场，主要用于处置水口山有色金属有限责任公司及松柏、松江工业冶化专业区内其他企业无综合利用价值的工业固体废物。项目实施后，彻底消除现有松柏渣场环境安全隐患，年削减废水中锌排放量 7.3 t、镉排放量 0.026 t。

③水口山有色金属有限责任公司康家湾矿硫精矿综合利用。通过技术改造，有效消除硫精矿高含量砷的影响。项目的实施，可年削减废水中砷排放量约 20 t。

④水口山有色金属有限责任公司六厂含铍废水治理。水口山有色金属有限责任公司六厂含铍废水治理项目。采用石灰中和——生物制剂法两级处理工艺处理含铍废水，项目实施后，六厂外排废水含铍≤5 μg/L。年削减废水中铍排放量 1.2 t，氨氮约 20 t。

⑤水口山有色金属有限责任公司四厂中水回用。从源头着手，减少废水的产生量，并采用电絮凝-离子交换法对四厂生产工艺废水进行深度处理并达到回用水质标准要求，

该项目实施后四厂可基本实现工艺废水零排放。可年削减废水中锌排放量 48.9 t，铅 6.36 t，镉 4.52 t，砷 2.48 t。

（2）区域环境综合整治重点

①松柏镇主要水系沉积重金属污染治理工程。湘江松柏段、康家溪、曾家溪为松柏镇重要的工业纳污水系，历年来淤积了大量含 Cd、As、Pb、Zn 等有毒有害金属淤泥，对湘江构成潜在性威胁，在各工业企业废水有毒有害金属达标后，应逐步清除湘江松柏段、康家溪、曾家溪淤积的有毒有害淤泥，清通河道，修缮河堤，并进行堤岸绿化。

②水口山重金属污染农用地修复与复垦。依据国家的有关法律、法规，联系松柏镇的实际情况，"统一规划、源头控制、防复结合"、"因地制宜，综合利用"，结合当地的土地利用总体规划，合理制定重金属污染区域的植物修复工艺，使被污染的农田环境质量得以恢复，最终恢复其生产力，实现土地资源可持续利用。

③水口山地区重点区域水土保持与景观建设。结合金铜公司周边区域及松江冶化专业区水土流失现状与成因，采用工程技术措施、生物化学措施、植物措施相结合进行水土保持。

（3）环境监测基础设施建设

为动态了解水口山地区的大气环境质量状况、水环境质量状况，拟在水口山地区设立 1 个空气自动监测站，在湘江松柏断面设立 1 个水质自动监测站。

四、投资及效益分析

1. 投资

水口山区域污染综合整治初步估算需投资约 100 亿元。

2. 效益分析

（1）社会效益。通过区域污染综合整治，水口山地区将突现出良好的社会效益。城镇及工业园区绿色品位提升，环境质量改善，投资环境优化。工业整体技术水平提高，区域工业企业市场竞争能力加强。就业环境改善，居民、职工健康状况改善，人居环境舒适、生态化。

（2）环境效益。区域主要工业企业通过实施上述整改措施后，可实现工艺废水零排放或达标排放，每年可削减进入环境水体砷 24.67 t、硫化物 4.4 t、铅 11.09 t、镉 5.416 t、铍 1.2 t、锌 67.42 t、氨氮 20 t。水口山地区主要重金属污染物及氨氮排放总量基本可控制在环境容量范围之内，水环境质量将有显著的提高，基本可达到其环境功能区划标准。同时，大气环境、土壤环境质量将有所改善。区域内被破坏的植被得以恢复，水土保持状况良好。工业固体废物或渣将基本得到行之有效的处理或处置，湘江松柏段、曾家溪、康家溪水环境明显改善，潜在环境污染、安全隐患将大大减轻。总之环境效益十分显著。

（3）经济效益

①通过对工业企业实施技术改造和加强综合利用，既可以大幅削减工业"三废"排放量，又可以回收"三废"中的有用物质，可有效地促进区域循环经济发展、延长产业链，直接经济效益明显。以水口山有色金属有限责任公司金铜公司铜冶炼治理项目（技

术改造项目）为例，既可以减少矿产资源的流失，增加产品的附加值，创造明显的直接经济效益，同时可大幅削减 SO_2 的排放量，增加副产 H_2SO_4 的量。

②虽然一些污染综合整治措施不会产生直接经济效益，但一方面由于区域各项基础设施齐全，区域总体环境品位上升，工业整体技术水平提高，将大幅提升区域综合竞争能力；另一方面由于区域环境全面改善，有利于维护水口山地区居民身体健康，同时也有利于湘江下游水质的改善和维护湘江下游城镇居民的饮用水安全。潜在经济效益显著。

新形势下做好水环境保护的思考与实践

江西省南昌市环保局局长 陶志

南昌是一座山水都城，有着得天独厚丰富的水资源。境内江河纵横交织，赣江抚河穿城而过，锦河、潦河缠绕其间。大小湖泊有军山湖、金溪湖等数百个，总体水域面积达 2 205.9 km²，占南昌市土地面积 29.8%。城区内有四湖，外有八湖，形成了湖在城中、城在湖中、城湖相融的独特景观。2006 年南昌市获得"中国人居环境奖"（水环境治理优秀范例城市），凭借"赣鄱亲水美"被中国城市竞争力研究会评为"2009 年度中国十大最美丽城市"，成为水环境治理的典范。

绿是城之魂，水是城之灵。水环境治理得好，就会呈现碧波荡漾的景观，成为经济社会可持续发展的支撑；水环境治理得不好，就会到处污水横流，既影响群众身体健康，又成为经济社会可持续发展的障碍。由于历史的原因，南昌的这些湖泊河流曾不同程度遭受污染，有些还相对严重。针对南昌这个"水城"特点，新形势条件下如何既保护好南昌的一城清水，保持南昌碧水长流的美好景象，又促进南昌经济社会快速、健康的可持续发展，成为摆在南昌人特别是南昌环保人员面前的重大课题。要做好这个课题，应当从以下几个方面积极思考和努力实践。

一、深化发展理念，强化水环境保护的思想先导

南昌正处快速发展时期，"十五"时期以来，南昌市主要经济指标保持了两位数增长，实现了全社会固定资产投资两年翻一番、规模以上工业增加值和财政总收入三年翻一番、GDP 四年翻一番。城市综合实力和竞争力不断提升的同时，也给"以水为纲，依水建市"的南昌，带来很大的环境风险和治理压力。

为此，在珍视自己"一山、一江、两河、八湖"自然景观优势的同时，首要任务必须是积极调整更新发展理念，谋求水环境保护理念的不断深化和更新，不断适应新形势，总结新经验，适应环保工作和各项事业发展需要。首先是坚持"三个不引进"：大量消耗资源能源的项目不引进、严重污染环境（尤其是水环境）的项目不引进、严重影响安全与群众健康的项目不引进。着眼于保护南昌的绿色环境和生态景观，体现的是"既要金山银山，也要绿水青山"的认识观念。其次是树立"三个不拼"：不拼资源，不拼环境，不拼短期。强调不以资源环境为代价，不以眼前利益短期效益为考量，着眼于发展速度与后劲的统一，体现的是"既要金山银山，更要绿水青山"的政策导向。最后是坚持"三个优先"：环保规划优先、环保投入优先、环保产业优先。要求促进速度和结构质量效益相统一，体现的是"绿水青山就是金山银山"的价值判断。

只有在不断深化的环保理念指导下，水环境保护和治理才能拓宽思路。南昌市水环

境治理在上述理念的不断深化过程中，治水方略逐渐清晰。即围绕"一江、两河、八湖"分为四个流域，包括以玉带河为中心的水流域整治、昌北和乌沙河水流域整治、城东片区包括幸福渠在内的艾溪湖水流域整治、朝阳片区抚河故道水流域整治。实现了水环境综合整治从点源、线源治理到流域治理的顺利过渡。

在实践上，为防范流域性水环境污染，首先应成立市政府层面的综合整治领导小组，形成部门齐抓共管良好局面。南昌市就成立了由市长任组长、市政府各职能部门、县区政府和开发区管委会负责人为成员的"赣江（南昌段）水环境保护综合整治工作领导小组"，全面组织实施全市水环境污染防治工作，同时创新联审机制，成立了由环保、水利、工商等部门联审、市政府终审的"赣江沿岸建设项目审批小组"，禁止在赣江饮用水源保护区内建设任何与水源保护无关的建设项目，在赣江沿岸生米大桥到豫章大桥段饮用水源保护区外的新建项目必须经"赣江沿岸建设项目审批小组"联审，并报市政府同意后方可建设，从源头上把建设项目可能对南昌"母亲河"造成的风险控制到最低限度。

二、高起点编制生态建设规划，提升水环境保护的科学性

规划是城市经济社会环境协调发展的龙头。没有科学的规划，就没有合理的定位和自己的特色。高规格的规划委员会对城市的水环境保护至关重要，高规格可以保证高起点高水平，可以从城市的规划布局入手，应用全面系统的生态学观点来指导城市规划，增加城市建设的科学决策能力和科技含量，从而可以从规划上、源头上防止区域性、流域性环境污染的产生。高规格高水平的规划，还可以把环境保护规划融入城市总体规划和经济社会发展中长期规划中，贯穿、渗透到形态规划、产业规划、能源规划、交通规划、住宅规划、城镇体系规划和社会事业发展规划之中，从而促进生态市目标的实现。

环境规划，尤其是水环境保护规划，既要立足当前，更要着眼长远；既要大气谋划，更要精细筹划；既要把握共性，更要体现个性。只有制定了前瞻、科学、缜密的水环境保护规划，才能系统有效地开展水环境的保护和治理。南昌市先后高质量地制定了全市环保工作的总纲性的《南昌生态市建设规划》，根据这个纲的规划总体要求，又制定了《长江中下游（江西南昌段）水污染防治"十一五"规划》、《南昌市饮用水水源地环境保护规划》、《南昌市幸福渠水环境综合整治规划》等多个水环境治理长期整体或短期专项规划，特别是重新调整的《南昌市地表水功能区划》，作为总纲下面的分目，将规划精细化，对全市地表水水域进行了功能划分。将市辖区范围内共划分一级水功能区 50 个，其中赣江水系划分一级水功能区 22 个，长 618.1 km；抚河水系划分一级水功能区 2 个，长79.2 km；修水水系划分一级水功能区 8 个，长 142.3 km；环鄱阳湖划分一级水功能区 18个，长 174.9 km。50 个一级水功能区中有保护区 4 个，开发利用区 17 个，保留区 29 个。市辖区范围内共划分二级水功能区 21 个，其中饮用水源区 7 个，工业用水区 5 个，渔业用水区 4 个，景观用水区 5 个。这些规划的出台实施，使南昌水环境治理做到了有规可依，有章可循，形成了全市一盘棋的统一格局。

三、健全地方法规体系，巩固水环境保护的根本

做好水环境保护，法治是根本。尽管国家高度重视水环境保护，制定了《水污染防治法》及其实施细则，并根据情况变化及时作了修改，省级人大和政府也相应地制定了一些法规规章。但是针对像南昌这个"水城"特点的城市，制定一些符合地方实际、更具针对性和操作性的水环境保护法规规章，作为大法的有效补充显得十分必要和紧迫。

根据南昌水环境的特点和现状，我们先后通过了《南昌市赣江饮用水水源保护条例》、《南昌市青山湖保护条例》、《南昌市城市水土保持条例》、《南昌市城市湖泊保护条例》、《南昌市工业园区环境保护条例》等地方性法律法规。尤其是《南昌市城市湖泊保护条例》和《南昌市工业园区环境保护条例》，是南昌根据湖泊众多及工业园区企业受纳水体实际果断出台的，是全国首个对城市湖泊和工业园区进行立法保护的地方法规，环保部对我市地方立法质量给予高度肯定，认为这两个条例对全国具有广泛的示范和指导意义。通过建立健全地方法规规章体系，我市环境保护法制化建设得到明显加强，依法行政、依法办事有了较为明确完善的法制基础保障。

四、依靠大投入加快环境基础设施建设，增强水环境保护的保障

投入是做好水环境保护的先决条件，建设水环境治理基础是做好水环境保护的有力保障。投入和建设不是简单的有限的公共财政的支出，而是富有良性后劲的经济账、环境账、发展账。算好这个账，只有先期的大投入、快建设，才能确保水环境质量的稳定和不断改善，才能为经济社会健康持续发展提供强有力的支持，才不会出现得不偿失甚至亡羊补牢为时晚矣的尴尬局面。

多年来，南昌对水环境基础设施建设在财政收入并不宽裕的情况下敢于投入，舍得投入，先后投资 100 多亿元，建设水环境基础设施和治理水污染，产生了较好的效果。

在饮用水方面：不论是供水管网的新建，还是老城区管网的改造，南昌都投入大量资金加强硬件建设，从而夯实供水基础设施，提升供水保障能力。正因为如此，在赣江水位大大低于水厂设计标高的严峻情况下，南昌依然保障了全市的用水需求。2008 年初，一场历史罕见的雨雪冰冻灾害席卷了我国大部分地区，就在周边城市用水频频告急的同时，南昌 2 200 余 km 供水管网"固若金汤"，全市未发生一起因低温冻害管网冻裂造成的大面积停水现象。为了从"源头"到"龙头"保证水质优良，南昌将所有水厂取水口周边划为一级水源保护区，对整个制水过程执行三级检测，在全市设立了 102 个管网水质监测点、5 套在线仪表和国内一流的 SCADA 系统，水质检测指标常年优于国家标准。在 2007 年国家统计局和原国家环保总局南昌调查组对南昌城市环保满意率的调查中，公众对饮用水水质满意率排位最高。

在主要水体治理方面：南昌先后投入大量资金，深入开展八湖两河水环境综合整治，加强了对青山湖、象湖、梅湖等"八湖"水域的环境监管和整治。其中，玉带河治理工程较为典型。玉带河曾有"南昌的龙须沟"之称，12 km 长的排渍道不堪重负。南昌按照

先求其通，再求其宽，后求其美的原则，采取雨污分流、先截污后清淤，并对雨水渠进行改造，使全市江河湖泊全部连为一体，并从 160 km 以外的洪门水库引来活水，实现了"活水绕城"。同时，南昌市对沿河及周边 41 家主要污染企业分别实施关停、搬迁、限期治理等综合整治措施，杜绝了工业废水对玉带河的污染。现在，玉带河已呈现一幅"河水清清、绿草茵茵、小船悠悠"的水城画卷。

在污水处理厂建设方面：仅仅十来年的时间，南昌这座城市人口 220 多万人、建城区仅 184 km² 的城市先后建成青山湖、象湖等 4 个城市污水处理厂，污水处理能力达 81 万 t/d，今年青山湖污水处理厂扩容改造完工后，污水处理能力将达 98 万 t/d，服务范围将基本覆盖全市建城区，使艾溪湖、赣江乃至鄱阳湖水体水质得以显著改善。各县区、开发区污水处理厂建设也如火如荼。2008 年 10 月，投资 6 000 万元的南昌县小蓝经济开发区污水处理厂（一期 3 万 t/d）主体工程与配套管网建设同步竣工试运行，并达到设计要求，这是全省第一个工业园区污水处理厂，在污染减排方面起到了表率作用。其他县区、开发区的 5 个污水处理厂已开工建设，将于年底完工投运，瑶湖污水处理厂（一期 4 万 t/d）工程筹建工作已经启动。这些工程投入使用后，基本斩断工业污水对全市主要水体的污染。

五、突出重点，用好抓手，抓住水环境保护的关键

优越的自然条件、先进的理念、科学的规划、完善的法规等都是做好水环境保护的必备条件，有了这些条件，关键在于落实。要落实好，就不能眉毛胡子一把抓，而要用好各种抓手，突出重点，分类进行。

一要用好保障饮用水环境安全专项行动这个抓手。南昌城区居民饮用水主要来自赣江，为保证市民用水安全，南昌开展了南昌市生活饮用水地表水源保护区排污口零点行动，对饮用水水源保护区内违法停靠船舶和码头进行了集中整治，重新规划了水上餐饮船的经营点；投资 3 750 万元将双港水厂取水口进行迁建，关停水质不稳定的下正街水厂；同时在 5 个水厂取水口安装视频监控系统，实行 24 小时不间断监控，南昌供水企业在全市设立了多处管网水质监测点，每天定点采样检测，建立和完善了包括水质在线实时监测在内的 SCADA 系统，增强了水质监测能力和监测质量，为确保饮用水水质安全提供了决策依据，动态掌握全市饮用水源及主要水体的水质状况。

二要用好以水环境整治重点工程治理流域污染这个抓手。根据流域治理理念，南昌将幸福渠、桃花河及乌沙河三个水系环境综合整治列入重要议事日程。通过截污、清淤、美化等措施，打通了 6.8 km 长的城南护城河，将城区内湖泊通过抚河、玉带河连接在一起，通过赣抚平原西总二渠引入二类水对整个水系进行活化，城区内湖内河生态水网格局已经形成。目前正全力实施幸福渠流域环境治理。投入 7 800 万元的艾溪湖和幸福渠截污主管工程已经竣工，整治沿线违法排污企业，督促周边企业达标排放，除臭、截污、清淤、活化、绿化美化等工程将全面展开。

三要用好农村水环境治理这个抓手。南昌制定了《南昌市解决农村饮用水安全"十一五"规划》，实施农村改水工程，新建改造供水管网，使农村用上自来水，逐步实现城乡供水一体化。在农村饮用水安全试点工程的基础上，加大投入和治理，开展农村饮用

水水质监测，改善农村饮用水质量。同时，加强农村饮用水安全工程卫生评价，积极开展农村饮用水水质监测，优先解决铁锰超标区、苦咸水区、污染水及血吸虫疫区等地的饮水安全问题，保障农村饮用水安全。

四要用好供水应急水源工程这个抓手。用好这个抓手，可以将备用水源地提前纳入水环境保护规划并积极建设。备用应急水源地筹建前期工作的启动，当即纳入全市生活饮用水源保护范围，并要求设立水源保护区警示标志，禁止设置排污口，禁止在水库从事洗涤、游泳等污染水体活动，较好地保护了水源水系。

六、高位推动，齐抓共管，提升环保部门参与综合决策能力

水多是一个城市得天独厚的良好资源，许多涉水项目就会纷至沓来。南昌作为水城，由于优良的水质，不少涉水的饮料业、酿造业、造纸业、漂染业纷纷投资南昌。一个可资佐证的例子是，中粮可口可乐（中国）饮料有限公司在落户南昌之前，曾有一个不成文的惯例，那就是从不在省级开发区设厂。但在小蓝经济开发区抽取水样检测后，中粮可口可乐（中国）饮料有限公司发现，在 198 项检测指标中，竟然有 196 项达到优秀，2 项合格，这是目前该公司在国内所有厂址中所获取的最好的检测结果，一流的水质，优越的环境，促使该公司最终落户南昌小蓝。但如果不切实把好关口，水资源丰富的优势将成为城市的沉重负担。要在如此形势下保护好一流水质，仅靠环保部门一家是远远不够的，而是要积极参与综合决策，提请高位推动，齐抓共管，形成合力。

南昌在加速崛起的路途中，水环境保护的压力越来越大，主要减排的压力也在 COD。要完成 COD 等的减排任务，首先是要高位推动。这几年，在环保部门的积极宣传下，南昌市委、市政府把污染减排当做一项全局性、战略性、基础性工程来抓，高度重视，高位推动，高密度督察，高强度调度。市委常委办公会上专门讨论研究 COD 的减排问题，省委常委、市委书记亲自调研。市长亲任减排领导小组组长并每月部署一次，分管副市长每周调度一次，通报减排进展，督察建设进程，协调各方关系，解决具体问题。各县区、各部门各司其职，密切配合，形成合力，自觉服从大局，各级各部门"一把手"亲自抓、负总责，分管领导具体抓，层层建立职责明确、分工协作的工作机制，做到责任、措施、投入三到位。同时建立健全了环境质量年度考核机制和任期环境审计制度，提高生态环境指标在全面小康考核体系中的权重，将其作为考核干部政绩的硬指标，将考评结果与各级领导干部的任用挂钩，实行"一票否决制"。

最为关键的是，南昌实行了"绿色考核体系"。按照辖区自然资源、经济发展水平及产业特色分类，南昌市对 14 个县级区划单位，实施差异化考核，引导和鼓励各县区在坚持全面协调可持续发展的前提下，实现错位发展。比如南昌市政府就对旅游休闲产业为主的湾里区取消了工业增加值等经济指标的考核，较大幅度降低了 GDP 增速、财政收入增速等经济指标要求，新增了森林覆盖率、水源水质等生态环保指标以及生态旅游经济指标的考核，生态考核权重接近 1/3。同时，"绿色财政"及时跟进，市政府实行财政转移支付给予必要的经济补偿。

七、监管与服务相结合，提高环境保护服务经济社会协调发展水平

环境保护不是不要发展，而是更好地服务发展。破解环境保护与经济发展的矛盾，为经济社会发展提供环境容量和支撑，促进资源、人口、环境、经济、社会可持续发展，是检验环保工作的一条现实标准。结合发展实际，南昌提出了"生态立市、绿色发展"的战略思想，强调要把生态优势转化为经济优势，把环境品牌转化为经济品牌，顺应世界经济生态化、低碳化发展趋势，大力实施"一园（承接台资企业转移基地和台商创业园）、两基地（光伏产业基地和航空产业基地）、三产业（半导体照明、汽车及零部件、服务外包产业）、四重点（机电制造业、冶金和新材料产业、医药食品产业、电子及电子信息产业）"的产业思路，坚持大开放主战略和新型工业化核心战略，以开发区、工业园区为主战场，紧紧抓住建设三个示范城（中国服务外包示范城市、十城万盏半导体照明应用工程示范城市、十城千辆节能与新能源汽车示范推广试点城市）和一个航空城（南昌航空城信托洪都航空工业集团的整体搬迁分三期建设，洪都集团获得国家大飞机项目25%的机体份额）的政策机遇，积极融入鄱阳湖生态经济区建设，围绕促进经济社会发展与生态环境保护相协调这个中心，努力探索出一条符合南昌实际的科学发展、和谐发展、绿色发展的新路，把南昌建设成为历史文化名城、山水绿色都城、现代动感新城。

当前，南昌正把环保和经济社会协调发展的结合点，放在鄱阳湖生态经济区的稳步推进上。南昌四个县有三个在鄱阳湖边上，而鄱阳湖生态经济区建设已成为江西省的重大发展战略，保护好鄱阳湖区生态环境，保护好"一湖清水"，让青山常在、绿水长流，这是胡锦涛总书记、温家宝总理等中央领导同志对我们寄予的重托和厚望。目前，总体规划已经进入国家审批程序，有望上升为发展战略层面，纳入国家重点功能区建设范围。南昌市作为鄱阳湖生态经济区核心城市，将努力在鄱阳湖生态经济区的建设中起到"领头雁"的作用，加快省会城市向现代区域经济中心城市转变，向提高城市综合竞争力转移，主动与兄弟城市间搞好政策对接、市场对接、功能对接，促进城市之间的产业融合配套、功能相互支撑。同时，突出鄱阳湖生态环境保护，突出环湖地区的基础设施建设，突出环鄱旅游的旅游开发，划定"五河一湖"源头及鄱阳湖滨湖保护区，实施沿湖生态环境保护项目，严格项目审批和环境执法，抓好项目前期准备工作，把南昌打造成一个有个性魅力和竞争力的城市。

八、提高环保自身监管能力，改善水环境保护基本条件

打铁还要自身硬。尽管环境保护是综合系统工程，但环境保护部门仍要忠于主业，恪守职责。特别是要根据环境保护的工作重点，不断提升自身监管水平。在能力建设总体落后的情况下，我们就将有限资金重点用于提高水环境监察、监测能力上，资金倾斜使水环境质量自动监测的硬件建设得到了全面升级，建成了饮用水水源水质自动监测系统中心站工程和 4 个饮用水源水质自动监测子站；在赣江滁槎断面设置了"长江流域赣江滁槎水质自动监测站"，全天 24 小时监测该断面水质。建成的重点污染源在线监控基本覆盖了全市国控、省控涉水重点污染项目。

九、激发全民参与热情，夯实水环境保护的群众基础

水是生命之源，是维系生存的基本要素。水质的好坏优劣直接影响百姓身体健康，与人民群众日常生活息息相关，正因为如此，激发全民参与热情，动员社会各界力量广泛参与水环境保护，便具备了广泛的群众基础和良好的现实条件。

报纸、广播、电视、网络的广泛覆盖，给我们的环境宣传教育活动带来极大便利，我们的环保政策、环保活动、环保措施、环保成绩可以在很短的时间内以很快的速度传播出去。但也正因为如此，如果不注意方法，不注意策略，环境宣传很容易淹没在浩渺无边的信息海洋之中，成为毫不起眼、过眼即逝、了无痕迹的冗余杂闻。

南昌市在激发全民参与热情，广泛深入开展水环境宣传方面，强调"一个中心"、"一个原则"、"三个面向"，即以水环境宣传的有效性为中心，以"吸引大众、强化参与、扩大影响、深入人心"为原则，面向学校、面向社区、面向社会开展宣传教育活动。在实践中，南昌市要求抓好三项工作，即以青少年儿童为重点对象，把水环境宣传覆盖到全市大中小学校；以家庭主妇为重点对象，把水环境宣传推进到街道社区；以用水大户为重点对象，把水环境宣传深入到重点企业。我们借力教育、宣传、妇联等相关部门，借力新闻媒体，借力街办、社区居（村）委会，借力环保志愿公益组织，开展了"环保体验行"、"青少年科学调查夏令营""绿色社区评选""节约用水宣传周"等形式多样、内容丰富、群众喜闻乐见的活动，效果明显，反响良好，南昌市民崇水、节水、爱水、护水的意识日渐提高。

伊犁州的突出环境问题与对策

新疆维吾尔族自治区伊犁哈萨克自治州环境保护局局长　外坦·艾则孜

一、伊犁州概况

伊犁哈萨克自治州位于祖国的西北边陲。成立于 1954 年 11 月，管辖塔城、阿勒泰两个地区和 10 个直属县市，是全国唯一的既辖地区、又辖县市的自治州。全州总面积 35 万 km²，人口 408.33 万，有哈、汉、维、蒙、锡伯等 47 个民族，其中哈萨克族占 25.5%，汉族占 45.2%，维吾尔族占 15.9%，回族占 8.3%，蒙古族占 1.69%，锡伯族占 0.83%。自治州境内驻有新疆生产建设兵团农业第四、七、八、九、十师和新疆矿冶局、天西林业局、阿山林业局、新疆卷烟厂、阿希金矿等一批中央和自治区直属企业。伊犁被誉为"塞外江南"、"中亚湿岛"，"花城"伊宁市是伊犁州的首府。

二、伊犁州环境概况

伊犁州直共有工业污染源 1 782 个、规模以上生活污染源 4 207 个，城镇人口 85.4 万、集中式污染治理设施 44 个，其中工业企业以制造业占 88%为最大比例；规模以上生活源中餐饮业数量最多，达到 55%；目前 44 个集中式污染治理设施级别较低，只有 2 个二级污水治理厂、2 个无害化垃圾处理厂和 1 个医疗废物处理厂，各种集中式污染处理效果较差，处理深度严重不足。

伊犁州直工业企业年废水排放量 1 146 万 t，进入伊犁河流域废水 692.7 万 t，占工业企业废水排放总量的 60.4%；同时食品加工业是工业企业废水排放量最大的行业，占工业企业废水排放总量的 52%；伊犁州直工业企业废水实际处理量为废水产生量的 78%；伊犁州直工业企业水的重复使用率为 36%，重复用水使用率较低，因此我州工业企业应提高水的重复使用率，以满足清洁生产的要求，同时降低企业生产成本。伊犁州直工业企业有 60.4%的工业企业的外排废水进入伊犁河及其支流流域，其中伊犁河接纳的废水量最大，占入河总水量的 49%，其次为巩乃斯河和喀什河，分别为 25%和 20%，接纳废水量最小的是特克斯河，仅占入河废水总量的 6%。

目前伊犁州直只有 2 个二级污水处理厂，1 个无害化垃圾填埋场，40 个简易垃圾填埋场，伊犁州直各县市城镇污染物基本治理设施薄弱，各类污染处理设施建设严重不足，致使各县市外排废水处理率较低，垃圾渗滤液直接渗入地下，对当地的地下水造成危害。伊犁河是废水排放最大的受纳水体，特克斯河的受纳量最小。

伊犁州直工业企业废水污染物 COD 年产生量 53 797 t，年排放量 21 199 t，排放量为产生量的 39%, 处理率为 61%。

根据对各行业工业企业污染物 COD 排放情况的统计分析可以看出: 食品加工制造业 COD 排放量最大, 占整个工业企业 COD 排放总量的 78%, 其次为化工、浆粕生产企业, 占整个工业企业 COD 排放总量的 18%。

伊犁州直工业企业原煤消耗量 190 万 t/a, 使用原煤企业 700 个, 其中原料煤消耗量 46.7 万 t, 占工业企业原煤消耗总量的 25%, 另外 75% 的原煤作为燃料消耗量约为 143.3 万 t。

伊犁州直工业企业能源消耗较大的行业主要为电力、冶炼、供热、水泥和食品加工等行业, 33 个工业企业综合能源消耗量为 177.8 万 t, 占伊犁州直工业企业综合能源消耗总量（204.48 万 t）的 87%, 其中电力和冶炼行业消耗量占到总量的 50%。

伊犁州直工业企业二氧化硫产生量为 21 415 万 t, 排放量为 20 776 万 t, 几乎产生的二氧化硫全部外排, 无任何治理设施和处理效果。

电力及热力行业是外排二氧化硫最大的贡献者, 占整个工业企业二氧化硫排放量的 54%, 其次是食品加工（主要是食品加工的源较多）占 21%, 冶炼和水泥及其建筑材料各占 9%。

伊犁州直工业源共有锅炉 480 座, 窑炉 319 座, 其中有除尘设施的 311 座, 占总数的 39%, 但有脱硫设施的炉数为 0, 这种情况的存在, 伊犁州直工业企业废气污染物烟尘排放量为 1.1 万 t, 占产生量的 6.9%, 工业粉尘的排放量为 1.05 万 t, 占产生量的 14%, 以上两种污染物外排量只占各自产生量的 10% 左右, 说明治理效果较好, 但二氧化硫排放量为 2.08 万 t, 占产生量的 97%, 几乎产生的二氧化硫全部外排, 使我州二氧化硫总量控制指标的削减非常困难, 因此在今后的污染治理过程中, 要加大工业企业锅炉脱硫治理, 以保证伊犁州直完成 "十一五" 期间二氧化硫总量控制目标。

伊犁州直工业源固体废物以尾矿为主要组成, 占整个工业企业固体废物产生量的 69%, 排放源主要是各类金属矿的采选; 其次为煤矸石和冶炼炉渣, 排放源主要是非金属矿的开采和冶炼行业; 但伊犁州直工业企业固体废物中不含放射性废物, 伊犁州直工业企业固体废物的利用量占产生量的 24%, 综合利用率较低。

伊犁州直生活源固体废物以城镇居民生活垃圾为主, 占垃圾年产生量的 81%, 其中无害化填埋量占垃圾填埋总量的 63%, 但医疗垃圾的处理率只有 8%, 处理效率非常低, 危害很大。

伊犁州直 23 个建制镇中目前只有 2 个二级污水处理厂, 污水处理能力严重不足, 2 个二级废水处理厂设计废水处理能力 6.5 万 t/d, 最大污水年处理能力 2 372 万 t, 实际污水处理量为 1 533 万 t, 目前仅生活废水年排放量就达到 3 444 万 t, 工业废水年排放量为 1 144 万 t, 污水处理厂废水处理率仅为 30% 左右, 由于目前这种情况, 致使大部分生活废水在无任何治理情况下直接排入外环境, 难免对伊犁州直整体环境造成污染。

伊犁州直目前有垃圾填埋场 41 座, 但只有伊宁市、奎屯市两座垃圾处理厂为无害化垃圾填埋场, 其余 39 座均为简易垃圾填埋场, 39 座简易垃圾厂无任何防渗措施, 年垃圾渗滤液产生的污染物 COD 量为 3 267 t, 直接进入外环境的量为 3 084 t, 达到产生量的 94.4%, 同时伊犁州直无生活垃圾堆肥场所, 垃圾的回收利用率为 0, 因此, 大量的垃圾渗滤液会对地下水造成危害。

伊犁州直目前只有 1 座医疗垃圾处理场，但伊犁州直有 23 个建制镇，大部分的医疗垃圾得不到及时有效的处理而直接进入外环境，将直接影响我们的生活环境和安全。

三、伊犁州直存在的突出环境问题

1. 工业用水利用率低于国家平均水平，亟待提高，州直主要工业领域需要加大污染治理

伊犁州直工业企业废水实际处理量为废水产生量的 78%；伊犁州直工业企业水的重复使用率为 36%，重复用水使用率较低，伊犁州直工业污染源废水排污强度 24.7 t/万元，COD 排放强度 23.7 kg/万元，废水排放强度高于全国平均排放水平（20.7 t/万元）19.3%，COD 排放强度低于全国平均排放水平（27.7 t/万元）14.4%，但我州主要工业行业食品加工制造、化工、浆粕制造业、造纸等行业为 41～29 kg/万元，远高于国家平均水平。这表明：首先我州的工业生产水循环使用率不足，需要加大节能降水，同时在主要工业行业领域，还需长期不懈的加强污染治理，使工业 COD 排放强度降低显著。

2. 工业企业使用能源单一，清洁能源使用率为零，主要污染物二氧化硫减排任务艰巨

伊犁州直工业企业原煤消耗量 190 万 t/a，使用原煤企业 700 个，其中原料煤消耗量 46.7 万 t，占工业企业原煤消耗总量的 25%，另外 75% 的原煤作为燃料消耗量约为 143.3 万 t，统计结果显示：工业企业使用天然气、液化石油气、液化天然气等清洁能源量为零。

伊犁州直二氧化硫排放强度为 71.7 kg/万元，高于全国平均值（64.5 kg/万元）的 11.2%。工业企业脱硫率为零，需要加大二氧化硫减排措施和力度。

3. 城镇污染治理基础设施极为薄弱，亟待加强建设

目前伊犁州直 44 个集中式污染治理设施级别较低，只有 2 个二级污水治理厂、2 个无害化垃圾处理厂和 1 个医疗废物处理场，各种集中式污染处理效果较差，处理深度严重不足。

4. 伊犁河承担了所有工业、民用污水的最终纳污地，容量有限，环境风险显著

伊犁州直工业企业有 60.4% 的工业企业的外排废水进入伊犁河及其支流流域，其中伊犁河接纳的废水量最大，占入河总水量的 49%，其次为巩乃斯河和喀什河，分别为 25% 和 20%，接纳废水量最小的是特克斯河，仅占入河废水总量的 6%；由于地势原因，州直所有污染源废水最终全部直接或间接进入伊犁河，加大了伊犁河的环境风险。

5. 生活污染源能源结构单一，减排工作实施难度较大

伊犁州直生活源耗煤量 52.652 37 万 t/a，在生活源行业用煤中城镇居民耗煤量最大，所占比例达到 69%，清洁能源使用率较低。伊犁州直规模以上生活源共有锅炉 107 台，二氧化硫排放量 1 324 t，未进行任何治理，因此生活源废气污染治理难度较大。

四、伊犁州直主要环境问题的建议与对策

1. 必须以科学发展观为指导，转变发展观念，全面实施伊犁生态立州发展战略

伊犁哈萨克自治州是中国人口最多的少数民族自治州。伊犁州直生态环境较好，其特殊的地理构造和丰富的地貌单元形成一个相对完整而独立的生态、经济和地理体系，

既是新疆的一个有机组成部分，又是新疆乃至整个中亚地区一个独特的自然区域，造就了伊犁良好的自然环境，赋予了伊犁"塞外江南"的美誉！改革开放以来，随着新疆经济持续快速发展，东部发达地区工业化过程中分阶段出现的生态环境问题在伊犁州出现了，环境与发展的矛盾日益突出。发展不足、生态环境脆弱、环境容量有限，逐渐成为伊犁州发展中的重大现实问题。

州党委书记李湘林同志在 2008 年伊犁州党委工作会议的工作报告上明确提出，要坚定不移地"实施生态立州，科教兴州，资源转换和可持续发展战略"，把生态文明建设摆在了贯彻落实科学发展观的首位。2008 年 7 月李湘林书记在伊犁州直上半年经济运行分析会上的讲话中再一次强调指出"切实加大节能降耗和生态环境保护，增强可持续发展的能力。建设资源节约型、环境友好型社会，是推进新型工业化的重要内容。我们要坚持开发与保护并重的方针，高度重视资源节约和生态环境的保护，认真落实科学发展观，切实转变经济发展方式，增强可持续发展的能力。我们无论搞煤电、煤化工，还是矿山资源开发和加工，从项目规划开始就要把生态环境保护放在突出位置，严格把关，坚持高起点、高标准，分类制定工矿业开发环境保护与治理标准，注重引进技术水平高、资源消耗低、环境污染少、经济效益好的企业和项目，积极建设绿色企业、绿色矿山，创造绿色 GDP，绝不能走先污染后治理的路子。"

因此，伊犁经济、社会发展，全州各级干部必须牢固树立五个新理念：一是要牢固树立经济发展、社会进步和环境保护是可持续发展的三大支柱的新理念；二是要牢固树立保住青山绿水也是政绩的新理念；三是要牢固树立保持优美的生态环境是伊犁发展的最大优势和生命线的新理念；四是要牢固树立生态环境是伊犁绿色发展的生命力、生产力和竞争力的新理念；五是要牢固树立以生态文明引领农牧民走绿色小康之路的新理念。加大生态环境保护的力度，发展生态型经济，以资源生态保护作为发展基础，在州内探索一条"生态建设产业化，产业发展生态化"的生态文明发展新路，把伊犁建设成绿色之州、开放之州、繁荣之州、文明之州、和谐之州。

2．在我州实施优势资源战略转换的具体发展实践中，应该注意规避失误的几点建议

（1）在工业发展中应规避"只求快，不求好"的发展模式。事实证明，这种发展模式造成了资源浪费严重，环境污染问题突出，经济发展代价沉重，发展的负面作用显著，不可能做到持续发展，全面发展和协调发展。

（2）工业企业应加强产业结构调整，在大企业、大集团引进中要实施保大压小战略，淘汰或兼并小型同类企业，加大污染治理的力度。

（3）矿产、水能、土地资源是实施优势资源战略转化是伊犁州经济大发展的主要突破口，在这个领域，重点将是以煤、铁、有色金属、陶土为主的矿产优势资源转换；水利、水电开发；土地综合开发；优势地缘贸易开发；旅游基础设施开发、建设等。伊犁州的主要矿产资源基本都在生态环境较好，但生态系统较为脆弱的山区，目前在优势资源转换领域重点的原煤、煤化工、焦炭、钢铁等行业应尽快制定比较科学的发展规划，按规划要求适度合理开发，应避免投资者盲目占用资源，同类型项目多家投资，人为分割我州的资源优势现象发生，否则会加大开发的风险，降低产业规模优势，会不可避免地加大对生态环境造成破坏和影响，直接影响到伊犁未来发展的物质基础。

（4）规避在新型工业化发展中的环境问题。综观伊犁州工业结构，其基础是建立在对农副产品、资源的开发、深加工上。产品多为半成品和附加值极低的原料工业，生产技术低下，能耗高，污染严重。由于我州还处在工业化的初期，个别领导同志重经济发展、轻环境保护的思想依然存在。不少地方仍然沿袭"先污染，后治理"的做法，个别地方政府为了完成招商引资指标，降低了企业的入驻门槛，忽视了国家产业政策的基本要求。导致新引进的项目与新型工业化提出的"科技含量高、经济效益好、资源消耗低、环境污染少、人力资源优势得到充分发挥，并实现这几方面的兼顾和统一"具有显著的差距；一些内地淘汰的项目，不符合国家产业政策的项目，也打着招商引资项目的牌子，向西部地区转移，一些在内地因为污染严重禁止发展的项目正在悄然从东部地区向我州转移，给我们的环境带来了巨大的威胁！如蓝炭项目，小规模的碳化硅项目，没有生产几年，就面临着群众投诉不断，污染严重，不符合国家产业政策而关闭的尴尬境地。

（5）工业园区的环境问题。建工业园区的根本目的是为了形成产业规模，便于集中管理，降低公共设施投入成本，污染集中处理。但在工业园区配套环保设施建设上，我州除伊宁市边境技术合作区有一座集中式二级污水处理厂外，其他工业园区没有一座集中式污水处理厂。从实际情况看，我们的工业园区既增加了企业的投资成本，又有可能成了一个人为的、新的污染源区。

3．切实加强对伊犁河的保护

将伊犁河的保护纳入重要的议事日程，提出完整的治理、防治、保护规划，合理配置污染治理资金，统筹安排治理项目。

城市污水处理厂和污水排放量不匹配，伊犁河流域目前只有伊宁市有 2 座污水处理厂，伊宁市老城区 80%～90%的生活污水和工业废水可进行处理。其他城镇生活废水和工业废水都直接排入伊犁河及其支流，随着工业快速发展和人口增长，污水处理规模和不断增多的废水排放量之间的矛盾将使伊犁河流域尤其是污染集中的伊宁市段受到显著影响。

加大沿河老工业企业的污染治理力度，要在政策上、资金上、执法力度上多方位集中出手。

4．加强农村生态环境的建设与保护，切实有效的控制农村面源污染

要抓住农业产业结构调整和加快小城镇建设的契机，在发展农业和农村经济的同时，开展农村环保科普宣传教育，把控制农村生产和生活污染，改善农村环境质量作为环境保护的重要任务，鼓励发展"低污少废"的生态农业、有机农业和节水农业，努力实现生态环境保护与经济社会发展"双赢"。

做好农村生产、养殖业的规划，全面提高农村环保意识，减少面源对伊犁河的污染。

原始的农业大水漫灌方式使土壤中的大量农药、化肥随农田退水进入伊犁河，对伊犁河的污染加大。要提高农业生产水平，减少农业退水对伊犁河的面源污染。

5．建议划定伊犁河湿地保护区范围

湿地是伊犁河减缓、降解污染的天然屏障。目前伊犁河湿地区面积锐减，功能退化，为了加强对伊犁河湿地的保护和修复，本报告建议在伊犁河沿河两岸，划定湿地保护区，禁止工业建设、土地开发、旅游设施无须建设。

6. 伊犁州环保局承担的工作与其机构、人员及不匹配，应尽快加强伊犁州环保局的自身建设

伊犁州环保局目前的人员、内设机构根本无法与其承担的任务相适应。目前，由于经济形势发展较快，各类环境问题层出不穷，环境保护工作量急剧增长，人员少的矛盾，成为制约我州环境保护工作的最主要、最突出的问题。

铁腕治污，科学治太
让太湖这颗江南明珠早日重现碧波美景

江苏省无锡市环境保护局副局长　王晓栋

一、太湖美，美在太湖水：无锡水危机的由来

太湖古称震泽，又名五湖，为我国第三大淡水湖，面积为 2 340 km²。太湖是江南的母亲湖，是美丽的文化水乡。在这"鱼米之乡，衣被天下"的江南胜景，地灵水秀，人文荟萃，积淀了十分丰厚的文化遗产。太湖流域是中国经济最具活力的地区之一，流域总面积 3.69 万 km²，人口 4 500 多万。全流域占全国国土面积的 0.38%，2005 年全流域国内生产总值 2.1 万亿元，占全国的 11.6%，经济密度是全国平均 30 余倍。流域内分布有特大城市上海市，江苏省的苏州、无锡、常州、镇江 4 个地级市，浙江省的杭州、嘉兴、湖州 3 个地级市，共有 30 县（市）。全国综合实力百强县中，太湖流域占 20 名（占流域县数 2/3），且前十强中占七名。

无锡是历史文化名城，是中国近代民族工商业的发祥地之一，城市化进程和城市综合竞争力位居全国城市前列。全市城乡常住人口达到 700 余万人，城市化率达到 75%以上。

历史上无锡以太湖而闻名，太湖以水美而名满天下。由于无锡乃至太湖流域城市人口的快速积聚和城市化进程的加快，造成区域的环境压力剧增，主要入湖污染物的总量远远超过太湖的最大允许入湖量；同时主要入湖河道水质恶化严重和流域水源涵养区生态破坏严重。另一方面，大量水利设施改变了江湖水流互动关系，改变了湖泊的换水周期，进而影响到湖泊营养盐循环。同时，太湖浅水湖泊特征使其更容易发生富营养化。此外，对湖泊的过度利用与不合理开发也引发了严重的后果，化肥和农药的滥用，使太湖水体氮磷负荷沉重，高强度的养殖，使得大量的鱼饵和鱼类排泄物沉积在湖底，成为内源的污染源，太湖底泥 30 余年没有得到清淤；大量的围垦破坏了湖滨湿地，使得湖泊的净化能力下降。这些因素导致 20 世纪 80 年代以来，太湖水质污染与湖泊富营养化问题日益突出，直接威胁沿湖及流域供水安全和生态系统安全。

自 1996 年起，太湖列入国家"三河三湖"重点水污染治理项目，全面开展太湖水污染治理。过去十年中，国家和地方共投入治理资金 270 亿元。无锡市以科学发展观统领经济社会发展全局，确立了"环保优先、生态立市"的发展理念，把保护太湖作为全市经济社会发展的重中之重加以推进，不到 10 年间先后投入 100 多亿元，并结合国家"十五""八六三"项目对太湖五里湖进行综合整治，并取得了显著成果，太湖水质恶化趋势

也初步得到遏制，但总体水质尚未得到根本好转。

二、警钟与行动：铁腕治污，科学治太

在 2007 年 5 月 29 日，太湖蓝藻大面积暴发，造成贡湖自来水厂受到污染，导致了无锡水危机事件。事件发生后，党中央高度重视，胡锦涛总书记指示"让太湖这颗江南明珠重现碧波美景"，温家宝总理指示"太湖治理是中国生态环境标志性工程"。

痛定思痛，无锡市委以最快的速度出台了"关于全民动手全社会共同参与环保优先的八大行动"和"治太保源 6699 行动"两个纲领性文件，认真贯彻落实胡锦涛总书记和温家宝总理的重要指示，按照国务院和省委、省政府的工作部署，围绕国家治太总体方案，狠抓控源截污、蓝藻打捞、调水引流、底泥清淤、生态修复等各种措施，实现了太湖保护区全覆盖、安全供水全覆盖、污水集中处理全覆盖、"河长制"管理全覆盖、生态创建全覆盖、监测预警全覆盖，太湖保护和治理工作取得了明显的阶段性治理成效。

1. 太湖保护区全覆盖

近年来，无锡市坚持 2008 年 4 月，无锡市委、市政府作出了《关于高起点规划高标准建设无锡太湖保护区的决定》（锡委发[2008]31 号），之后人大常委会正式颁布了《关于将全市域建成太湖保护区的决定》，从法律层面将太湖保护区建设提上新的高度。为了全面推进太湖保护区建设的顺利开展，2008 年底和 2009 年初，无锡市又相继制订了《无锡太湖保护区建设（2008—2010 年）行动纲要》（锡委办发[2008]150 号）和《关于 2009 年度无锡太湖保护区建设重点目标工作责任分解》（锡委办发[2009]41 号），将无锡太湖保护区建设的各项目标任务逐年分解、逐项落实，有力地保障了各项建设任务的有序推进。

2. 安全供水全覆盖

无锡采取各种切实有效措施，加大饮用水源保护力度和安全供水覆盖，全市范围进行区域联网供水，形成长江、太湖"双源供水、双重保险"的供水格局，实现了安全供水全覆盖。大力加强水源地取水口保护，完成贡湖水源地取水口延伸工程，取水口向湖心延伸 3 000 m。开辟长江第二水源地，着力构筑双水源供水格局，二期工程投运后日供水能力达到 80 万 t。在净水厂前端建设预处理设施，对自来水原水进行预处理，在末端建设深度处理工程，实施自来水深度处理。提前执行国家生活饮用水卫生新标准，从去年 1 月起，水质检测指标由原来的 35 项增加至 106 项，并实现全部达标。

3. 污水集中处理全覆盖

太湖污染问题在水里，根子在岸上。治污的前提是控住源头，截住污水，关键是达标排放，必须实现堵截、处理、排放的全过程管理。一是全面实现太湖排污口封堵。在 2007 年完成了沿湖 37 个排污口封堵任务的基础上，2008 年强制封堵了 23 条主要入湖河道沿岸 170 个排污口，2009 年全面完成了排污口封堵的任务，封堵全部 336 个排污口。市区 4 568 家单位全面截污，全市开发开放园区所有工业和生活污水全部接管处理。二是全面接管进行污水集中处理。全市目前有各类集中污水处理厂 80 家左右，实现了每个镇都有污水集中处理厂。同时全面推进污水管网全覆盖。2007 年以来，先后投入 38.75 亿元用于污水管网建设，建成污水管网 3 410 km，目前全市污水管网总长度达到 6 178 km，市

区城市生活污水集中处理率提高到 85%。从今年开始广泛开展"排水达标区"建设，全市划定 4 172 个创建区域，计划用三年左右时间实现污水接管全覆盖。三是全面提标。加快推进污水处理厂提标改造。全面推进六大行业提标减排，全市印染、化工等行业执行国家和江苏省太湖地区水污染物排放新标准。去年全市完成新建扩建污水处理厂项目 12 个，68 座污水处理厂处理能力达 150 万 t/d，并全面完成了一级 A 提标改造。

4. "河长制"管理全覆盖

2007 年下半年我市率先在全国推行"河长制"，市委、市政府出台了《关于全面建立"河（湖、库、荡、氿）长制"全面加强河（湖、库、荡、氿）综合整治和管理的决定》，对全市 815 条河流实施全覆盖的"河长制"和"片长制"管理，通过沟通水系，拓浚河道，整修河岸，清除淤泥，建设景观带，进行综合整治，改善河道水质。对望虞河等 13 条主要入湖河流实行"双河长制"，分别由省政府领导和有关厅局负责同志担任省级层面的"河长"，各市、区（县）政府领导担任地方"河长"，以加强指导、统筹协调、深入推进入湖河流的综合整治。

5. 生态创建全覆盖

全面实施太湖保护区建设，对沿太湖纵深 5 km、入湖主要河道上溯 10 km 及其两侧纵深各 1 km 范围内经济社会发展布局纳入一级保护区严格进行优化调整，建设循环经济带，促进地区经济社会和环境协调发展。重点启动贡湖湾湿地等六大湿地工程，面积达 1 万亩。开展沿太湖 200 m 范围内生态防护林和入湖河道生态绿地建设，完成造林 1 万亩。全面取消水源保护区范围和环太湖 1 km 核心区的畜禽养殖，全面清除太湖贡湖水域 80 km² 范围内定置渔具及水上餐厅。目前，全市已建成环保模范城市群，实现省级环境优美乡镇全覆盖，国家级环境优美乡镇达到 26 个。创建生态村 250 个，占全市总数的 31%。江阴市成为国家第一批生态市，无锡高新区通过了国家生态工业示范园区验收，今年 5 月上旬，宜兴市、滨湖区通过创建国家生态市国家级技术考核，锡山区、惠山区通过省级技术考核，争取今年通过国家验收，到 2010 年，全市将建成国家生态城市。

6. 监测预警全覆盖

加强太湖水质监测预警工程，由环保、水利、公用事业、卫生、气象等部门组成太湖水质监测预警中心，利用建成的 58 个水质自动监测站、4 个湖体浮标自动站、13 个太湖蓝藻视屏监控系统观测点，全方位加强对太湖湖体、入湖河道的水质监测预警工作，同时建立了巡查观测制度，在贡湖、梅梁湖和宜兴沿岸设立 20 个观测点，严密监视太湖无锡重点水域藻类情况。同时加强对"湖泛"的巡查工作，将无锡太湖 758 km² 水域、142 km 湖岸线进行分块分段，组织船只每日进行太湖无锡水域湖泛巡查工作，确保及时发布预警信息，做到早监测、早发现、早防范、早治理。在国控、省控重点污染源安装在线监控仪 288 台，其中 COD 在线监控仪 234 台，基本实现省、市、市（县）、区联网管理，联网监控的重点污染企业 COD 排放量占全市工业污染负荷 95% 以上。

7. 做好清淤调水和蓝藻打捞工作

组织水源地清淤工程，组织实施贡湖和梅梁湖生态清淤，工程量超过 300 万 m³。开展蓝藻打捞工程。2008 年以来，全市出动打捞船近 5 万次，运输船 3 410 次，人员 20 余万人次，打捞蓝藻 52.5 万 t。"清水通道"新沟河工程正抓紧前期工作，"尾水通道"走马塘工程实施调水引流工程，2008 年常熟枢纽累计引长江水进入望虞河 48.9 亿 m³，其中入太湖 20.6 亿 m³，梅梁湖泵站累计调水 20.72 亿 m³。

8. 突出结构调整，缓解环境压力

太湖水污染，问题在水里，根子在岸上。近年来，无锡市加快发展理念转变，实行扶优限劣的产业导向，有效促进产业结构提升，实现污染物排放和能耗双下降。一方面，坚持调高、调轻、调绿、调优的发展路径，推动以信息技术、液晶制造、生物医药等为先导的高新技术产业集群发展，加快软件及服务外包、休闲旅游、动漫创意、现代传媒等现代产业发展。大力发展循环经济。在全市 9 个工业园区、57 家工业企业开展省、市级循环经济试点，实施节能和循环项目 85 个。全市 900 多家企业完成清洁生产审核，600 多家企业通过 ISO 14000 环境管理体系认证。另一方面，坚决淘汰落后产能，加强"五小"和"三高两低"企业整治，全市已累计关停"五小"及"三高两低"生产企业 1 373 家。同时，加快现代农业建设，减少化肥农药用量，控制蓄禽养殖规模，有效减少农业面源污染。

9. 创优体制机制，推行环境新政策

坚持以市场机制为导向，加快推进排污许可证和排污权有偿使用、交易制度，企业环境行为信息公开制度、区域环境资源补偿制度、绿色采购制度、绿色证券制度、绿色信贷政策、环境污染责任保险制度等。并将这些环境经济政策相互结合，与环保法制手段和行政手段相互结合，共同发挥综合的监管作用。结合污染源普查和国控、省控、市控企业的核查情况，制订了《无锡市核发排污许可证工作实施细则（试行）》、《无锡市主要水污染物排放指标有偿使用收费管理办法》等政策。去年 8 月，财政部、环保部在我市举行"江苏省太湖流域主要水污染物排放指标有偿使用、交易试点工作"启动仪式。开展了区域环境资源补偿，我市确定的 32 个断面实施区域补偿试点，也从今年起正式实行。与金融办联合下发了《关于无锡开展环境污染责任保险的指导性意见》，并开展了环境污染责任保险的启动仪式，首批 25 家企业签订了污染责任保险协议。全市 2 000 余家工业企业参与企业环境行为信息评定与公开化活动，绿色企业还共同发表了绿色宣言。

10. 狠抓监测督察，实施铁腕治污

在全市范围内建成 58 个水质自动监测站，今年将全面完成 86 个水质自动监测站建设。加强环境立法，相继出台《无锡市饮用水水源保护办法》、《无锡市水环境保护条例》。加大执法力度，两年组织检查近 5 万次，参加检查人数 15 余万人次，查处违法企业 3 382 家。对执法检查中发现的违法违规问题一律实行挂牌督办，坚决实施限期治理、停产整顿，直至淘汰关闭，共关停了 485 家污染严重企业，80 家违法企业自费登报作出公开道歉和承诺。加大责任追究力度，强化效能监察，对治太工作不力的 5 名党员干部进行组织处理。在全省率先建立环保法庭，对违法排污的 3 名单位法人作出司法处理。

11. 拓宽融资渠道，加大治太力度

太湖治理工程浩大，离不开资金的保障支持。我市将太湖治理作为扩大内需，改善民生的重大工程，千方百计保证资金供给，确保各项工程早开工、早建设、早投用、早见效。将每年新增财力的 20%用于太湖治理，并采取自己挤出一部分、向上争取一部分、社会筹集一部分的办法，三管齐下，积极拓宽融资渠道。两年来，先后筹措治太资金 137 亿元，其中，2007 年我市共投入治太资金 48 亿元，2008 年投入约 89 亿元，确保了国家

和省治太重点项目推进。同时，出台有关优惠扶持政策，吸引大量社会资金参与治太和环境建设，加快环保产业化步伐，逐步形成多元化环保投入机制。

三、创新机制，求真务实，早日让太湖重现碧波美景

经过两年多的铁腕治污和科学治太工作，无锡人的努力终于取得了初步的成效。2008年无锡水环境质量总体好于上年，饮用水源地水质稳定达标；37个小康考核断面水质达标率同比提高65个百分点，79个"河长制"断面水质达标率基本稳定在75%；11条主要入湖河流水质达标率稳定在75%以上，去年8月份首次消除了劣Ⅴ类水质；太湖蓝藻水华出现的频次和最大面积同比下降19.6%和44.3%，湖体富营养化状态有所改善，总体处于轻度富营养化水平；圆满完成了省委、省政府提出的"两个确保"（确保饮用水安全、确保不发生大面积水质黑臭）和安全度夏的目标。2009年一季度，太湖无锡水域水质情况总体稳定，总氮浓度有所下降，饮用水源地水质稳定达标，12个国家考核断面9个达标，达标率75%，与2008年相比上升了8个百分点，13条主要入湖河流总体水质较去年同期有所好转，其中氨氮平均值由去年的Ⅴ类水平转为Ⅳ类水平。

虽然太湖治理工作总体向好，但形势仍不容乐观。专家认为，太湖已经进入了藻型生境条件，蓝藻暴发将成为常态，太湖治理任重道远。无锡将把太湖治理作为生态文明建设的重要抓手，作为落实环保优先的有效载体，作为贯彻落实科学发展观的"试金石"，做到决心不动摇、力度不减弱、工作不松劲、标准不降低，推动治太工作逐步从应急处置向长远治本转变，确保饮用水安全、确保太湖湖体不发生大面积黑臭，实现主要入湖河流劣Ⅴ类水体数量下降、入湖主要污染物总量下降、太湖富营养化程度下降。

围绕上述目标，将着重抓好以下工作：

1. 落实安全供水、安全度夏措施

建立日常监测长效机制。日前，无锡市已启动蓝藻应急监测预警工作，建立日测日报制度，加强水质变化研究，严密监控太湖水质和蓝藻变化情况。加快藻水分离站建设，实现蓝藻资源化利用、无害化处理。按时序进度推进走马塘、新沟河拓浚延伸工程。积极推进疏浚清淤，确保年内完成太湖生态清淤。加强供水能力保障，完成中桥水厂等自来水厂的深度处理改造和区域自来水管网联网工程，实现"双源供水，双重保险"。

2. 推进治理工程建设

全力推进新一轮环境整治"十大工程"。严格实行控源截污，完成第二轮"五小"和"三高两低"企业整治任务，加快退城进园，集中开展开发区（工业集中区）环境专项整治，力争实现城镇污水处理厂和所有重点污染源"全达标"，全面达到国家和省太湖地区水污染物排放新标准。今明两年内，实现城市和农村主管网、次管网全覆盖，力争通过三年的集中整治，实现生活污水"全接管"，全市排水用户接管率达100%，城市生活污水集中处理率达95%。严格控制面源污染，年内建成长广溪湿地等工程，在环太湖纵深1km范围内退耕还林基础上，高标准建设生态景观村。完成300个村庄环境整治，建设75个农村居住点生活污水处理设施，培育120个农村分散式生活污水处理示范工程，实施和推广土壤污染防治和畜禽养殖污染防治工程，促进农民生活生产方式的转变。全面实施小流域水环境综合整治，强化"河长制"管理，落实"一人一河"、"一河一策"，促

进断面水质达标，通过抓管理的源头、治污的源头、责任的源头，确保入湖河道达到"十一五"考核要求，一般河道水质稳定改善，城区河道消除黑臭。

3. 加快机制创新探索

加快构筑政府负责、企业主体、社会参与的"大环保"格局，通过价格、信贷、财政政策等手段，逐步建立能反映污染治理成本的排污价格和收费机制，筑起污染防治的"经济闸门"。今年重点建立主要污染物排放许可、有偿使用和区域环境资源补偿制度，计划用一年左右的时间完成排污单位的发证工作，并在新扩改建单位和重点污染源、污水处理厂征收 COD 和 SO_2 排污指标有偿使用费，确定 32 个断面开展区域补偿试点，正式实行资金补偿。积极探索和建立绿色信贷、绿色保险、绿色采购、绿色贸易等制度，继续加大财政投入，加快形成多元化的环保投入机制，争取更多项目列入中央和省治太重点。

4. 强化执法监督管理

按照高起点规划高标准建设无锡太湖保护区的要求，严把环保准入门槛，从严控制产能过剩行业，积极鼓励一批带动行业技术进步、促进结构和布局调整的重点项目加快开工建设，坚决杜绝被淘汰的项目以技术改造、投资拉动等名义恢复生产。同时，继续深入开展环保专项行动，以解决危害群众健康和影响可持续发展的突出环境问题为重点，重点监管城市污水、垃圾集中处理设施和化工、造纸、电力、钢铁行业，严厉打击危及群众饮水安全的环境违法行为。对挂牌督办的企业、重大环境案件和严重违法地区进行跟踪督察，对严重环境违法行为依法坚决予以查处。

5. 抓好责任分解落实

按照环境质量保障责权利一致的要求，明确各级政府对环境质量负责的责任主体地位和环保部门的监管职责，划清责任界线，明确考核指标，进一步健全太湖治理和环境保护"大督察"机制，完善督察例会、督察报告、挂牌督办、涉案移送、责任追究、督察考评等一系列制度，使环保指标考核成为促进优化发展的有力杠杆，为推动太湖治理各项目标的完成提供有力保障。

太湖治理引起了党中央、国务院的高度重视，已列入了国家环境和生态保护的重点地区和工程，党和国家领导人也多次亲临视察和作出重要批示。无锡作为太湖沿岸的重要城市之一，保护太湖更是我们责无旁贷的义务和责任。我们将从我做起、率先做起、高标准做起，与太湖其他城市一起为"携手保护太湖，实现永续发展"作出自己的贡献，不辜负胡锦涛总书记的殷切希望，让太湖这颗江南明珠早日重现碧波美景。

关于加强敖江流域古田段
水环境综合整治的浅析

福建省宁德市环境保护局副局长　谢基平

　　水是生命之源，健康之本，水是人类的"生命线"，是可持续发展的重要物质基础，更是人类社会可持续发展不可替代的重要自然资源和经济资源。加强水环境保护与治理，加强流域水环境综合整治，保障饮用水安全，是贯彻落实科学发展观的重要举措，是维护人民群众利益的根本要求，进一步加强福建省 12 条主要河流之一敖江流域古田段水环境综合整治是关系到省会福州市人民群众饮用水安全头等大事，力争再通过两年时间，促进流域畜禽养殖污染得到控制，沿溪生活污水处理设施基本建成，工业污染特别是石板材矿山开采、加工企业全面达标排放，生态环境保护工作进一步加强，促使敖江流域古田段水环境持续保持优良水平。

一、敖江流域（古田段）基本情况

　　宁德市古田县是敖江流域的起源地，全长 137 km，古田境内河段 43 km，流域面积 600 km²，主要涉及古田县大东地区卓洋、鹤塘、杉洋、大甲四个乡镇、76 个行政村、10.8 万人口。古田大东地区自 1992 年开始进行石材开发，因该地石材资源丰富，石材加工产业逐步成为带动大东地区经济社会发展和农民增收的主要推力。据统计调查：目前，大东地区四乡镇共有矿山开采企业 58 家，年开采总量约 150 万 m³，大小加工企业 257 家，年加工石材总量约 5 360 万 m²，2008 年产值约 6.2 亿元。经测算带动相关产业的产值收入 4 亿元，占到古田县地区生产总值的 1/4 强。但由于产业发展初期缺少科学合理的规划，一直处于粗放式发展阶段，由此带来的环境污染和生态破坏在一定程度上影响了敖江流域水质。1997 年，敖江被确认为福州市第二水源地后，省委、省政府和省直有关部门高度重视敖江流域生态环境保护，宁德市委、市政府及古田县委、县政府始终把保护敖江水质作为确保福州人民饮水安全的头等大事常抓不懈，投入了大量的人力、物力、财力，扎实推进以石材产业污染治理为重点的水环境整治工作。目前，敖江古田段水质基本稳定在地表水Ⅲ类水标准，水域功能达标率 100%。2009 年上半年敖江浊度指标达标率为 69.1%。

二、敖江流域（古田段）整治工作存在的主要问题

　　通过近几年来的综合整治，虽然取得一定成效，但石板材行业污染反弹现象依然十

分突出，主要存在问题有：

1．由于局部地区不合理的石板材开采、修建道路等，造成的"青山挂白"、水土流失等生态破坏现象十分严重

近年来，古田大东地区石材矿山无序开采现象突出，石板材开采过程剥离山体泥土层、雨污分离设施未建设、废渣废水随意排放等原因，敖江流域污染问题不断出现反弹，干流局部河段和一些支流出现了所谓"黄河水"现象，流域生态环境破坏严重，原本树木繁多的青山，变成了满目疮痍的"秃头"山，"青山挂白"、水土流失严重，矿山资源严重浪费。同时，有些矿山开采的碎石废渣随意堆放，基本没有防护措施，一到下雨的时候，石板材废水就被冲刷到河里，最后都进入了水体，造成一定污染隐患。

2．由于规划布局不合理，企业环保意识淡薄，监管不到位，一些企业出现污染反弹

部分企业环保意识淡薄，加上利益驱动，当地政府推动辖区综合整治工作力度不够大，措施不够有力，石材加工企业点多面广，一些偏僻企业在监管上存在薄弱环节，导致透漏排放污染物现象难以根除。一些石材加工企业在厂区围墙外、周边公路两侧、田间地头随意堆放石材产品和废料，沿溪两岸、沿路两旁仍有大量石碴。厂区内外晴天满地灰粉，给当地群众的生产生活和身体健康带来严重危害。特别是雨污未分流，一旦下雨，石材粉尘被雨水冲刷后，白色的污水不断流进各条沟渠，流进敖江各条支流，最终还是汇入了敖江，再加上小型加工企业石材固体废弃物处理技术跟不上，渣场中蓄积尾水无法进行处理，雨天极易泄漏，形成"牛奶溪"现象时有发生。

3．由于受当地经济和生活水平的影响，环保基础设施建设滞后，生活污染仍较严重

生活垃圾无害化处理率较低。虽然流域四乡镇开展"家园清洁活动"经省、市验收，农村垃圾特别是乡镇所在地垃圾清运垃圾焖烧炉处置，但 76 个行政村的垃圾收集、处置还未解决也直接造成污染敖江隐患。同时，乡（镇）基本未建设生活污水集中处理设施，大量生活污水直接排放，污染水体，是当地群众十分关注的热点问题。

4．由于农业面源污染物长期大量排放和淤积，对流域水质安全存在潜在威胁

长期以来，畜禽养殖污染点多面广、污染比重大，其氨氮排放量占养殖、城镇生活和工业氨氮排放量总和的 60% 以上，是目前水环境污染的最大污染源。虽然流域内一些乡镇规模化畜禽养殖场配套建设氧化池、沼气池等，但散养户点多面广，收集畜禽排泄物治理难度很大，且缺乏科学有效的污染防治措施，污染物长期直排，畜禽养殖业发展造成的水污染问题十分突出。

5．由于不合理的水电梯级开发改变流域自然属性，对生态环境的影响日益凸显

敖江流域在古田境内河段水电站星罗棋布，大大小小几十个，许多是未经规划、未经审批擅自建设的小水电站。由于梯级电站的密集开发，使自然急流变为人工平湖，河流流速变缓，自净能力降低，污染物持续淤积，水质变差，库区富营养化程度日益加剧，破坏了正常的水生生态系统，为藻类生长提供了有利条件。另外，大部分已建成的水电站没有按要求保证最小下泄流量，无法满足下游生态环境用水要求，进一步加剧了水质恶化。

三、对策及建议

1. 进一步强化生态环境建设与保护，严格控制石板材开采规模

（1）敖江流域干流、一级支流、饮用水源沿岸一重山范围内禁止矿产开采，该流域内采矿（石）场及流域所有无证、未达到最小开采规模的矿点，由当地政府—古田县政府在 2009 年底前予以关闭。

（2）禁止在沿江、沿溪两岸 1 km 范围修建尾矿库或倾倒工程弃渣、弃土等建筑垃圾。并由所在地政府组织清理、绿化现有弃渣、弃土场，取缔辖区沿江违章工程及搭建物等。

（3）禁止砍伐天然阔叶林，限制发展以木屑作为原料的食用菌生产，不再扩大干流一重山经济林面积。各重点流域干流、一级支流、饮用水源沿岸一重山范围只可进行抚育和更新性质的小面积林木采伐，禁止林事活动施用化肥；鼓励将该区域内的林木划为生态公益林。

（4）当地政府加强河流湿地保护，将具有保护价值的湿地划为保护区。对已列为保护区的湿地，禁止建设影响湿地功能发挥的项目。防止"青山挂白"，促进生态修复，确保敖江流域水质指标明显改善。

2. 进一步强化执法，严格控制石板材加工规模

（1）坚决取缔关停一批违法排污的石板材加工企业，主要是未经环保部门审批，不符合产业规划布局，且不符合国家和省产业政策的企业，坚决予以取缔；对治理无望、雨污未分流、厂区建设不符合环保要求、配套污染治理设施但仍不能达标排放的石板材加工企业，坚决予以关闭。

（2）要突出抓好石板材加工企业整治，坚决取缔无证、无照、证照不齐、无污染治理设施、未实现"零排放"、不符合最小生产规模的石板材加工企业。

（3）零散石板材加工企业要搬迁进入石板材集中加工园区，做到统一标准、限期迁入，按优惠政策，优惠电价，鼓励进入园区，以便统一处置污染物。

3. 进一步加强生产生活污染治理，引导畜禽养殖业有序发展

（1）鼓励生猪养殖规模发展、集约发展、有序发展。当地政府应于 2009 年底前搬迁、关闭、拆除、清理禁养区内规模化生猪养殖场。全面禁止在禁建区内新、扩建规模化生猪养殖场。此外，现有的规模化养殖场推广采用生态立体种养或零排放养殖技术，逾期未按要求完成整治的，责令关闭。

（2）在 2009 年前，完成辖区畜禽养殖禁养区、禁建区的划定，并予以公布。禁养区范围不得小于各流域干流沿江两岸 1 km、支流沿江两岸 500 m。

（3）鼓励采取沼气发电和粪便生产有机肥等循环经济模式，促进养殖业健康发展和资源综合利用。

4. 进一步做好流域生态用水的保障工作，切实执行最小生态下泄流量

（1）暂停新建水能资源开发利用项目，原已审批（核准）但尚未动工的水电项目，一律不得开工，收回开发权；已开工但未经土地、环评等相关审批的，一律停建。积极开展重点水电站生态环境影响后评估。

（2）2009 年底前安装下泄流量在线监控装置，并与省、市环保部门联网，做到流域内水电站严格执行最小生态下泄流量要求。

（3）省、市、县环保局组织加强对重点水电站、库区及其下游水质的监测，一旦水质劣于生态用水要求、需要生态调水时，各水电站必须无条件服从调度。

（4）严禁流域内河床采石、挖砂活动，保证河床自然生态状态。

5. 进一步加强石板材废物综合利用，走产业循环经济道路

（1）积极引进新型建材企业投资建设石粉加气混凝土砌块和蒸汽砖制品项目，将石粉、石碴、碎石加工成耐火、保温的混凝土砌块，使白色污染的下脚料充分利用，建设石材废料（渣）资源综合利用示范工程。

（2）积极按照循环经济发展的有关政策，在税收、贷款、专项资金补助、土地供给等方面给予政策扶持，鼓励利用石板材粉、渣生产加工新型建材的企业发展壮大。

（3）积极推进循环节水技术的应用，石板材开采、加工企业用水量大，要建设符合污水循环利用的设施，对已进入石板材集中工业园区企业的污水必须收集到已建好的污水处理灌完成沉淀后百分之百回收利用，既减少污水，又降低成本。

总之，水环境综合整治是一项复杂的系统工程，不能单靠某一方面和环保部门一家，必须齐抓共管，综合治理，形成合力。在认真落实国家、省有关水污染防治的各项政策要求，不断创新举措、加大力度、依法依规，推进了水环境综合整治工作的深入开展，才能实现流域生态良性循环，保证饮用水安全，人与自然和谐相处的发展态势。

对唐山市环境保护工作的一点思考

河北省唐山市环境保护局副调研员　杨金钟

十六届五中全会提出，"要加快建设资源节约型、环境友好型社会"，中央首次把建设资源节约型和环境友好型社会确定为国民经济与社会发展中长期规划的一项战略任务，有其深刻的历史必然性和重要的现实意义。环境友好型社会就是全社会都采取有利于环境保护的生产方式、生活方式、消费方式，建立人与环境良性互动的关系。反过来，良好的环境也会促进生产，改善生活，实现人与自然和谐。建设环境友好型社会，就是要以环境承载力为基础，以遵循自然规律为准则，以绿色科技为动力，倡导环境文化和生态文明，构建经济社会环境协调发展的社会体系，实现可持续发展。

唐山作为一个工业城市，产业结构以重工业、资源型为主，工业总量大，排污总量大，环保任务重。"十一五"及今后一个时期，是唐山加快经济发展和全面建设小康社会的重要时期，同时唐山也正处于以重工业为主要特征的工业化中期，冶金、建材、电力、化工、造纸等行业仍占相当大的比重，资源、能源消耗和废物排放在一定时期还会持续增长。存在着产业结构与宏观调控、环境总量小与发展速度快、传统工业与环境保护等方面的矛盾。主要体现在以下几个方面：

一是经济快速增长加大了排污总量控制的压力。钢铁、水泥等一些重污染行业生产能力的扩张，全市钢铁年产量已经达到 3 100 多万 t，水泥年产量 2 500 多万 t，造纸年产量 200 多万 t，发电量为 170 亿 kW·h，机动车保有量 81 万辆，全市燃煤总量达到 3 600 多万 t。

二是薄弱的环境基础与经济的快速发展不适应。受产业结构影响，污染物排放总量大，环境容量小，污染源排放达标、环境质量不达标的矛盾还很突出，污染负荷远远超过环境承载能力。

三是传统的决策思维方式与落实科学发展观的要求不适应。一些地方和部门还习惯于单纯地追求 GDP 增长，还在走"先污染，后治理"的老路，忽视环境效益和社会效益，造成资源浪费、环境污染和生态破坏等严重问题。

四是粗放的经济增长方式与走新型工业化道路的要求不适应。从我市情况看，能源结构以煤炭为主，产业结构以资源能源消耗型为主，经济增长方式还比较粗放，资源消耗量和污染物排放量比较大。

五是解决环境问题的手段与群众对维护环境权益的要求不适应。环保法制建设方面，法律体系还不健全，原则性规定多、可操作细则少，行政手段多、经济手段少。在环境违法行为查处方面缺乏敢于碰硬的精神，执法不到位，甚至出现为污染企业讲情的现象。

六是社会公众的环保意识与国家积极倡导的生态文明理念不适应。很大一部分群众认为环境保护是政府的职责，对于涉及自身的环境意识和环境理念还不够深刻，社会环境保护意识还有待于进一步提高。

环境问题是环境友好型社会所需要解决的核心问题。环境保护面临的挑战和机遇将越来越大。建设环境友好型社会，实现国民经济持续快速协调健康发展势在必行。如何树立科学的发展观和正确的政绩观，构建环境友好型社会，促进经济社会全面、协调、可持续发展。我认为应该做好以下方面的工作：

一是要切实加强领导，落实目标责任。环境友好型社会是一种新型的社会发展状态，要创造向新的社会发展阶段转型的必要的政治保障条件。政府要对本辖区的环境质量负责，真正把环保工作摆到重要位置，列入重要议程，纳入经济社会发展的全局、全过程，同经济发展一起规划、一起部署、一起实施，采取措施改善环境质量。各部门要按照科学发展观的要求，增强环境忧患意识，对于制约环境保护的难点问题和影响群众健康的重点问题，积极地抓，主动地抓，经常地抓，一抓到底，抓出成效。把环境保护纳入领导班子和领导干部考核的重要内容，坚持和完善地方各级人民政府环境目标责任制，对环境保护主要任务和指标实行年度目标管理，定期进行考核。

二是全面落实污染物排放总量控制制度。总量控制是削减主要污染物排放数量，稳定和改善区域环境质量的重要措施。要全面推行排污许可证制度，必须做到排污单位持证排污、管理部门依法管理。对不符合产业政策、发展规划，以及不能达到环保排放标准的企业，各级环保部门一律不予分配污染物排放总量指标，并不得核发排污许可证。对超标排污和无证排污的企业，要严格依法查处。在环境质量不达标的重点区域、流域，要加快对重点行业、重点污染源实行目标总量控制向容量总量控制的转变，不仅做到浓度达标，而且要按总量控制要求，削减排污总量。要进一步严格新、扩、改建项目环保把关措施。所有项目必须要经环保部门审查，并严格落实环保"三同时"措施。特别对造纸、制革、印染、化工及水泥、钢铁、电镀等重污染工业项目，凡未经环保部门批准的，一律停建，已经投产的必须停产。环境质量不达标的地区，不得新上纯增加污染物排放量的项目。

三是大力发展循环经济，促进清洁生产。循环经济是一种最大限度地利用资源和保护环境的经济发展模式。它主要是通过对传统行业的技术改造，最大限度地减少资源消耗和废物排放。清洁生产是从改进设计开始，到能源原材料的选择、生产工艺技术与设备采用、废物利用等各个环节，通过不断的技术进步和加强管理、节能降耗、综合利用，提高资源利用效率，从源头减少或者避免污染物的产生和排放，其实质是预防污染。发展循环经济，促进清洁生产，是建设资源节约型、环境友好型社会和实现可持续发展的重要途径。但目前循环经济发展仍然处于起步阶段，还有许多问题需要在今后的实践中探索。应逐步建立企业为主、政府支持的循环经济技术创新体系，提高循环经济技术支撑和创新能力，促进资源的循环利用。

四要强化监督执法，严厉打击环境违法行为。要强化依法行政意识，加大环境执法力度，对不执行环境影响评价、违反建设项目环境保护设施"三同时"制度、不正常运转治理设施、超标排污、不遵守排污许可证规定、造成重大环境污染事故，予以重点查处。加大对各类工业开发区的环境监管力度，对达不到环境质量要求的，要限期整改。政府各职能部门要各司其职，协调配合，依法强化环境监管力度，形成"政府统一领导，各部门密切配合，社会各界广泛参与"的环保联合执法机制，有效打击环境违法行为，提高企业违法成本。

五是加强环保队伍建设，提升队伍素质能力。全面加强环保系统思想、作风、组织、业务、制度"五大建设"。积极实施素质再提升工程，深入开展环境执法"四项基本功"训练活动，不断深化政治理论学习和环保业务技能培训，努力提高环保系统干部队伍的思想理论水平、行政执法水平、业务工作水平和公众服务水平。加强效能建设，严格落实优化发展环境的各项规定，提速工作过程，提高服务质量。认真执行环保系统"六项禁令"和"六项守则"，推进党风廉政、行风和精神文明建设，坚持依法行政，文明执法，努力建设一支高素质的环保队伍。

六是加大环保投入力度。要加大对污染防治、生态保护和环保监管能力建设的资金投入，保证环保行政管理、监察、监测、信息、宣教等行政和事业经费支出。要建立健全多元化的投入机制，充分利用市场机制，拓宽资金筹措渠道，吸引内外资投向环保项目。采取财政倾斜政策，优先安排环境保护所需资金，确保环境保护工作深入推进。

七是加强环境宣传，提高社会环保意识。环境友好型社会的概念是随着人类社会对环境问题的认识水平不断深化逐步形成的。要多形式、全方位广泛开展环保法律法规和政策宣传教育，引导和组织群众参与环境建设，树立尊重自然的价值观和道德观，使环境友好型社会的理念成为全社会的共识和奉行的价值观。要以各级领导干部和企业法人代表为重点，开展形式多样的培训教育，提高加强环境保护的自觉性和主动性；要在全市中、小学校全面开设环境教育课程，提高环境教育普及率。各新闻媒体要积极传播环保法律法规知识，开展环境警示教育。使环境友好型社会的理念成为全社会的共识和奉行的价值观。

建设环境友好型社会是我国经济社会协调发展的战略需要，也是我国环境保护和可持续发展实践经验的理论升华。加强环境保护是落实科学发展观的重要举措，是全国建设小康社会的内在要求，是坚持执政为民、提高执政能力的实际行动，是构建社会主义和谐社会的有力保障。落实科学发展观、构建环境友好型社会，经济发展就必须与人口、资源、环境统筹兼顾，既要尊重经济规律，也要尊重自然规律；既要考虑经济效益，还要考虑环境效益和社会效益，实行环境与发展综合决策。只有这样，我市经济社会才能得到全面、协调、可持续发展。

加大监管力度，严格环境执法
——当前环境执法存在的问题及对策

河南省郑州市环保局副局长、党组成员   叶光林

近年来，郑州市环境监察工作在河南省环保厅监察总队的关心和指导下，在市环保局党组的正确领导下，以科学发展观为统领，全面贯彻落实党的十七大精神，紧紧围绕我市环保中心工作，进一步完善环境监察管理机制，加强执法监察能力建设，强化现场执法监督，严厉打击环境违法行为，认真履行环境监察职责，切实维护人民群众的环境权益，圆满完成了环境监察目标任务。但是我们也清醒地看到，随着经济的快速增长、体制的快速转轨、公众维权意识的提高，由于多方面原因，环境执法工作中有法不依、执法不严、违法不究的现象依然存在，对环境污染熟视无睹、不闻不问的情况也时有发生。而且随着经济发展速度加快、环境资源压力增大，环境执法工作也面临越来越多的新情况、新问题。

一、现场环境执法工作现状分析

郑州市环境监察支队作为我市现场环境执法的主要力量，依照市局的行政执法委托履行以下职责：

（1）对建设项目执行环境影响评价及"三同时"制度情况，排污单位执行污染物排放申报登记制度、排污许可制度、限期治理制度情况和污染防治设施运转等情况进行现场监督检查。

（2）对生态环境保护及环境污染、环境信访案件进行现场调查并参与处理；12369投诉举报热线受理工作。

（3）在郑州市环保局法制工作领导小组的领导下，受市局法制处委托，依法对环境违法行为实施处罚。

（4）负责郑州市排污费的征收工作；对市辖县（市）及上街区的排污收费工作进行稽查和业务指导。

（5）按照国家和省里要求，我市环境监察系统，出重拳，充分发挥各级环境监察队伍特别能吃苦、特别能战斗，冲锋在前、敢打硬仗的环保精神，圆满完成上级赋予的多项环保专项行动工作任务。

由此可见，市环境监察支队受委托承担的环境行政执法工作除排污费的征收工作外，主要是对环境保护法的执行情况进行现场监督检查以及对各类环境违法行为进行现场调查取证并实施处罚。各区环境监察大队作为派出机构负责对所在辖区内分管的排污单位

进行日常监管。

自 2004 年派驻各区监察大队以来，环境监察支队紧紧围绕环境监察职责开展工作，环境监察的工作重点从以排污费征收为主转为以环境污染源的监管为主，以实际工作成效分析：在老污染源污染设施的运行监管方面无论对污染源监督检查的频次还是污染设施的稳定运行率都达到了较高的水平；在新建项目"三同时"制度落实的督察、环境危险源调查、饮用水源地巡查等方面逐步完善了工作制度，加大了现场检查的力度，工作逐步走上了正轨。这些都为我市环境质量的不断改善，推动我市的环境模范城的创建工作上层次作了很好地铺垫。

二、环境监察工作中存在的问题

随着环境执法力度的不断加强，环境监察工作涉及的领域越来越广，工作中还存在一些不容忽视的问题与不足，主要表现在以下几个方面：

（1）随着生态文明建设和可持续发展理念的逐步深入人心，我们的环境保护工作面临着新的形势和新的历史机遇，也随着中国环境保护新道路的探索，新形势、新时期、新阶段给我们环境监察工作提出了严格的要求和严峻的考验，我们在环境监察工作的创新上还不够，措施上还不得力、方法还不多，不能与时俱进。

（2）在郑州市环境监察能力建设中，部分县（市）、区环境监察人员编制、执法装备、保障执法经费等方面还存在诸多问题，不能适应当前环境监察工作的需要。

（3）随着人民群众环境意识的逐步增强，对环境质量的要求也越来越高，使当前环境保护工作任务十分繁重，给环境监察部门带来前所未有的压力。由于当前县（市）、区环境监察机构设置不合理，多头管理，加上环境监察工作、职能、职责不清，使上级监察部门布置的一些工作在落实上协调难度大，有些工作找不到对口单位，很难落实到位。

（4）部分企业环保意识淡薄，遵守国家环保法律、法规的自觉性不高，为追求利益的最大化，使其在污染防治建设等污染治理上置国家法律、法规于不顾，造成超标排放，给环境执法带来一定的困难。

（5）随着环境监察工作新形势的要求，我市环境监察人员业务素质和执法水平还有待进一步提高。个别执法人员业务素质低、作风浮躁，对法律法规、生产工艺、产业政策不熟悉，在实施现场执法检查时找不到问题，找不准问题，存在着对环境违法行为"不愿查，不敢查，不会查"的现象。

（6）环境污染应急处置能力有待进一步提高。应急指挥中心建设、现场执法反应速度和应对突发性污染事故处理能力不够，目前缺乏快速反应、高效处置的硬件支撑能力。

（7）由于市局各相关部门之间缺乏沟通与协作，往往各自为政，由此导致环境执法效能低下。

三、影响环境执法工作的主要因素

环境执法不单纯是一个法律问题，而是关系到政治、经济、社会等各个方面的综合问题。

（1）在体制方面，环境监察队伍缺乏主体资格，没有法律授权。

（2）在机制方面，一是缺乏事前监督机制。许多环境违法问题都是决策不当造成的，仅靠环境执法的事后监督，难以奏效，应加强事前防范，预防为主。二是部门联动没有形成长效机制。"整顿违法排污企业保障群众健康环保行动"的环保专项行动，要求各有关部门联动，在对下发动和增强行动效果方面取得较好效果，但在日常执法中，还没有形成长效联动机制。三是缺乏有效的奖惩机制。对环保做得好的企业缺乏鼓励和重奖措施，企业做好环保工作的积极性没有很好的调动起来。

（3）在法制方面，一是行政处罚额度低、抓手少，影响了执法力度。有的企业宁愿受罚也不愿正常运转治理设施。二是法律规定不具体，操作性差，难落实。对于关停措施，缺乏断水断电、吊销执照、拆除销毁设备、取消贷款等法律规定。三是限期治理、停产治理决定存在只发文件，不抓落实，应付检查的现象。四是强制手段少，难以落实到位。对于拒不履行环境行政处罚决定的行为，环保部门缺乏查封、冻结、扣押、强制划拨等行政强制手段，只能申请法院强制执行，容易造成执行难。

（4）在环境监察能力方面，一是环境监察队伍人员少力量弱。这些人要对全市辖区所有工业企业、三产企业、建筑工地、生态环境、农村环境进行现场检查。环境监察人员的不足，使得现场执法难以全面有效的展开。二是执法能力差。尤其是县区环境监察机构执法车辆的配备均达不到国家制定的标准要求。三是人员素质不适应执法工作需要，仍有相当一部分环境监察人员对法律法规、生产工艺、产业政策不熟悉，现场执法不会查。

四、强化环境执法的对策

虽然，当前环境执法方面还存在着一些问题，有的还较为突出。在工作协调上，重"单打独斗"、轻"握指成拳"；在工作程序上，重事后被动查处、轻事前主动预防；在工作方式上，重行政手段、轻综合手段；在队伍建设和工作作风等方面，重监管、轻服务。要解决这些问题，应从以下几个方面入手。

1．加强环保政绩考核，促使各级政府切实加强环境执法工作

按照环境法律，地方政府应对本辖区范围的环境质量负责，更应高度重视环境执法，在任期内逐步改善环境质量。首先，要加强政府主要领导干部的环境法制教育，树立科学的发展观和政绩观。二是建立完善的领导干部环境保护实绩考核制度、主要领导干部离任环境保护审计制度，实行环境责任追究制。

2．逐步完善环境法制，强化执法手段

尽快修订和完善环境保护有关法律法规。一是在法律上明确地方各级人民政府及经济、工商、供水、供电、监察和司法等有关部门的环境监管责任，建立并完善环境保护行政责任追究制。二是增强环境保护多项制度的可操作性。对环境法律法规中义务性条款均要设置相应的法律责任和处罚条款。三是建立健全市场经济条件下的"双罚"制度。针对目前执法中普遍存在的只罚企事业单位、不罚单位的直接责任人和有关领导的缺陷，确立既罚单位、也罚个人的"双罚"制度。四是赋予环保部门必要的强制执法手段，如查封、扣押、没收等，落实对违法排污企业"停产整顿"和出现严重环境违法行为的地

方政府"停批停建项目"权等。

3．理顺执法体制，加强环境稽查

建立上下协调、统一的执法体制。一是市县区政府应进一步加强环境监察机构，明确其行政执法主体地位；二是要进一步加强市级环境稽查工作。逐步开展环境监察内部稽查和环境保护行政稽查，切实加大对环境行政不作为行为的查处力度。

4．加大企业违法成本，降低守法成本

在环境执法中要充分认识到，对环境资源的破坏造成的损害后果的严重性远比整垮一个污染企业的后果严重。应该采取各种措施，加大对超标排污企业的处罚力度，让超标排污企业承受不起，甚至不惜让其关闭，从而促使污染企业自觉调整自己的行为。同时，要从税收、金融等经济政策方面给予自觉遵守环境法律法规的企业支持和鼓励，使其得到实惠，从而降低守法成本。

5．进一步提高环境监察队伍的执法能力和水平

如何应对我市环保工作的新形势、新要求严格执法，加大监察力度在环境监管的能力上、环境监管工作的效率上以及环境监管的范围上继续不断的提高和开拓。这就要求我们结合实际工作情况，进一步加强各项基础工作来提高执法能力和水平。

（1）继续加强对环境监察人员的业务能力的培训，所有人员必须取得环境监察上岗证；所有一线执法人员必须参加省统一组织的行政执法证的考核，做到持证执法；积极参加省环境监察系统的学法用法活动，提高执法人员的政策水平和执法能力。

（2）进一步明确各监察大队的环境监察职责。支队将污染防治设施的日常监管目标按区域划分到各个环境监察大队，各大队将本辖区的污染源监管的目标任务分解到人，使每位监管人员对所监管污染源的主要生产工艺、污染防治设施运行情况、日常监督检查内容以及工作方法等应知应会，熟练掌握，做到对污染源的监管不留空当。

（3）努力提高环境现场执法的技术手段，按照环境监察机构标准化建设新标准的要求，在原有的基础上进一步为各监察大队配备现场执法所需的取证设备和快速监察仪器，充分满足环境监察现场执法工作的需要，不断提高环境监察的工作效率。

（4）根据环境监管的新形势、新要求，继续完善、补充环境监察工作制度和环境执法工作程序。与此同时强化环境监察人员对环境监察工作制度和环境执法工作程序学习，加强对环境执法人员工作制度和程序贯彻、落实情况的考评和检查。

6．切实加强环境监察支队与市环保局各相关部门的沟通与协作

由于支队承担的环境执法工作仅是整个环境执法工作中的一个环节，要做到执法到位除环境监察部门着力加强自身能力建设外，在以下方面需要与环境管理部门的协调和配合。

（1）老污染源监管工作程序的完善。由局污控处作为牵头单位协调法制、监测部门，对污染防治设施不能满足稳定达标排放要求且又未按时完成限期治理的单位，在加重处罚的同时，报请政府批准限产、限排、停产治理等切实有效的强制手段，从而推动老污染源的规范管理。

（2）新建项目"三同时"现场监督与管理。对排污单位执行建设项目环境影响评价及"三同时"制度的监督与管理是环境监察工作中的一个难点，也是存在问题最多的方面。由于新建项目的审批与违法行为的处罚按照管理程序要求分为国家、省、市、县（区）

四级审批，而且对新建项目违法行为的处罚也是依照四级审批的规定由负责审批的主管部门进行，加之审批部门不能及时将项目审批的情况通报给环境监察部门，使新建项目的现场监督与管理之间出现了较大的漏洞而且对违法行为的处理难以到位。从环境污染事故及群众投诉事件中看新建项目在其中占了相当大的比率。在新建项目相关的环保法规不变的情况下由开发处牵头组织监察、监测部门近期开展一次专项行动，对没有执行建设项目环境影响评价及"三同时"制度或长期试运行而不验收的排污单位突击进行查处以维护法律的严肃性。

（3）污染源动态管理和信息的共享。近年来随着环境整治力度的加大和国民经济的快速发展，新污染源的增加和部分老污染源的关闭使污染源数量及污染物排放量的变化加大。加之各管理部门之间信息不能实现共享造成污染源基础数据的失真，严重影响了环境治理工作计划的制定和现场环境管理工作的进行。实现污染源信息的动态管理和各部门间的共享是必须也是亟待解决的重要问题之一。为此，由信息中心牵头协调污控、开发、监察、监测等部门开发计算机污染源动态管理系统软件平台以实现详细的共享。每隔二到三年进行一次污染源普查以定时更新全市污染源数据。

（4）生态环境监察工作的开展。生态环境监察是我市监察工作的一项新的内容，该项工作与矿产、林业、水利、旅游、渔业等行政职能部门的管理职责相互交叉。目前就全国来讲环境保护部门生态环境的监察以加强"三区"保护，即重要生态功能区、重点资源开发区和生态良好区的环境保护作为推动生态环境保护工作的重点以带动生态环境监察工作全面开展。我市在生态环境保护方面处于起步阶段，在专业人才、技术手段、工作经验和制度建立上还不能满足该项工作开展的需要。应加强生态保护人才的引进和培养，走出去考察环境生态监察工作较好的地区，添置相应的设备，制定生态环境监察工作目标和工作规范为基础，并由局生态处牵头以加强与相关行政职能部门的协调为平台，制定切实可行的生态监察工作制度和监察办法，以查处生态功能区、重点资源开发区的重大生态环境破坏事件为契机，启动该项工作的开展。

基层环保工作的喜忧与期盼

湖北省潜江市环保局局长　张新佺

我是一名基层环保部门负责人，加入环保工作行列恰逢全国第六次环保大会召开。三年多来，我领略了基层环保工作的方方面面，感受了基层环保人的点点滴滴。根据本次全国环保局长岗位培训要求，以自我感悟草拟这篇《基层环保工作的喜忧与期盼》，并归纳为"十喜十忧十建言"，愿与各位同仁共同探讨和交流。

一、感受可喜的十大进步

一是环境能力建设进步空前，基层环保部门装备显著增强。三年来，国家、省、市三级投入我市环保部门的能力建设项目资金和物资折现近千万元，接近建局 30 年来资产存量的总和，基本改变了装备落后、服务滞后、实力靠后的局面。这是感受最明显的进步。

二是环境污染治理态势良好，企业、园区和城镇环保设施投入大、进展快。三年来，全地域环境污染治理设施投入逾 6 亿元，相当于同期财政收入的 10%，占同期 GDP 的 2.4%。这是我们 2 000 km² 版图、100 万人口的省直管市环保工作了不起的进步。目前，已建成运行 2 座生活污水处理厂、2 座生活垃圾处理场，并正在筹建 2 个工业园区集中式污水处理厂和新城区生活污水处理厂。所有重点排污企业均建成了新的治污设施，华盛电厂脱硫设施属同行业领先水平，金澳科技含油废水处理设施位居省内同业前列，天进化工含氟废水处理技术还获得了国家专利。

三是污染总量减排成果丰硕，"十一五"目标可望提前实现。2007 年，我市首次实现了主要污染物 COD 和 SO_2 的"双降"拐点，分别减排 2.4% 和 10.3%；2008 年又实现"双降"，分别减排 6.52% 和 23.88%；今年又将减排 13% 和 11%，剔除 2006 年"双升"并消化 2010 年新上项目可能形成的增排量，COD 和 SO_2 分别可望提前实现或大大超过"十一五"减排 10% 的目标。

四是首次污染普查完成任务，环境家底基本清晰。2007 以来，我市按照全国第一次污染源普查工作要求，圆满完成了首次普查工作任务，全市共清查污染源 1 421 家，普查污染源 1 021 家，其中工业源 317 家、生活源 693 家、集中式污染处理设施 2 家，收集整理普查档案 400 卷 4 000 多件，全部实现了电子档案管理。比较真实、全面、客观、准确地掌握了全市环境家底，为有效实施总量控制、提高环保工作水平和服务经济社会发展提供了科学依据。普查工作受到了环保部和省环保厅的充分肯定。

五是环保专项行动富有成效，突出环境问题得到初步遏制。三年来，国家部际联席会议先后确定了环保专项行动计划，省政府重点加大了对小造纸、小水泥等重污染源的治理，市政府结合实际，着重推进了小造纸、小水泥、小化工、小龙虾加工甲壳素等污染治理，同时启动了饮用水源和流域环境治理，开展了农村环保清洁家园行动。

六是环境影响评价稳步推进，源头治理把关机制基本形成。建设项目环境影响评价制度的实施从 2003 年起步，全国第六次环保大会后步入正轨，目前已实现环评率 100%。规划环评工作也从 2006 年开始启动，工业园区规划环评基本完成，城市规划环评、国土规划环评等重大规划环评已摆上日程。相关部门联合把关环评前置，我市环保、发改、经委、建委、国土、规划、工商、文化、银监九部门联合行文，共把建设项目环评关，收到了很好的效果。

七是环保绿色创建逐步展开，创模和全民环保行动开始启动。三年来，我市逐步开展了系列绿色创建活动，创建了一批省、市级绿色学校和绿色社区，并积极融入武汉城市圈"两型社会"试验区建设。为提高城市发展水平，今年市政府正式启动了环保模范城市创建工作，力争 2015 年左右建成国家环保模范城市。同时，在全市启动了全民环保行动，以限温、限塑、限产、限治、限批及禁实、禁烧、禁鸣、禁运、禁养为主要内容，推动政府、部门、企业、社区、农村、学校、家庭、市民等社会各个层面增强环保意识，落实环保行动。

八是环境宣传教育推陈出新，环境文化建设初露端倪。三年来，我市环境宣教工作在坚持以"6·5"世界环境日为主题宣传的基础上，不断创新方式方法，通过宣传月、宣传画、宣传车、宣传册、宣传栏、宣传片等方式，以专版、专栏、专论、专演、专刊、专题片等形式，并结合开展潜江环保世纪行活动，实行多部门联动，大手笔、大声势地营造全民环保氛围。同时，将环境宣教引申到环境文化建设层面，开展了环保征文，编撰了环保文集、环保诗刊专辑和环保乡土教材，创作了环保相声、小说、诗歌等文艺作品，得到了诸多新闻媒体和文艺团体的关注和参与，市民热衷环保的氛围日益浓厚。

九是环保队伍建设得到加强，人员素质结构有所改善。原国家环保总局组织开展了"基层环保年"，原省环局组织开展了"三查一加强"（查工作作风、查工作中的薄弱环节、查监督管理中的漏洞，加强环保基础和执法监督能力建设）活动，省市政府和环保部门联动开展了效能建设、行风评议，今年省委、省政府正在组织开展"作风建设年"、"能力建设年"。原国家总局、原省局、市局先后出台了党风廉政建设、环境行政审批监督、环境管理责任追究等文件。环保精神、环保禁令和环保职业道德深入人心。市局还制订了新的服务指南、服务承诺、工作守则，开展了年度培训和分月专题讲座，组织参加或直接进行了人员素质测试和监察、监测、环评岗位人员考试。我市效能建设和行风评议双双获得优秀成绩，以"树立新形象、力求新作为、开创新局面"为宗旨，全局系统精神风貌、服务功效、社会评价取得了明显改观。

十是环保工作氛围日趋浓厚，责任意识明显增强。近几年来，环保工作受到了全社会的普遍关注，公众环保意识显著增强，各级环保责任不断强化。市四大家领导高度重视环保工作，2006 年召开了首次环保大会，成立了以市长为主任的市环境保护委员会，并每年召开环保工作会和市环委会，环保方面的会议多、规格高、要求严；市委、市政府三年来印发环保方面的文件 16 个，出台了环境保护"一票否决"实施办法，落实了"一把手"负责制和问责制。同时，通过加强环境监管，企业环保自律行为逐步强化，自觉加强污染治理和落实环保措施，全市环境保护有了良好的工作氛围和舆论氛围。

二、正视发展的十点隐忧

一是体制机制不活，基层履职受限。总局升部、省局升厅给基层局很大鼓舞，社会反响良好，但地市（含直管市）局未能感受这一变革的实际惠顾，县市局多为事业局，转化为政府职能局尚待时日。环保系统"双重"管理，形同虚设。以地方为主，戴地方帽子、拿地方票子基层履职受限。环保系统文件多、会议多、考评多、督察多，基层局长期处于被动应付状态，既盼又怕上级部门领导来检查指导工作。

二是责任界线不清，弱势委屈受过。这几年环保部门的工作任务特别重，压力也很大，职业风险也很高，"平时流汗、出事流泪"。环保法律法规和各种考评往往是"制人不足、制己有余"、政府或企业违法往往是环保部门受过；相关部门不作为，往往是环保部门"背黑锅"。企业环保责任不明确、不具体，往往是把环保部门拖下水，业主在岸边，多数情况下仅仅是受点经济处罚。环保部门权小责任大，对地方政府的环保考评往往变成对环保部门的考评，有成绩是正确领导的结果，出问题则是环保部门不作为。环保局长属高危职务，仕途终点，经常挨板子、碰钉子，一旦出事故首先挪位置、摘帽子。

三是监管能力不强，工作推进艰难。虽然近几年在仪器装备上大有改观，但仍与实际工作的要求不相适应，装备缺项、缺量、低档、低效的问题依然存在。污染源自动监控平台尚未建立和规范，监控覆盖面还十分有限，监控时效性和可信度还有待提高。环境应急装备和快速反应能力还需要加强。部门弱势、企业强势，基层环保部门监管受多重压力，处在夹缝中，正常工作推进艰难。

四是队伍素质不高，部门形象欠佳。基层环保部门组建时间虽然不长，但由于把关不严，人员普遍偏多且素质低下。吃饭的人多、干活的人少；"子弟兵"多、正规军少；想要的人进不来，无用的人出不去，不要的人挡不住；有似"收容所"，可留不可教；类似"福利院"，可养不可弃。相当一部分工作人员不懂环保法律法规，不懂环保业务技能，严重影响正常工作的开展，严重影响环保部门的社会形象，严重影响环保事业的拓展和提升。

五是环境执法不严，工作威信逊色。目前普遍存在执法难的问题，基层环保局长站得住的顶不住，顶得住的站不住。企业违法成本低、守法成本高；部门执法干预多，司法程序繁；公众知法要维权，违法要迁就。基层环保部门不敢执法、不愿执法、不能执法的状况短时间还很难改变。部分法律不够完善，环保部门没有强制执行权，现场检查制度也不完备。处罚额度低，一事不再罚，有的企业宁愿受罚也不愿花钱建治污设施或者建了设施不正常运转。环评未办或未通过而已开建或建成的违法行为查处缺乏强有力的法律依据，只能停建、限期补办。公安有手铐、工商有执照、税务有发票，环保受制于人，只能说说叫叫，部门工作威信比其他部门明显逊色。

六是项目资助不多，事业拓展有限。环保基础设施薄弱，无异于小马拉大车；环境治理投入不足，无异于小梁撑大厦。环境治理历史欠账太多，环保部门项目资助很少，地方财政投资环保的实力有限，企业原始积累不足并追求利益最大化，环保投资迟缓且常打折扣，造成老污染治理拖延，新污染治理滞后。由于受"谁污染，谁治理"原则的制约，企业治污项目很难列入国家资助项目，比起发改部门节能改造项目反差太大。不少项目起初是环保部门发起促进，但项目确立、资金下达往往与环保部门无关；与减排相关的项目，环保部门也没有掌握发言权、决定权，甚至没有知情权。环保部门的项目投资比起水利、国土、交通、建设、农业、民政、发改等部门相差太多太多，由此带来环保部门在地方的地位低下，环保事业难以拓展。

七是经费保障不足，生存发展困难。目前，基层局人员和工作运行经费纳入财政预算保障的不多，与排污费挂钩的现象还比较普遍，而排污费征收额度总体上不足维持开销，因此生存发展存在很大困难。上级主管部门安排任务多，协调落实经费少。专项工作无经费或只有象征性以奖代补（拨），基层落实任务有苦难言。环评中介收费，由业主出资，有拿人钱财替人消灾的潜意识，通过评审甚至审批的可收，不能通过评审和审批的难收或干脆放弃不评也不收费。监测服务费标准低、总额少，难以支撑业务活动的良性循环。上级对基层局基建投资太少，与其他部门比较不能同日而语。

八是环境投诉不少，矛盾隐患居多。环境信访投诉越来越多，公众维权意识越来越强；投诉方式越来越便捷，投诉问题越来越难处理。信访考评往往是以上访件数、上访批次、上访层级论处，基层部门饱受其过。环境难点、焦点、重点问题，部门难能作为，政府难解决，造成积案大量增多，隐患加剧。也有借环境问题谋利、发难的事例，使环境信访处理更加复杂化。关系老百姓日常生活起居的空气污染、油烟扬尘污染、噪声污染反映越来越强烈，由于涉及城乡规划、企业或居民搬迁，很难如愿解决问题，形成信访调处的"瓶颈"、梗阻、顽疾。

九是社会服务不够，公众认同较低。基层局受条件限制，对某些社会需求的环保服务项目爱莫能助，如辐射检测、室内污染检测等。基层环评机构普遍资质低、项目少，不能满足辖区项目环评需求，常常远水不解近渴，增加环评成本，导致不满情绪。项目审批权限与发改等部门不对等，往往受到非议和指责。环评前置，收费也领头，别的部门是批项目给资金，环保部门是审问题还收费。基层局组织企业培训少、上门指导少、无偿服务少、社会反映很多，公众认同较低。

十是农村环保不力，减排成效打折。环保部门工作的重点长期放在企业、园区和城镇，这些范围内的问题尚未很好解决，农村环保问题不期而至，越来越严重。由于人力、物力、财力和机构职能配置等诸多因素，基层环保部门对农村环保问题还研究得不够、介入得不深、资助得不多、指导得不力。农村污染的加剧，对区域、流域的负面影响无异于化学还原反应，在很大程度上抵消了企业、园区和城镇污染减排的成果。规模化畜禽养殖、秸秆焚烧、大量施用化肥农药等农事活动，使水环境、大气环境整体质量难见改善，局部地区还呈加剧态势。

三、期待改进的十条建言

一是积极探索机构管理体制。要抓住"大部制"改革机遇，把基层局的关系理顺、职能配强、机构配齐、编制配好，经费配足。应当积极探索环保部门的垂直管理，在部设派驻机构的基础上，选择部分有意向的省试行省以下垂直管理，选择部分有意向的市（州）试行市以下垂直管理，也可以在武汉城市圈、长株潭城市群试行省厅对圈（群）内城市环保局垂直管理。此举意义重在为基层探索，与实际需求相适应的体制机制，同时也彰显环保部门的特殊性，提升环保部门的社会地位，增强凝聚力、战斗力。

二是继续加快环境能力建设。要继续调动各级政府支持环境能力建设的积极性，解决有钱办事、办好事的问题。要重点倾斜基层环保部门的能力建设，根据地域特点、产业特色配齐配好必备仪器装备，尽快解决缺项、缺量的问题。对担负着市（州）和县（市）双重职能的省直管市局要按市（州）标准配置仪器装备。要加快污染源在线监控平台建设，加大覆盖面，提高可信度。要抓紧争取并加大对基层局办公设施的投资力度，尽快改变基层局机关面貌差，综合实力弱的现状。

三是设法资助污染减排项目。要更大力度地争取国家对环境治理、污染减排项目的资金安排，至少应比照发改部门控管的节能项目资金投入额度并逐年增加。对环保部门有较大发言权的排污费使用投资项目，危废、医废、辐射污染治理项目等，要牢牢把握制控权；对没有传统归属的能力建设、工业治污、跨行业综合治理工程、农村环保等项目要努力争取管理权；对涉及环境污染治理的污水治理、垃圾处理、生态修复、流域性区域性污染治理等项目要努力争取发言权。

四是修订完善环保法律法规。要抢在全国人大 2010 年前基本形成中国特色社会主义法律框架体系的时限内，抓紧修订、补充和完善环保法律法规和环境标准。现行《环境保护法》已施行近 20 年，部分内容与现实情况已经不相适应，要尽快修改完善。《水污染防治法》已修订出台施行，其他单行法也有修改完善的必要。光、热、电磁污染已成热点，相关法律尚属空白，应补充制订。对于过于原则化的条款要尽量细化；对禁则多、罚则少、处罚轻的条文要适当调整；对现场执法要明确简易程序；对企业、行业、区域限批，规划环评等新措施要上升到《环保法》层面并制定具体的实施办法。

五是不断强化环保队伍建设。要实行严格的人员编制管理，定员定岗，严把进人关，坚持引进专业技术人才，加强在职人员培训教育，竞争上岗。要推行效能建设常态化管理，避免"热一阵、冷一阵"；推行行风建设制度化管理，防止"搞形式、走过场"；推进廉政建设个案化管理，杜绝"大要案、小窝案"，全面提升环保队伍素质和形象，不断优化人员结构，增强工作能力、工作信心、工作责任和工作效能。

六是科学明晰环保工作责任。要研究制定各级党委和行政组织的环保工作责任，加强对各级党政"一把手"的环保绩效考评。要尽快研究制定环保"一票否决"的具体操作办法和实施细则。在各相关职能部门的机构编制"三定"方案中明确环保工作职责，强化年度责任考评。党政机关的环保考评实行奖惩"双向"激励，严格操作和落实。要加大违法违规决策的查处、惩处力度，堵塞"集体决策"、"下不为例"的漏洞。要加强企业的环保责任，加重违规处罚力度，让污染企业不能生存，污染项目不能上马。

七是上下联动抓好环境宣教。环境保护靠宣传起家，以教育为本，必须始终坚持抓紧抓好环境宣传教育。目前，各地自成体系、自导自演、自娱自乐、自我陶醉的局面要改进和突变。要上下联动，横向协作，整合资源，提高效率和影响力。可以组织巡回专场演出，大型展览，全国、全省征文比赛、演讲比赛等。要有组织地推介先进典型，在各主流媒体宣传推广。要加强环境文化建设，推出有影响力的主题活动，应组织并资助筹拍高水准的环保电视剧、电影，如《环保局长》等。《中国环境报》作为专业阵地，要进一步发挥作用，创新《局长论坛》，降低专版费收标准，让基层感到贴心、贴情。

八是尽力维护公众环境权益。环境信访调处是环保部门一项重要的社会责任，任务越来越大、工作越来越重要。从上到下要组建相对独立的专门机构专司环境信访，切实保障"有访必接、接访必查、查访必果"。要推进全员信访工作制、领导包案工作制，努力把环境信访问题发现在萌芽、解决在基层。项目审批，信访调处要扩大公众参与面，借助媒体和社团力量处理一批"老大难"信访积案，维护公众正当的、基本的环境权益。要上下联动，形成合力，逐步解决带共性、普遍性的环境问题，主动清除信访源头，提升环保部门的社会认知认同感。

九是努力主导农村环境保护。农村环境保护责无旁贷，要加强调研、加深介入、加大资助。要履行综合协调职能，明确规范各职能部门在农村环保方面的工作责任，避免相关部门不作为，环保部门顶过失。要重点抓好小城镇和村庄垃圾、污水处理工程建设和实用技术的推广应用；要抓紧解决秸秆焚烧污染空气的问题，大力推广秸秆发电产沼工程建设；要采取有效措施，减少农药化肥施用量，解决面源污染问题；要引导和促进规划布局，把现有分散在乡村的工业企业和农产品加工企业引导入园，杜绝新上单个零星的工业建设项目；要加强村庄、田园绿化，改善生态环境。

十是加快推进排污费改、交易和补偿。排污费征收、排污权交易、污染生态补偿是环境保护的重要制度性安排，只能加强，不能削弱。要落实排污费据实及时足额征收，需要配套关联措施，明文规定与企业项目审批、环境管理要件等直接挂钩，对延缓、拒缴行为要有硬约束、重惩罚。要加快费改税进程，尽快改变税务部门代征的过渡办法。排污交易要体现公平，对总量指标要合理分配，现行指标应从实际出发适当调整，要通过层层试点、逐步推行。生态补偿机制要加紧研究科学、具体的办法，并广泛征求当地政府和当事各方意见，充分论证后迅速启动，可以先在重点流域、区域试行，积累经验后大力推广。

强力推进和构建宜昌市饮用水源安全新机制

湖北省宜昌市环境保护局副局长　赵儒铭

宜昌市是三峡工程所在地和全国 113 个环保重点城市之一，三峡库区及饮用水源地水环境安全备受世人关注、至关重要。宜昌市始终将饮用水水源地水体污染防治及保护工作当做事关全市人民身体健康的一件大事来抓，特别是创建全国环境保护模范城市以来，通过制定相应政策和规范性文件，逐一划定城区饮用水水源地保护区，开展综合整治工作，加大饮用水水源地保护宣传和饮用水水源地环保执法力度，加强饮用水水源地周边环境保护，开展水源地水质监测等一系列措施，宜昌市城区的 3 个集中式饮用水水源地和 1 个备用饮用水水源地率先达到了国家环保模范城市的高标准要求，饮用水水源地水质达标率均稳定在 100%，城区饮用水安全得到加强。近年来，宜昌市在加强城区饮用水源地保护工作的同时，对各县市区饮用水源地加强了管理和保护工作，对辖区内县城及重点乡镇集中式饮用水源地编制了饮用水源地保护规划，依照《饮用水水源保护区污染防治管理规定》划定了一、二级保护区，设置了界桩、围网、警示牌和宣传牌，制定了饮用水源应急预案，开展了各县市饮用水水源地水质监测工作，并结合整治违法排污保护饮用水安全专项行动，确保了近几年各县市区集中式饮用水源地水质的安全。

一、宜昌市在饮用水源保护方面采取的措施

宜昌市全面落实和完成了国家、湖北省对相关饮用水源保护的各项部署和管理要求，于 2004 年正式启动了创建全国环境保护模范城市的工作，编制了《宜昌市创建全国环境保护模范城市总体规划》及《宜昌市集中式饮用水水源地保护专项规划》，在全市饮用水源保护工作上切实履行"以人为本"的科学发展观，针对创建环保模范城市对饮用水源的高标准指标、制度建设、科学管理等要求，开展了卓有成效的创建活动，取得了较大成绩。

（1）宜昌市人民政府责成各饮用水源所在地政府及宜昌市环境保护局、宜昌市水利水电局、宜昌市发展改革委等有关部门对饮用水水源地保护区及其上游区域进行全面清查，依法加强对水源地保护区的监督管理工作。

（2）按要求对宜昌市各乡（镇）以上居民集中式饮用水源地的水质情况进行了认真检查，对水源保护区内的各类污染源排查，依法严肃查处了影响水源水质的各类违法排污行为。

（3）根据国家环保部《关于开展〈全国饮用水水源地环境保护规划〉编制工作的通知》（环发[2006]67 号），市环保局联合市水利水电局着手开展了宜昌市饮用水水源地环境保护规划编制工作，组织专人对主要集中式饮用水源开展了专项检查。

（4）宜昌市人民政府根据《中华人民共和国水污染防治法》和《饮用水水源保护区污染防治管理规定》，在保护区内禁止从事可能污染饮用水水源的活动，禁止开展与保护水源无关的建设项目的活动，并按照生活饮用水保护区水源保护的有关规定，对饮用水水源保护区采取了点、面和内源污染源综合整治工程。

（5）加强了涉及饮用水源方面的监督管理，严管建设项目审批，从源头上控制了对水源地的污染。2004 年宜昌市环保局下发了《市环保局关于加强城市集中饮用水源污染防治工作的通知》（宜市环[2004]58 号），对各水源地保护区内的建设项目，实施严格的环评监管。通过严管建设项目审批从源头上控制污染，进一步保障了饮用水源地保护区内的水质安全。

（6）加大了对饮用水源地的监测力度。依照国家环保部发布的《关于 113 个环境保护重点城市实施集中式饮用水源地水质月报的通知》（环函[2005]47 号）规定，积极开展了水质监测工作，对城区饮用水源地进行监测，每月的监测结果都上报到宜昌市人民政府和上级环保部门。2007 年，为全面掌握宜昌市饮用水源地水质状况，确保饮用水安全，对城区饮用水水源地开展了包含重金属和有机物在内的 80 个项目本底值监测，监测结果显示所有项目均未检出。

（7）建立了城区饮用水水源巡查制度。为及时发现和消除污染隐患，宜昌市水利局依照《宜昌市城区饮用水水源地安全保障工程规划》，组织专班，对水库库面及保护区范围开展水政巡查工作，坚持水面定期巡查，每月发布巡查情况通报，并公布了水源保护监督电话，随时接受社会公众的检举。

二、宜昌市在饮用水源保护方面取得的重要成果

1. 强化了思想认识，正视了问题存在，充分体现了科学发展观"以人为本"的核心价值

一是坚持了以人为本。饮用水安全问题，直接关系到广大人民群众的健康，切实做好饮用水安全保障工作，是维护最广大人民群众根本利益、落实科学发展观的基本要求，是实现全面建设小康社会目标、构建社会主义和谐社会的重要内容，是把"以人为本"真正落到实处的一项紧迫任务。

二是坚持了人水和谐。人水和谐是人与自然和谐的重要组成部分。其核心是面向历史和未来，减轻或消除经济和社会发展过程中带给自然环境特别是水环境的危害及负面影响，实现水多能相安、水少亦够用、水质不污染，确保水质、水量和水环境既满足当今的需要，又给子孙后代留有发展空间。这就要求既要把人看成自然和水的主宰，同时也要看到水和人都是自然的一部分，规范水的同时，也要规范人类活动；既注重开发利用水资源，又注重节约和保护水资源；既要防止和抗御洪水，又要给洪水以出路；既要建设兴利除害的水利工程，又要营造、恢复和保护水域生态环境。

三是坚持了统筹兼顾。统筹兼顾是科学发展观的发展根本方法，坚持统筹兼顾是坚持科学发展观的关键。在水源地保护中要妥善处理好各方面突出矛盾，协调好各方面的利益关系，做到了三个坚持：一是坚持水源保护与水资源功能开发和利用兼顾。有些水域划定为饮用水源保护区，但同时又兼有旅游资源、农田灌溉、行洪泄洪等特定功能，

这就要求我们要正确处理好开发与保护的关系，始终把水源保护放在首要位置，在保护中开发，在开发中保护，努力做到水源保护与开发"双赢"的局面。二是坚持水源保护与维护当地人民利益兼顾。在水源保护核心区、缓冲区内有居民要搬迁，因此，须培育新的产业，解决好当地人的就业问题。三是坚持统筹区域发展。在水源保护的同时，坚持统筹解决当地的经济和社会发展，鼓励发展洁净产业，以促进经济社会、人和水源地保护的和谐发展、协调发展、全面发展。

2．掌握了饮用水源地基本情况，建立了水源地基础数据和档案，为饮用水源地实施科学管理提供了全面、基础性资料

通过宜昌市、各县市区以及宜昌市乡镇饮用水水源地的调查，可明确全市乡镇以上集中式饮用水源地的基础状况，了解饮用水水源地的空间分布、保护区范围、水质状况、污染源分布情况等信息进行综合管理；通过评估饮用水水源地环境状况，建立饮用水水源地环境状况的综合评估指标体系，从环境禀赋、污染状况，环境监管、环境风险等方面分析评估全市饮用水水源地环境状况；针对水源地和水质情况，提出饮用水水源地环境管理对策建议，开展饮用水水源地污染防治对策研究，制定并完善饮用水水源地环境管理、技术保障和环境政策对策，研究制定饮用水水源地监控方案、信息平台方案和宣传教育方案。

3．开展了保护饮用水源地的安全行动，在饮用水源储备体系和应急响应机制建设上有了进展

城市供水安全不仅直接关系到广大人民群众的身体健康，更关系着社会稳定和经济的快速发展，因此我国一直十分重视城市饮用水安全问题。特别是松花江水系和珠江北江水系相继发生的两起流域性水源污染重大事故后，加强区域性应急联动系统，健全城市供水应急预案，成为全国城建工作的重点之一。

制订了全市县级以上集中式饮用水源保护规划，从法律和法规上明确了保障框架，通过环保规划将饮用水源保护融入经济社会发展综合决策的重要切入点。

通俗地讲，环境规划是使环境与经济、社会协调发展而对自身活动和环境所做的合理安排。其根本目标是可持续发展；基本出发点是保障人享用有限的环境承载力，规定人活动的约束需求，并提出保护和建设环境的方案；环境规划的作用是促进环境与经济、社会的协调发展，保障环保活动纳入经济和社会发展计划，合理分配排污削减量，有效地获取环境效益，指导各项环保活动。

三、地表水饮用水源保护工作的几点建议

为进一步做好我市地表水饮用水源保护工作，保障人民群众身体健康，促进社会经济可持续发展，特提出如下建议：

1．加强对城乡饮用水源地保护工作的领导，健全饮用水水源保护区分级管理制度，努力构建饮用水源安全新机制

在我国饮用水源保护中，牵涉部门较多，饮用水源作为公共资源，在其管理中需要广泛的协调和处理机构间冲突的机制，存在着权力交叉和分割。换言之，对饮用水源的保护既需要集权，也需要分权与制衡。因此，须实行统一指挥、协调和功能化管理，这

其中各地政府是行使权力集中管理的最高指挥者。各县（市）区人民政府要进一步明确职责，理顺关系，合理确定和分解水源地保护工作的目标和任务，把城乡饮用水安全保障工作纳入重要议事日程，纳入领导干部和企业负责人的政绩业绩考核，建立政府任期目标责任制和问责制，实行"一票否决"。

建立跨流域协调机制，重点为境内三峡库区、清江流域、黄柏河流域、沮漳河流域、渔洋河流域等，增强水环境安全理念，建立确保水资源合理利用、水环境安全的饮用水源共建共管新机制，不断加大工作力度，共同做好城乡饮用水安全一体化的保障工作。

在已经完成的各县（市）县级和重要乡镇饮用水源地保护规划的基础上，编制覆盖各县市乡镇集中式饮用水源保护的规划，进一步组织合理规划水源地的布局，依照《饮用水源保护区划分技术规范》（HJ/T 338—2007）划定一、二级保护区域和范围，并严格按照《饮用水水源保护区标志技术要求》（HJ/T 438—2008），设置界桩、围网、警示牌和宣传牌等，完成各饮用水水源地保护区规范化建设工作。

2．开展饮用水源地总体状况和供水系统的全面评估，建立完善的对称信息，完善水污染事故应急处置程序

将饮用水水源地总体状况与供水系统的全面评估结合起来，将水源地的水质状况评估与工程安全方面评估联系起来，同时，纳入对事故状况下的应急反应机制和应急能力评估，特别是输水管网、原水处理和配送系统以及废水处理系统的评估。

建立饮用水水源地总体状况与供水系统之间的对称信息，完善应急保护信息，使其满足正常运转和非正常情况下的完整信息决策需要。

在水源地保护与公众利益之间建立必要的联系，对全市"1 万人（或 5 000 人）以上"的饮用水源地供水系统实施脆弱性评价和备用水源应急方案，脆弱性评估报告的编制中须检查供水系统可能存在的危险或者可能带来的污染，建立使用者和供应者之间的有效沟通和联系渠道，应急情况下的保护对策和公众应必须知道的应急对策等，须给出明确的评价结论。

3．进一步严格对城乡饮用水源地的监督管理

各供水单位要建立以水质为核心的质量管理体系，建立严格的取样、检测和化验制度，按国家有关标准和操作规程检测供水水质，并完善检测数据的统计分析和报表制度。

环保部门要注重与相关部门的配合，通过联合督察、重点问题联合整治、联席会议通报等，调动一切可以调动的力量开展综合整治，共同解决难点问题，逐步建立起政府负责、部门配合、上下联动、协同长效的联动机制，把饮用水取水、制水、供水各个环节的管理工作推向规范化、制度化轨道。

纵深推进"整治违法排污保护饮用水安全专项行动"。加强执法检查，采取明察暗访、抽查、突击检查以及专项整治等方法，对可能产生安全隐患的工业行业开展安全生产和环境污染事故隐患排查，切实解决社会关注的饮用水源热点问题以及重点区域、重点行业、重点企业存在的突出问题，做到发现一起，依法查处一起，及时纠正一起。要依照饮用水源环境保护相关法律法规，进一步加大执法力度，依法查处和打击非法排污行为，对依法取缔的"十五"小企业和责令关停的企业要进行"回头看"，对"死灰复燃"的要予以严肃查处。

建立适于各地实际情况的饮用水源保护巡查制度，为及时发现和消除污染隐患，应依照《宜昌市城区饮用水水源地安全保障工程规划》建立巡查专班，同时根据一些山区乡镇集中式饮用水源地地理位置偏僻、交通不便的特点，成立巡查小组和报告制度，对水库库面及保护区范围开展水政巡查工作，坚持水面定期巡查，每月发布巡查情况通报，并公布了水源保护监督电话，随时接受社会公众的检举。

抓紧建立一套行之有效的环境应急机制。市、县两级环保部门要成立环境应急指挥机构，建立技术、物资和人员保障系统，落实重大事件的值班、报告、处理制度，形成有效的预警和应急救援机制，定期开展饮用水源应急演练。要重视建立预警制度，完善饮用水源水质监测体系，严格按照《关于 113 个环境保护重点城市实施集中式饮用水源地水质月报的通知》（环函[2005]47 号）文件精神和国家"十一五"环保模范城市考核指标及实施细则要求，对水源地水质开展逐月常规监测以及每年一次的有机物、重金属全分析监测，建全完善的水源水质定期报告制度和信息公开制度，及时准确地报告和发布水源水质信息。各县（市）应充分完善饮用水源备用体系，规划建设城镇备用水源，制定水污染事故突发情况下区域水资源配置和供水调度方案，建立健全饮用水安全保障应急预案。

关于基层环保执法难的思考

江苏省盐城市环保局纪检组长　郑琳

加强环保行政执法是解决环境污染问题，推进环境保护实现历史性转变的重要抓手，是建设生态文明、落实科学发展观的必然要求。但是当前基层环境行政执法工作由于受诸多因素的影响，存在不少问题和不足，使许多环境违法行为得不到及时纠正和查处，一些环境管理制度和政策未能很好地落实。

一、环保执法难的具体表现

1. 行政干预难避免

依法实施本辖区的环境监督管理是《环保法》赋予各级环保部门的权力和义务。但是，环保部门的执法活动往往会受到行政方面的干预，主要表现在三方面：一是基层的环保体制难以理顺。环保局到企业检查、收排污费、处理信访等一系列的正常监督管理工作常常受到当地政府的干涉阻挠，无法实施统一的监督管理。二是监督管理受到限制，无法按照法律法规的规定履行职责。一些县（市）出台土政策，规定环保部门不能到企业收取排污费，而由"一个窗口"统一收费；有的地区限制环保部门每年只能到企业检查一次，而且要事先经过政府批准，这些规定导致的直接后果是排污费数额急剧下降，环境污染纠纷案件得不到及时处理，群众投诉急剧上升，严重影响了污染的治理和环境质量的改善。三是受地方政府或官员说情风的影响。环保部门按照法律规定，对企业拒绝排污申报、拒不执行建设项目环保审批、闲置治污设施等违法行为进行处罚时，各种渠道的说情便纷至沓来，这些都严重干扰了环保执法工作的正常开展。

2. 执法权威难树立

主要表现在建设项目把关难、违法排污企业查处难、排污费征收难。目前在基层许多新建项目都存在先上车后买票的现象，有的甚至是上了车不买票；违法排污企业今天查处了，明天又反弹；在排污费的征收上，难以足额征收。有的地区环保部门的处罚决定执行到位率比较低，影响了环保执法的权威。

3. 统一监管难实现

我国环境保护实行的是"环保部门统一监督管理，各部门分工负责"的管理体制。环境保护涉及面广，复杂性强，每要做好一件工作，都需要其他部门的配合，环保部门无法独立完成。这样，执法的效果总是个未知数，它取决于有关部门的配合支持程度，故统一监督管理往往难以实现。一是环保部门与有关部门的职责不清、关系不明。"统一监督管理"与"监督管理"具体职责是什么？两者关系如何？环保法未作进一步明确，这容易在实施过程中造成扯皮现象。二是环保部门与"有关部门"同属政府平行部门，不存在领导与被领导、管理与被管理的关系。"有关部门"能否在环保部门的统一管理下开展环保工作，完全取决其自觉程度，自觉性不够的，统一监管便无法实现。

4．法律尺度难把握

"有法可依"，才能"执法必严"。目前我国的环境立法存在着诸多不完善的地方。我国的环境立法未能从根本上摆脱计划经济的影响，许多方面还留有空白，环境行政执法经常遭遇无法可依的尴尬局面；许多生效的环境法律、法规、规章之间，缺乏协调和配合，经常出现规定交叉重叠的现象，有时甚至是矛盾和冲突，往往让环境行政执法者无所适从；环境法律规定过于原则和抽象，既缺乏具体的操作规定，又没有配套实施的措施，难以执行。例如《水污染环境防治法》中规定超标排污的企业处应缴排污费数额的二倍以上五倍以下的罚款。实际执法过程中，排污费额征缴很难做到足额征收，存在一些企业实际征收的排污费与应当缴纳的排污费有差距，处罚罚款就很难确定具体数额；还有一些企业（例污水处理厂）未缴纳过排污费，一些企业是协商缴纳排污费，相近时段没有缴纳排污费的法力证据，一旦发现超标排放则处罚金额同样难以确定，证据难以取得。一些环保法律法规存在原则性较强，但可操作性较弱的特点。《固废法》中规定对无经营许可证或不按许可证规定从事收集、贮存、利用、处置危险废物经营活动的，没收非法所得并处非法所得三倍以下的罚款，环保执法人员现场难以确定违法企业的非法所得，无法处罚。像重新报批环境影响报告书（表），前提是建设项目的性质、规模、地点或者采用的生产工艺发生重大变化的，如何认定"重大变化"，法律法规没有明确规定，这在工作中很容易引起矛盾。在新建项目方面也出现了这个地方项目不予批准，就到别的地方落户的现象。

二、造成环保执法难的原因

1．企业追求利益最大化是直接动因

一些不法企业为逃避环境执法，减少污染治理的费用，采取各种对策，如在治污设施建设初期私留排污暗管、夜间偷排等，与环保部门玩"捉迷藏"，导致环保部门现场检查时难以及时发现企业的环保违法行为。

2．环保法律法规的过分原则是影响效率的主要因素

现场执法的复杂性、环保法律法规的可操作性差与程序效率时控化，导致执法效率不高。法律规定的复议、申诉时间过长，造成执法过程缓慢，执行到位率低，对群众反映的环境纠纷处置不能立竿见影，造成群众满意度低。

3．基层环保执法能力不强是重要原因

目前基层环保执法队伍的业务水平和装备能力与环保面临的新形势不相适应。例如基层环保执法人员数量少，一个人管辖的企业数较多，造成日常监管频次不够；基层执法的车辆、取证设备等硬件装备不配套，致使环保执法反应不快。有的当事人不配合执法工作，进行粗暴抵制，个别严重的甚至对环保执法人员及执法器材构成威胁。碰到这些现象，环保部门往往无计可施。

4．体制机制问题是深层次原因

一是当前不发达地区县级以下地方政府财政十分困难，追求经济最大程度的发展成

为当政者的首要目标，加上目前政绩考核以经济发展为主要衡量指标，这就导致基层政府会不顾一切发展地方经济，有时会以牺牲环境为代价。地方政府会对重点利税企业进行挂牌保护，限制环境执法人员对企业排污情况进行检查，助长了环境违法行为。二是基层环保部门的人权、财权属于地方政府，在环保执法问题上，独立地位不强，必须服从地方党政的意见，无法严格依法履行职责。三是为保证就业以及当地居民生活，在面对一些污染较重的企业时，当地政府无法痛下决心，往往睁只眼、闭只眼，有时甚至要求环保部门去当说客，做上级主管部门的工作。四是当前基层企业几乎均已实行私营，企业主没有国有企业的社会责任感，为了"逐利"而不正常运行治污设备。五是环保部门缺乏必要的行政强制权，包括对地方政府环境违法行为的制约。现行的环保法律法规号召性和倡导性的多，可操作性不强，处罚力度不够。例如环境法律法规对许多环境违法行为规定了环保部门可责令停产、停业甚至关闭，然而在实际执法过程中，由于环保部门本身没有强制权，依托基层法院强制执行，而行为罚往往成为执行中的难点，无法执行到位。

三、解决环保执法难的措施

1. 引入绿色 GDP 概念，加强环保政绩考核

用绿色 GDP 来评价领导干部政绩，加强环境法制教育，树立科学的发展观和政绩观，坚持绝不以牺牲环境为代价换取经济的一时发展。建立完善环境保护责任追究制和问责制。监察机关要积极介入环境执法工作，对一些以保护地方利益、部门利益为借口，袒护、包庇环境违法企业的行为进行效能监察，重点查处个别领导干部和执法人员的渎职失职行为，坚决打击有法不依、执法不严、违法不究的现象。同时坚持实行重大环境违法问题一票否决制。

2. 加大行政处罚力度，提高企业违法成本

严格按照环保法律法规规定，对各种环境违法行为实施严处重罚，提高违法企业的经济成本；依法严惩违法排污的相关责任人，实行企事业单位、个人的"双罚"制度，使企业主为违法行为付出高昂代价，甚至倾家荡产。盐城市今年上半年共查处环境违法案件 204 起，处罚罚款 860 万元，分别比去年同期增长 28.3%和 46.5%。其中市局直接查处案件 34 起，处罚罚款 396 万元，罚款比去年同期增长 57.4%。近日我市盐都法院一审判决"2·20"重大水污染事件主犯胡文标以"投放危险物质罪"判处有期徒刑 11 年，有效地震慑了想偷排、直排的不法企业主。

3. 强化协同配合，提高执法合力

在继续明确地方各级政府及各有关部门的环境监管责任的同时，必须进一步健全和完善环保联合执法机制。在这方面，我市滨海县进行了一些探索和实践，比如在面上小化工、小造纸"两小"整治工作中，环保部门主动和经贸、供电、工商等部门协调行动，通过断水、断电、吊销营业执照等强制措施，对这些企业实施关停搬迁，实现了面上小化工、小造纸的"两无"目标。针对环境工作人员现场调查取证、执法难和环境处罚执行难等问题，加强与法院、公安等司法机关的工作联系、实行联合执法，在他们的有力配合和帮助下，每年都能及时有效处理一批棘手的环境违法案件，有力地打击了各种环

境违法行为。

4. 建立公众参与制度，构建执法监督体系

借助新闻媒体及网络的力量，开展普法教育，增加企事业单位、公众的环境意识和法制观念。通过开展企业环保监督员试点工作，提高企业自主守法水平和能力。积极推进环境信息公开工作，继续搞好企业环境行为信息评级。广开参与途径，建立公众参与环境执法制度。

5. 加强法制和能力建设，提高执法水平

司法部门要及时出台环保法律法规实施配套的具体细则，上级环保部门对环保法律法规实施过程中出现的问题要及时释疑。要加强基层环保基础设施和执法能力建设。完善基层环境监测预警体系和环境监察执法体系，加大人力、物力投入，配备必要的适合基层环境监测和执法所需的仪器设备及交通工具等，增强基层环保部门的执法能力。

五、环保新道路的研究与探索

基层环保执法存在的问题及对策

广西省南宁市环保局调研员 陈道

一、环境执法的作用

环境执法就是要运用法律法规、政策标准，对阻碍科学发展、破坏生态文明的环境违法行为进行打击、查处，为生态文明建设提供优良的环境资源物质基础。

环境执法对推进生态文明建设有着重要的作用。环境执法是贯彻落实党的环保方针政策、国家的环境法律法规和制度的重要手段，在促进经济健康发展、维护群众的环境权益中发挥着重要作用。环境执法监管是否到位，事关党中央、国务院的环境保护方针政策能不能执行到位；事关人民群众的环境利益能否得到保障；事关生态文明建设能不能得到有力推进。

二、当前基层环保执法存在的问题及原因

1．现行环保法不能适应经济快速发展的需要

现行《环保法》由于颁布的时间较长，没有随着新时期经济发展方式的转变而予以及时的修订和完善，致使其难以满足新时期环境保护的新要求，给基层环保执法带来了诸多的困难。

一是法律处罚力度不够，导致了"守法成本高、违法成本低"的现象发生。排污企业违法排污被处罚款，远不及其上污染治理设施及设施运行所需的费用，所以其宁愿接受处罚缴罚款。例如，便按去年刚新修订的水污染防治法，处罚力度也不够。去年新修订的水污染防治法规定，"对超标排放污染的可处 3～5 倍排污收费标准的罚款"，因大多数污水排放企业每月也就几千元或者上万元的排污费，若按 3～5 倍处罚，效果仍然还是不痛不痒。

二是对新时期发展中出现的环保新情况，没有具体的法律要求。例如，对污染减排、环保实绩考核等，都没有明确的具体的法律规定，致使一些地方"党政'一把手'环保实绩考核"最终考核到环保部门的头上，出了问题则是环保部门挨板子。

三是作为实施统一监督管理的环保部门，在具体的行政执法过程中有很大难度。环境保护职能分散在环保、水利、交通、国土、公安等多个部门，分管部门间关系不明确，环保部门"统一监督管理"的职能在很大程度上被肢解和架空。一些处罚权力因在其他的相关的政府职能部门那里，面对有的环境违法行为深感无能为力。

2. 基层环保执法难度和压力均较大

一是地方政府抓经济发展的态势,不容有任何的干扰,必须保持同一个声音的要求,让基层环保部门有话无地方说。在一些经济欠发达的地方,政府为了招商引资,出台了一系列的优惠政策,在"让利再让利"的基础上实在没有"让"的地方了,就让"环保"。只要你有项目要来投资,不管什么项目,当地一切都得"让路"。环保不过关,就想尽一切办法"过关",甚至给环保部门施压,把项目过环保关、迅速落地作为"环保部门目标考核的内容"和"优化当地软环境的要求"来抓。

二是一些地方对重点企业,都是由当地"四大"班子领导包帮扶持,每人一个企业。相关的职能部门到企业检查,须经包帮扶持的领导同意,否则将被视为"对地方经济不予支持"。若要对企业违法排污等行为进行处罚,作为环保部门硬是要慎之又慎。稍有不慎,就会招来各方的压力,最终难以执行。

三是一些基层环保部门环保执法能力薄弱、手段落后,致使环境执法更加困难。基层环保部门普遍存在编制少、人员缺的情况,现在环保工作任务繁重,压力巨大,容易出现监管不到位甚至缺位现象。一些地方在环保能力建设的投入上严重不足,基层环保部门没有快速的应急环境监测仪器设备,特别是对那些瞬间排放异常气味的废气无法进行取证,难以认定其是哪个企业排放的废气,或明知是某个企业排放的异味废气,但企业不承认,也很难对其进行有效的环保执法,进而造成群众意见大,认为环保部门不作为。

环保执法的高要求和执法队伍素质偏低的矛盾在区、县一级表现特别突出。部分执法人员素质低,作风飘浮,不懂专业,找不到问题,找不准问题,拿不出解决问题的措施和办法,执法难以到位。

目前,国家对环保执法监管的工作力度明显加大,执法成本明显增加,部分地区日常的环境监管和各项专项工作经费很难得到保证。

3. 现行环保行政体制不适应新时期环保执法的需要

目前,环保行政运行体制多为"地方党政管理为主",上级环保部门对下级环保部门主要是进行业务指导,在人事、经费问题上基本上是没有管理权,最多也只是征求意见而已。可见,当地环保部门的人权、物权,这两项作为行政管理的最主要的两方面,都在地方党政的掌控中。因此,作为地方党政任命的环保官员,就必须得服从地方党政的管理。那么,在环保执法问题上,也必须得服从地方党政的意见,按其旨意去办。尽管目前上级环保部门对地方环保执法情况时有督察,但地方党政总是叫当地环保部门做好督察的"应对"工作。基于"帽子"、"票子"被管,当地环保部门主官无奈,只好照此去办。

4. 环境监察执法队伍地位不明确

环境监察开展了 20 多年,到目前还没有一部法律和行政法规规定环境监察队伍的法律地位,使环境监察队伍的执法依据、性质、编制和级别都遇到了不少的问题,影响了执法效果和执法人员的工作积极性。

三、新时期加强基层环保执法的对策

1. 坚持以科学发展观为统揽，不断强化广大干部群众的环保法律意识

（1）正确认识科学发展观与环境保护的关系。环境保护是科学发展观的重要组成部分，人口、资源和环境是全面可持续协调发展的基本要求。因此，加强环境保护，消除污染，建设生态文明，必须要靠环保法律来做保证。但要确保环保法律有效贯彻实施，就必须提高广大干部群众的环保法律意识，让全社会的人都自觉地遵守环保法，维护环保法，让其更好地成为保护可持续发展的有力武器。

（2）强化环保法律宣传，不断提高公众参与环保的自觉性。环境的好坏与人的生存息息相关，我们每个人每天每时每刻都要呼吸空气。如果其被污染，人的健康就会受到损害。所以，必须防止空气受污染，保护好我们生存的环境。对此，要充分利用各种宣传媒体、宣传手段，广泛宣传环保法律法规，让人们懂得在环保方面什么可为、什么不可为，以及怎样运用环保法律武器维护自身的合法环境权益，维护社会的公平和正义。

（3）强化环保法律知识的培训，不断提高依法行政水平。要采取上挂、下派、集中培训等形式，强化对环保执法人员的法律知识的培训，以不断提高其环保执法的水平和能力。

2. 建立和完善环保法律体系，及时修订和完善现行环保法律法规

建设生态文明，转变经济发展方式，必须要有环保法律作保证。因此，建立和完善环保法律体系，及时修订和完善现行环保法律法规，就显得尤为突出。

一是加强调研，不断建立和完善适应新时期经济发展方式转变的环保法律法规。要全面形成水、气、声、固废、辐射放射、环境影响评价等一系列的环保法律体系。

二是及时修订和完善现行环保法律法规。对不适应经济发展和人的生存需要的环保法律法规，要根据环境保护的新要求，适时修订和完善，使之更能适应新时期经济社会发展的需要，更具有可操作性。

三是要将污染减排、环保实绩考核、生态补偿和环境税等纳入环保法律规范的范畴。要将其形成法律制度，从而使环保执法更加有力有位。

四是明确环保法律责任，特别要明确政府及其组成部门环境保护的法律责任。要通过法律使政府及其部门的官员重视和加强环境保护，并牢固树立生态文明的观念，以彻底纠正那些扭曲了的"政绩观"。

五是赋予环保部门查封、冻结、扣押、强制停产治理的权力。

六是环境执法要"关口前移"，"重心下移"，赋予属地更大的环境执法监督权，使属地管理原则真正得到落实。

3. 改革现行环保行政体制，为环保执法开辟"绿色通道"

面对环保行政体制存在的一系列问题，改革现行环保行政体制是很有必要的，它有利于环保强有力的执法。一是环保行政体制要实行"条条"管理，突破地方保护主义的掣肘。人权、物权等均由上一级环保行政主管部门任命和管理，至少县一级须如此。以此解决基层环保部门"顶不住"的问题，从而为基层环保执法创建"绿色通道"；二是健全环保管理网络体系。在环保部门实行"条条"管理的基础上，将区（县）一级环保机

构向乡镇（街道）延伸，作为区（县）环保部门的派出机构，实行统一编制、统一经费、统一人事的"三统一"管理模式，以确保农村环保得到加强，防止城市的污染向农村转移；三是加大投入，强化环保能力建设。建立和完善基层环境监测预警体系和环境监察执法体系，加大投入，配备必要的适合基层环境监测和执法所需的仪器设备及交通工具等，以增强基层环保部门环保执法的能力。切实加大编制人员投入，从完善和充实环境执法机构、人员入手，做到各级环境执法机构有能力对辖区内排污企业进行经常性的现场监管，为生态文明建设提供强有力的保障。

4. 加强队伍建设

一方面要提高基层环境执法人员的业务素质。组织他们参加上级环保部门举办的业务培训班，系统地学习环保理论，同时让他们在环保工作实践中学习，提高业务技能。另一方面要加强基层环境执法人员的思想教育工作，引导他们树立敢于揭露和查处本辖区各种环境问题的职业道德观，从而培养一支"政治强、业务精、作风硬、工作好"的环保队伍。

关于环境保护监察工作的思考

广东省惠州市环境监察分局副局长　冯国达

在新的历史时期，党中央、国务院"以人为本，树立和落实科学的发展观，正确的政绩观""构建社会主义和谐社会"都是站在历史的高度提出来的。无论是以人为本，树立和落实科学的发展观，还是构建社会主义和谐社会，都要求搞好生态环境保护，创造出优良的生产生活环境。依法治国，建设社会主义法治国家是我国治国的根本方略和长远的战略目标。构建和谐社会是我国当前时期发展的走向和目标。环境执法是维护群众环境权益、构建和谐社会的重要保障和体现。开拓适应市场经济新体制的环境执法新局面，对于促进各级政府树立科学发展观和正确政绩观，维护环境法制的尊严，加强环境保护的基本国策地位，实现我国社会、经济和环境的可持续发展，都具有重要的理论意义和实践意义。

目前，环境监察工作体系仍处于构建阶段，亟待不断改进与完善，依笔者愚见，环境监察执法的现状及问题主要有以下几点：

一、环保立法不能完成适应环保执法的现实要求

具体表现为：环保立法实践中，我国环保立法通常由各部门分别负责起草，这就不可避免地导致一些部门在起草法律草案中，不从全局出发，仅着眼于本部门的利益。基于此，部门立法在一定程度上造成了有关环保法律、法规执法权限交叉，甚至发生冲突、矛盾，人为地形成执法的"密集地带"和"真空地带"。另外，我国环保立法长期以来贯彻执行的"宜粗不宜细"的原则性立法指导思想造成立法的相对滞后性和可操作性差。一是缺乏有关环境行政程序的专门性、系统性的立法。现行的环保法律以实体法为主，程序法较少且分散于各环保法律、法规之中。然而环保执法有很强的专业性，如果能够进行专业程序立法，就能在很大程度上保证执法任务得以科学、合理、高效地完成。二是尚无组织法来系统化、科学化、合理化地规定环保机构的设置，职责与权限的划分事项。长期以来在我国环保执法中衍生的职责权限划分不合理，执法关系难以理顺等弊病，与缺乏这方面的立法有很大的关系。如现在一些基层环保局有的是行政机关，有的是事业机关，有的甚至撤销环保局合并到其他机关，把环保局变成了环保科（股），这是弱化环保的职能。是事业单位的就不具备行政执法主体资格。三是环保立法的一些规定过于原则和粗略。如《环境保护法》第二十条规定"限期治理"的对象为造成环境严重污染的企业事业单位，但对哪些情形属于"严重污染"却未明确。《环境噪声污染防治法》规定对违法可处罚款，但具体处多少罚款，整个法律都没有规定。

二、环保部门的执法权限有限，执法手段偏软

主要表现为：第一，环保部门缺乏必要的强制执法权。目前，环保部门只能通过人民法院强制执行的方式，迫使不履行环保法律义务的相对人履行义务。环保法律未授予环保部门任何强制执行权，这就使得环保部门对层出不穷的违法行为常感力不从心或束手无策，难以有效地进行监督管理。第二，环保部门缺乏限期治理决定权等刚性的执法权力。目前我国环保法律除《环境噪声污染防治法》规定："对小型企业事业单位的限期治理，可以由县级以上人民政府在国务院规定的权限内授权其环境保护行政主管部门决定"外，其他环保法律均将这些权力赋予地方政府。由于地方政府片面追求经济发展，故往往难以"狠"下决心作出这方面的决定。

三、"违法成本低，守法成本高"

环保执法对环境违法行为处罚过轻，客观上助长了污染者"有恃无恐"的心理。排污者偷排、漏排节约大量治理污染成本，而处理污染物的成本很高。我国的环保法律《水污染防治法实施（细则）》第 43 条第 2 款规定，罚款数额不超过 100 万元，为环境违法的最高罚款额。这就让企业感到守法成本高，违法成本低，也就不怕环保部门处罚，这给环保执法带来一定的困难，无形中降低了环保部门的执法能力。

四、部分地方存在保护主义

目前，不少地方一味追求发展速度，重视经济发展，忽视环境保护，甚至不惜以牺牲环境，破坏环境为代价而换取短期的经济繁荣和地方局部利益，过分强调对企业的保护，严重干扰环保部门的正常执法。

有的地方禁止环保部门开展执法监督检查，以优化地方经济发展环境为由，通过制定和实行"绿卡""进厂审签""预约执法""检查报告"等土政策，为地方企业提供特殊保护，不准或禁止环保等执法部门到企业进行正常的监督管理和执法检查，在一定程度上保护了企业的环境违法行为。有的地方限制环保部门实施行政处罚，对环保部门经查证属实的企业环境违法行为，经常会有当地党政领导或有关部门领导亲自出面，或者上门指示"协调"，或者打电话过问说情，或者在企业请示报告上签字批示，要求照顾，在一定程度上纵容了企业的环境违法行为。有的地方干预环保部门依法全面足额征收排污费，不少地方党政领导故意采取打电话，批条子，开协调会甚至直接下文件等方式强制减免排污费，企业交多少排污费由地方党政说了算，环保部门核定的排污费数额犹如一纸空文，严重干扰环保部门依法征收排污费的工作，造成一些地方征收排污费的数额少，比例小，在一定程度上默认了企业的违法超标排污行为，阻碍了污染治理进程。有的地方公然违反环保政策和不执行环保法定制度，一些地方在大搞招商引资的过程中，只追求企业和项目的数量，片面追求 GDP 和税收等高指标，放任引进那些工艺落后，国家明令淘汰的污染项目和企业，更有甚者，少数地方要求环保部门为违反国家产业政策的"十

五小""新五小"等企业建设开"绿灯"，带来环保"第一审批权"落空，带来"环评"和"三同时"等环保法定制度形同虚设，造成一些污染企业投产后成了人民群众投诉的热点和难点问题，严重影响当地的生态环境。人民群众意见很大且反映强烈。在经济落后的地方，这些问题尤为突出。

五、薄弱的环境执法能力与繁重的任务不适应

经过 20 多年的建设与发展，我国的环境执法能力与水平有了较大的提高，但目前仍存在执法队伍人员少、装备差、监控手段落后、经费难以保障等问题。如此的环境监察执法软件、硬件条件，却要监管大小各类企业、建筑工地，还要承担繁重的生态环境监察任务、排污费征收工作，以及成千上万的环境投诉和各类污染事故与纠纷调查处理工作。目前，环境监察机构资金缺口达一半以上，还有相当数量的基层环境监察机构甚至执法车辆和取证设备也没有，更谈不上自动化监控设备，环境执法科技含量低。

鉴于上述情况，笔者提出以下对策建议：

（1）把科学发展观纳入地方各级党政考核的主要依据。

由于我国对地方各级党政的考核不科学，前些年仅考核当地经济的发展，即以 GDP 论英雄，这就难免造成地方政府一味追求经济的增长，以高能耗、高污染来换取经济总量的高增长，而忽略生态环境的保护。因此要解决环保执法难，首先就是解决地方党政领导的发展观问题。只有把科学发展观的理念渗透到地方经济的发展中去，才能不以牺牲生态环境为代价谋求经济的发展，建立绿色 GDP，可持续发展观的考核体系对地方党政进行科学的考核。这样地方党政领导的观念改变了，环保执法难的问题也就迎刃而解。

（2）完善和修改环保相关的法律法规。

环境保护的法律法规比较多，但有些已经不适应环保执法现实需要。我国的《环境保护法》1989 年修改制定，不能完全适应当代环境保护的需要。《环境保护法》的修改已迫在眉睫，《环境噪声污染防治法》对违法者的处罚未规定数额，给环保执法者带来困难，也造成法制性障碍，都急需修改和完善。只有法律完善了，消除法律真空地带、空白地带，并具有很强的可操作性，环保执法才能顺理成章。

（3）强化环保执法的权力，提高环保执法的能力。

作为基层的环保工作者，笔者建议：其一，在修改环境保护法时，应赋予环保部门查封、冻结、扣押等必要的强制执行权力，使环保执法真正地硬起来，不能紧靠"口号"、靠"说服教育"来执法。其二，赋予环保部门限期治理决定权。我国已经建立起比较完善的行政监察、行政复议、行政诉讼、行政赔偿等经济机制，能为相对人提供较周密的行政救济，由环保部门行使此权力是符合环保工作的具体特点。其三，借鉴国外成功经验，在环境监察队伍的基础上，建立刚性的环境监察制度。其四，提高对环境违法处罚数额，只有法律设定对环境违法者处罚要让违法的成本高于守法的成本，这样才能有效遏制环境违法。

（4）强化环保执法责任制，适应环保执法难的需要。

由于现有环保队伍设立时间较短，人员素质参差不齐，环保执法人员素质不高、能力不强，不能完全适应现代执法的需要。因此，从国家到地方各级环保部门都应建立规

范的环保执法责任制，将执法责任层层分解到每个部门和每位执法人员。另一方面，各级环保部门在配备环保执法人员时，要严把进人关，真正把能力强、素质高、有责任心的人员充实到环保执法队伍中来，杜绝把其他部门的"包袱"甩到环保执法队伍中来。

（5）环保部门可以实行省以下"垂直管理"。

环保执法难一个很重要的原因就是地方保护主义，要打破地方保护主义，可以像工商、税务、质监、药监等部门一样，实行省以下"垂直管理"是一种很有效的手段。实行"垂直管理"，人权、财权、物权不在地方，就能有效杜绝地方党政在环保执法中打招呼、批条子，使环保执法排除地方政府的干扰。

（6）树立"环保为民"的服务观念，以人民群众的利益为出发点开展监察执法工作。

科学发展观的核心是以人为本，群众的利益重于泰山。实际工作中应注重民生问题，切实解决人民群众最关心的问题，面对群众对环境污染的信访与投诉，应该增强为民服务意识，对污染单位及时查处，严格执法，为基层和群众排忧解难。此外，还应高度重视环境风险隐患的排查与治理工作，对"环境敏感区"尤其是饮用水源地应加大监察力度，做到提前排查，提前采取防范措施，一旦出现问题，要第一时间到现场，做好预案。

对申请试运行的单位，树立良好的服务态度，提高审批效率，尽早帮助企业解决项目按时投产等实际问题，把掌握的权力作为服务的工具，把工作岗位作为服务的窗口，不断提高工作效率和服务水平。

（7）以人为本，加强环境执法队伍建设和能力建设，实现科学执法。

环境监察工作是环保部门的窗口，它代表环保队伍的形象，因此建设一支思想好、作风正、懂业务、会管理的执法队伍尤为重要。随着科技发展，环境监察工作者实际中面对的问题也越来越专业，越来越复杂，只有不断学习业务知识，提高自身科学素养，才能跟上时代的步伐。

环保部门是职务犯罪的高危行业，必须加强廉政建设，注重治本，更加注重预防，从源头防止腐败，切实做到公正执法、文明执法，坚决杜绝不作为和乱作为现象。

总之，环保监察工作者应牢记自己的工作使命，把环保监察工作与科学发展紧密结合起来，推动环境监察各项工作在新的起点上实现新的跨越！为实现以环境保护优化和促进经济社会又好又快发展的和谐社会目标而奋斗！

昆明建立环境保护执法新机制

云南省昆明市环保局副局长 `高志刚

一、建立环境保护执法新机制的情况

为切实加大司法对环境的保护力度，严肃查处环境违法犯罪案件，有效遏制环境违法犯罪行为，促进经济可持续发展，保障生态昆明建设，根据省委、省政府领导指示精神，经市委、市政府研究，2008 年 11 月 5 日，市中级人民法院、市人民检察院、市公安局、市环境保护局联合出台了《关于建立环境保护执法协调机制的实施意见》。《实施意见》主要内容包括四个方面：一是加大行政执法与刑事司法的衔接配合力度。规定环境保护行政执法机关在依法查处环境违法行为过程中，发现有违反环境保护法律法规、可能需要追究刑事责任或适用行政拘留处罚措施的，公安机关、检察机关、法院应当配合。二是规范了行政执法与刑事司法衔接的操作程序。对环境保护行政执法案件和涉嫌环境保护违法犯罪的刑事案件向司法机关移送、受理、时效、程序等，在法律法规规定的范围内作了细化和明确，使之更具有操作性。三是建立环境保护公益诉讼的相关制度。针对环境公共利益受侵害时，明确特定主体为公共利益或他人利益向人民法院提起诉讼。对环境公益诉讼的案件，依照法律规定由检察机关、环保行政执法机关和有关社会团体向人民法院提起诉讼，并负责收集证据、承担举证责任，环保行政执法机关对环境污染事故进行鉴定，并委托有资质的机构对造成的损害后果进行评估，对环境公益诉讼提供必要的技术支持。四是建立环境保护执法联席会议和联络员制度，进一步加强执法信息互通和协调工作。

同时，经市委常委会研究决定，市编委批准，2008 年 11 月 25 日，市公安局环境保护分局在市环境保护局正式挂牌成立，其职责是负责昆明市行政管辖范围内环境保护方面的刑事执法，支持、配合环境保护部门的行政执法活动；预防、制止和侦查违反《中华人民共和国环境保护法》规定，造成重大环境污染事故，导致公私财产重大损失或者人身伤亡严重后果的案（事）件；其他法律、法规规定的职责等。市公安局环境保护分局实行市公安局、市环保局共同领导。2008 年 12 月 8 日，市人民检察院设立环境资源检察处，其职责是承担环境资源保护领域相关案件的侦查、预防、审查起诉及公益诉讼、调研、宣传等工作，实现环境资源案件专人专办，将环境资源案件办理专业化，以提高办案的效率和力度。2008 年 12 月 11 日，市中级人民法院环境保护审判庭正式成立，其职责是负责审理昆明市行政管辖范围内涉及环境保护和"一湖两江"流域治理，集中式饮用水资源保护的刑事、民事、行政、执行一审案件和相关二审案件。公、检、法三个环境保护执法机构的设立，为昆明市环保行政执法工作提供了强有力的司法保护，标志着昆明市在全国率先建立了环境保护执法新机制，将行政执法与刑事司法结合起来，使昆明的环境保护执法迈出了新步伐。

二、环境保护执法新机制运行情况

环境保护执法新机制建立以来，环保部门与市公安局环保分局建立了"联合调查，分别处理"的工作机制。由市环境保护执法监督局、市危险废物监督管理所及各县（市）区环境监察大队负责配合市公安局环保分局的执法工作，对环境违法线索，通过联合调查，达到治安处罚或者刑事处罚的案件，由市公安局环保分局直接办理；达不到治安处罚或者刑事处罚的案件，由环保部门按照行政处罚程序办理。如：2009 年 2 月 21 日，官渡区环境监察大队接到报案称，南窑汽车客运站一号门内的停车场发生一起金属汞泄漏事件，及时赶到现场，与市公安局环保分局民警展开调查，经现场处置，污染得到控制，责任人曾某被公安机关处以治安拘留 15 天。由环境监测中心配合环保分局调查取证，提供技术支持。凡是需要进行环境监测出具监测报告的，做到第一时间赶到，第一时间出具监测数据。如：媒体报道的"昆明月牙塘公园的锦鲤鱼大量死亡"事件，经五华区环境监测站对水质进行取样检测，出具的检测结果报告为"水样正常"，使警方排除人为投毒因素。

市中级人民法院新增设的环保法庭，由一名审判委员会专职委员担任负责人，共配备法官、书记员和工作人员 6 名，所有人员于挂牌当日全部到位，办公地点设立在昆明市中级人民法院大楼内。目前，已受理环保案件 10 件，其中，1 件是大理州宾川县大营和尾村 86 名村民诉省环保厅的行政诉讼案件，3 件是非法运输珍贵濒危野生动物的刑事案件，另外 6 件是居民对环境污染企业索赔的民事案件。市人民检察院成立的环境资源检察处，到位人员 5 人，主要参与办理省水利厅阳宗海管理处原 3 名负责人在管理阳宗海工作中玩忽职守案件，该案已侦查终结，正式移送宜良县人民检察院起诉。

市公安局环境保护分局目前到位 48 人，其中：分局已经配备干警 14 人，内设综合、刑侦和治安 3 个组；14 个县（市）区公安局同时成立环保大队筹备组，每家配备 2 至 3 名干警，共计 34 名参加所在县（市）区环保局执法。分局成立以来，从近三年来全市环保行政处罚案件中，梳理出当事人拒不履行处罚决定的 3 起案件，督促配合西山区人民法院强制执行；办理领导批示、群众举报、报警、投诉环境污染案 6 件；配合市环保局、四城区环保局检查企业、查处违法排污案 7 件；调查媒体曝光事件 5 件等。

昆明市环保执法新机制的建立，构建了环境保护良好的执法环境：一是形成了环境保护的执法合力，通过公、检、法三机关的强力介入，充分体现了司法手段刚性执法的特点，改变了长期以来环保执法依靠环保部门一家"单打独斗"的局面，从体制机制上突破了制约环保执法的"瓶颈"，有力地落实了环境执法的权限和职能。如，位于盘龙区龙泉街道办事处竹园村 96 号的"云南中岚矿业有限公司"，租用当地农民的厂房，二楼屋顶还安装了两个摄像头，厂房内养有恶犬，拒绝环保执法人员检查，用简易方法冶炼金属矿，无证经营，废水直排金汁河，监测结果表明，外排废水超标，2008 年 12 月 26 日，被盘龙区环保局处以罚款 10 万元，但该公司负责人拒不执行，2009 年 2 月 19 日，市公安局环保分局联合盘龙区工商分局龙泉分局、盘龙区环保局依照国务院第 370 号令

《无照经营查处取缔办法》的规定，对该加工点实施了强制取缔。二是对环境违法企业有力地起到了震慑作用，一直以来，环保部门的执法力量相对薄弱、环境执法手段有限，缺乏应有的权威性，企业也知道环保部门的执法手段有限，环境保护执法新机制的建立，公、检、法、环保四部门的联动，对环境违法企业有力地起到震慑作用。如：昆明东昇冶化有限责任公司外排废水砷浓度超标，2008 年 10 月 13 日被市环保局责令停产治理，2009 年 2 月 5 日，市公安局环保分局领导带队，从分局和宜良县公安局抽调 8 名干警深入该厂，配合市环保局对该厂整改情况进行现场核查，督促该厂进一步采取措施整改，震慑了该厂领导，环保分局领导当场明确表示：一旦再发现外排废水砷浓度超标，环保分局就立案调查。

三、进一步完善环境保护执法新机制的思路

昆明市环境保护执法新机制的建立在全国尚属首例，这一机制的运行、实施还有很多的问题和困难，需要在前进中继续创新思路、探索新的办法。市委、市人大、市政府对于健全完善环境保护执法新机制高度重视，市委将其列为 2009 年重大事项进行督办，市人大常委会按季到公、检、法、环保四部门进行检查。下一步，我们将从以下三方面开展工作：

一是继续推进县（市）区环境保护执法新机制的建立。市公安局环保分局经省委、省政府 2008 年 12 月 4 日召开的专题会议研究，初步定编 170 名，待省编委正式批准后，我们将及时在全市 14 个县（市）区设立公安环保大队、并在滇池、阳宗海组建公安环保派出所。同时，选择部分环境保护任务较重的县（市）区法院设立环保法庭。

二是拓宽工作领域，加大案件办理力度。公、检、法三机关将主动与国土、滇管、水利、农业、林业等部门进行环保执法协调，拓展工作，将国土资源、矿产资源、水利资源、森林资源的保护纳入三个机构的工作范围，实现由"小环保"向"大环保"的转变，多办案，主动办案，严肃查处一批破坏环境资源的案件，确保昆明的生态环境安全。

三是在办案过程中进一步推进环境保护执法新机制的完善。积极探索公共区域环境污染损害鉴定与污染损失确定、公安部门执法过程中环境保护的技术支持、环境监测数据的证据效力、环境污染事件的行政处罚与刑事追究之间的界定与移交等问题。加强对环境公益诉讼的研究，推动环境公益诉讼案件的办理，积极应对可能出现的以公民身份提起的环境公益诉讼案件，保障和维护好人民群众的环境权益。

我市在环境保护执法新机制方面虽然取得了一定成绩，但这一机制还不够完善。展望未来，我们清醒地认识到，在现代新昆明的建设进程中，在巩固成果的基础上，我们将坚持科学发展，积极探索和完善环境保护执法新机制，以改革创新为动力，以提高人民生活水平、构建和谐昆明为根本出发点，建设"宜居城市"，提升"品质春城"。我们坚信，在市委、市政府的正确领导下，通过全市上下的不懈努力，我们的家园一定会变得更加美好。

环保消防联动是应对突发环境
事件的有效选择

山西省朔州市环保局局长　焦日龙

朔州市地处山西省北部，是一个有着 150 多万人口、以产煤为主的能源城市。去年八月份，在市委、市政府的大力支持下，市环保局和市公安消防支队联合组建突发环境事件应急救援中心，为有效应对突发环境事件闯出了一条新路。现将开展此项工作的原因、实践、发展以及意义向各位领导和同志们汇报。

一、组建突发环境事件应急救援中心的原因

大家知道，现在我们国家已经进入行政问责时期。随着不期而至的突发环境事件日益增多，我们环保系统越来越多的干部被问责。究其原因，除了国家应急救援机制不健全、应急管理体制不顺外，环保系统缺乏突发环境事件的有效应对手段也是一个重要因素。在我就任朔州市环保局局长不到五年的时间内，本市就发生过三起突发环境事件。这些事件虽然没有造成严重后果，却暴露出我们突发环境事件应对能力脆弱的问题，给我们敲响了警钟。

朔州市界内桑干河沿岸有不少企业，如果对其监管不力或者发生环境污染事件处置不当，就会对河流造成污染。一旦受污染的河水直接进入北京市备用水源地官厅水库，后果将不堪设想。

我们认为，目前环保干部的责任越来越大，环境安全一方面关系到人民群众的生命财产安全，另一方面也关系到环保干部的自身利益安全。因此，研究建立突发环境事件应急救援体系，组建快速反应的突发环境事件应急救援队伍，主动有效地应对突发环境事件，最大限度地降低和避免突发环境事件的发生，对我们环保部门来说，势在必行。

二、突发环境事件应急救援中心的组建

首先谈谈我们为什么选择和消防队伍联手建立突发环境事件应急救援中心。

突发环境事件造成的环境污染，要求救援队伍必须迅速赶到现场，有序开展救援，控制事态发展。核心是：快速、及时、科学、有序。目前发生突发环境事件，一般是消防部队首先到场，环保人员很难进入现场。消防官兵缺乏应对突发环境事件的专业知识，在救援过程中因处置不当有时会造成新的污染，有时会扩大污染程度，造成不必要的损失。目前，在短期内建立环保部门自己的应急救援队伍，既不现实，也无必要。

因此，虽然环保和消防是两支隶属关系、工作性质完全不同的队伍，但是两家都有合作的现实需要，也有合作的条件。环保部门是政府环境保护职能部门，具有综合管理、监测设备和专业人才等方面的优势，能够科学准确地对突发环境事件从技术层面分析认定，并提出有效的处置方法。公安消防队伍是军事化管理组织，优势是纪律严明，集结快速，救援设备多，应对事故能力强。环保消防联动，既是军事化和专业化的结合，又是环保设备资源和消防装备资源的有效整合。

其次我介绍一下组建突发环境事件应急救援中心的做法。

在市环保局和市消防支队协商基础上，报请市人民政府批准，成立了突发环境事件应急救援中心，地点设在消防支队，对外公开挂牌。应急救援中心由应急救援队伍和专家组组成，下设现场监测组、现场救援组、现场保卫组、现场事故调查组、现场设备保障组。人员由两家的领导以及相关职能科室的负责人兼任。另外，配备必要的救援器材，建立突发环境事件应急救援中心联席会议制度和应急救援中心处置突发环境事件实施方案，明确领导以及下设各组的职责任务、处置突发环境事件的程序、应对办法等。市委、市政府给了我们极大的支持，从财力、物资等方面给我们提供了便利。

三、突发环境事件应急救援中心的发展

朔州市突发环境事件应急救援中心组建以后，得到了各级领导的高度重视。环境保护部周生贤部长、张力军副部长分别作了重要批示，张迅副主任带队现场调研，相关媒体给予报道、宣传。山西省政府、省环保局、省消防总队都给予关注和支持，3月26日，全国环境应急管理工作会议上，我们还介绍了经验。4月23日，山西省人民政府在朔州市召开了全省突发环境事件应急管理工作现场会。环保部应急办张迅副主任参加了会议。之后，新华社内参也报道了朔州的做法。这对于我们是极大的肯定和鼓励。随后我们在制度规范、队伍建设、日常工作等方面做了大量工作，并重新定位思考，提出立足朔州、面向全国、开拓进取、打造一流、主动应对、注重实效的目标要求。

在机构队伍建设方面，突发环境事件应急救援中心市政府已核定事业编制5人，救援队伍核定自收自支事业编制30名。我们还从全市相关部门中聘请43名专业技术人才组成专家队伍。在基础设施建设方面，我们已配置消防车、应急监测车、抢险救援车、水灌车等处置车辆11台，加上原有车辆，救援中心共有救援器材9大类400余件，能满足一般的突发环境事件处置。在制度建设方面，我们已经编制了各种规章制度、工作程序、岗位职责等，并严格按照这些制度规范运行。

此外，本着预防为主、防治结合的方针，我们已对全市所有存在环境风险的企业进行了隐患排查，指导28个重点企业分别制定了突发环境事件应急预案。同时将常见的6类12种突发环境事件，列为救援队伍实战模拟训练内容。

为提高突发环境事件应急救援的信息化、科技化水平，实现环保、消防信息资源共享，市环保局环境监控中心和市消防支队远程监控中心已完成了联网对接，共同研发了《突发环境事件应急救援处置系统》和《处置突发环境事件信息管理系统》软件，目前正在收录基础数据。

四、组建突发环境事件应急救援中心的意义

组建突发环境事件应急救援中心，是以人为本、落实科学发展观的具体体现，是环境应急管理常态管理与非常态管理的有机结合，体现了"预防为主、防治结合"的原则。同时围绕提高应急处置的机动能力和实际效果，解放思想、大胆创新，在两个部门之间建立了全新的、长效的应急处置工作联动机制，既解决了环保部门机动能力差、进入现场难等问题，又增强了消防部门工作的针对性和科学性，最大限度地避免了救援过程中可能造成的二次污染，达到了"双赢"的效果，有效地提升了地方政府环境应急救援和处置能力。应急救援中心组建后进行了几次实战演练，都取得了非常好的效果。事实证明，双方合作确实能有效提高应对突发环境事件的效率和能力。

当然，突发环境事件应急救援中心是一个新事物，目前尚处于起步阶段，许多问题还处于探索和实践当中，需要进一步完善。欢迎各级领导莅临指导，也希望同志们加强交流，多提宝贵意见。

浅谈环境保护"三同时"制度执行过程中存在的问题、原因及改进措施

内蒙古自治区乌海市环境保护局副调研员　李俊峰

一、环境保护"三同时"制度及建设项目竣工环境保护验收的定义

《中华人民共和国环境保护法》第二十六条规定："建设项目中防治污染的设施，必须与主体工程同时设计、同时施工、同时投产使用。防治污染的设施必须经原审批环境影响报告书的环境保护行政主管部门验收合格后，该建设项目方可投入生产或者使用"。《建设项目环境保护管理条例》第十六条规定：建设项目需要配套建设环境保护设施，必须与主体工程同时设计、同时施工、同时投产使用，这就是建设项目的环境保护"三同时"制度。

《建设项目竣工环境保护验收管理办法》第二条规定：建设项目竣工环境保护验收是指建设项目竣工后，环境保护行政主管部门根据本办法规定，依据环境保护验收监测或调查结果，并通过现场检查等手段，考核该建设项目是否达到环境保护要求的活动。

二、执行环境保护"三同时"制度的意义

"三同时"制度是中国出台最早的一项环境管理制度。它是中国的独创，是具有中国特色并行之有效的环境管理制度。"三同时"管理制度是环境保护的重要法律制度，是建设项目环境保护管理的重要手段，是有效贯彻"预防为主、防治结合"方针，防止新污染和生态破坏，实施可持续发展战略的根本性措施之一，是保护环境的重要环节，是创建两型社会的重要保证。而建设项目竣工环境保护验收是环境保护"三同时"全过程管理中最后一道程序，也是环境保护投资转化为环境效益的标志，建设项目竣工环境保护验收不仅是对项目前期环境评价、配套环境设施建设等各阶段环境管理效果的最终检查和测试，也是保证建设项目在今后运行中实现污染物稳定达标的主要手段。

三、环境保护"三同时"制度执行过程中存在的问题

近年来，全国各地在保护环境方面都做了大量工作，成效明显。但随着我国经济社会的快速发展，各类规划和开发建设活动、新建项目不断增多，环境保护"三同时"制度的执行在环境管理工作中发挥了非常有效和重要的作用，但在一些地区及一些行业由

于仍存在重经济发展，轻环境保护及对"三同时"制度的不理解，使"三同时"制度在执行过程中也暴露出一些问题，给环境管理工作造成不良影响，对实现历史性转变造成障碍，具体总结如下：

（1）个别建设项目存在违法违规现象。如未批先建、先建设后补办手续，这种现象导致生产设施和环境保护设施不能同步设计，因为一些建设项目的环保设施的设计要依据环评结论，没有环评自然不能设计，而没有同时设计也就无所谓同时施工和投产了。虽然这一现象逐年减少，但仍普遍存在。

（2）一些项目在审批后不能严格按照审批要求落实环保投资，使环保设施不能按设计要求进行施工，表现在环保设施滞后施工、减少环保设施工段、只同步建设部分环保设施、低于设计标准建设环保设施以降低投资等，这些行为导致主体工程与环保设施不能同步施工或虽然施工但处理效果降低，不能保证达标排放或总量控制要求。

（3）建设项目竣工环境保护验收率低。尽管近年来，加大了环境保护"三同时"的管理力度，建设项目竣工环境保护验收率有所提高，验收数量呈逐年上升趋势，但总体上看，验收率仍不够高，审批后未验收就运行的项目较多，有一部分建设项目因未做到环境保护"三同时"而不具备验收条件给建设项目竣工环境保护验收带来难度，一些地区虽然每年上报的"三同时"执行率很高，其实是理解上的错误，一些建设项目往往环境影响评价做了，环保设施也上了，但由于上述原因而并没有达到设计要求，不能满足达标排放或总量控制要求。

四、环境保护"三同时"制度执行过程中存在问题的原因分析

（1）一些地区为争项目，政府或工业园区经常出面搞协调工作，使一些项目在没办理或正在办理环保手续过程中开工建设；一些项目的业主甚至个别环境管理人员对"三同时"的真正含义理解不够，认为只要建设了环保设施，就是执行了"三同时"制度，没有意识到环保设施必须按照设计建设，这就造成本应按照环评提出的污染防治对策进行设计的污染防治设施并没有同时设计，即第一个同时并没有执行。

（2）建设项目施工过程中环境保护设施施工的监督管理还比较薄弱。个别建设单位认为项目审批后就万事大吉了，在环保方面再没有什么事了，环保投资也擅自降低，有的更是为了应付检查而摆样子，而管理部门因为没有参与严格管理，造成所上环保设施达不到要求。目前大部分地方在环境工程设计及施工监理这两方面的管理存在漏洞，缺乏这两个环节监督的制度规定和实际行动，使很多违规现象不能被及时发现。

（3）存在重审批，轻验收现象。项目审批后在建设期和试运行期缺乏有效的环境监管，只重视环境影响评价环节，项目环境影响评价中提出的环保措施在设计、施工环节是否到位，往往监管不力，存在坐等企业验收申请的被动现象，对某些建设单位未验收擅自投入运行未能及时掌握信息，未能及时查处，致使一些建设项目的环保设施不能正式与主体工程运行投产，给下一步的环境管理工作带来困难。

五、环境保护"三同时"制度执行过程中应加强的措施

建设项目环境保护"三同时"制度与建设项目竣工环境保护验收执行不力在宏观上说明在建设项目环境制度建设上存在不足，从微观上说明环保部门的监督管理手段及方法还有欠缺，针对存在问题的分析，今后在执行环境保护"三同时"制度与建设项目竣工环境保护验收中将采取如下对策措施：

（1）加强"三同时"制度的学习和宣传，"三同时"制度虽然是我国环境管理的老制度，而且在环境管理中起着非常重要的作用，但仍然有很多人不理解，在项目审批前期对建设单位进行有关环境保护政策法规宣传指导，使建设单位对环保"三同时"验收的法律责任及程序在审批前期提前了解，要加强对建设项目企业领导宣传，经常性开展对企业法人及环保负责人培训工作，提高建设企业领导环境意识及其法制观念，在整个建设过程中，主动贯彻执行环境保护"三同时"制度。

（2）提高领导环境意识，让人们懂得"三同时"制度的执行对改善环境质量，构建两型社会的重要作用，不要只抓经济效益，忽视环境保护，让大家认识到提高"三同时"执行率是完成减排、实现历史性转变和构建两型社会的保证，做到又好又快发展的基础。

（3）加大建设期间环境保护设施建设的环境监理，对项目建设中污染防治措施进行工程监理，确保各项环保治理措施的落实，把环境工程监理的内容作为项目环保验收的依据，提高验收质量。

（4）加大"三同时"环保设施验收力度，强化对审批后的建设项目跟踪管理，改变重审批，轻验收的管理模式，建立建设项目全过程监管机制，实行项目建设期定期申报制度，及时掌握工程环境监理情况和建设进度及环保投资投入情况，通过检查及时解决项目建设中存在问题，使建设单位通过自身整改及加强环境管理，达到建设项目"三同时"验收要求，同时要制定验收计划，当项目主体工程建成后，要立即进行环保设施的验收工作。

（5）加大执法检查力度，强化执法手段。加大对未经验收擅自投入使用的违规项目处罚力度，定期开展全市"三同时"执法检查，加大对环境违法案件的媒体曝光力度，对未验收而正式投入生产的企业视为非法企业并在主要媒体公布非法企业名单，通过对违法案件进行媒体通报，降低其信誉度，使其在社会产生较大影响，来警示和教育其他建设单位。

绿色奥运对宁波环境保护工作的启示

浙江省宁波市环境保护局局长助理 林绮纯

2001 年 7 月申奥时，中国政府曾对北京奥运期间空气质量做出庄严的三项承诺：一是每天北京市对二氧化硫、一氧化碳、二氧化氮和可吸入颗粒物进行监测；二是致力于北京环境质量的全面改善；三是奥运会期间四项污染物的指标达到国家标准和世界卫生组织的指导值。尽管前两项承诺已提前完成，但奥运会之前，国际社会对"北京空气质量能否满足奥运会的正常举行"一直存在诸多质疑。奥运会期间，北京空气质量以一级优 10 d、二级良好 7 d 全部达标，各项主要污染物、可吸入颗粒物等浓度明显下降，空气质量创下近 10 年同期最好水平，完美兑现了"绿色奥运"的承诺。北京奥运会环境质量保障工作的成功，积极探索了解决区域环境问题的有效途径，提升了环保能力建设和环境管理水平，它对于宁波现阶段的环境保护工作有怎样的启示呢？

一、绿色奥运的成功经验

作为对国际奥委会以及各国运动员的庄严承诺，奥运空气质量要求是刚性的，几乎没有任何退让余地。因此，近 10 年来，北京市政府累计投入 1 400 多亿元人民币，分阶段对环境污染进行综合治理。此外，周边的河北、山西、内蒙古、天津、山东与北京联动，按照国务院关于《第 29 届奥运会北京空气质量保障措施》的批复精神，密切配合、加强协调、狠抓落实。同时还辅以各种临时而严厉的行政手段，以确保环境目标实现。采取的对策措施主要包括：

- 从 1998 年到 2007 年底 9 年时间，实施了 13 个阶段 200 多项措施，在机动车污染治理、燃煤污染治理、施工噪声、燃尘控制和工业污染等方面做了大量的工作。
- 2008 年上半年，启动了第 14 阶段大气污染控制措施，在机动车新车执行新的排放标准、执行新的油品标准以及燃煤设施执行非常严格的排放标准等涉及 4 方面包括 21 个项目开展了奥运前的综合治理。
- 奥运会期间，制定并实施了极为严格的临时控制措施，具体包括机动车单双号限行、"黄标车"禁行以及冶金建材石化等 150 多家重污染企业停工停产、城区工地停止土石方工程和混凝土浇筑作业等。
- 9 月 27 日又发布了《本市第十五阶段控制大气污染措施的通告》，进一步巩固和改善北京空气质量。

北京奥运会为改善环境所采取的措施力度是历届奥运会最大的。经过一系列强有力的环境污染治理，北京市的环境保护工作成效显著，实现了空气质量连续 10 年持续改善，达标天数由 1998 年的 100 d 达到 2007 年的 246 d，9 年间增长了 40 个百分点，二氧化硫、一氧化碳、二氧化氮和可吸入颗粒物年均浓度分别下降 60.8%，39.4%，10.8%和17.8%。
2008 年空气质量达标天数为 274 d，占 74.9%，比 2007 年同期多 28 d。此外，超过 90%
的城市废水得到了处理，超过 50%的城市覆盖了森林，天然气提供的能源从 2000 年的45%
增至 60%以上。

国际社会高度评价了北京在"绿色奥运"方面的投入和努力，认为北京出台的一系
列环保政策和措施，在经济高速增长的同时，稳定甚至减少了污染物的排放，改进了基
础设施建设，在快速发展的经济与环境的可持续性之间找到最佳平衡点，留下了一笔可
观的奥运环境遗产。

二、绿色奥运的启示

中国是发展中国家，环境保护在与经济增长的艰苦博弈中往往处于下风。绿色奥运
的成功实践，根本原因在于奥运会背景下政府对环保高度的、无条件的重视，当环境保
护指标和经济增长指标发生矛盾时，坚定地落实环保优先。中国应该以奥运会为契机，
着眼于长远和可持续发展，探索改善空气质量、治理环境污染的长效机制，尽快建立一
个综合行政、经济、法律等手段的高效环境管理制度。

宁波是我国重要的重化工和能源基地。近年来，以化工、电力、钢铁、造纸和造船
业为代表的临港产业迅猛发展使宁波的经济综合实力得到了迅速提升，但也给宁波的资
源和生态环境带来了很大的压力，承担着更多更大的风险。因此，如何真正地落实科学
发展观，协调好经济社会发展和环境保护的关系，切实解决环境问题尤其是污染物减排
问题已成为当务之急。奥运会环境质量保障工作成功塑造了一个发展中大国改善区域环
境质量的全新案例，它对于宁波环境保护工作至少有几点启示：

1. 发挥规划的龙头作用，调整和优化产业结构

绿色奥运的成功鼓励我们在经济发展中解决环境问题，在环境保护中求发展的坚定
性和自觉性。为此，我们要充分运用好与清华大学合作的《宁波市经济社会发展环境承
载力及环境保护对策研究》和《宁波市国民经济和社会发展第十一个五年规划环境影响
评价》的研究成果，采取环保优先战略，提高环境准入法规和标准，进一步完善临港工
业可持续发展的产业规划，正确把握临港工业的发展规模、产业结构和空间布局，从源
头控制、过程监管和末端治理全过程推进产业结构的调整和优化升级。

2. 构建完善的地方环境法规和标准体系，促进环境质量全面改善

绿色奥运是以最严的法规和标准达到最高的水平。虽然这些法规和标准看似严苛，
但以此发展社会，定能推动社会进步，使全民受惠。宁波是经济发达地区，应该根据其
经济发展水平、环境特征、产业特点和环保工作的需要，以保护人体健康和生态环境为
核心，采取分区、分步、分阶段的策略，对环境问题进行整体考虑，修订完善现有的法
规和排放控制标准，建立健全新的法规和标准，形成系统、科学的地方环境质量标准体
系和排放标准，并从法律上约束污染行为，对敏感、脆弱的环境进行保护，并加强对超
标准排放等环境违法行为的处罚力度，进一步提高环境违法成本，促进环境质量全面
改善。

3．强化市场引导和责任考核机制，落实总量控制目标

充分应用价格、地价、财政税收等各种经济杠杆，减少高污染产业和企业的效益，形成减少污染物排放的市场引导机制。建立政府污染减排工作问责制，将主要污染物减排指标纳入各地经济社会发展综合评价体系，并作为政府领导干部综合考核评价和企业负责人业绩考核的重要内容，实行问责制和"一票否决制"，并将考核结果向人大报告，接受公众监督。

4．建立区域协调机制与管理模式，保障区域整体环境质量

六省市联动保障奥运空气质量的成功实践显示，区域联动整治环境是从根本上治理生态环境行之有效的办法。在长三角经济快速发展的城市群地区，区域大气复合型污染突出。因此，为了改善宁波的大气环境质量，不仅需要当地加大力度削减污染物排放，还需要联合周边省市建立区域大气质量管理协调机制和机构，以区域整体空气质量改善为目标，将行政区污染物总量控制转变为环境容量控制，并联合采取措施，实施区域污染联防联控战略，同时逐步建立城市群环境信息共享渠道，保障区域整体的空气质量。

5．启动机动车排放大气污染控制，改善城市空气质量

机动车尾气排放是造成城市大气污染的重要原因，治理机动车尾气是防治大气污染的一项非常重要的举措。为了使北京天更蓝，政府分阶段采取多项措施控制机动车污染物排放，成效显著。近年来，宁波的机动车保有量迅速增加，给城市交通和环境带来很大的压力，而宁波在机动车尾气污染的研究和防治方面的工作是相对滞后的。宁波应加快《宁波市机动车尾气污染防治法》的立法进程，尽快启动机动车排放大气污染控制，在建设绿色交通模式、优先发展公共交通的同时，提高车辆排放控制水平，严化新车排放标准限值。此外，配合新车排放标准的实施，改善车用燃油质量。完善在用车管理体系，加强在用车污染控制和非道路机动车管理，全面降低交通部门排放水平。

6．引导企业形成环保责任感，培养民众环保行为

企业的环保意识和责任感不强，是造成环境污染严重的重要原因。造成这种情况的原因，有认识不到位的问题，更主要是外部压力不够，包括执法力度、舆论氛围等。因此，一方面应该提高企业责任人环保法律法规的意识，另一方面应该建立更先进和有效的环境管理体系，对环境违法行为从严查处，公开曝光，并制定政策对重视环保、积极治污成效明显的企业给予信贷、税收、项目、荣誉等方面的优惠，提高企业的环保责任感。另外，应该通过多种方式和渠道，培养民众环保行为，倡导民众选择绿色生活方式，主动参与减排行动，为环境质量改善作出贡献。

我们相信，只要我们下大决心，一定能通过努力能让宁波人民群众喝上干净的水、呼吸上清洁的空气、吃上放心的食品，有一个优美的生产生活环境！

做好新形势下环境信访工作的对策建议

山东省青岛市环保局副局长　王再清

环境问题涉及社会各行各业和千家万户，与人们的日常生活和心身健康息息相关。随着社会的进步和经济的发展，人们越来越关注赖以生存的自然环境，对环境质量的要求也越来越高。与此同时，大量的环境污染问题从信访的渠道反映出来，而且形式多样，情况复杂，处理难度加大。如何处理好环境信访，已成为当前我市环境问题的热点，直接关系到市民的生活环境和社会安定。今年到目前为止（2009 年 4 月 21 日），市环保局直接受理信访案件 200 余起。水污染 26 件，大气污染 80 件，噪声污染 92 件，电磁辐射污染 2 件，放射性污染 1 件。通过数据统计可以发现，锅炉的烟尘和餐饮业的油烟、噪声扰民以及建筑施工、建筑工地和道路修建以及铺设各种管线的土石方挖掘、运输等产生噪声、扬尘污染损害了市民的切身利益，影响了市民的正常工作和生活，是市民关注的热点。尽管环保部门依法认真履行职责，兢兢业业的工作，其查处率和结服率均在 98% 以上，但是，旧的问题刚解决新的问题又产生了，只治标未治本，许多问题没有从根本上解决，导致市民的不满情绪逐步加剧、信访量居高不下，对政府的监管能力不满意，损害了政府的良好形象，对社会的稳定也产生了不利影响。

一、环境信访的主要特点

1. 投诉渠道拓宽

近年来，随着市政府对民意重视程度的提高，信访渠道不断拓展，在原来的基础上，又进一步完善了市长电话、市长信箱、行风在线、网谈、网上投诉等，畅通信访渠道。信访渠道拓宽后，方便了群众上访，但对经办部门也实实在在增加了工作量。有些上访人员，在直接反映的同时，又向市信访局，或市长公开电话办公室，市长信箱等多头投诉，经办部门不得不多头接收，多头报送。

2. 信访投诉调处压力不断增大

信访投诉者要求解决问题的形式多、质量高、时间短，对调处工作提出了更高要求。有的投诉者要求马上到现场解决，有的要求深夜时分前往查实，有的要求周末立即查处，有的要求经济赔偿，有的不纯粹是污染问题或主要不是污染问题，而是欲借环保之名来达到其他目的，使得信访投诉案件处理压力不断增大。如果不能按要求解决，极易造成重复上访、越级上访、联名上访和效能投诉等情况的发生。

3. 环境信访投诉从城区向乡村延伸

随着地方经济发展和招商引资力度的加大，很多企业落户在城郊和农村，个体加工和养殖也是遍地开花。这些企业在给地方带来经济增长的同时，也对当地环境产生了损害，由此而引起的污染投诉呈明显增多趋势。

4．部分环境信访存在着异常现象

有些上访者抱着"大闹大解决、小闹小解决、不闹不解决"的心态，频频向市政府领导乃至省环保局、国家环保部进行上访，把原本并不复杂的事情转化为尖锐的矛盾；有的为了其他目的，片面扩大事实反映问题，要求近乎苛刻，对于这样的投诉处理，既浪费了人力物力，也干扰了一些单位的正常生产经营，另有一些上访者由于本身就与投诉者之间有隔阂或存心想借机进行敲诈，就凭借环境问题作为突破口进行不停顿地上访。

二、环境信访问题的主要原因

全市环境保护工作通过多年不懈的努力，已取得明显成效。分析近年来的环境信访情况，究其原因，主要有以下几个方面：

1．城市规划滞后是引起环境信访的重要因素

由于历史原因，城市规划相对滞后，在城区住宅内一些老企业由于种种原因不能及时搬迁，再加上企业治理技术落后和受到重新建设配套环保设施时土地、技术等限制，往往难以做到有效地污染防护措施。

2．"环评"和"三同时"执行不到位是引发环境信访的主要原因

部分建设单位由于本身环境意识薄弱，项目建设初期忽视环保部门前置审批，造成企业布局不合理，有的还存在着环保治理设施闲置不使用，甚至没有按要求建设污染治理设施。地区的块状经济由于本身已是技术水平低、工艺落后，再加上工业布局不合理，环境基础设施建设滞后，治理技术落后，举步维艰。

3．群众环境意识明显增强是环境信访增多的动因

目前，群众对环境质量的改善需求大大提高。我市虽然于 2006 年率先建成模范城市群，并经专项行动、淘汰燃煤锅炉、四个办法检查等措施，环境质量明显改善，但投诉仍然不断，说明群众对环境质量的要求已不是等同于原来的一般城市概念，他们是随着城市品位提升的要求来衡量我们的环境，对环境保护工作的要求越来越高，一些投诉虽经多次处理，仍然重访、缠访，如剑阁兴博木业多次投诉、多次上访，多次查处、多次整改，仍然上访不断。

4．个别地方政府没有真正落实科学发展观是引发环境信访的重要方面

在"加快发展、科学发展、又好又快发展"的大背景下，各地经济发展面临很大的竞争压力，各地在不断加快经济产业结构调整、优化升级的同时，都尽可能地做大做强区域经济。个别地方为追求经济高增长，往往不顾产业政策和环境功能区划，在人口密集区建设重污染企业。个别地方不尊重科学，轻率地以行政决定替代科学论证，引进高污染项目（如莱博铸造有限公司）。但是，当地环保部门囿于现行环保管理体制，处于"顶得住的站不住，站得住的顶不住"的尴尬境地，不敢坚持原则及时向上级主管部门汇报、沟通情况，致使未审批先建设，未验收先生产，也是造成项目建设既成事实的重要原因。一些排污企业虽有污染治理设施，但设施不配套、治理不到位，工艺不合理、处理不达标，污染治理设施运行不正常，偷排、漏排现象时有发生。个别地方的环保部门监管不到位，未建立和进一步完善环境应急预案，应对群体性事件能力明显不足，信息报告反馈机制不完善，人员、监测装备、技术支持不能适应现实需要。

三、做好环境信访工作的对策与思考

环境信访工作是为民服务的窗口和联系群众的桥梁，是贯彻落实"三个代表"重要思想的生动实践，同时也是落实科学发展观，构建和谐社会的具体体现。因此，在环境信访工作中要牢固树立全心全意为人民服务的思想，始终保持与人民群众的血肉联系，时刻把人民群众的安危冷暖挂在心上，不断去思考和研究，掌握环境信访的共性问题，建立健全相应的信访工作制度。有效采取以下对策措施：

1. 坚持全心全意为人民服务的原则

环境信访工作必须以提高群众对环境信访工作的满意度为中心，要牢固树立群众观念、宗旨观念，始终把广大人民群众的根本利益和长远利益放在首位，以对人民深厚的感情处理环境信访问题。要把环境信访工作的立足点放在化解矛盾、做好协调、扎扎实实地为群众解决实际问题上，答复群众的合理要求，敢干事、干实事，提高做好环境信访工作的主动性和迫切性，切实保障人民群众合法的环境权益。

2. 加强矛盾隐患定期排查调处和落实领导接访、包案制度

一是每一起信访有着不同的原因和目的，在处理信访工作中注重定期或不定期地对本辖区的矛盾隐患进行横向到边、纵向到底的网格式排查，强化主动调查分析，获取第一手资料，了解案件背景、矛盾起因尤为重要。对一些倾向性、苗头性案件要提前介入，处理前做到心中有底，就会获得事半功倍的效果。二是建立信访工作例会机制，每月召开信访工作人员工作例会，通报近期信访动态，研究信访形势，摸索出一些有规律性的问题，及时提出解决问题的意见和建议。三是对环境信访定期和不定期排查中发现的一般环境信访问题，按照环境信访工作应当遵循的原则就地解决，对可能发生重大环境信访事件或苗头的，及时报市环保局和市信访局，以便采取有效措施，化解矛盾。四是对影响大、处理难、牵涉部门多、情况复杂的环境信访案件，一律实行领导包案（或领导干部大接访以及领导干部带案下访）。一方面是落实主要领导责任制和一岗双责责任制，加大矛盾纠纷化解的工作力度，提高工作效率，从根本上解决问题。另一方面是体现局领导对环境信访工作的重视，加深局领导对环境信访工作的了解，尤其是局领导为环境信访工作人员树立表率作用，教方法、提信心，提高环境信访工作人员的积极性，增强责任感、荣誉感和紧迫感。

3. 强化部门联动机制

环境信访问题往往存在着一些牵涉两个甚至多个职能部门的棘手问题。单靠环保部门很难圆满解决，由于环保部门受职能范围、技术力量、鉴定资质等因素的限制，特别是在处理农作物、养殖业、社会生活噪声等环境信访工作时，就会出现力不从心，群众对环保部门工作产生误解等情况。因此在处理该类环境信访工作时，注重加强环境信访系统上下和横向之间的联系，主动与其他职能部门、技术部门进行沟通协商，邀请相关部门共同参加，利用各部门的优势，获得支持和配合来开展工作，各个职能部门通过法律赋予的权利和义务，各司其职，技术鉴定部门得出的结论最具有权威、最具说服力，也最容易使信访双方理解和接受。并且通过规范、正常的途径处理信访问题才能避免互

相推诿现象发生，让群众感到满意。

4. 加快转变经济发展方式

环境信访发生的根源在于高消耗、高排放的粗放型经济增长方式。加快转变经济发展方式是落实科学发展观的必然要求，是解决经济发展与环境矛盾的根本出路，是提高综合竞争力的必由之路。要根据生态状况、资源禀赋、环境容量，按照"优化开发、重点开发、限制开发、禁止开发"的总体要求，确定区域的生态功能。科学确定发展规模、调整优化产业结构，大力发展循环经济，促进产业、产品高端化发展，逐步建立与资源环境承载能力相适应的高效、低耗、节能和低排放的新型经济发展模式。要建立长效机制，切实加大对重点企业、重点行业、重点流域、重点区域的污染整治力度，确保有污必治、治污必清，从根本上消除引发环境信访的土壤，维护环境安全。

5. 加强基层环保能力建设

加快环保队伍能力建设，确保有机构执法、有人员执法、有手段执法、有能力执法，使环保执法手段、能力、装备和水平与经济社会可持续发展相适应。针对农村污染严重，已成为环境群体性事件多发地的现实，从有利于掌控信息、现场取证、快速查处的需要，尽快普遍设立乡镇一级环保派驻机构（个别市已设立）。要加强环保队伍自身建设，不断提高环境保护执法人员的综合素质和行政执法能力。加强环境保护监察执法队伍和环境质量监测监控系统的标准化、规范化、现代化建设，不断提升环保队伍快速反应能力、应急处置能力和监督执法水平。

6. 抓基础，堵源头

所有对环境有影响的项目都要严格执行"环评"和"三同时"制度，所有排污单位都应依法申报登记污染物排放的种类、数量、浓度、去向等。这两项工作做好了，信访的量也降下来了。另外，要严格执法，依法追究，只有严格执法，才能维护法律的尊严，才能达到教育的目的，对屡教不改者，应予从重处罚。

7. 严格落实信访问责制

按照"属地管理、分级负责"、"谁主管、谁负责"、"谁决策、谁负责"、"谁惹事、追究谁"的原则，严格落实环境信访工作责任。一是严格落实责任追究制，对环境信访问题得不到及时有效处理，不依法行政和工作作风简单粗暴引发环境信访突出问题及群体性事件的，严肃追究责任。二是严格落实环境信访事项首办责任制，对敷衍塞责、推诿扯皮、顶拖不办导致矛盾激化、造成严重后果的，严肃追究责任。三是严格落实领导包案责任制，对疑难复杂环境信访问题，实行领导包案，确保案结事了。同时，继续坚持严格落实办案质量终身负责制和错案责任倒查制，对到省、赴京非正常上访案件要逐案督察问责，依照有关责任追究规定严肃查处。

浅析新《水污染防治法》打破环境监察执法"瓶颈"

辽宁省锦州环保局副局长　闻成

一、建立了许多利于环境执法的新制度

加大了政府对水环境负责的力度，规定了目标责任制和考核评价制度。也就是说，水污染防治不仅是环保部门的工作，而且是政府的工作，水环境保护对政府工作具有一票否决权。这也是"十一五"规划和党的十七大关于环保工作的精神在法律修改中的具体体现。为了完成减排任务，各地出现了很多由政府主要领导担任的"河长"、"段长"。这些变化对环境监察执法工作而言既是机遇，也意味着责任。一方面，各级环境监察执法机构应当抓住这一历史性机遇，不断创新执法方式，加大执法力度，持续改善水环境质量；另一方面，各级环境监察执法机构也应当认清身上肩负的历史使命，严格执法，用足法律授予的职权。

规定了全面的排污许可制度。实行排污许可制度，需要对每一个被许可对象的排污种类和数量进行连续准确的监测，以确定其排污数量是否符合排污许可证的规定。从必要性和可行性考虑，其适用对象应是排污量较大的企业事业单位。个体工商户数量庞大，但排污量所占比例较小，主要应按照污染物排放标准进行监督检查；将其纳入排污许可范围，由环保部门逐一核定并继续监测其排污数量，实际中难以做到。此外，油类、酸液、碱液或者剧毒废液，未经消毒处理的含病原体的污水以及含高放射性或者中放射性物质的废水等，禁止向水体排放，不属于许可的问题。因此新法规定，直接或者间接向水体排放工业废水和医疗污水以及其他按照规定应当取得排污许可证方可排放的废水、污水的企业事业单位，应当取得排污许可证。排污许可证是环境监察执法机构现场执法的重要依据，环境监察执法机构在现场检查时就应当注意区别哪些企业需要许可，哪些企业不需要许可，并将企业是否按照排污许可证排污作为检查的重点内容。明确了区域限批制度。以前，区域限批只是作为一种行政措施予以运用，修改后的水污染防治法使区域限批有了明确的法律依据，有利于遏制区域性的严重环境违法行为。根据新修改的水污染防治法，对超过重点水污染物排放总量控制指标的地区，有关人民政府环境保护主管部门应当暂停审批新增重点水污染物排放总量的建设项目的环境影响评价文件。今后，环境监察执法部门应当加强对企业排污的日常监管，督促其落实排污总量控制和区域限批的各项要求，并对限批地区的建设项目进行日常监管，及时发现并移送未批先建的违法案件。按照"超标即违法"的原则，明确了违法的界限。新修改的水污染防治法规定，排放水污染物，不得超过国家或者地方规定的水污染物排放标准和重点水污染物排放总量控制指标。对超标排污的罚款数额，按照排污者应缴纳排污费的倍数确定。对

限期治理期间，通过限制生产、限制排放不能消除对环境的严重危害的，可以责令停产整治；逾期未完成治理任务的，由有关人民政府责令关闭。对环境监察执法部门而言，以后排污超标不能再收超标排污费了，而是应当责令限期治理，并处以罚款。严格排污口规范化管理，对暗管偷排严厉禁止。修改后的水污染防治法规定，向水体排放污染物的企业事业单位和个体工商户，应当按照法律、行政法规和国务院环境保护主管部门的规定设置排污口；重点排污单位应当安装水污染物排放自动监测设备，与环境保护主管部门的监控设备联网，并保证监测设备正常运行。排放工业废水的企业，应当对其所排放的工业废水进行监测，并保存原始监测记录。对于拒报或者谎报国务院环境保护主管部门规定的有关水污染物排放申报登记事项的，以及未按照规定安装水污染物排放自动监测设备或者未按照规定与环境保护主管部门的监控设备联网，并保证监测设备正常运行的，由县级以上人民政府环境保护主管部门责令限期改正；逾期不改正的，处一万元以上十万元以下的罚款。这样就大大提高了对违反排污口规范化管理要求的违法行为的处罚额度，同时法律还禁止私设暗管或者采取其他规避监管的方式排放水污染物。也就是说无论企业排放水污染物是否超标，只要用暗管排放，均可以进行处罚。无须超标，不正常使用或者擅自拆除、闲置水污染物处理设施的即可处罚。原水污染防治法规定，排污单位故意不正常使用水污染物处理设施，或者未经环境保护部门批准，擅自拆除、闲置水污染物处理设施，排放污染物超过规定标准的，由县级以上地方人民政府环境保护部门责令恢复正常使用或者限期重新安装使用，并处罚款。按照这一规定，只有不正常使用或者擅自拆除、闲置水污染物处理设施和超标两个条件同时具备才能对违法者进行处罚。修改后的水污染防治法改变了这一做法，规定：不正常使用水污染物处理设施，或者未经环境保护主管部门批准，拆除、闲置水污染物处理设施的，由县级以上人民政府环境保护主管部门责令限期改正，处应缴纳排污费数额一倍以上三倍以下的罚款。也就是说，2008 年 6 月 1 日后，无须超标，不正常使用或者擅自拆除、闲置水污染物处理设施的即为违法行为，可以进行处罚。

二、扩大了环境监察执法部门的权力

限期治理权。新法强化了环境保护主管部门的执法权力，将责令限期治理权赋予环境保护主管部门。对排放水污染物超过国家或者地方规定的水污染物排放标准，或者超过重点水污染物排放总量控制指标的行为，可以由环保部门决定限期治理，同时还可以罚款。限制生产、限制排放或者停产整治权。新法规定，限期治理期间，由环境保护主管部门责令限制生产、限制排放或者停产整治。限期治理的期限最长不超过一年；逾期未完成治理任务的，报经有批准权的人民政府批准，责令关闭。环境应急监管权。修改后的水污染防治法赋予了环保部门环境应急监管权，新法规定，企业事业单位有下列行为之一的，由县级以上人民政府环境保护主管部门责令改正；情节严重的，处二万元以上十万元以下的罚款：一是不按照规定制定水污染事故应急方案的；二是水污染事故发生后，未及时启动水污染事故应急方案、采取有关应急措施的。有限度的行政强制权。新法对行政代履行制度做出了规定，赋予环保部门有限度的行政强制权。行政代履行是行政强制措施的一种，是指行政主体自行或者雇人代替不履行义务的相对人履行义务而强制义务人缴付劳务费用的行政强制方式。新法第七十五条、第七十六条、第八十条、第八十三条确立了行政代履行制度，即对于不履行法定义务的，环境保护主管部门有权指定有治理能力的单位代为治理，所需费用由违法者承担。新法对行政代履行制度的规定部分解决了长期制约环境监察执法的行政强制权缺位的问题，有利于督促违法者尽快改正环境违法行为，履行法定义务。但需要说明的是，新法对于环保部门行政强制权的规定还是有限度的，对于及时制止环境违法行为所迫切需要的查封扣押等即时强制权，并没有做出规定。

三、创新了环境监察执法手段

规定可以适用行政拘留等措施。新法第九十条规定，违反本法规定，构成违反治安管理行为的，依法给予治安管理处罚。根据这一规定，行政拘留在修改后的水污染防治法中已经可以作为一种环境执法手段予以适用了，这是对我国现行环境执法手段的创新。也就是说，对于严重的水环境违法行为，不仅可以适用财产罚，还可以按照《治安管理处罚法》的规定适用人身罚，即可以进行行政拘留。各级环境监察执法机构发现水环境违法行为违反了治安管理相关规定的，可以将案件移交给公安机关对负责人或责任人进行行政拘留。对于某些严重违法并造成水污染事故的行为规定了"双罚制"。环境污染事故的发生，起决定性作用的一般是单位负责人和直接责任人，如果只处罚单位，不处罚责任人，就不能有效遏制违法行为的发生。因此，对单位适用"单罚制"难以遏制日益严重的环境污染事故，企事业单位造成水污染事故的，除应对该单位给予罚款等处罚外，还应规定对单位负责人和直接责任人处以罚款。修改后的水污染防治法规定，企事业单位造成水污染事故的，对直接负责的主管人员和其他直接责任人员可以处上一年度从本单位取得的收入百分之五十以下的罚款。这就意味着今后环境监察执法机构可以直接对单位负责人和直接责任人进行处罚，将环境违法行为与其个人经济利益结合起来。

四、加大了环境违法责任的追究力度

主要体现在行政处罚的种类和幅度上。修改后的水污染防治法规定按照应缴纳排污费的倍数来计算罚款额度，体现了"过罚相当"的原则。对于某些不宜按排污费来确定罚款数额的行为，修改后的水污染防治法也普遍加大了处罚力度。对水污染违法者，新法在原有基础上普遍提高了罚款的数额。例如，对造成一般或者较大水污染事故的，按照水污染事故造成的直接损失的 20%计算罚款；对造成重大或者特大水污染事故的，按照水污染事故造成的直接损失的 30%计算罚款，上不封顶。修改后的水污染防治法规定了举证责任倒置、因果关系推定、代表人诉讼、环境监测机构义务和环境损害法律援助等方面的规则，这些规则一旦落实将会大大增加环境违法者的违法成本。例如，按照原水污染防治法，污染者接受的行政罚款数额不会超过一百万，而环境污染损害赔偿案件中，受害者还可以按照民事损害赔偿的规则从污染者处获得赔偿，获得的赔偿数额是根据受害者受到的实际损失来计算的，上不封顶。这就意味着，环境违法者可能不仅要面临严厉的行政处罚，还会面临来自污染受害者的巨额民事赔偿。因此，新法对民事损害赔偿制度的详细规定也可以起到加大污染者的违法成本、预防环境违法行为的作用。

五、对环境监察机构提出了更高的要求

水污染防治法的修改，对各级环保部门将产生重大影响，现行的许多做法都需要改革，其中对环境监察执法机构的影响尤为重大，提出了更高的要求和新的挑战，体现在：

（1）强化队伍建设和装备建设。越来越严格的法律制度需要高素质的执法人员才能保证执行。修改后的水污染防治法规定了许多新的法律制度，对环境执法规定了许多新的执法手段，这就对环境监察执法机构的队伍建设和装备建设提出了更高的要求。目前，环境监察执法人员素质参差不齐，要正确履行法律赋予的职责，需要对各级环境监察执法机构和执法人员进行专门的培训，对各级环境监察执法机构在人员和装备上予以保证。

（2）加强法制学习。执法的前提是熟悉和理解现行法律，因此各级环境监察执法机构还应当加强法律和现场执法等业务知识的学习。目前许多环境监察执法人员对水污染防治法的条文不是很熟悉，对于新法颁布和实施的背景、对于立法者的本意、对于如何正确适用新法还存在模糊的认识，对与之配套的法规、标准和相关法律解释还比较陌生。解决这些问题需要各级环境监察执法机构及时组织环境监察执法人员进行法制培训，领会水污染防治法的实质内涵，熟悉新的法律制度，按照新法的要求规范环境监察执法行为。

（3）按照法律规定，完善执法程序和方式。随着水污染防治法的修改，许多原先属于政府的权力，例如限期治理权，限制生产、限制排放或者停产整治权，都归口到各级环境保护部门，那么这些权力究竟按照何种程序来行使？如何保证权力能够行使到位，不被滥用呢？这些均是各级环境监察执法机构需要面临的新课题。此外，按照水污染防治法"双罚制"的规定，造成水污染事故，除了可以对单位进行处罚外，还可以对直接负责的主管人员和其他直接责任人员处上一年度从本单位取得的收入百分之五十以下的罚款。要核算"从本单位取得的收入"，就需要环保部门对事故单位的财务账目进行核实，那么按照何种程序和规程对事故单位的财务账目进行核实？又如何保证环保部门核实的账目的真实有效性呢？这些问题的解决一方面需要国家出台具体的实施细则和配套规章，另一方面也需要各级环境监察执法机构积极探索，积累经验。

（4）加强行政处罚保障能力建设。修改后的水污染防治法规定的许多行政处罚对环境监察执法机构的保障能力提出了更高的要求。例如，新法规定以应缴纳排污费数额为基数计算罚款额度，那么，在应缴纳排污费的证据效力问题上，就对环境监察执法机构提出了更严格的要求。现行的排污费一般不作为证据来对待，也很少有机会到法庭上质证，而排污费一旦和行政处罚挂钩，就会影响受处罚人的切身利益，受到《行政处罚法》的调整，也就意味着排污费的核定、收取程序都要经得起受处罚人的质证，符合法定的要求。此外，环境监察执法机构还要经常面临瞬时超标排污、无组织排放、间歇性排污的排污费确定问题，加大了排污费核定的难度。再如，新修改的水污染防治法规定禁止暗管排污，那么如何发现暗管呢？这就需要各级环境监察执法机构配备专门的暗管探测设备，以保证这条禁止性规定的落实。当然，要保证修改后的水污染防治法的执行，还需要国家加强经费保证和人员编制保证。

六、疑点难点：新法仍有待完善之处

立法是各种利益博弈妥协的产物，水污染防治法的修改也不例外。而由于利益妥协的原因，新修改的水污染防治法在加强环境监察执法方面还有待完善之处：

（1）新法对环境监察执法机构的执法地位定位不明确，是环境监察执法机构还是委托执法。也就是说，环境监察执法队伍不能作为独立的法律主体对环境违法行为进行处罚。定位没有法律依据，就容易使环境监察队伍的性质、机构设置、发展方向等具有随意性，以领导人意志和注意力为转移。从促进环境监察队伍的长期发展角度而言，我们认为，环境监察执法机构的定位应当进一步明确和细化。

（2）新法对于何谓拒绝监督检查界定不清，拒绝检查后可以采取的法律措施有限。虽然修改后的水污染防治法规定，拒绝环境保护主管部门监督检查，或者在接受监督检查时弄虚作假的，由县级以上人民政府环境保护主管部门责令改正，处一万元以上十万元以下的罚款。但是新法对何谓拒绝检查界定不清，没有回答拖延检查算不算拒绝检查、如果拒绝检查现场有何强制措施等问题。

（3）按日计罚制度还是未能在立法中确认。按日计罚制度能够有效解决"违法成本低"的问题，已经为许多发达国家的环境立法所采纳。而在新修改的水污染防治法中并没有规定按日计罚制度，笔者认为，按照"过罚相当"的原则，还是应当有所规定。依据新法的规定，对不正常使用水污染物处理设施和超标排放等违法行为应当按照应缴纳排污费数额的倍数进行罚款，这就需要环境监察执法机构出具相应的数据做支撑。而环境监察执法机构目前的能力很难随时掌握违法企业排污的情况，也难以准确界定罚款数额。这些都可能导致新法中按照应缴纳排污费的倍数进行罚款的规定不具有可操作性，最终流于形式。

（4）没有授予环保部门对环境违法行为的现场强制权。所谓行政强制措施，又称行政即时强制，是指行政主体在实施行政管理过程中，为制止违法行为或在紧急、危险情况下，根据法律，新法实施后，环境监察执法机构要经常面临瞬时超标排污、无组织排放、间歇性排污的排污费确定问题，加大了排污费核定的难度。法规规定，对行政相对人的人身或者财产实施暂时性控制的措施。在现场检查中，发现违法行为和水污染事故，对这些违法行为采取强制措施，进行及时有效的制止，是环境监察执法机构开展工作的迫切需要。但是新法并没有授予环保部门对违法行为采取行政强制措施的权力。国家应当明确规定，对造成或者可能造成严重水环境污染以及可能导致重要证据灭失或者被转移的，县级以上人民政府环境保护主管部门可以对有关设施、场所、物品予以查封、扣押。

（5）对向水体排放有毒物质的行为没有规定行政拘留的处罚方式。污染企业向水体中排放有毒有害物质或者含放射性的废水，其人身危害性不亚于投毒，因此我们认为，向水体排放有毒有害物质的行为，应当由公安机关处以五日以上、十日以下的行政拘留，严重的应当追究刑事责任。但遗憾的是，新法对此未作规定。如果在水污染防治法中不能对此做出规定的话，我们建议国家在修改《治安管理处罚法》时，将向水体排放有毒物质的行为明确为适用行政拘留的情形之一。

（6）还是未能解决"看得到的管不到，管得到的看不到"的问题。按照现行环境法的规定，对一定规模或者具有特定违法行为的企业进行处罚的权限在环境保护部或者省级环保局，而对这些企业的日常监管任务又由县级或者市级环保部门承担，即使发现违法行为，基层环保部门也难以处理。我们认为，国家可以授予基层环保部门先期采取责令停止违法行为或者采取行政强制措施的权力，然后再由基层环保部门按照管理权限报有权的环保部门批准进行行政处罚。

浅谈新形势下的环境执法

甘肃省天水市环境保护局副局长　徐东明

环境执法是环保部门维护群众环境权益、构建和谐社会的重要保障和体现。近年来，环境执法工作紧紧围绕污染减排、推进生态文明和经济社会发展做了大量工作，环境执法力度不断加大。但用科学发展观审视我们当前的环境执法工作，目前仍存在服务发展意识不够，环境执法能力不强，执法人员素质有待进一步提高等方面的问题。为充分发挥环境执法在优化经济发展中的重要作用，有力促进经济社会又好又快发展，进一步解决群众反映强烈和影响可持续发展的突出环境问题。

一、存在的主要问题

1. 执法环境较差

面对西部经济相对落后的欠发达地区，发展始终成为当前的首要任务，面对发展的压力，先污染后治理，先发展后完善，在招商引资、项目审批中降低环保准入门槛，为落后产能开绿灯，制定土政策，限制甚至阻碍环境现场执法，在查处环境违法行为时，干预正常的行政处罚的现象在一些地方和部门仍不同程度存在。

2. 执法体制不顺

截至目前，市级除市环境监察支队为副县级参照公务员管理单位之外，一般县区的环境监察机构由于机构级别或人员身份问题仍为事业单位，县区环保局在机构设立时也仅是事业局，因此，各级环境监察机构在环境执法中只能是行政委托执法，行政处罚必须经局机关委托后，方可实施。事业建制的区县环保局的行政执法权还需区县政府的行政委托，导致执法工作缺乏活力和主动性。

3. 执法能力薄弱

一是环境监察机构级别不统一，人员编制和素质等不均衡。就我市而言，两区五县的机构设置中秦州区为副科级单位，其他县区为股级单位。全市环境监察机构编制139人，实有环境监察人员142人，其中62人为工人，按照国家规定不能颁发环境监察执法证，严重影响现场执法工作的正常开展。二是执法装备、执法经费不足。按照国家环境监察机构标准化建设标准，全市还没有一家能达到国家相应标准的监察机构。近年来，国家加大了对环境监察执法装备投入，但由于缺乏环境监测技能的执法人员，水质快速测定仪等较为复杂的设备或仪器只能成为摆设。三是执法经费短缺。国家排污收费制度改革后，各级环保部门执法经费不足的问题日益突出，如各县区环保局每人每年仅有200元办公经费，根本无法保证最基本的现场环境执法需求。

4．执法力度不够

一是环境监察执法人员素质不高。由于基层监察机构人员流动性较大，市县两级环境监察队伍中普遍缺乏熟练掌握法律法规、熟悉企业生产工艺流程、具备执法实践经验的业务骨干。二是执法程序不规范，降低了执法效能。在现场执法中，存在不依照执法程序进行查处，现场监察笔录不全或甚至事后补作笔录，不注重证据收集和保存。行政处罚幅度不统一，同一违法行为，市、县两级或不同的执法人员处罚把握的尺度相差较大。加之处罚结果难执行，对拒不执行的违法企业，需要经行政复议、诉讼或听证等法律程序后，才能申请法院强制执行，既延长了环境执法周期，又增加了执法成本，环境违法行为不能够及时得到应有的惩罚。三是监督手段落后，不能及时查处环境违法行为。全市污染源除重点源在线监控刚刚起步，强化执法主要是通过加大现场监察频次，不能及时发现偷排偷放行为，为调查取证造成了一定的困难。由于人员少经费紧，对国控重点污染源市级每月 1 次县级每周 1 次的检查要求明显有点仓促。

5．环境法律法规不完善

一是作为环境保护现场执法队伍环境监察机构在环保法律法规中缺乏主体资格，仅在国务院《排污费征收使用管理条例》中有定位。二是禁的多罚的少，处罚额度偏低，造成企业守法成本高违法成本低。新修订的水污染防治法虽然大幅度地提高了处罚额度，但缺乏可操作性。三是缺乏申请复议或行政诉讼期间的具体管理或制止措施，不能及时制止环境危害行为。

6．企业超标排污现象突出

2007 年，中办、国办环保督察组暗查结果显示，超标企业占检查企业的 75%。企业的普遍超标排放进一步加大了环境监察工作量，增加了执法成本。

二、影响环境执法工作的主要因素

环境执法不单纯是一个法律问题，而是关系到政治、经济、社会等各个方面的综合问题。目前，环境执法难在全国是一个普遍现象，其因素也是多方面的。

1．地方政府的发展观和政绩观是影响环境执法的根本因素

不同地区的生产力发展水平决定了基层地方政府的决策导向。不少地方领导仍认为GDP 是硬指标，环境是软指标。在招商引资中，引进不符合国家产业政策以及国家明令禁止的"十五小"和"新五小"等污染企业。

2．企业追求短期利益的最大化是污染反弹的直接动因

一些企业法人环境意识和法律观念淡薄，一些技术装备和污染防治水平落后，是当前环境执法面临的现实基础。为追求短期经济效益，不惜以牺牲环境为代价，一些企业将违法排污作为降低成本、追求利润的"捷径"。同时，结构性污染依然突出，一些地方的选矿、冶炼、水泥等污染工业群，经多次整顿仍未从根本上解决问题。

3．体制、机制、法制、能力方面的障碍是影响环境执法的主要因素

在体制方面，执法权越放到下面，受地方保护主义势力的影响也越大，这是一个共性的问题。

在机制方面，一是缺乏事前监督机制。许多环境违法问题都是决策不当造成的，仅靠环

境执法的事后监督，难以奏效，应加强事前防范，预防为主。二是部门联动没有形成长效机制。"清理整顿不法排污企业保障群众健康环保行动"实行九部门联动，在对下发动和增强行动效果方面取得较好效果。但在日常执法中，还没有形成联动制度。三是缺乏有效的奖惩机制。对环保做得好的企业缺乏鼓励和重奖措施，降低了企业做好环保工作的积极性。

在法制方面，一是行政处罚额度低、抓手少，影响了执法力度。二是法律规定不具体，操作性差，难落实。对于关停措施，缺乏断水断电、吊销执照、拆除销毁设备、取消贷款等法律规定。三是限期治理、停产治理决定权在当地人民政府。政府对有关企业不愿意下达决定，有的甚至只发空头文件，不抓落实，应付检查。四是强制手段少，难以落实到位。对于拒不履行环境行政处罚决定的行为，环保部门缺乏查封、冻结、扣押、强制划拨等行政强制手段，只能申请法院强制执行，容易造成执行难。

在环境监察能力方面，一是环境监察队伍缺乏主体资格，没有法律授权，对下级开展行政稽查也缺乏法律依据。二是力量弱。全市142名环境监察人员要对1 200余家工业企业、几千家"三产"企业、几百个建筑工地进行现场检查。生态环境监察、农村环境监察工作量更大。三是人员素质不适应执法工作需要，仍有相当一部分环境监察人员对法律法规、生产工艺、产业政策不熟悉。

三、对策及建议

1．以环境执法为手段优化经济社会发展

环境监察人员要进一步树立科学发展观，面对新形势，强化环境执法，探索环境执法新路子，正确处理好发展与环境保护的关系。通过发展解决环保问题，以环境执法为手段优化经济社会发展，从源头上控制环境污染和生态破坏。在具体环境执法实践中，环境监察人员应充分运用法律、经济、技术、市场、行政等综合手段，通过环境执法优化经济社会发展。做到通过严惩环境违法行为，促进区域的产业结构调整和环境质量改善。通过加强政策引导，有力地促进技术进步和布局优化。同时，要实行重大环境问题一票否决制。对出现重特大污染事故、出台与国家环境法律法规相抵触的文件、引进国家明令禁止的企业，造成污染集中反弹的，实行一票否决。

2．提高依法行政水平

一是树立执法为民的宗旨观，处理好群众关心的环境问题，维护好群众的环境权益。环境执法，从根本上说，是为民服务、为民解忧、为民创造良好的人居环境，因此必须坚决维护广大人民群众的合法环境权益。二是树立严格执法的责任观，认真履行法律赋予的职责，确保执法要像钢铁一样硬，进一步加大环境执法力度，切实解决领导关切、群众关心、媒体关注的突出环境问题。三是树立依法行政的法治观，严格遵守执法程序，进一步提高环境执法水平；既要敢于执法、严格执法，又要善于执法、正确执法，规范执法行为，做到亮证执法、程序合法、证据确凿、处罚到位。四是树立高效廉洁的形象观，严格遵守国家环保系统"六项禁令"和《环境监察人员行为规范》，恪尽职守，秉公执法，廉洁自律，不徇私情，自觉接受社会监督，树立环境执法队伍良好形象。

3．继续开展好环保专项行动

要继续开展环保专项行动，集中整治各类环境违法行为。全市上下要以加大污染整

治力度、查处环境违法行为、调整产业结构为重点，以加强部门联动、重大环境案件移送和行政稽查为手段，集中整治和严厉打击各类环境违法行为。要按照《整治违法排污企业保障群众健康环保专项行动工作方案》的要求，采取果断措施，严厉打击超标准排放污染物的环境违法企业，对屡查屡犯的企业要严格处罚，对长期超标排污的、私设暗管偷排偷放的、污染物直排的、存在重大污染隐患的企业，一律停产整治，对治理无望的企业和落后生产能力，一律关闭取缔。并加强对停产整治、限期治理企业的环保后督察工作。

4. 加强环境监察标准化建设

以国家加大污染减排"三大体系"建设为契机，加快我市各级环境监察机构标准化建设，力争市、县级环境监察机构逐步达到国家相应的标准。加强环境执法基础工作，规范环境执法程序、文书、档案。开展环境稽查，提高对环境违法案件的查处和执行力度。充分发挥污染源在线监控中心作用，形成监控数据与现场执法的联动机制，及时查处环境违法行为。建议尽早解决监控中心机构设置、人员编制、运行经费和企业现场端在线监测仪器的运营维护经费等问题，确保早日发挥污染减排效益。按照国家高限处罚的原则，加大对不正常使用污染治理设施超标排污的处罚力度，及时将处罚结果向社会公布。通过加快环境监察标准化创建工作，进一步提升现场执法水平和应对突发环境事件的能力。

5. 加强环境监察队伍建设

环境执法队伍是环保部门的窗口，执法队伍的形象一定程度上代表了环保部门的形象。我们要切实加强环境执法队伍建设，通过内强素质、外塑形象，不断提高执法人员政治敏锐性和业务素质，增强队伍的凝聚力、战斗力，努力打造一支"思想好、作风正、懂业务、会管理"的环境执法队伍，做到严格执法、公正执法、文明执法、科学执法，全面提升全市环境执法能力和依法行政水平。要建立上下协调的环境监察执法机构，一是要加快县区环境监察人员参照公务员管理的进度。二是加强人员培训，提高持证上岗率。按照国家环境监察人员每 5 年轮训一次的要求，组织全市环境监察人员定期参加培训学习，提高监察人员执法能力和工作水平。三是开展环境监察职业操守教育，提高环境监察执法人员的职业道德水平，严格按照"六条禁令"和"六不准"规定，坚决查处环境监察队伍中的违纪行为，树立环境监察队伍的良好形象。

6. 做好信访工作，维护群众环境权益。

一是提高信访案件的查处率、满意率。力争做到信访案件查处率、满意率达到100%。重点信访、重复信访、群体信访由省环监局直接查处，转办案件实行督办制度，限期办结。二是开展重点信访案件回访活动，杜绝反弹，减少重复上访。三是建议对匿名举报实行不受理制度，减少工作量降低执法成本。对实名举报实行奖励制度，经查实确认后从罚款中对举报人予以奖励。

7. 强化环境应急演练

目前，我国处于环境污染事故的高发期，我们务必要抓好环境应急知识的学习，提高环境应急人员的应对能力和防控水平；加强环境应急演练，提高实战水平，培养一支快速反应、指挥顺畅、防控有力的环境应急队伍，不断提升应对突发性环境污染事件的能力，确保全市环境安全。

做好环境信访工作 促进经济社会和谐发展

上海市青浦区环保局副局长 杨佃辉

青浦区地处上海市的西大门,全区占地总面积 669.77 km²,相当于上海总面积的十分之一。其中,水域面积 124.49 km²,占比 18.6%。境内辖有上海市最大的淡水湖泊——淀山湖,该湖跨青浦区和昆山市,面积约 62 km²,在青浦境内 46.7 km²。截至 2008 年末,全区常住人口近 90 万人,实现地区生产总值(GDP)478 亿元,比上年增长 15%。其中第一产业增加值 8.3 亿元,占比 1.8%;第二产业增加值 291.7 亿元,占比 61%;第三产业增加值 178 亿元,占比 37.2%。由于青浦区是上海市的饮用水源地,加之产业结构中第二产业占绝对比重,环境信访投诉压力非常之大。

一、环境信访的基本情况

1. 受理概况

2008 年,区环保局共收到信访件 1 390 件,其中市局转来 47 件,市环境应急热线转来 181 件,区信访办转来 108 件,区行政投诉中心转来 31 件,自行受理 1 023 件。与上年相比投诉总量减少了 168 件,下降了 11%。其中反映至市局、市环境应急热线、区信访办、区行政投诉中心的信访件明显减少,共减少 158 件,下降了 30%,自行受理数量与去年基本持平。

根据信访内容划分,反映水污染 277 件,占全年投诉总量的 20%,反映大气污染 622 件,占投诉总量 45%,油烟气污染 117 件,占投诉总量的 8%,噪声污染 301 件,占投诉总量的 22%,固废和电磁辐射 38 件,占投诉总量的 3%,其他投诉 35 件,占投诉总量的 2%。

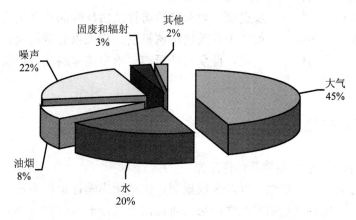

图 1 2008 年青浦区环境信访投诉构成图

2．信访调处和回复情况

2008 年共调处信访件 1 350 件，调处率 97.1%。全年共回复 952 件，回复率 100%（有电话和地址可供回复的，全部回复）。

二、信访处置存在的问题

1．城市发展过程中的历史遗留问题，难以在短期内根治

由于我区经济社会快速发展，城市化进程加快推进，历史遗留的城市规划滞后、布局不合理的矛盾日益凸显，老城居民区中混杂着商业、饮食、服务、文化娱乐等多种行业，新城区与工业区相混杂的情况以及农村中村办企业遍地开花，造成了环境信访投诉不断，环保部门在对这类信访处理上倍感难度，有些环境信访问题短时间内难以根治。

2．群众的利益诉求和环境保护的法律法规之间存在差距

（1）如青浦新城区与青浦工业园区混合地区，噪声和废气污染等厂群矛盾较为突出，但大部分企业排放的废气和噪声均在达标排放范围之内，企业排放达标和群众对环境的要求有一定的出入。

（2）由于工业园区的分阶段开发，一些企业落户后，周边居民可能尚未动迁，难免部分居民会在迫切希望动迁的心理驱使下，就环境问题不断上访投诉，而此类环境信访问题目的性强、影响范围广、涉及部门多，信访调处的难度较大。

（3）另外如外来人员茶水炉烧废料、废木材等废气污染和农村饲养少量的畜禽产生的畜禽污染等信访件，由于无配套的法律、法规，所以难以调处。

3．行政强制难是造成重复信访的一个主要原因

许多信访件，我局虽已多次进行过调处，也依法进行过行政处罚，但由于环保部门无行政强制权，企业的违法排污行为难以有效制止。对申请法院强制执行的案件，也往往由于各种原因难以真正执行。群众对环保部门不理解、不相信，造成重复投诉量增加。另外有些信访件，虽经我局行政处罚，但由于从群众投诉到行政处罚再到申请法院强制执行或进行限期治理，期间时间跨度较长，而企业污染行为对周边居民影响并未停止，也造成重复投诉不断。

4．体制机制和能力建设有待进一步提高

协作联动机制有待进一步提高。如有些信访件虽然反映的是环境问题，但其存在的问题往往牵涉到许多部门，如缺少有效的协调机制，将难以有效调处。另外，由于环境信访的新矛盾、新问题不断出现，群众对环境的要求也越来越高，信访调处人员的综合素质也亟待改善。

三、应对措施

1．源头预防，做好规划的环评工作

加快修订完善产业规划，以及区域规划，把环境影响评价作为规划评审的必要构成内容，从源头上保证规划的可行性，切实防范由于规划的缺位以及不合理所导致的环境信访投诉的产生。

2. 加强制度建设，探索完善有效的体制机制

（1）开展环保下社区活动，变群众上访为下访听取群众意见。通过这种领导带队参与环保下社区活动，变被动为主动，变消极为积极，即时听取社区居民对环境方面的投诉和反映，及时解决社区居民反映的环境问题，有效地把信访矛盾化解在萌芽状态。

（2）推行领导包案专项工作，集中整治环保难点问题。根据市环保局《关于开展重信重访专项治理工作》的精神，开展了领导包案专项工作。首先梳理出 2007 年以来环境影响大、群众信访投诉多、虽经调处但尚未彻底解决的 9 件环境信访件开展集中专项治理，明确了工作责任，落实了包案领导和办结时限。通过领导参与信访的协调化解工作，有效化解了一批信访疑难问题，缓解了环境信访压力，去年通过领导包案主持办理的 9 件信访件已基本得到落实和解决。

（3）健全环境信访例会制度，集体决策调处方案。每月制定上月环境信访月报，统计分析月度环境信访的总体情况。并由局主要领导组织，局分管领导和各科室负责人参加环境信访例会，针对重复信访件和疑难信访件分析查找原因，制定具体调处方案。

（4）开展环境信访后督察制度，提高信访办理质量。2008 年通过对信访矛盾激烈、群众反响大、重复信访次数多的重要信访件开展的后督察检查，进一步加强了对信访单位的跟踪检查，及时了解掌握企业的污染情况、整改情况和厂群矛盾的进展情况，及时化解各类信访矛盾。

3. 形成合力，依靠多方力量积极化解信访矛盾

有些环境信访问题的调处，由于牵涉到许多部门，单靠环保部门无法解决；还有些环境信访问题，虽然反映的是环境问题，但其职责依属于其他部门。因此，为彻底解决这些问题，需要紧紧依靠有关职能部门和乡镇力量，来共同化解信访矛盾。

4. 通过专项整治，解决环境信访的热点难点问题

我局把信访调处工作和日常环境管理紧密结合起来，去年上半年开展了餐饮油烟气专项整治，梳理出环境矛盾大、容易造成投诉的餐饮单位，通过检查、上门告知等办法，依法规范餐饮单位的油烟排放，通过该整治使城区的油烟气投诉量明显减少。下半年开展了"整治违法排污企业，保障群众身体健康"的专项行动，通过开展医疗废物的专项检查、饮用水源保护区专项检查、化工企业专项检查、危险废物专项检查和环境隐患风险源专项检查等一系列专项活动，有力打击了一批环境违法排污企业，解决了一批信访热点和难点问题。同时还针对上海青浦高维助剂厂和部队农场垃圾堆场的环境违法问题开展了专项整治，目前信访问题已基本得到解决。

5. 严格执法，树立环保执法的威慑力

不断加强执法力度，执法必严，违法必究。对于环境违法行为，严格按照有关法律法规等规定，进行立案惩处，绝不姑息。

总之，当前环境信访工作，难免存在着一些疑难的热点、难点问题，在今后的工作中，需努力探索寻求解决此类问题的新方法新机制，条块结合，部门联动，群策群力，依法及时化解各类环境信访矛盾，为积极构建和谐社会和促进经济发展作出应有贡献。

浅谈环境监测与管理

湖南省长沙市环境保护局党委书记　叶恒山

随着环境保护形势的发展，环境监测站的任务是越来越繁重，对监测技术要求越来越高，工作压力也越来越大。在这种形势下，监测站在目前监测体制没有发生根本性转变的情况下，必须在提高监测站自身的管理能力与水平上下工夫，只有高效的管理才能保障监测工作的高效运作，并促进监测工作不断发展，以满足环境管理对监测工作的需求。

一、环境监测现状

环境监测是环境管理的基础性工作之一，数据的准确与否直接决定着节能减排的成败。只有建立装备先进、标准规范、手段多样、运转高效的减排监测体系，才能及时跟踪各地区和重点企业主要污染物排放的变化情况，由此得出正确的数据，做出科学的决策。因此，我们要充分认识监测工作的重要性，以污染源监测、环境质量监测为中心任务，建立先进的环境监测预警系统，保证数据的准确可靠，为减排考核和环境管理提供有力的技术支持。目前，尽管我们在监测理论上有所创新，在监测技术上取得了前所未有的突破，在监测能力上有了提高。但环境监测的基础性研究薄弱。开展以监测方法、质控要求等内容的科学研究；完善环境监测网络，提高监测队伍素质，努力实现监测队伍专业化、监测装备现代化，紧紧围绕污染减排、污染源调查，建立有利于推动监测工作高效运转的体制机制，充分激发监测队伍奋发向上，为做好技术支持和服务工作创造良好环境条件，加大各级环境监测机构投入等，国家环保部、中国环境监测总站以及各级监测站，包括长沙在内都做了大量而富有成效的工作，取得了前所未有的成效，但要真正实现环境监测历史性转型，即从管理到技术的历史性转型，在"测得准"和"说得清"两个能力上要做的工作还很多，任务还十分艰巨。湖南长沙已经十分明确地提出了要尽快实现环境监测工作"三个转变"，即由总量管理向质量管理转变；项目管理向容量管理转变；日常监测向防范环境风险管理转变的工作指导思想，正在努力实现环境监测工作的历史性转变，将有力促进长沙环境监测工作实现历史性转型。

二、基本做法与体会

1. 质量管理是监测管理的重头戏

监测数据是监测站的产品和成果，因而监测管理的最重要内容之一就是监测质量管理，建立适应现代化环境监测发展需求的环境监测质量管理体系尤为重要，也是体现监测管理水平的重要标志。

长沙环境监测在多年实践中形成的质量管理模式基础上，以中国实验室国家认可为契机，建立了立足本站，面向发展的质量管理体系，使监测全过程的质量管理通过质量管理体系得以实施。体系实施过程中，我们的体会是，建立满足实验室现代管理需求的程序化体系文件固然重要，而保障其实实在在的持续、有效运行并不断改进，使质量管理体系最大限度发挥其管理效益更为重要。为此，长沙环境监测以质量管理为体系运行监督中枢，机构内部配置的质量监督员为监督前沿，建立了 3 查、3 会、3 审制度。3 查即：科室质量监督员日常性监督检查、质量管理科例行抽查和突击性检查；3 会即：质量检查月通报会、体系运行季度总结调度会、体系符合性和适用性年度技术效核会；3 审为每年至少的 2 次内审和 1 次管理评审。通过这些制度的实施，既可以使站领导层及时了解体系的实际运行情况和反馈的信息，又可使各相关职能科室适时纠正、调整或采取相应措施，也促使监测人员自觉地形成了强化自身完善、自我质量保证意识，保证了体系具备减少、预防和纠正质量缺陷的能力。体系的良性循环状态有力地保证了监测工作的顺利开展。

2. 实施年度目标考核，促进全站监测工作全面发展

多年来，长沙环境监测坚持推行年度目标考核制度，根据年度工作任务、监测科研发展需求、内设机构职能等将例行监测任务、重点专项监测任务、新项目开发、监测科研、质量管理，以及信息宣传、劳动纪律、职业道德等形成条目，再细化、量化分解到相关机构，分项计分，定分考核。各科室每季要自查、核定目标完成情况，半年向站办公室书面汇报一次，年终综合评分，作为评先奖励依据。通过年度目标考核，使监测人员感到压力，从而激发监测人员潜力，形成科室间公平竞争，效率优先的良好风气，很好地推动了长沙监测工作的发展。如这几年，长沙针对监测科研和新监测项目开发相对薄弱的局面，在年度目标任务中，将其作为硬性指标下达到相应科室，促使目标责任部门在确保完成例行监测任务条件下，必须花心思，上台阶，谋突破。这做法取得了实际的效果，这两年，长沙环境监测呈报、开展的科研课题、新扩展的监测项目、发表的学术论文都明显多于以往。在全省监测系统率先具备了饮用水源地 109 项监测能力。为激发职工的创造性和积极性，长沙环境监测也特设立了相应的专项奖励。如：先进科技工作者、优秀论文奖、项目开发奖等，对做出突出成绩的给予精神和物质奖励。

3. 设立监测数据快速反馈制度，提高环境预警反应速度

为了在现有监测条件下，有效提高环境预警反应速度，长沙环境监测建立了监测数据快速反馈制度，首先要求现场监测和实验室分析人员必须了解、熟悉常态下的监测现场和环境质量状况，当现场或分析结果明显异于常态或出现超标现象，第一时间呈报分管站长（而不是按常规逐级审核、上报），分管站长即时核实、确认，并即时向站长报告，必要时由站长立即启动应急监测并向管理部门报告。通过这快速反馈制度，长沙市监测已及时发现 2 起由于企业违法排污引起的水环境污染事故。由于反应及时，为查证污染源，制止继续排污行为，以及为环境管理部门及时、有效处置污染事故，遏制污染事态扩大都赢得了宝贵的时间，有效地提高了环境预警反应速度。

4. 重点专项监测任务，实行专项管理

这几年，国家重点专项监测任务较多，一般都是时间紧、任务新、要求高，而工作

内容可能要涉及监测系统共同合作。为保障重点专项监测任务的按时完成，我们基本采取的是专项管理原则，即对每一项重点专项监测任务，指定分管站长，成立专题技术组，设立技术组长，实行分管站长协调，技术组长全面技术负责制。这样既可保证各监测机构间工作相互协调，又能保证专项任务工作质量，促使各专项任务能顺利、较高质量的完成。如，近期全国性的土壤污染状况调查、城镇饮用水源地基础环境调查与评估、地下水污染状况调查、重点城市饮用水源地 80 项特定项目监测能力的开发等都采取了专项管理形式，这些专项任务都在较短时间内、较高质量地完成，如：土壤调查和饮用水源地特定项目监测能力开发在全省系统最早完成，并起示范性作用。

5. 倡导良好文明素养，营造和谐工作氛围

监测管理其实除了监测业务领域管理外，还有非监测业务管理内容，如人事、精神文明建设、工会、党团组织等，抓好这些管理对促进监测工作同样重要。长沙环境监测这两年以创建市级文明标兵单位和省级市级文明单位为契机，加强精神文明和职业道德规范教育，在倡导良好文明素养，营造和谐工作氛围方面做了一些实实在在的工作。单位内成立了市民学校，每季确定一名站领导任讲师举行专题讲座，根据职工文化娱乐需求，单位内建有职工健身活动房，还组建了乒乓球队、羽毛球队、舞蹈队、合唱队，工会为每队 2 周组织一次活动，或聘请专业教师施教，或到健身球馆集体锻炼、比赛，只要工作许可，队员们都会积极参与其中。通过这些活动，既在紧张工作之余娱乐、放松了身心又增加了职工间的相互沟通了解，使工作氛围更加和谐，工作效率也明显提高。

6. 促三级网络站能力建设，提高监测网络整体实力

三级网络站目前普遍存在监测能力薄弱现状，无形中给市级站增加了许多工作量，甚至县站在外大量承接监测业务抓收入，而市站成为其样品分析室，可以说市站无形中成了区、县站的"御用分析室"和"义务工"，势必要投入一定的人力。为了摆脱这种局面，我们认为必须要尽快促进三级网络站能力建设，使其具备实际监测能力，提高监测网络整体实力，才能更好地释放、挖掘市站自身监测潜力，更好地推进监测工作更上一层楼。为此，我们也做了一些工作。①向市局递交了三级站能力建设现状调研和建议报告，以期取得领导重视和关注。②根据区、县站不同现状，在局领导的支持下，要求区站必须在 2007 年全部通过噪声计量认证，就可将大量的噪声污染监管和投诉监测由区站自行监测，这个目标已经实现。③市站极力指导县站进行监测能力建设并助其向有关部门筹措建设资金，比如，2007 年中央下达的能力建设资金，市站未用于自身建设，而是全部用于县级站建设，并实施分批达标的计划，今年集中建设 1 个站，使其达到县站建设标准，具备常规监测能力，这个目标现已实现，我市县级的浏阳站已通过标准化建设验收。明后两年逐个突破，争取三年内所有县级站建设达标。④加大技术培训力度，对县站监测人员市站开门培训，只要有需求，随时可来站培训。同时，还通过监测现场直接带班指导方式，规范、提高县站监测人员监测技术，尽量使县站在提高监测硬件装备的同时，实际监测技术水平也能有所提高。⑤长沙环境监测也订立一些规矩和约定，促使县站克服依赖思想，如：对县站已具备监测能力的项目，若不自行分析而送由市站分析，要加倍收费等。

三、对策与建议

面对日益突出的环境问题，如何从根本上解决环境监测更好地服务社会经济发展的需要，为环境管理提供基本保证，笔者认为应从以下几个方面规范和改进监测管理工作。

一是要明确监测工作职能定位。监测工作是环境管理工作的基础，是搞好环境管理的前提条件。党委政府应引起高度重视，主管部门应纳入重要工作议事日程，为监测工作提供体制、工作机制保证，明确监测机构是履行行政职能的公益机构，监测队伍应纳入公务队伍统一管理，定位国家公务员技术公务员行列，使其规范化、合法化。

二是进一步健全监测工作法律体系。监测服务环境管理是履行政府环境保护工作的基础性工作，进一步规范监测标准、监测程序、监测质量是做好环境管理工作的前提，健全法律体系是做好环境监测工作的保证，具备建立健全政策法规，明确各级环境监测机构依法行政的权责，是确保环境监测依法行政的保障。

三是加强监测标准化建设。全国监测工作机构肩负着重要的历史使命。如何按层级建设标准化、规范化系统对监测的发展具有重要作用，要明确各级政府的职责，并纳入其改革发展的重要议事日程，并做到行业规范、政府确保、主管部门落实到位。真正以标准化建设推动监测工作与时俱进，开拓创新，以标准化建设推动监测工作全面发展。

关于环境监测服务环境管理的思考

江西省南昌市环保局副局长　曾晓翔

当前，我国环境保护事业正处于历史上最好的发展时期，面对世界性的金融危机，党中央、国务院把应对这场危机当成调整经济结构、转变发展方式的机遇，当成推进环境保护事业发展的机遇，及时对宏观经济政策进行了重大调整，实施积极的财政政策和适度宽松的货币政策，并且提出了"扩内需、保增长、调结构、惠民生"的具体要求，强调把扩大内需与改善民生、加强生态环境建设有机结合起来，努力推进全面协调可持续发展，为做好新形势下的环保工作指明了方向。

环境监测作为环境保护的重要基础工作，越来越引起党中央、国务院的高度重视。各级政府、环保部门和环境监测站要认清形势，进一步明确环境监测工作的战略定位，紧紧抓住当前的有利时机，坚持"一个统领"，即以探索中国特色社会主义环保新道路统领环境监测事业发展，把"一个体系建设"作为根本任务，即建设先进的环境监测预警体系，把"三个说得清"作为工作目标，即真正"说得清环境质量现状及其变化趋势、说得清污染源状况、说得清环境风险"，努力推动环境监测整体水平迈上新台阶，提高环境监测服务环境管理的水平。

一、环境监测管理存在的不足

环境监测在法制化建设进程中明显滞后，目前尚未出台统一的、专门的环境监测法律、法规。现行法律对环境监测的规定比较分散，一些法律法规中环境监测工作界定出现交叉，法律、法规的缺失严重影响了环境监测管理的权威性和规范性，成为环境监测工作发展的主要障碍之一。目前，尽管法律法规明确了环境保护部门的统一监督管理职责及各部门相关监测工作的职责和分工，但从总体上看，尚未统一环境监测管理。《环境监测管理办法》中对环保系统环境监测工作的准确定位，对环境监测信息发布的具体规定，有助于下一步理顺各方面关系，深入解决环境监测管理体制、机制问题。当前困扰环境监测事业发展的困难和问题，突出表现在：

一是思想认识不到位。一些地方环保部门还没有充分认识到环境监测工作的基础地位和重要支撑作用，没有把环境监测作为环境管理不可或缺的重要内容来抓，甚至存在"说起来重要，干起来不要；遇事着急时要，没事不急时不要；事故应急时要，日常管理中不要"的错误思想。思想认识上的不到位，可能导致行动上的不一致，其结果会削弱领导和推进环境监测事业发展的动力。

二是工作机制不健全。监测工作的计划性不强，没有形成良好的部门合作和信息共享机制，其他相关部门环境监测力量和资源没有得到有效的发挥。

三是监测能力严重滞后。监测基础能力建设仍然处于起步阶段。

四是人才队伍十分紧缺。技术骨干流失严重，监测分析技术人员不足。

五是资金保障不够充足。污染源监督性监测运行经费未制度化，监测仪器设备动态更新机制未建立，专项监测经费严重缺乏，经常出现"光给任务不给钱"的现象。

长期以来，环境监测管理与技术的关系始终未能科学界定，主要表现为：一是重管理、轻技术。环境监测站同时承担环境监测管理和技术工作，导致了政事不分，影响了整体工作效能。而且，由于环境监测技术积累时间短，环境监测技术相对滞后，一些环境热点问题长期得不到有效的技术支撑；二是重建设、轻质控。在一些地方，环境监测数据质量还得不到有效保障；三是重结果、轻过程。在环境监测工作中，十分重视实验室样品分析和数据的填报汇总，但在样品采集、保存运输、样品前处理、信息传输等过程中缺乏统一规范和有效的手段，影响了环境监测数据的可靠性。

二、提升环境监测能力和管理水平的建议

1. 进一步确立环境监测的重要基础地位

环境监测是环境保护的基础，是环境管理的重要组成部分，是一项重要的基础性、公益性事业。环境监测工作要围绕环境保护工作中心、服务大局，保障环境管理需求，努力为管理决策提供科学依据，为监督执法提供有效证据，为环境科研提供翔实数据，为社会公众提供准确信息。

环境监测在环保工作中的重要基础地位主要体现在：

第一，党中央、国务院和各级地方党委政府高度重视环保工作，准确判断环境形势，客观评估环境质量和污染发展趋势，应对突发的环境污染事件，科学制定政策、法规、规划以及采取有效措施，都需要科学、准确、及时的环境监测数据和报告的支持。

第二，环保工作实现历史性转变，环境与经济发展实现"同步"、"并重"，"综合"解决环境问题，取决于对环境形势与经济发展态势的正确判断，取决于对环境安全的评估以及对其内在规律的把握，而这一切都基于长期的环境监测和深入分析。

第三，向公众定期公布环境质量状况信息，公众对饮用水源地、环境事故，特别是直接危害人民身体健康的有毒有害物质等事关人民群众切身利益的环境问题知情权，更离不开环境监测工作。

第四，履行各项环保国际公约，尤其是应对气候变化。维护国家利益，保证环境安全，都是以坚实的环境监测工作为基础。

2. 强化管理，理顺环境监测工作中的三个关系

环境监测体系是污染物总量减排的三大支撑体系之一，科学的减排指标体系必须依靠监测手段来度量，科学的减排考核体系必须依靠监测数据来支撑。因此，环境监测体系建设的核心任务是解决长期困扰和制约环境监测工作的体制、机制问题。环境保护部去年成立了环境监测司，监测管理体制发生了重大改变，国家层面率先实施环境监测管理与技术分离。环境监测系统如何应对"政事分开"的新形势，推进先进的环境监测预警体系建设，加强监测管理是一个紧迫而现实的问题。服务于环境管理与决策，是环境监测工作的基本定位。所以，各级环境监测站必须将政府及主管部门的需求放在首位，

主动超前服务，以作为争地位。同时，环境监测作为政府行为，必须加强统一监督管理，有效整合全社会的监测力量。

一是要理顺环保系统与其他部门之间的关系，实施对环境监测的统一监督管理。通过统一环境信息发布，促进不同部门在监测工作中的协作，协调环保与水利、卫生、农业、建设、林业、气象等部门从事相关领域监测工作的关系；从监测行政管理角度明确企业自测申报的职责；从行政许可角度规范其他行业和社会力量参与环境监测工作的行为，严格单位和个人监测资质的管理。

二是要理顺环保系统内各部门之间的关系，归口管理环境监测。监测司将各类环境监测任务按计划科学合理下达至环境监测总站和地方环保局，改变目前同类任务多头下达、多类任务同时下达给监测站的局面。

三是要理顺环保系统上下级关系，加强对本系统监测工作的行政管理。从环保行政管理层面下达监测任务并建立相应的考核约束机制，更利于推动环境监测工作。上级环保部门下达监测任务给下级环保部门，同级环保局组织完成各项监测任务，并接受上级环保局的检查考核，改变以往从监测系统的技术指导层面下达监测任务，没有相应的行政考核约束力、任务难以推动的局面。

3. 逐步推进"三个转变"，真正服务于环保工作大局

今年是环境监测从管理向技术转型的开局之年，各级环境监测站要提高综合实力与水平，做到测得准、说得清，使环境监测真正服务于人民，服务于环保大局。逐步推进"三个转变"，即从个体向整体转变，从创收向创业转变，从体力向智力转变。

一是逐步推进从个体向整体转变。用"全国监测工作一盘棋"、"全国监测队伍一盘棋"的理念，将具体监测工作下移，构建"具体监测工作上小下大，技术创新上大下小"的格局。由市县级监测站承担大量基础性、常规性的环境质量、污染源监测工作，监测总站和省站不承担或很少承担具体监测任务，重在监测科研，进行监测技术路线、监测标准规范体系、分析方法体系、环境质量综合分析评价技术体系、质量控制技术体系的深入研究，拿出系统、全面指导基层实际工作的规范方法标准，基层监测站则按照这些规范方法标准从事监测工作，并承担方法验证。

二是逐步推进从创收向创业转变。监测工作的定位是为环境管理服务，因此监测业务的主业应定位于环境质量监测、污染源监督性监测、应急监测、执法监测、减排监测、重大环境专项调查与监测工作等属于公益性、执法性、指令性的监测工作，并在工作中提高服务意识和技术水平，使各级监测站由"创收"向"创业"转变。

三是逐步推进从体力向智力转变。要强化监测工作中的科技和技术含量，通过环境监测信息化、监测装备和技术体系的现代化、监测人才队伍的专业化，推动监测工作从体力向智力转变。

推进环境监测信息化，建立系统完整的监测信息中心和高效畅通的信息传输网络系统，理顺数据收集传输途径，实现由"数据"向"数据库、成果库"的转变。推进监测装备和技术体系的现代化，构筑先进的环境监测技术体系，实现环境监测由"粗放型"向"精准型"的转变。推进监测人才队伍的专业化，要促进普通采样人员、分析人员向专业型、综合型、复合型人才发展，使监测队伍由"普通技术型"向"专家学者型"队伍转变。推进监测人员队伍转型的关键在于：要以事业的发展凝聚人才，以正确的价值观引导人才，以良好的创新环境吸引人才，以合理的待遇激励人才，以创新实践培养造就人才，打造专业化的创新型团队。

4．与时俱进、开拓创新，推动环境监测事业跨越式发展

各级环境监测站要以"等不及、坐不住、慢不得"的精神状态，不懈怠、不埋怨、不折腾，尽快实现定位转型，聚精会神抓业务、一心一意钻技术，做到测得出、测得准、说得清，以准确可靠的分析判断为环境管理提供依据，全面提升环境监测技术水平。环境监测管理要全国一盘棋、监测队伍建设要上下一条龙、监测技术要天地一体化，努力做到"三个说得清"。

（1）加快环境监测法规制度建设，提升环境监测工作法制化、规范化水平。一是要加快《环境监测管理条例》出台的各项工作，力争尽快由国务院颁发。同时要做好条例配套规章管理制度的拟定工作，使环境监测管理工作真正有法可依。二是尽快磨合环境监测管理部门和其他业务管理部门的关系，建立环保系统内环境监测保障机制，最大限度地发挥环境监测数据的作用，使环境监测真正成为环境管理的基础。三是要积极推进各级环境监测站的技术转型，建立科学规范的环境监测技术支撑机制，充分发挥环境监测队伍的作用，夯实环境监测管理的技术基础。四是主动与资源管理部门和专项技术管理部门加强联系，形成相互沟通、相互支持、相互理解的和谐工作机制和工作局面。

（2）深化环境质量监测，充分发挥其环境监督和目标责任考核的作用。开展环境质量监测，客观反映本辖区的环境质量状况，是环境监测的中心工作之一，必须进一步深化。监测责任非常重大，容易成为矛盾的焦点。这就要求环境监测方案必须科学，环境监测装备必须齐全，环境监测结果必须准确、使人信服。因此，各级环保部门一定要高度重视环境监测工作，加强环境监测能力，提高环境监测水平，更好地发挥环境监测在环境监督和考核中的作用。

（3）加强污染源监督监测，认真开展污染源自动监测数据有效性审核工作。加强污染源自动监测数据有效性审核工作是环境监测管理工作的当务之急，必须下气力认真抓实，加快对各级环保部门的有效性审核培训，加强检查指导，完善审核办法。

（4）提升环境监测技术水平，推动环境监测技术向现代化转变。一是要完善环境监测法规、技术体系。二是要建立环境监测专用设备准入制度，规范监测市场行为，淘汰落后技术设备。三是要加强环境监测从业人员的资质管理，加强技术培训，提高人员素质。四是要提高环境监测数据的综合利用水平，为污染防治、总量减排、环境执法等管理工作提供技术支撑，为满足公众日益提高的环境知情需求提供服务，为管理决策提供高效的技术支持。

（5）狠抓环境监测质量管理，确保监测数据科学规范。进一步加强环境监测质量管理基础性技术工作，开展环境监测机构质量管理基本要求、管理模式、质量管理工作评价方法和指标体系研究，尽早实现全程序的环境监测质量管理。使环境监测工作质量有明显的提高。

加强集中居住区扰民污染防治，
不断完善环境管理新机制

黑龙江省哈尔滨市环保局局长　张基春

近年来，随着城市建设步伐的明显加快和第三产业的迅猛发展，集中居住区扰民污染问题越来越多，已经成为人民群众反映的热点和环境保护工作的难点。应该说，我们加强集中居住区扰民污染防治，不仅是落实科学发展观的主动选择，也是维护群众根本利益、构建和谐社会的务实举措，必须采取有力措施，切实抓出成效。

一、集中居住区扰民污染的特点及成因

扰民污染的特点主要有三个：一是污染面广。绝大多数第三产业经营者为了追求利益最大化，都将项目开办在居民区内，甚至居民楼下，污染问题比较普遍，影响的范围也比较大。二是干扰性强。由于在居民区从事生产经营活动的污染基本上都直排到居民院内，而且持续时间长，因此周围群众受影响最直接、受干扰最严重，严重损害了身体健康和正常生活。三是信访量多。随着人民群众的环境意识和维权要求不断提高，对身边的污染问题越来越关注，反映越来越强烈，在环保部门受理的环境信访问题中，扰民污染投诉举报案件所占比例最大。

产生扰民污染的主要原因有三方面：一是商住混杂的功能分区不合理。不同的城市功能区应该规划和发展不同的产业，但我们在发展区域经济的大背景下，过去商住混杂的不合理功能分区不但没有解决，而且新的矛盾仍在继续产生。这种不合理的功能分区，使商业功能所需要的"热闹"和居住功能所需要的"安静"这两个截然不同，甚至是不可调和的功能之间的矛盾凸显出来。二是治理不到位。大多数商家业户为了减少成本，在治理方面投入很少，经常以内部装修、管理代替污染治理，即使按照环评要求建成了污染防治设施，但只是应付检查，平时基本不运行。三是审批和监管缺位。在审批上把关不严，经常对有可能产生污染的项目笼统提出审批意见，缺少对每个个性问题的具体防治要求，工作中以审批带验收、审批带管理的问题还普遍存在；在监管上执法不到位，往往是有了群众投诉就去管一管，而在管的方式上目前主要以下达限期整改通知书、实施处罚和限期补办有关审批手续为主，业户拖着不办时，有些问题也就不了了之了，真正能够抓住问题不放，不断跟踪问效，对业户造成实质性"触动"并达到预期效果的却很少，纵容了这些违法行为的存在。

二、必须切实转变集中居住区环境管理理念

在新的形势下，按照科学发展观的要求，加强集中居住区环境管理，切实解决扰民污染问题，必须从工作理念上尽快实现"三个转变"。

1. 由末端治理向全过程监管转变

加强污染防治是环保部门防"亏"治"欠"的重要手段。必须按照环境保护"重在预防、防治结合"的原则，前移环境管理"关口"，由重在事后监察变为事前预防、事中监督和全过程跟踪监管，建立居民区开办项目环评审批与竣工验收、日常监察联动机制，改变过去很多问题"民不举，官不究"的观念，切实解决重审批轻管理、重收费轻治理的被动局面，不断提高环境管理工作的主动性、针对性和实效性。

2. 由单一管理向群管群治转变

随着环境保护任务的日益繁重，单靠环保部门自身力量很难有效、彻底解决发展中的环境问题。调动社会各方面力量参与环保工作，确保国家环境保护大政方针落到实处，是完备环境管理体系的基本特征，也是提高环保综合管理能力的有效方式。解决集中居住区扰民污染问题，必须建立由环保执法人员、社区干部和群众环保志愿者组成的"三元"环境监管队伍，形成市、区、街、社区四级管理网络，借助社区和群众的力量，不断拓宽环境管理触角，发现和调节污染纠纷，从而使大量扰民污染问题控制在基层、解决在萌芽。同时，必须建立科学有效的政府部门之间执法联动机制，及时解决工作中的难点问题，形成齐抓共管环境保护的良好局面。

3. 由突击整治向长效管理转变

应该清醒地看到，解决扰民污染问题是一项长期、复杂、艰巨的任务，不可能在短期内"一蹴而就"。这就要求我们既要抓住一些短期能够见效的突出问题，集中力量攻坚克难，尽快改变现状，震慑污染者，树立环保执法权威，又要把解决事关人民群众利益的污染问题与经济社会发展中的环境矛盾统筹考虑，采取"先行调研、科学治理、长效管理"和"集中整治与长效管理相结合，治理一个、巩固一个"的治本措施，在开展集中整治的基础上，逐步推进对扰民污染防治工作的长效开展。

三、防治扰民污染的对策

针对集中居住区扰民污染的特点及成因，在污染防治方面重点应建立"三个机制"，强化"三个共同"。

1. 建立项目分类管理和环评告知承诺机制，加强"共防"

坚持重在预防和源头把关，实行按建设项目分类管理，对居民区设立开办的项目依法详细分类和公示，对污染较小的项目实行告知承诺制，在避免发生扰民问题的同时，最大限度地简化手续，方便业户；对易产生严重扰民污染和法规明令禁止在居民区开办的项目，实行禁办告知制，责令另行选址或调整项目类型；对需要进行环境影响评价和监测验收的项目，实行环评告知制。同时，利用社区对社情民意了解和掌握最及时、最全面的优势，及时了解新开办项目的信息，充分吸纳社区和群众的意见，共同从源头上

把住扰民污染的控制关，最大限度避免新污染的产生。

2. 建立企业环保诚信自律与监管相结合机制，加强"共管"

建立集中居住区内企业环保诚信电子档案，实行分类管理和动态管理，组织企业完善环保承诺制和内部环保责任制、监督员制，把保护环境的责任自觉落实到生产经营的每个环节。对讲环保自律、环保信誉好、没有群众投诉记录的单位挂"绿牌"，实行免检保护；对有一定污染问题，但能积极整改的单位挂"蓝牌"，强化跟踪督办；对群众投诉多、环保自律和信誉差的单位亮"黄牌"，实行重点监管和依法严肃处理。同时，坚持把社区和环保志愿者的意见作为评定"三色"单位的重要依据，共同强化日常环境监管工作。

3. 建立污染防治法规和相关知识的经常化宣传机制，加强"共创"

实行宣传工作先行，坚持把环保法规、政策、标准和职责纳入全民环境教育教材，不断扩大全民环境教育普及面，并利用新闻媒体广泛宣传环保法律法规和相关知识，让公众和业户更加了解、配合和支持环境保护要求，营造一种保护环境人人有责的良好社会氛围和态势。同时，坚持把绿色创建作为目标和载体，充分发挥典型示范带动作用，调动社会各界力量，把创建工作延伸到社区、乡镇，不断扩大环保宜居社区、环境友好企业、绿色单位的创建范围和建成数量，凝聚全社会力量共同保护居民生活环境。

做好新形势下环境安全工作的探索与思考

上海市金山区环保局局长　周俭

近年来，我国发生的环境污染与生态破坏事件不断增加，群众投诉多年居高不下，迫使我们不得不思考环境安全问题的重要性。上海市金山区是我国重要的化工产业基地之一，区域内主要包括上海石油化工股份有限公司、上海化学工业区和金山第二工业区等化工集中区。因此，完善监管体系，确保环境安全成为地方环保部门首要考虑的问题，更是当前确保上海世博会成功召开的重要保障条件之一。

一、环境安全的重要性

环境安全对许多人来说已经不再陌生。由于近年来环境问题的日益严重，已经成为影响人类生存和发展的重大安全问题，并且对国家安全产生重大影响。人们开始将环境问题与国家安全联系起来，环境安全这一概念也随即提了出来。

环境安全是指人类赖以生存发展的环境处于一种不受污染和破坏的安全状态。与国防安全、政治安全、经济安全同属于国家安全的重要组成部分，都是国家安全的重要基石，与国家安全同等重要。如果生态遭到破坏，环境不安全，不仅会造成工农业生产能力和人民生活水平的下降，而且会直接威胁到人民群众的生命财产安全，还会影响国际政治、经济、贸易和文化合作与交流，许多环境问题常常是跨越国界的，包括大气和水的跨界污染、沙尘暴、酸雨、气候变化、臭氧层破坏等。因而，环境安全也成了国际关注的热点。

二、环境安全形势

1. 基本现状

我国经济步入高速发展阶段后，生态与环境遭受了严重破坏，导致本应在不同阶段出现的生态与环境问题在短期内集中体现和爆发出来，环境污染事件的频率和规模呈现加快、加大的趋势，有专家认为我国已经进入大范围生态退化和环境污染事件高发期。国家环保部周生贤部长曾指出，我国环境安全形势依然严峻，环境应急管理工作基础仍然比较薄弱，应急管理体制、机制、法制尚不完善，预防和处置突发环境事件的能力有待提高。

前几年相继发生的松花江水污染、广东北江镉污染、太湖蓝藻等严重事件正一次次地将环境安全软肋暴露于世人眼前，环境安全问题成为公众、社会舆论、外交关注的焦点，国家环境安全的重要性凸显出来。2007 年，蓝藻暴发导致太湖地区饮用水受污后，当地政府共关闭 772 家中小型化工企业以降低化工污染对生态环境带来的影响。

2．上海市金山区环境安全形势

笔者就职的上海市金山区位于杭州湾沿岸化工石化集中区域，区内上海石化的丙烯腈装置、炼油装置、罐区和上海化工区 TDI 装置、HDI 装置、PC 装置等，均具有较大的环境风险隐患。此外，金山区境内还有数十家各种类型风险源，涉及产品生产、化学品储存及运输、放射源使用以及医疗废物处理等领域。近年来，区内也发生了几起污染事故，虽然未造成重大影响，但也给管理部门敲响了环境安全的警钟。例如，2006 年发生一起伽马射线探伤仪丢失案件，2007 年发生一起储罐爆炸事故，2008 年发生一起装载二氯甲烷槽罐车运输途中侧翻事故等。上述事故虽未造成重大人员伤亡，但却时刻提醒环保管理部门在维护环境安全方面要始终坚持高度警惕、高度敏感和高压态势，始终绷紧环境安全这条"高压线"，有效地提高防范环境污染事故的能力。

三、存在的主要问题

虽然我们在环境安全管理及突发性环境风险事故的防范、应急等方面做了不少工作，但是从上海加快建设"四个中心"和举办世博会的整体要求出发，我们在构筑环境安全方面还面临了不少问题和困难，正确地分析这些问题，有助于明确下一步的工作方向。

1．缺乏统一协调的管理机制

应急反应乃至环境安全管理不仅仅是编制应急预案，还需要具备一个完善的协调机制。目前，金山区、上海石化和上海化工区在管理体制上各成一体，分别有各自的应急预案，但缺乏统一的沟通协调机制，应急协作和交流水平偏低，力度不够，权威、高效的企业、地区间应急合作机制需要进一步完善。

2．应急防范体系尚不完善

区级应急防范体系较为完善，而区以下的镇、企业等基层环境污染事件应急网络并未成形。生产、使用、储存、销售、运输危险化学品的企业尚未全部编制具有实战意义的应急预案。政府部门和行业协会缺乏对企业应急预案编制及落实情况的检查。对于环境突发事件的防范工作仅仅局限于工厂内部的安全生产环节，与市、区级应急网络缺乏联系。

3．突发性环境污染事故应对能力不强

应急救援技术和装备缺乏高科技含量，环境应急队伍装备水平也无法满足各种可能出现的环境污染突发事件的要求。对突发环境事件的监测和预报预警能力不足，监测技术的局限性往往使突发事件的预警变成简单的污染物实时监测。监测手段、预测预报的精度都有待增强和完善。

四、做好环境安全工作的思考

反思近年来突发的一系列重大环境事故，笔者深深体会到，这已不是某个企业是否有过失的问题，而是区域产业布局不合理、产业结构不平衡的整体问题。随着我国经济持续高速增长，在今后相当长的一段时期内，布局性的环境隐患和结构性的环境风险，将取代个体的污染，成为我国环境安全的头号威胁。预防应对环境风险，保护公众环境安全，是环保部门在新时期的首要任务。结合笔者从事环保工作的经验，我认为确保环境安全应从下面几个方面着手：

1．开展环境警示教育，提高全民环境安全危机认识，树立新的国家环境安全观

我们需要建立一整套全新的理念和思路来重新阐述国家环境安全，推进国家安全体系的战略转型，树立新的国家环境安全观。把环境安全纳入国家安全战略体系，加强对全体公民环境安全意识的培养，以学校为教育重心，新闻媒介作为主要力量，使全体国民充分认清我国环境的严峻形势，认识到保护国家环境安全对促进可持续发展战略实施和构建和谐社会的重要性和必要性。我们还要健全公众参与管理办法，完善环境信息披露制度，进一步唤醒全社会的环境风险意识。

2．建立健全国家环境安全决策机制和组织协调制度

要维护我国的环境安全，就必须建立完善的国家安全体系和制度，这些制度包括由专门机构负责国家环境安全工作，负责预测、监测国家环境安全形势，并根据国内外形势的变化，提出相应的防范措施。建立民主、科学的决策机制，对事关国家环境安全的重大问题进行集体讨论、民主决策。建立重大行为的环境安全影响审议体系，对国家战争行为、与其他国家的经贸冲突行为、政府的政策突变及重大政策行为、政府的重大计划行为、企业或政府推动的重大工程行为等进行环境安全影响审议。建立国家资源储备和保障体系，对不可再生的战略性资源的采购和出口，国家要实施有效的干预。建立国家环境安全预警指标体系，为制定有关环境安全的决策提供依据。制定国家环境安全法规，并不断加以完善。

3．强化环境监管，切实消除环境隐患

（1）设置风险防范区，降低潜在危害。为降低对环境安全的威胁，工业发展除采用先进工艺、设备、技术，加强管理外，对生产、加工、储存等的规模必须加以必要的限制。同时，通过调整和优化布局，建立合理的地域生产组合和和谐相处的城市布局，实现工业和城镇协调发展。以我区为例，鉴于化工石化集中区周边居民分布的实际情况，采用现状和规划两部分分别实施环境风险防范区控制。对现状设施，以装置、贮罐为基础，设置环境风险防范区；对规划发展，在化工区（厂）边界设置不同防范要求区域，并对其人口进行控制。

（2）开展专项整治行动，解决突出的环境问题。实践证明，开展专项整治行动虽然是治标的手段，但对于切实维护群众环境权益，遏制一个地区、一个时段的突出环境问题具有立竿见影的效果。以我区为例，2008 年全年共开展 28 项专项整治工作，包括危险废物产生及处置单位专项检查、环境安全百日督察、医疗废物处置专项检查等。其中环境安全百日督察专项行动中，共对本区 42 家重点危废产生单位、12 家沿江沿河重点化工企业、12 家放射性物质应用单位开展了专项检查。通过开展一系列环境执法专项行动和集中式环境执法检查活动，形成环境执法合力，减轻或减少环境污染对群众的危害。

（3）完善应急体系，增强污染事故处置能力。各级环保部门要增强应对突发事件的敏锐性和责任感，一旦发生重特大污染事故，当地环保部门必须按照规定程序，及时向上级环保部门报告污染状况，并随时上报调查处理的进展情况。制定并完善环境应急预案，健全环境应急指挥系统，配备应急装备和监测仪器。

近年来，我们通过建立处置应急事件的长效机制，充分依托"三区"同创共建平台，建立与上海石化、上海化学工业区环境风险应急联动机制，实现化工园区与周边社会区域应急响应的有效衔接，提高整个化工集中区风险防范和应急能力。定期开展污染事故应急演练，不断完善环境应急预案体系，做到符合实际、职责清晰、简明扼要、齐全配套、易于操作。

（4）加强环境监测，为应急处置提供科学依据。先进的环境监测能力在处置污染突发事故，维护区域环境安全方面发挥着无可替代的作用。一旦发生污染事故，即可迅速查明事故原因及污染影响范围，采取积极有效地处置措施，最大限度地减少环境污染事件造成的危害，切实保障公众的安全健康。

目前，金山区除加强常规环境监测能力建设外，在环境应急监测方面还专门购置一台 VOC 自动监测车，可对 79 种化工特征因子开展实时监测。今年，我们还将在与上海石化和上海化工区交界带分别设立环境在线监测点，以便实时掌握化工污染物排放情况。

（5）加大执法力度，严厉打击违法排污行为。各级环保部门和政府有关职能部门要认真开展各类重点污染源及危险化学品环境污染隐患的排查工作，特别是对居民集中区、重要河流及其主要支流沿线的大中型企业、城镇集中式饮用水源地上游和城乡居民集中居住区周围的大中型化工企业、化工工业园区以及对人民群众生产生活构成威胁的危险废物堆放场所要加大监管力度。严厉打击违法排污行为，坚决遏制重特大环境污染事故多发势头。

近期，由于基础设施不完善、企业负责人环保意识淡薄等原因，我区某工业区发生了污水外溢事件，对周边地区居民正常生活产生了恶劣影响。区环保部门发现问题后，及时采取措施应对，同时对工业区内企业开展全面执法排查。即使如此，检查期间仍有少数企业存在明目张胆地偷排漏排的现象，为此，区环保局加大了处罚力度，依法对查实的违法企业实施了停产整顿、限期治理等处理措施，并处以罚款，从而进一步强化了环境执法的威慑力。

五、结束语

环境安全与人民生活和健康、公共卫生、经济发展、外交等休戚相关，构筑环境安全防线涉及国家、企业和公民等多个层面，需要一系列的配套措施来加以保障。以上仅是本人结合基层环保工作经验，对环境安全问题几点粗浅的看法和认识，如有不妥之处，恳请各位领导和专家批评指正。

对我国环境教育立法有关问题的探讨

环保部宣教中心　祝真旭

环境教育法制化是规范环境教育进程、实现公众参与制度、保障公民环境权益的重要保证，更是完善环境保护法律体系、建设和谐社会和法制化国家的重要内容。目前在我国，环境教育与法律之间的联系只存在于个别法律条文的个别词句中，在法律上没有明确的地位，也没有确定的目的、目标和制度，这在很大程度上限制了社会力量参与环境教育的积极性，难以保障对环境教育工作的政策支持、资金投入和人才培养。为此，有必要制定专门的环境教育法，规定环境教育的主体、目标、内容、职责，从体制和机制上保障环境教育工作的有力开展。

一、我国环境教育立法的探索与实践

虽然在国家层面制定一个真正的环境教育法尚有相当距离，但我国一些机构和地方已经开展了艰难的探索。2009 年，环保部宣教中心与北京师范大学地理与可持续发展教育中心合作，启动了《环境教育法的国际比较及中国的实践》研究课题，将对美国、日本、巴西、菲律宾和我国台湾地区的环境教育立法背景、内在逻辑、制度构建等内容进行对比总结，了解他们的经验、教训和发展趋势，结合我国国情和已有政策基础，并从规范、保障环保公众参与的能力建设等角度，尝试对我国的环境教育立法模式进行探讨和提出建议。通过这项基础性研究，将有利于决策部门深入了解相关信息，为推动我国的环境教育立法做充分的前期筹备和论证，并为最终促成中国的环境教育法提供技术支持。

2007 年起，我国宁夏回族自治区率先开始了探索制定地方性环境教育法规的工作创新，到 2008 年底，自治区环保局根据国家有关法律、法规的规定，结合自治区实际，起草完成了《宁夏回族自治区环境教育条例》（草案），并有望于近期提交人大审议。无论最终结果如何，宁夏的实践是环境教育法从地方法规再到国家法这一立法途径的有益尝试，并已经在国内产生了良好的社会影响，陕西、广东、甘肃、重庆、山东等省（市）纷纷动员，到宁夏参观学习，这充分说明，环境教育的立法也已经成为我国社会的广泛共识。在《宁夏回族自治区环境教育条例》（草案）中，首先确定了环境教育的对象、范围以及内容；明确了各级政府、环保行政主管部门的工作职责；对使用环境教育教辅教材做了进一步规定，提出环境教育奖惩机制等要求。

近年来，关于环境教育立法的学术探讨在我国学术界也成为一个热门话题，不少学者对我国环境教育立法的主要内容和制度安排进行了讨论，介绍了不少国外环境教育法的成功经验，社会各界普遍认识到，尽管在《环境保护法》、《环境影响评价法》、《大气污染防治法》中有涉及鼓励公众参与环保的规定，但大都比较笼统、抽象，为了应对日益复杂的环境问题，必须从理论和实践应用的角度系统研究环境教育与公众参与的法律保障问题。

二、国外环境教育立法的现状

从世界范围看，以环境教育立法的形式，规范和保障环境教育的主体地位、实现公众参与制度、保障公民环境权等做法已经成为一种潮流，截至 2008 年底，已知的国际上对环境教育进行了专门立法的国家有美国、巴西、日本、菲律宾和韩国 5 个国家，其他一些国家和地区正在对环境教育立法进行前期调研和论证工作，如我国台湾地区公布了环境教育法草案并已提交"议会"讨论。

最早对环境教育进行专门立法的国家是美国，它早在 1970 年就公布了环境教育法，在 20 世纪 80 年代，美国有 8 个州制定了州级环境教育法，1990 年，美国总统布什签署了新的《国家环境教育法》，对美国环境教育的政策及措施作了比较详细的规定。依据该法，在环境保护署下设环境教育处、国家环境教育咨询委员会、联邦环境教育工作委员会，并成立了非营利性的国家环境教育与培训基金会。其主要内容包括：要致力于环境教育课程的开发、实施、评价和普及；开展环境教育的在职进修；设置野外环境教育中心；编制环境教育课程等。美国通过立法和严格规范的管理模式来保障环境教育是一条非常成功的经验，对我国今后制定环境教育法有重要的借鉴意义。

日本的环境教育也一直走在世界前列。2003 年，日本政府颁布了《增进环保热情及推进环境教育法》，成为继美国之后世界上第二个制定并颁布环境教育法的国家。该法规定了相关的基本理念，明确了国民及民间团体、国家、地方政府的责任和义务，尤其注重各个政府部门和社会机构之间的协调与配合。它要求政府必须制定关于增进环保热情及推进环境教育的基本方针，由环境部门和教育部门负责，其他部门给予支持；该法特别强调对学校教育、社会教育以及工作场所中的环境教育进行扶持；规定政府应收集和提供相关的环保信息，就环保活动提出必要建议，为环保团体之间的信息交换与交流提供便利；鼓励国民及民间团体为环境教育提供土地并采取必要的财税措施。

除制定环境教育法之外，各国还纷纷成立专门的国家机构来推进环境教育的发展，如英国的环境教育委员会，法国的环境教育设备委员会，澳大利亚的环境教育协会等。总体而言，世界各国的环境教育法一般都由行政主管部门主导，社会机构和团体积极予以配合。

三、我国环境教育立法的主要依据

我国的环境教育发端于 1973 年的第一次全国环境保护工作会议，此后，环境教育的概念在中国得到不断强化，至今，我国的环境教育工作取得了很多令人骄傲的成绩，中小学开展的环境教育活动丰富多彩，全民的环境素养和环境法制观念普遍提高，各级领导干部的可持续发展理念得到提升，环境教育已经初步形成了一个多层次、多形式、多渠道的体系，推动了环境保护事业的发展，尤其是改革开放以来，我国的法治化进程大大加快，伴随着环境教育工作的不断深入，公众的环境科学知识、法治观念大为增强，这为推进环境教育立法提供了较为充分的群众基础。

1996 年，《全国环境宣传教育行动纲要（1996—2010 年）》指出，"环境教育是提高全民族思想道德素质和科学文化素质（包括环境意识在内）的基本手段之一，内容包括环境科学知识、环境法律法规知识和环境道德伦理知识"，并提出"到 2010 年，全国环境教育体系要趋于合理和完善，环境教育制度要达到规范化和法制化"。2009 年，环保部、中宣部、教育部联合下发了《关于做好新形势下环境宣传教育工作的意见》，明确提出"环保、教育部门要共同推动环境教育的制度化和法制化进程，积极推进环境教育立法的理论研究和创新，并借鉴国外有益做法和经验，推动环境教育立法工作"，以上关于环境教育的重要文件，为我国推进环境教育立法提供了良好的政策保障。

四、我国环境教育立法的必要性

环境问题的解决关键在于环境责任和义务的落实，这种落实既包括对人们道德意识的影响，更包括对社会行为的引导与规范。然而，如果不能从法律高度进行要求，环境教育难以摆脱被"弱化"的状态，无法保障实施效果，更无法实现其根本目标。

在取得相当成绩的同时，我国环境教育的现状与保障环保公众参与的要求尚有较大差距，表现在，环境教育工作地区发展不平衡，较发达地区的环境教育工作较为规范，活动形式丰富多样，而相当多的贫困地区还谈不上环境教育的落实，环境教育手段和创新力度不足，环境知识传播渠道不通畅，这导致公众环境意识存在比较强烈的地域差异；不少地方环境教育机构不健全、关系没理顺、资金投入不足等问题依然存在；很多基金会、NGO、企业等社会团体都有投入到环境教育中的热情，但不知从何处入手，所开展的宣教工作手段相对单一、各自为政、工作不规范，难以发挥资源优势，难以发挥协调有效的合力作用。以上问题都在一定程度上制约了公众环保意识的进一步提高，不利于环境教育事业的可持续发展。

我国的环境教育之所以面临以上种种问题，一个重要原因就是缺少对环境教育的立法保障。虽然近年来，我国制定了不少关于环境教育的各类指导性文件和政策规定，也取得了一定效果，但是，与法律条款相比，政策性文件存在较大局限性，比如它不能更广泛地调整各类社会关系，对社会主体参与环境教育缺乏约束力，同时，政策性文件通常比较宏观，对一些环境教育的方式和手段缺乏刚性约束，对环境教育人力资源培养和机构运转经费来源缺少合理的法律调节手段，难以保证环境教育行动的具体落实，这导致我国环境教育的发展存在雷声大、雨点小，姿态多于行动的现象；同时，环境教育的评估方式也存在较大局限性，没有形成明确的制度来保证环境教育的具体效果评估，导致环境意识和环境行为的分离，由于缺乏确定的目标和评价标准，环境教育在全社会并未引起应有的重视，处于可有可无、操作"弹性"过大的状态。

为此，有必要加快进行环境教育立法，通过具体的法律制度，强化各部门、单位、组织的权利义务，确保具体措施的落实，同时，使全社会了解环境教育所涉及的多方面的权利义务，从而监督职能部门的职责落实，维护公众的环境权益。

五、我国环境教育立法的基本原则初探

我国的环境教育立法，有必要借鉴美国和日本等发达国家的先进经验，结合我国的基本国情和已有政策基础，并总结我国其他地区已经积累的成功经验，稳步推进。环境教育立法应体现如下原则：

1. 政府调控的原则

我国的环境教育目前主要采用自上而下的方式，在政府的主导下，各社会机构和公众有序参与。基于此国情，环境教育立法应确定政府调控的原则，明确政府在环境教育工作中的职责，要求政府发挥整体布局和服务的作用，保障环境教育的有效推进，包括建立健全环境教育的管理体制，制定环境教育中、长期规划，制定环境教育工作的考核评估指标体系和明晰的奖惩机制，确保环境教育计划的有效协调与执行，保障环境教育的经费等。其中，政府资金投入应成为环境教育经费的主要来源，使环境教育领域的人员经费和公用经费全额纳入同级财政预算，并通过设立各级各类环境教育发展基金来补充资金的不足。

2. NGO 动员的原则

从组织功能和社会影响来看，NGO 已成为特征鲜明、影响广泛的群体，是凝聚公众力量、促进公众参与环保的重要手段，其社会动员和组织能力可以有效填补政府工作可能的缺位。但是，环保 NGO 在中国的发育还不成熟，许多本应由 NGO 积极倡导的环境教育行动，往往演变成政府呼吁、引导甚至强制推行，影响到环境教育的实效。为此，环境教育立法应充分考虑环保 NGO 在环境教育中的特殊作用，注意对民间力量的鼓励扶持，形成各种社会资源的有效整合。具体而言，可明确界定环保 NGO 的概念和定位，承认其在环境教育中的作用，鼓励其与政府建立固定联系，相互通报情况、征求意见、发布环境信息、开展环境教育活动等。

3. 社会支持的原则

环境教育实施面广，技术要求高，需要大量人力、物力与财力，仅仅依靠国家投资和各级政府的支持远远不够，只有动员和鼓励社会各界的大力支持，环境教育事业才会有深厚的发展基础。为此，环境教育法应该明确提出，环境教育是个人、家庭、社区、学校、社会组织共同担负的义务，国家鼓励各界为环境教育提供各种可能的支持，如建立环境教育资金支持制度，鼓励民间捐赠资金设立各种环境教育基金，形成国家和社会公众共同投入的环境教育资金支持体系；倡导提供关于环境教育的志愿服务；鼓励研究机构开展环境教育的相关技术和理论研究等。

4. 公众参与的原则

公众参与原则是指任何单位和个人都享有平等参与环境教育管理和环境教育决策的权利，体现的是公众的权利和政府对此权利的保护。公众参与原则已得到世界各国的普遍认可，它也应成为我国环境教育立法的基本原则之一，应明确肯定各个部门、各个行业、各类环境保护组织和社会团体在环境保护中的作用，增加环境管理和环境执法的透明度和公开性，争取和依靠公众的监督来促进环境教育。同时，政府应不断拓宽公众参与环保的渠道，广泛宣传公众参与的形式和方法，听取公众诉求，并通过环境教育为公

众履行环保义务创造必要条件。

综上，我国将来的环境教育立法应当从"环境保护，教育为本"的方针出发，在环境教育发展与实践的基础上充分论证，通过制定社会各界可操作和参与的法律规范，把环境教育的相关内容固定下来，塑造人们的意识、调节人们的行为，并最终在全社会形成政府调控、NGO 动员、社会支持、公众参与的长效发展机制。